高等院校"+互联网"系列精品教材

数字通信原理与应用

魏　媛　龙　燕　周冬梅　主编

王　英　刘思怡　韩　伟　唐　辉　副主编

电子工业出版社.

Publishing House of Electronics Industry

北京·BEIJING

内 容 简 介

本书结合通信行业新的技术发展和岗位技能需求，以实用性为出发点，以理论够用为原则，着重介绍数字通信系统的基本原理、典型数字通信技术各组成部分及其功能和相关应用，既可为读者奠定通信的概念，又能帮助他们了解相关技术的应用领域，引领他们把握通信的前沿技术。全书共 10 个模块：认识数字通信、信道与噪声、通信系统有效性传输、通信系统可靠性传输、数字信号的基带传输、模拟调制解调、数字调制解调、定时与同步、数字信号的最佳接收、典型数字通信技术。本书紧密结合通信行业现网情况，能循序渐进地帮助读者掌握通信技术的理论与技能。

本书为高等职业本专科院校相应课程的教材，也可作为开放大学、成人教育、自学考试、中职学校、培训班的教材，以及通信工程技术人员的参考书。

本书提供免费的电子教学课件、习题参考答案、实验指导等，详见前言。

图书在版编目（CIP）数据

数字通信原理与应用 / 魏媛，龙燕，周冬梅主编. —北京：电子工业出版社，2017.2（2023.1 重印）

高等院校"+互联网"系列精品教材

ISBN 978-7-121-30781-2

Ⅰ．①数…　Ⅱ．①魏…　②龙…　③周…　Ⅲ．①数字通信－高等学校－教材　Ⅳ．①TN914.3

中国版本图书馆 CIP 数据核字（2017）第 004544 号

策划编辑：陈健德（E-mail：chenjd@phei.com.cn）

责任编辑：夏平飞

印　　刷：北京捷迅佳彩印刷有限公司

装　　订：北京捷迅佳彩印刷有限公司

出版发行：电子工业出版社

北京市海淀区万寿路 173 信箱　邮编　100036

开　　本：787×1 092　1/16　印张：20.25　字数：518.4 千字

版　　次：2017 年 2 月第 1 版

印　　次：2023 年 1 月第 9 次印刷

定　　价：53.00 元

凡所购买电子工业出版社图书有缺损问题，请向购买书店调换。若书店售缺，请与本社发行部联系，联系及邮购电话：（010）88254888，88258888。

质量投诉请发邮件至 zlts@phei.com.cn，盗版侵权举报请发邮件至 dbqq@phei.com.cn。

本书咨询联系方式：chenjd@phei.com.cn。

前　言

随着社会的快速发展，通信技术已深入到人们生产、生活的各个方面，成为一个国家的重要战略资源和经济发展的生产要素。为培养高素质技能型通信技术专业人才，"数字通信原理与应用"课程在人才培养中占有极其重要的地位，但因该专业基础课的授课专业性强，理论较复杂枯燥，对高职的学生学习难度较大。本书结合通信行业新的技术发展和岗位技能需求，在近年来取得的课程教学改革成果基础上，由多位有着多年从事通信教学与通信工程实践经验的优秀教师共同编写。

本书基于通信技术专业学生的职业岗位群，以模块化、项目式的方式，将教学与工程经验恰当地融入每个模块，大量融入学生日后工作的通信岗位要求所需的案例知识，适当减少理论内容，增加数字通信技术及其应用技能，对重难点知识进行实例剖析，帮助读者加深对数字通信原理的理解。本书主要有以下特点。

1．教学内容模块化。全书将复杂的数字通信原理以自上而下的层次划分法，分为对整体系统框架的认识以及对每个模块功能的掌握。学生在对各个模块学习后可以将自己所学的知识与典型的数字通信技术有机地结合起来，培养学生理论联系实际、分析与解决问题的能力。

2．教学环节循序渐进。每个模块包括知识分布网络、导入案例、学习目标、模块学习、案例分析等环节。导入案例，引出学生所需掌握的知识，学习目标明确；案例分析，帮助学生加深对所学知识的理解。

3．注重理论联系实际。全书各模块列举了大量通信行业现网案例，附加了大量的设备拓扑图，系统、全面地阐述了本课程要求掌握的基本理论与知识。最后通过典型数字通信技术，帮助学生开拓视野，加深对通信系统的认识和理解。

全书共 10 个模块：认识数字通信、信道与噪声、通信系统有效性传输、通信系统可靠性传输、数字信号的基带传输、模拟调制解调、数字调制解调、定时与同步、数字信号的最佳接收、典型数字通信技术。本书以实用性为出发点，以理论够用为原则，注重重要概念的引入及分析方法与实际应用相结合，循序渐进地帮助学生掌握通信技术理论与技能。

本书由魏媛、龙燕、周冬梅任主编，由王英、刘思怡、韩伟、唐辉任副主编，由魏媛进行统稿，编写分工为：魏媛编写模块 2、模块 10，龙燕编写模块 1、模块 3，周冬梅编写模块 7、模块 9，王英编写模块 4，刘思怡、王癸霖编写模块 5、模块 6，韩伟、唐辉、赵安城编写模块 8，参与本书编写的还有王建勤、袁珊、李鑫、钟玉玲。本书在编写过程中还得到了合作企业工程技术人员的大力支持和单位同事的鼎力帮助，在此一并表示感谢。

由于时间仓促及作者水平有限，难免存在错误和不妥之处，恳请读者批评指正。

本书配有免费的电子教学课件、习题参考答案、实验指导（见目录中带*的页码）等，请有此需要的教师登录华信教育资源网（http://www.hxedu.com.cn）免费注册后再进行下载。扫一扫书中的二维码可直接阅看相应内容的教学资源。如有问题请在网站留言或与电子工业出版社联系（E-mail:hxedu@phei.com.cn）。

编者

目 录

模块 1

认识数字通信

知识分布网络

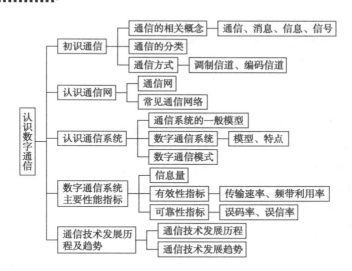

导入案例

2013 年，国务院发布了《"宽带中国"战略及实施方案》，部署未来 8 年宽带发展目标及路径，其中提出的第一个阶段性目标之一即为"到 2015 年，基本实现城市光纤到楼入户"，即平常大家所说的光纤到户（FTTH）。光纤到户（见图 1.1）是直接把光纤接到用户的家中（用户所需的地方）。将光网络单元（ONU）安装在住家用户或企业用户处，从而提供更大的带宽，而且增强了网络对数据格式、速率、波长和协议的透明性，放宽了对环境条件和供电等要求，简化了维护和安装。这种光纤通信网络是利用光的折射和波长不同来传送不同的信息，光纤中传递的信息是以有光和无光来表示信号"0"和"1"的，这种信号是时间离散、幅度离散的数字信号，因而也是数字通信网络。

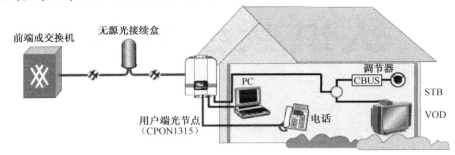

图 1.1　光纤到户示意图

思考：

生活中有哪些常见的通信网络？其中哪些是数字通信网络？和传统的模拟通信网络相比，数字通信网络有哪些优点？

学习目标

☞ 理解通信的基本概念，知道通信的分类及基本通信方式。

☞ 知道典型的数字通信网络及数字通信的特点。

☞ 掌握数字通信系统的组成及各组成部分的功能，加深对生活中数字通信系统的认识。

☞ 理解数字通信的有效性和可靠性指标及两个指标间的关系，学会计算关键指标。

☞ 能够找出现实生活中的任何通信系统与通信系统模型的对应关系。

☞ 了解通信技术的发展趋势。

1.1　初识通信

扫一扫看认识数字通信的相关概念教学课件

1.1.1　通信的相关概念

在通信领域，有四个常见的专业术语，分别是通信、消息、信息和信号。

1. 通信

通信（communicate）是指通信双方通过某种方式或媒介进行的信息（或消息）交流与传

递。科技发展使通信逐渐实现电子化，现阶段的通信可被理解为：利用电子等技术手段，借助电、光信号实现从一地向另一地信息（或消息）的有效传递和交换。

通信的产生背景有二：一是自己有消息要告诉对方，但对方不知道这个消息；二是自己有某种疑问要问对方，估计对方能给出一定的解答。通信的作用就是，通过消息的传递，使接收者从收到的消息中获取了一定的信息，消除了原来存在的不确定性。

通信从古至今都存在，只是随着时代和技术的发展，通信的方式各有不同，如古代的通信包括以下方式。

风筝通信：我们今天娱乐用的风筝，在古时候曾作为一种应急的通信工具，发挥过重要的作用。传说早在春秋末期，鲁国巧匠公输盘（即鲁班）就曾仿照鸟的造型"削竹木以为鹊，成而飞之，三日不下"，这种以竹木为材制成的会飞的"木鹊"，就是风筝的前身。到了东汉，蔡伦发明了造纸术，人们又用竹篾做架，再用纸糊之，便成了"纸鸢"。五代时人们在做纸鸢时，在上面拴上了一个竹哨，风吹竹哨，声如筝鸣，"风筝"这个词便由此而来。

青鸟传书：据我国上古奇书《山海经》记载，青鸟共有三只，是西王母的随从与使者，它们能够飞越千山万水传递信息，将吉祥、幸福、快乐的佳音传递给人间。据说，西王母曾经给汉武帝写过书信，西王母派青鸟前去传书，而青鸟则一直把西王母的信送到了汉宫承华殿前。在以后的神话中，青鸟又逐渐演变成为百鸟之王——凤凰。

烽火传军情："烽火"是我国古代用以传递边疆军事情报的一种通信方法，始于商周，延至明清，相习几千年之久，其中尤以汉代的烽火组织规模为大。在边防军事要塞或交通要冲的高处，每隔一定距离建筑一高台，俗称烽火台，亦称烽燧、墩堠、烟墩等。高台上有驻军守候，发现敌人入侵，白天燃烧柴草以"燔烟"报警，夜间燃烧薪柴以"举烽"（火光）报警。一台燃起烽烟，邻台见之也相继举火，逐台传递，须臾千里，以达到报告敌情、调兵遣将、求得援兵、克敌制胜的目的。

古代通信利用烽火、飞鸽、击鼓、旗语等这些以视听、实物为主要传递媒介的方式存在很多不足，如远距离通信传递时间长、信息的实时性差等。现代通信相继出现了无线电、固定电话、移动电话、互联网甚至可视电话等方式，大大提高了通信即时性，同时对通信系统提出了更高的要求，这些要求为通信技术的发展起到了重要的推动作用。

2. 消息

消息（message）是信源所产生的信息的物理表现形式，是我们感觉器官所能感知的语言、文字、数据、图像等的统称。消息可分为离散消息和连续消息。文字、符号、数据等消息状态是可数的或有限的，即为离散的；语音、图像等消息状态是连续变化的。

3. 信息

信息（information）是消息中所包含的对信宿有用的内容。通信的根本目的在于传递含有信息的消息，信息可以是语音、文字、图像、数据或代码等任何可以由信宿读懂的消息。"信息"与"消息"既有联系又有区别。信息是信宿能够读懂的消息，消息则不一定是信息。

4. 信号

信号（signal）是消息的物理载体，在通信系统中，消息的传递常常是通过它的物理载体电信号或光信号来实现的，也就是说，把消息寄托在信号的某一参量上，如连续波的幅度、频率和相位；脉冲波的幅度、宽度或位置；光波的强度或波长等。信号可分为模拟信号和数字信号（见图1.2、图1.3）。

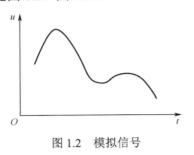

图1.2　模拟信号

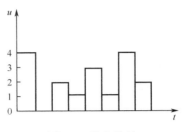

图1.3　数字信号

模拟信号是电信号的某一参量连续取值，称为模拟信号，其特点是幅度上连续，如普通电话机等输出的信号。值得注意的是，模拟信号不一定在时间上都连续，如 PAM 信号。在我们的生活中，周围有很多的模拟信号存在，如说话的声音，连续变化的温度、湿度，家用电器中的电流、电压都是模拟信号。

数字信号是电信号的某一参量离散取值，其特点是幅值被限制在有限个数值之内，它不是连续的，而是离散的，故又称为离散信号，如电传机、电报等输出的信号。

模拟信号只能在模拟通信网络中传输，请思考，模拟信号有无可能在数字通信网中传输？如果要实现模拟信号在数字通信网络中传输，需要完成什么操作？

1.1.2　通信的分类

1. 按通信传输媒质分类

信号要实现通信目的须要选择适当的传输媒质进行传输，这里的传输媒质通常被称为信道，关于信道的概念在以后的章节中将进行详细介绍。按信道采用的传输媒质不同，通信可分为以下两大类。

（1）有线通信。有线通信是传输媒质为架空明线、电缆、光缆及波导等实体形式的通信。其特点是媒质能看得见、摸得着。与媒质相对应的，有线通信可进一步再分类，如明线通信、电缆通信及光缆通信等。

（2）无线通信。无线通信是传输媒质为看不见、摸不着的媒质的一种通信形式。无线通信常见的形式有微波通信、短波通信、移动通信、卫星通信、散射通信和激光通信等，其形式较多。

2. 按信道中传输的信号分类

由前面的介绍可知，信号可分为模拟信号和数字信号两大类，因此按照传输信号的不同可将通信分为模拟通信和数字通信。其中数字通信是本书的重点。

3. 按工作频段分类

按通信设备的工作频段不同，通信可分为长波通信、中波通信、短波通信及微波通信等。表1.1列出了通信中使用的频段、常用传输媒介及主要用途。

表 1.1　通信频段介绍

频率范围	波　长	频段名称	常用传输媒介	用　途
3 Hz～30 kHz	10^8～10^4 m	甚低频 VLF	有线线对、长波无线电	音频、电话、数据终端、长距离导航、时标
30～300 kHz	10^4～10^3 m	低频 LF	有线线对、长波无线电	导航、信标、电力线通信
300 kHz～3 MHz	10^3～10^2 m	中频 MF	同轴电缆、中波无线电	调幅广播、移动通信、业余无线电
3～30 MHz	10^2～10 m	高频 HF	同轴电缆、短波无线电	移动无线电话、短波广播、定点军用通信、业余无线电
30～300 MHz	10～1 m	甚高频 VHF	同轴电缆、超米波无线电	电视、调频广播、空中管制、车辆通信、导航、集群通信、无线寻呼
300 MHz～3 GHz	100～10 cm	特高频 UHF	波导微波、分米波无线电	电视、空间遥测、雷达导航、点对点通信、移动通信
3～30 GHz	10～1 cm	超高频 SHF	波导微波、厘米波无线电	微波接力、卫星和空间通信、雷达
30～300 GHz	10～1 mm	极高频 EHF	波导微波、毫米波无线电	雷达、微波接力、射电天文学
10^5～10^7 GHz	$3×10^{-4}$～$3×10^{-6}$ cm	红外可见光紫外线	光纤激光空间传播	光通信

4．按调制方式分类

根据信号在传递过程中是否进行过调制，可将通信系统分为基带传输和频带传输。基带传输是指信号没有经过调制而直接进行传输的通信方式，如音频市内电话。频带传输是指信号经过调制后再送到信道中传输，接收端有相应解调措施的通信方式，它是对各种信号调制后传输的总称。

5．按信号复用方式分类

为了提高通信系统信道的利用率，通信信号的传输往往采用多路复用技术。所谓多路复用技术通常是指在一个信道上同时传输多个信号的技术。按不同的信号复用方式分类，通信可分为频分复用通信、时分复用通信以及码分复用通信。这三种信号复用通信，在以后的章节中会有详细的讲解。

6．按通信双方的分工及数据传输方向分类

对于点到点之间的通信，按消息传送方向，通信方式可分为单工通信、半双工通信及全双工通信三种。三种不同的通信方式后续详解，其通信实例如下。

单工通信的例子很多，如广播、遥控、无线寻呼等。信号只从广播发射台、遥控器和无线寻呼中心分别传到收音机、遥控对象和 BP 机上。半双工通信的有对讲机、收发报机等。全双工通信的非常多，如普通电话、手机等。

除上述分类外，通信还有其他一些分类方法。如通信还可按收发信者是否运动分为移动通信和固定通信；按用户类型可分为公用通信和专用通信；按消息的物理特征分为电报通信系统、电话通信系统、数据通信系统、图像通信系统等；按通信对象的位置分为地面通信、对空通信、深空通信、水下通信等。

1.1.3 通信方式

从通信双方的分工及数据传输方向的不同角度考虑问题,通信的工作方式通常有以下几种。

1. 按消息传送的方向与时间分类

对于点对点之间的通信,按消息传送的方向与时间,通信方式可分为单工通信、半双工通信及全双工通信三种。

(1)单工通信。消息只能单方向进行传输的一种通信工作方式,即在某一时间通信双方只能进行一种通信工作的方式,如图 1.4(a)。单工通信的例子很多,如广播、遥控、无线寻呼等。

(2)半双工通信。通信双方都能收发消息,但不能同时进行收和发的工作方式,如图 1.4(b),如对讲机、收发报机等都是这种通信方式。

(3)全双工通信。通信双方可同时进行双向传输消息的工作方式,如图 1.4(c)。在这种方式下,双方都可同时进行收发消息,互不干扰。生活中如电话、手机等均属于全双工通信。

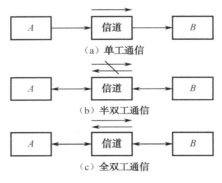

图 1.4　通信方式

2. 按数字信号排序方式分类

在数字通信中,按照数字信号代码排列顺序的方式不同,可将通信方式分为串序传输和并序传输。

(1)串序传输。将代表信息的数字信号序列按时间顺序一个接一个地在信道中传输的通信方式,如图 1.5(a)所示。

(2)并序传输。将代表信息的数字信号序列分割成两路或两路以上的数字信号序列同时在信道上传输的通信方式,如图 1.5(b)所示。

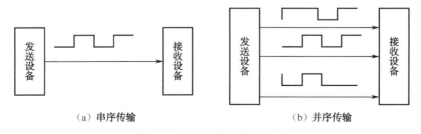

（a）串序传输　　　　　　　　　　（b）并序传输

图 1.5　串序和并序传输方式

一般的数字通信方式大都采用串序传输，这种方式只需一条通路，缺点是传输时间相对较长；并序传输方式在通信中也会用到，它需要多条通路，优点是传输时间较短。

3. 按通信网络形式分类

通信的网络形式通常可分为三种：点对点直通方式、分支方式和交换方式，如图 1.6 所示。

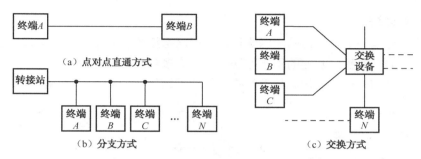

图 1.6　通信的网络形式

点对点方式是通信网络中最为简单的一种形式，终端 A 与终端 B 之间的线路是专用的。在分支方式中，它的每一个终端（A，B，C，…，N）经过同一信道与转接站相互连接。此时，终端之间不能直通信息，必须经过转接站转接，此种方式只在数字通信中出现。交换方式是终端之间通过交换设备灵活地进行线路交换的一种方式，即把要求通信的两终端之间的线路接通（自动接通），或者通过程序控制实现消息交换，即通过交换设备先把发方的消息储存起来，然后再转发至收方。这种消息转发可以是实时的，也可以是延时的。

分支方式及交换方式均属网通信的范畴。无疑，它和点与点直通方式相比，还有其特殊的一面。例如，通信网中有一套具体的线路交换与消息交换的规定、协议等；通信网中既有信息控制问题，也有网同步问题等。尽管如此，网通信的基础仍是点与点之间的通信。

1.2　认识通信网

1.2.1　通信网

1. 通信网的概念

通信网是一种利用交换设备、传输设备和通信协议，将地理上分散的用户终端设备互连起来实现通信和信息交换的系统。

一个最简单的通信网至少由三部分组成：交换系统、传输系统和终端设备，三者的关系如图 1.7 所示。

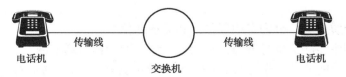

图 1.7　交换、传输和终端的关系图

交换系统的作用是在两个或几个指定的话机之间（也可以是交换机与交换机之间）建立接续；传输系统的作用则是利用传输媒体（架空线、电缆、光缆、微波或卫星）把电信号从甲地传到乙地；终端设备可以是电话机，也可以是非电话机设备。图1.7是采用多种通信手段的传统通信网。

2．通信网的分类

（1）按网络结构分类：通信网的网络结构（即网络拓扑）是指网络在物理上的连通性问题。根据节点（如交换机）互连的不同方法，可构成多种类型的结构。常见的网络结构有总线型结构、星型结构、树型结构、环型结构、网状型结构及全互联型结构，如图1.8所示。

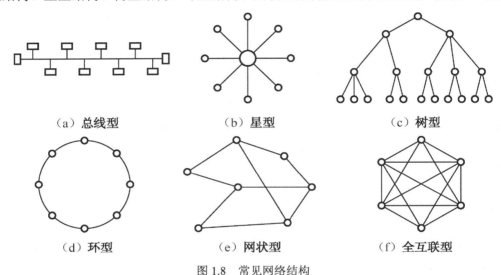

（a）总线型　　　　（b）星型　　　　（c）树型

（d）环型　　　　（e）网状型　　　　（f）全互联型

图1.8　常见网络结构

（2）按网络交换技术分类：现代通信网都是用交换设备将各用户连接起来的，即网内用户间通过交换机实行信息交换。根据通信业务的需要以及通信技术的发展，交换技术可分为分组交换网和电路交换网两大类。

分组交换网中的数据被划分成多个更小的等长数据段，在每个数据段的前面加上必要的控制信息作为数据段的首部，每个带有首部的数据段就构成了一个分组。首部指明了该分组发送的地址，当交换机收到分组之后，将根据首部中的地址信息将分组转发到目的地，这个过程就是分组交换。能够进行分组交换的通信网被称为分组交换网。

电路交换网中的数据通信是通过建立一条专用线路来完成通信的，一次通信中，线路只供通信双方使用。电路交换的基本过程可分为连接建立、信息传送和连接拆除三个阶段。

（3）按传输介质分类：分为有线通信网和无线通信网。

（4）按通信网中传输的信号分类：分为数字通信网和模拟通信网。

（5）按通信网功能分类：分为电话通信网、移动通信网、数据通信网、智能网、接入网、用户支撑网。

1.2.2　常见通信网络

1. 移动通信网

移动通信系统从 20 世纪 80 年代诞生以来，到 2020 年将大体经过 5 代的发展历程，从 2010 年开始，逐渐实现了第 3 代过渡到第 4 代（4G）通信。除蜂窝电话系统外，宽带无线接入系统、毫米波 LAN、智能传输系统（ITS）和同温层平台（HAPS）系统陆续投入使用。未来移动通信系统最明显的趋势是要求高数据速率、高机动性和无缝隙漫游。实现这些要求在技术上将面临更大的挑战。此外，系统性能（如蜂窝规模和传输速率）在很大程度上将取决于频率的高低。考虑到这些技术问题，有的系统将侧重提供高数据速率，有的系统将侧重增强机动性或扩大覆盖范围。

移动通信网由无线接入网、核心网和骨干网三部分组成。无线接入网主要为移动终端提供接入网络服务，核心网和骨干网主要为各种业务提供交换和传输服务。移动通信网示意图如图 1.9 所示。从通信技术层面看，移动通信网的基本技术可分为传输技术和交换技术两大类。

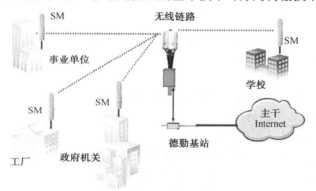

图 1.9　移动通信网示意图

从传输技术来看，在核心网和骨干网中由于通信媒质是有线的，对信号传输的损伤相对较小，传输技术的难度相对较低。但在无线接入网中由于通信媒质是无线的，而且终端是移动的，这样的信道可称为移动（无线）信道，它具有多径衰落的特征，并且是开放的信道，容易受到外界干扰，这样的信道对信号传输的损伤是比较严重的，因此，信号在这样的信道传输时可靠性较低。同时，无线信道的频率资源有限，因此有效地利用频率资源是非常重要的。也就是说，在无线接入网中，提高传输的可靠性和有效性的难度比较高。

从网络技术来看，交换技术包括电路交换和分组交换两种方式。目前移动通信网和移动数据网通常都有这两种交换方式。在核心网中，分组交换实质上是为分组选择路由，这是一种类似于移动 IP 选路机制（或称为路由技术），它是通过网络的移动性管理（MM）功能来实现的。

从用户角度看，可以使用的接入技术包括：蜂窝移动无线系统，如 3G；无绳系统，如 DECT；近距离通信系统，如蓝牙和 DECT 数据系统；无线局域网（WLAN）系统；固定无线接入或无线本地环系统；卫星系统；广播系统，如 DAB 和 DVB-T；ADSL 和 Cable Modem。目前使用最多的移动通信网络包括众所周知的 GSM、第三代移动通信网 WCDMA、CDMA2000、TD-SCDMA、第四代移动通信网 LTE。

2. 数据通信网

数据通信网是为提供数据通信业务组成的电信网。由某一部门建立、操作运行，为本部门提供数据传输业务的电信网称为专用数据通信网；由电信部门建立、经营，为公众提供数据传输业务的电信网称为公用数据通信网。目前，数据通信网的主要内容是计算机通信网。计算机通信网由主机（或工作站）与通信子网构成。根据网络结构及所采用的数据传输技术，通信子网可分为交换通信网和广播通信网两大类。典型数据通信网络结构如图 1.10 所示。数据通信网主要提供数据通信业务和增值数据通信业务，其基础网络有三种，即公用分组交换数据网（CHINAPAC）、公用数字数据网（CHINADDN）和公用帧中继宽带业务（CHINAFRN）。

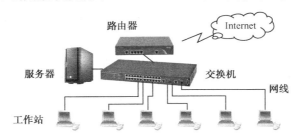

图 1.10　典型数据通信网络结构

3. 卫星通信网

宇宙通信是以宇宙飞行体或通信转发体作为对象的无线电通信。它可分为以下三种形式。

（1）地球站与宇宙站间的通信；

（2）宇宙站之间的通信；

（3）通过宇宙站的转发或反射进行的地球站之间的通信。

人们常把第三种形式称为卫星通信。卫星通信是指利用人造地球卫星作为中继站转发无线电信号，在两个或多个地面站之间进行的通信过程或方式。卫星通信属于宇宙无线电通信的一种形式，工作在微波频段。

卫星通信是在地面微波中继通信和空间技术的基础上发展起来的。微波中继通信是一种"视距"通信，即只有在"看得见"的范围内才能通信。而通信卫星的作用相当于离地面很高的微波中继站。由于作为中继的卫星离地面很高，因此经过一次中继转接之后即可进行长距离的通信。图 1.11 是一种简单的卫星通信系统示意图，它由一颗通信卫星和多个地面通信站组成。其中，地球站是指设在地面、海洋或大气层中的通信站，习惯上统称为地面站。宇宙站是指地球大气层以外的宇宙飞行体（如人造卫星和宇宙飞船等）或其他星球上的通信站。

4. 综合业务数字网

前面介绍的每一种通信网都是为某一种专门的业务而设计的，虽然某些数据通信业务在几个不同网络中可同时存在，但不同网络中数据终端是互不兼容的，它们之间的互通只有通过特殊的网关设备才能实现，这种分别建立、操作和控制的网络导致了人力、物力的巨大浪费。综合业务数字网实现了由单一网络提供各种不同类型的业务。它提供了端到端的数字连接，且支持一系列广泛的业务（包括数字语音、数据、文字、图像在内的各种综合业务），为用户进网提供一组有限标准的多用途入网接口。

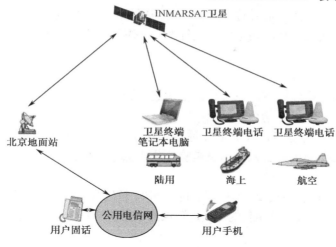

图 1.11　卫星通信示意图

1.3　认识通信系统

扫一扫看数字通信
原理实验平台与实
验室建设指导

1.3.1　通信系统的一般模型

　　1.2.2 节中介绍的各种通信网，它们的根本任务是完成信号从一地到另一地的传递，这也是通信的任务，完成信息传送的一系列技术设备及传输媒质构成的整体就是通信系统。

　　通信的目的是实现消息的交流与传递。由于设备的具体构造、系统业务功能及实现技术上存在差异，不同的通信系统具有各自独有的构成环节，但任何形式的通信系统均可按通信系统的原理概括成统一的系统模型。以简单的点对点通信为例，如图 1.12 所示。

图 1.12　通信系统模型

　　由图 1.12 可知，通信系统模型基本包括五个部分：信源、发送设备、信道、接收设备、信宿。信源和发送设备称为发送端，信宿和接收设备称为接收端。各部分功能如下。

　　（1）信源

　　信源也称信息源或发终端，即原始信号的来源，它的作用是将原始信息转换成原始电信号。电信号作为信息的表现形式携带着待传输的信息，这样的电信号通常称为基带信号。信源包括模拟信源和数字信源，如传统话筒、摄像机送出的是模拟信号，是模拟信源；计算机等各种数字终端设备输出的是数字信号，属于数字信源。目前数字信源越来越占主流。

　　（2）发送设备

　　发送设备对信源产生的原始电信号进行某种变换，使其适合在信道中传输。它的主要功能有两个：放大和变换。要把信号传往远处，就需要放大信号的功率，再发送出去；另外就是将信源和信道匹配起来，把原始电信号进行变换（编码、调制等）成适合在信道中传输的信号。

（3）信道

信道是信号传输的物理通道，信号通过信道进行传输。信道分为有线信道和无线信道。

（4）噪声

噪声是信道中的所有噪声以及分散在通信系统中其他各处噪声的集合。无论哪一种信道，都无法避免干扰和噪声的引入，信道是噪声集中加入之处。

（5）接收设备

接收设备功能与发送设备相反，即进行解调、译码、解码等，是发送设备进行变换的反变换，即将接收到的信号进行与调制器相反的变换，还原为原始的信息，送给信息接收者（信宿）。

（6）信宿

信宿也称受信者或收终端，是信息的接收者。它的作用是将复原的原始电信号转换成相应的消息。例如，电话机将对方传来的电信号还原成了人的语音。

前面已指出，按照信道中所传信号的形式种类不同，可进一步具体化为模拟通信系统和数字通信系统。下面就对模拟通信系统作简单介绍。

一般地，信道中传输的是模拟信号的系统称为模拟通信系统。模拟通信系统的组成可由一般通信系统模型略加改变而成，如图 1.13 所示。这里，一般通信系统模型中的发送设备和接收设备分别为调制器、解调器所代替，目的是将基带信号转换成适合在信道中传输的信号，这个过程也就是调制。

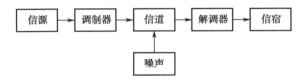

图 1.13　模拟通信系统模型

对于模拟通信系统，它主要包含两种重要变换：把连续消息变换成电信号（发端信源完成）和把电信号恢复成最初的连续消息（收端信宿完成）。由信源输出的电信号（基带信号）由于它具有频率较低的频谱分量，一般不能直接作为传输信号而送到信道中去。因此，模拟通信系统里常有第二种变换，即将基带信号转换成其适合信道传输的信号，这一变换由调制器完成；在收端同样需经相反的变换，它由解调器完成。经过调制后的信号通常称为已调信号。已调信号有三个基本特性：一是携带有消息，二是适合在信道中传输，三是频谱具有带通形式，且中心频率远离零频。因而已调信号又常称为频带信号。

1.3.2　数字通信系统

1. 数字通信系统模型

信道中传输数字信号的系统称为数字通信系统。数字通信的基本特征是，它所传输的消息或信号具有"离散"或"数字"的特性，从而使数字通信具有许多特殊的问题，系统的基本模型也比传统的模拟通信系统的模型要复杂。数字通信系统概括成一个统一的模型可用图 1.14 表示。

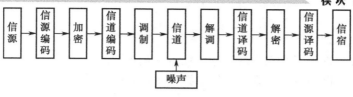

图 1.14　数字通信系统模型

数字通信系统基本模型各部分的功能如下。

（1）信源编码与译码：信源编码有两个作用。一是进行模/数变换，以进入数字通信系统传输。常用的模/数转换技术有脉冲编码调制（PCM）技术、增量调制（ΔM）技术等。二是设法降低数字信号的数码率，即数据压缩，从而提高信息传输的有效性。信源译码是信源编码的逆过程。

（2）信道编码与译码：数字信号在信道中传输时，由于噪声、干扰等的影响，会造成差错。信道编码是在原来的数字序列中引入某些作为差错控制的码字，以实现自动检错和纠错，使数字信号适应信道所进行的变换，这一过程称为信道编码。信道编码的目的就是提高通信系统抗干扰能力（会降低传输有效性），尽可能控制差错，实现可靠通信。信道译码是信道编码的逆过程。

（3）加密与解密：为了保证所传信息的安全，可有效地对基带信号进行人为扰乱，即加上密码，这叫加密。在接收端就需要对收到的信号进行解密。

至此，经过信源编码（包括加密）、信道编码后的数字信号仍然是基带信号，只适于在短距离的有线信道中直接传输，在无线信道中不能直接传输。基带信号必须调制，才能在无线信道中传输。

（4）调制与解调：数字调制的任务是把各种数字基带信号转换成适合于信道传输的数字调制信号（已调信号或频带信号）。数字解调是数字调制的逆过程。

2．数字通信系统特点

目前，在不同的通信业务中，模拟通信和数字通信都得到了广泛的应用。与模拟通信相比，数字通信以其所具有的明显优势能够更好地适应现代社会对通信技术的要求。

（1）抗干扰能力强

在模拟通信中，传输的信号幅度是连续变化的。当传输过程中叠加了噪声时，为了提高信噪比，需要及时对衰减的传输信号进行放大，不可避免地同时放大叠加的噪声，以致传输质量严重恶化。

对于数字通信，传输的信号幅度是离散的，即信号的幅值为有限个离散值，以二进制为例，信号的幅值只有 0，1 两个取值。这样当信号在传输过程中受到噪声干扰，而信噪比恶化到一定程度时，在适当的距离对传输信号进行抽样判决，以辨别是几个状态中的哪一个，只要噪声的大小不足以影响判决的正确性，便可再生成没有噪声干扰的和原发送端一样的数字信号，这样就能够较好地解决传输过程中噪声的干扰问题，实现长距离、高质量的传输。

（2）采用差错控制技术，改善传输质量

数字信号传输时，信道噪声或干扰所造成的差错，原则上是可控的。这是通过差错控制编码来实现的，设备结构上只需要在发送端增加一个编码器，而在接收端相应需要一个解码

器便可达到该效果。

（3）易于加密处理

信息传输的安全性和保密性是现代通信业务中最重要的业务要求。数字通信的加密处理简单且可操作性强。以话音信号为例，经过数字变换后的信号可用简单的数字逻辑运算进行加密、解密处理。

（4）易于存储、处理和交换

数字通信的信号形式一般采用二进制代码，便于与计算机联网，实现程序可控，也便于利用计算机对数字信号进行存储、处理和交换，实现通信网管理与维护的自动化、智能化。

（5）设备易于集成

数字通信的设备中大部分电路是数字电路，可用大规模和超大规模集成电路实现，并采用时分多路复用，省去了模拟通信中体积较大的滤波器，因此设备体积小、功耗低。

（6）占用信道频带较宽

随着光缆、数字微波等宽频带信道的大量利用，传输媒介采用一对光缆便可实现几千路的电话通信。当前的数字信号处理技术可将一路数字电话的数码率由 64 Kb/s 压缩到 32 Kb/s 甚至更低的数码率，这些方法大大拓宽了信道频带宽度，提高了数字通信的传输信息率。

（7）易于与现代技术相结合构成综合数字网和综合业务数字网

由于计算机技术、数字存储技术、数字交换技术以及数字处理技术等现代技术的飞速发展，许多设备、终端接口均能处理数字信号，因此极易与数字通信系统相连接。系统采用数字传输方式，可以通过程控数字交换设备进行数字交换，以实现传输和交换的综合。另外，电话业务和各种非话业务都可以实现数字化，构成综合业务数字网。

当然，数字通信也存在以下不足。

（1）频带利用率不高，数字信号占用的频带宽

以电话为例，一路数字电话一般要占据约 20～60 kHz 的带宽，而一路模拟电话仅占用约 4 kHz 带宽。

（2）系统设备结构复杂

由于数字通信的顺利实现需要严格的同步系统，故设备复杂、成本高、体积较大。

总之，数字通信能更好地适应各种通信业务的要求，在大规模集成电路设计、保密通信和计算机管理等业务内容中发挥了不可替代的作用。近年来，由于人们对各种通信业务的需求迅速增加，我国数字通信得到迅速发展，正朝着小型化、高速化、智能化、宽带化和综合化方向迈进。

1.3.3　数字通信模式

数字通信模式有三种主要的通信系统，即数字频带传输通信系统、数字基带传输通信系统和模拟信号数字化传输通信系统。

1. 数字频带传输通信系统

通常把有调制器/解调器的数字通信系统称为数字频带传输通信系统，如图 1.15 所示。在一个完整的数字通信系统中，若发送端有调制/加密/编码，则接收端必须有解调/解密/译码。需要说明的是，图中调制器/解调器、加密器/解密器、编码器/译码器等环节，在具体通信系

统中是否全部采用，要取决于具体设计条件和要求。

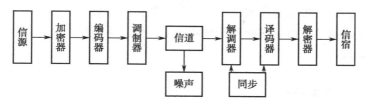

图 1.15　数字频带传输通信系统模型

2. 数字基带传输通信系统

与频带传输系统相对应，没有调制器和解调器的数字通信系统称为数字基带传输通信系统，如图 1.16 所示。

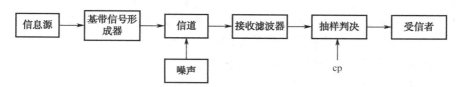

图 1.16　数字基带传输通信系统模型

图中基带信号形成器可能包括编码器、加密器以及波形变换等，接收滤波器亦可能包括译码器、解密器等。

3. 模拟信号数字化传输通信系统

上面论述的数字通信系统中，信源输出的信号均为数字基带信号。实际上，在日常生活中大部分信号（如语音信号）为连续变化的模拟信号。要实现模拟信号在数字系统中的传输，则必须在发送端将模拟信号数字化，即进行 A/D 转换；在接收端需进行相反的转换，即 D/A 转换。实现模拟信号数字化传输的系统如图 1.17 所示。

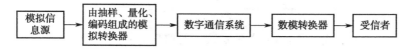

图 1.17　模拟信号数字化传输通信系统模型

从数字通信系统的基本模型中可看出，由于包含了几个编码及相应的解码模块，数字通信系统的基本模型比传统的模拟通信系统的模型要复杂，也正是由于这些复杂性和数字处理技术的灵活性，给数字通信系统带来了不可比拟的优点。

1.4　数字通信系统主要性能指标

扫一扫看数字通信系统指标及发展

在设计或评估通信系统时，通信系统的性能指标涉及通信系统的有效性、可靠性、适应性、标准性、经济性、保密性及维护性等方面。从消息的传输角度来说，通信的有效性与可靠性是系统评估的主要关注内容。这里所说的有效性主要是指消息传输的"速度"问题，而可靠性主要是指消息传输的"质量"问题。一般情况下，要增加系统的有效性，就得以牺牲系统的可靠性作为代价，反之亦然。当然，有效性和可靠性对于不同的通信系统，各自考虑的指标也不尽相同。对于模拟通信来说，系统的有效性和可靠性具体可用系统频带利用率和输出信噪比来衡量。数字通信系统的可靠性和有效性则是用误码率和传输速率来衡量。

1.4.1 信息量

1. 数字通信中信号的表示

由于数字通信中传输的是离散信号，因此，这些离散值就可以用数字表示。在计算机和数字通信中最适用的是二进制数字，即"0"和"1"。在数字通信中，如果离散信号的状态只有两种，则可用一位二进制数字表示；若离散信号的状态多于两种，则可用若干位二进制数字去表示。除了采用二进制外，还可采用多进制，比如选用 N 进制，这里的 N 是大于 2 的一个正整数。N 进制与二进制是可以相互表示的。比如 $N=8$，则 N 进制的每一位数字可以用三位二进制数字去表示。原则上，N 进制的一个数字可用 $\log_2$ 个二进制数字去表示，但要注意，$\log_2 N$ 当不为整数时，则应取大于此数值的第一个整数。

在数字通信中常常用时间间隔相同的符号来表示一位二进制数字。这个间隔被称为码元长度，而这样的时间间隔内的信号称为二进制码元。同样，N 进制的信号也是等长的，并被称为 N 进制码元。

2. 信息量的定义

信息是消息中包含的有用内容，信息包含在消息之中，不同消息包含的信息多少不同，不同受信者从同一消息中所获得的信息多少也不同，从而需要对信息进行度量。离散消息的信息量与消息出现的概率大小有关，连续消息的信息量则与消息的概率密度函数有关。这里只分析离散消息的信息量。

信息量：衡量某消息中包含信息多少的物理量。对于离散消息，信息量的定义如下：若一离散消息 x_i 出现的概率为 $P(x_i)$，则这一消息所含的信息量 I 为

$$I(x_i) = \log_a \frac{1}{P(x_i)} = -\log_a P(x_i) \qquad (1\text{-}4\text{-}1)$$

信息量的单位取决于式（1-4-1）中对底数 a 的取值。$a=2$ 时，信息量单位为比特（bit）；$a=e$ 时，信息量的单位为奈特（nat）；$a=10$ 时，信息量的单位为哈莱特（Hartly），目前使用最广泛的单位是比特。信息量的大小与消息出现的概率成反比关系，消息出现的概率越小，信息量越大；若某消息由若干个独立消息组成，则该消息所包含的信息量是每个独立消息所含信息量之和。

实例 1.1 在英文字母中 E 出现的概率最大，等于 0.105，试求其信息量。

解：E 的信息量 $I_{\mathrm{E}} = \log_2 \dfrac{1}{P(\mathrm{E})} = -\log_2 P(\mathrm{E}) = -\log_2 0.105 = 3.25\ \mathrm{bit}$

3. 离散独立等概消息的信息量

若某消息集由 M 个可能的消息（事件）所组成，每次只取其中之一，各消息之间相互统计独立，且出现概率相等，$P(x_i)=1/M$，则这类消息为离散独立等概消息。

当 $M=2$（二进制）时，$P(x_i)=1/2$，则

$$I(x_i) = -\log_2 P(x_i) = -\log_2 \frac{1}{2} = 1 \text{ bit} \tag{1-4-2}$$

即对于等概的二进制波形，其每个符号（码元）所包含的信息量为 1 bit。

当 $M = 2^N$（M 进制）时，$P(x_i) = 1/M = 2^{-N}$，则

$$I(x_i) = -\log_2 P(x_i) = -\log_2 M = N \text{ bit} \tag{1-4-3}$$

实例 1.2　某信息源由 A、B、C、D 四个符号组成，设每个符号独立出现，其出现的概率分别为 1/4、1/4、1/4、1/4。试求该信息源中每个符号的信息量。

解：$P(A) = P(B) = P(C) = P(D) = 1/4$

则 $I_A = \log_2 \dfrac{1}{P(A)} = -\log_2 P(A) = -\log_2 \dfrac{1}{4} = 2 \text{ bit} = I_B = I_C = I_D$

4．离散独立非等概消息的信息量

若某消息集由 M 个可能的消息（事件）所组成，每次只取其中之一，各消息之间相互统计独立，出现概率不等，且 $\sum\limits_{i=1}^{M} P(x_i) = 1$，则这类消息为离散独立非等概消息。

该类消息的信息量则为各个事件的信息量之和：

$$I = -\sum_{i=1}^{M} n_i \log_2 P(x_i) \text{ bit} \tag{1-4-4}$$

式（1-4-4）中，n_i 为第 i 种符号出现的次数，$P(x_i)$ 为第 i 种符号（码元）出现的概率；M 为信源的符号（码元）种类。当消息很长时，用符号出现的概率和次数来计算信息量比较麻烦，此时可用平均信息量，即信源熵来计算。

信源熵（entropy）是指信源符号集中每个符号所包含信息量的统计平均值，其定义式如下：

$$H(x) = -\sum_{i=1}^{M} P(x_i) \log_2 P(x_i) \quad \text{比特/符号} \tag{1-4-5}$$

当信源中每个符号等概率独立出现时，信源熵有最大值。等概时，$P(x_i) = 1/M$，因此

$$H_{\max} = \log_2 M \quad \text{比特/符号} \tag{1-4-6}$$

若某符号集的熵为 $H(x)$，则当符号集发送 m 个符号组成一则消息时，所发送的总信息量为

$$I = mH(x) = -m\sum_{i=1}^{M} P(x_i) \log_2 P(x_i) \quad \text{bit} \tag{1-4-7}$$

实例 1.3　设一个信息源由 64 个不同的符号组成，其中 16 个符号的出现概率均为 1/32，其余 48 个符号出现的概率为 1/96，若此信息源每秒发出 1 000 个独立的符号，求该信源一秒发出的信息量。

解：该信息源的熵为

$$H(X) = -\sum_{i=1}^{M} P(x_i) \log_2 P(x_i) = -\sum_{i=1}^{64} P(x_i) \log_2 P(x_i)$$

$$= 16 \times \frac{1}{32} \log_2 32 + 48 \times \frac{1}{96} \log_2 96$$

$$= 5.79 \text{ 比特/符号}$$

因此，该信息源的平均信息速率：$I = mH = 1\,000 \times 5.79 = 5\,790 \text{ bit}$。

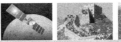

1.4.2　有效性指标

有效性是指传输一定信息量时所占用的信道资源数（频率范围或时间间隔）。在模拟通信系统中主要用带宽来衡量；在数字通信系统中，一般用传输速率来衡量，具体指标有传码率、传信率和频带利用率。

1. 传输速率

（1）码元传输速率 R_B

码元传输速率，又称传码率、波特率，是指单位时间（通常为一秒）内传输的码元个数，用 R_B 表示，其单位为波特（Baud），用"B"表示。

实例 1.4　假设某系统在 2 s 内共传送 3 600 个码元，求该系统的码元传输速率。

解：因为码元传输速率 R_B=传送的码元总个数/所耗时间，所以

$$R_B=3\,600/2=1\,800\ B$$

而数字信号一般有二进制与多进制之分，但码元传输速率与信号的进制数无关，只与码元宽度 T_B 有关，即

$$R_B = \frac{1}{T_B} \qquad\qquad (1\text{-}4\text{-}8)$$

实例 1.5　某信息源由 A、B、C、D 四个符号组成，这些符号分别用二进制码组 00、01、10、11 表示。若每个二进制码元用宽度为 5 ms 的脉冲传输，这四个符号出现的概率相等，试求其传码率。

解：一个字母（符号）对应两个二进制脉冲，属于四进制符号，故一个字母的持续时间为 2×5ms。传送字母的符号速率为

$$R_B = \frac{1}{T_B} = \frac{1}{2 \times 5 \times 10^{-3}} = 100\ B$$

（2）信息传输速率 R_b

信息传输速率又称信息速率或传信率，以单位时间内所传输的信息量多少来衡量，用符号 R_b 来表示。

通常定义信源发生信息量的度量单位是"比特（bit）"。一般在无特别声明的情况下，一个二进制码元规定含一个"比特"的信息量，所以信息传输速率的单位是比特/秒（bit/s），简记为 b/s 或 bps。

实例 1.6　设一信息源的输出有 128 个不同符号。其中 16 个出现的概率为 1/32，其余 112 个出现的概率为 1/224。信息源每秒发出 1 000 个符号，且每个符号彼此独立。试计算该信息源的平均信息速率。

解：每个符号的信源熵

$$H(X) = -\sum p(x_i)\log_2 p(x_i) = 16 \times \left(-\frac{1}{32}\right) + 112 \times \left(-\frac{1}{224}\right)\log_2 \frac{1}{224}$$

　　=6.4 比特/符号

1 秒发出 1 000 个符号，则 1 000 个符号所携带的信息量为 I=6.4×1 000/1=6 400 bit，即为

1 s 传送的比特数，因此，平均信息速率 R_b=6.4×1 000/1=6 400 b/s。

（3） R_B 与 R_b 的关系

码元速率与信息速率在数值上存在一定的关系，即当码元为二进制码元时，码元传输速率与信息传输速率在数值上相等，R_B=R_b，只是单位不同。

当码元为 N 进制码元时，设信息速率为 R_b(b/s)，码元速率为 R_{BM}(B)，则在等概率传送码元的情况下

$$R_b = R_{BM} \times \log_2 M \tag{1-4-9}$$

反之，在不等概率传送的情况下

$$R_b = R_B \times H(X) \tag{1-4-10}$$

式中 $H(X)$ 为该信源的信息熵。

从上面两个式子可以看出，码元速率相同的情况下，M 进制的传信率比二进制高，在信息速率相同的情况下，M 进制的传码率比二进制低。因此，从传输有效性方面考虑，多进制比二进制好。

2．频带利用率

频带利用率是指通信系统在单位频带内所能达到的传码率或传信率，用 η_B 或 η_b 来表示，它反映了系统对频带资源的利用水平。其定义式为

$$\eta_B = \frac{R_B}{B} \text{ B/Hz} \tag{1-4-11}$$

或

$$\eta_b = \frac{R_b}{B} \text{ bit/(s·Hz)} \tag{1-4-12}$$

式中 B 为信号传输占用的频带宽度。

实例 1.7 设有三个数字通信系统 A、B、C，在 125 μs 时间内分别传送了 256 个二进制、四进制、八进制码元，系统 B 和 C 所占用的信道带宽分别为 2.048 MHz 和 1.024 MHz，请计算三个系统的传码率、传信率以及 B、C 两个系统的频带利用率。

解：根据传码率的定义

（1）传码率：R_{B2}=R_{B4}=R_{B8}=256/（125×10^{-6}）=2.048×10^6 B

（2）传信率：

R_{b2}=R_{B2}×log$_2$2=R_{B2}=2.048×10^6 b/s

R_{b4}=R_{B4}×log$_2$4=4.096×10^6 b/s

R_{b8}=R_{B4}×log$_2$8=6.144×10^6 b/s

（3）频率利用率

η_{bB}=R_{b4}/2.048×10^6=4.096×10^6/2.048×10^6=2 bit/(s.Hz)

η_{bC}=R_{b8}/2.048×10^6=6.144×10^6/2.048×10^6=3 bit/(s.Hz)

1.4.3 可靠性指标

可靠性是指接收信息的准确程度，在模拟通信系统中主要用输出信噪比来衡量，数字通信系统可靠性的指标是利用差错率来衡量的。差错率是衡量系统正常工作时，传输消息可靠程度的重要性能指标。差错率通常有两种表示方法。

1．误码率

误码率是指接收的错误码元数在传输总码元数中所占的比例，或者更确切地说，误码率是码元在传输系统中被传错的概率。基本表达式如下：

$$P_e = \frac{接受的错误码元数}{系统传输的总码元数} \qquad (1\text{-}4\text{-}13)$$

信码在传输过程中，由于信道不理想以及噪声的干扰，以致在接收端判决再生后的码元可能出现错误，这叫误码，误码的多少用误码率来衡量。在数字通信系统中，常用误码率来描述可靠性，误码率越小，可靠性越高。

2．误信率

误信率又称误比特率，是指错误接收的信息量在传输信息总量中所占的比例，或者说，它是码元的信息量在传输系统中被丢失的概率。

$$P_b = \frac{系统传输中出错的比特数}{系统传输的总比特数} \qquad (1\text{-}4\text{-}14)$$

需要指出，误码率与误信率存在一定的关系，即在二进制下，误码率与误信率相等。

误信率是通信系统常用的指标，不同的通信系统对误比特率的要求不同，数据通信要求误比特率不大于 10^{-8}。

对二进制系统而言，$P_e=P_b$，对于多进制系统而言，$P_e>P_b$。从传输可靠性考虑，二进制比多进制好。

实例 1.8 某信息源包含 A、B、C、D 四个符号，这四个符号出现的概率相等，以二进制进行传输，已知信息传输速率为 $R_b=1$ Mb/s，求：

（1）码元传输速率。

（2）该信源工作 1 小时后发出的信息量。

（3）若在问题（2）中收到的信息量比特中，大致均匀地发现了 36 个错误比特，求误比特率和误码率。

解：（1）因为 $R_b=R_B\times\log_2 M$，$M=4$

所以 $R_B=1\times10^6/2=5\times10^5$ B。

（2）$I=R_b\times T=1\times10^6\times3\,600=3.6\times10^9$ bit。

（3）因为每个符号用 2bit 来表示，故传输的符号总数为：$N=3.6\times10^9/2=1.8\times10^9$。

因是均匀出错，故每一个比特出错将导致一个符号出错，所以错误符号 $N_e=N_b=36$。

$P_e=36/1.8\times10^9=2\times10^{-8}$。

$P_b=36/3.6\times10^9=1\times10^{-8}$。

1.5 通信技术发展历程及趋势

1.5.1 通信技术发展历程

1．通信技术发展简史

随着人类社会的发展，人们的生活范围、交际圈子不断扩展，相互之间的交流就显得越

扫一扫看实验 1 各种模拟信号源测试教学指导

发重要。从 19 世纪中叶以后，随着电报、电话的发明，电磁波的发现，人类通信领域产生了根本性的巨大变革，实现了利用金属导线来传递信息，甚至通过电磁波来进行无线通信，使神话中的"顺风耳"、"千里眼"变成了现实。以下便是通信技术发展的一些重大事件。

1837 年，美国人塞缪乐.莫乐斯（Samuel Morse）成功地研制出世界上第一台电磁式电报机，实现了长途电报通信。

1864 年，英国物理学家麦克斯韦（J.C.Maxwel）建立了一套电磁理论，预言了电磁波的存在，说明了电磁波与光具有相同的性质，两者都是以光速传播的。

1875 年，苏格兰青年亚历山大.贝尔（A.G.Bell）发明了世界上第一台电话机。

1888 年，德国青年物理学家海因里斯.赫兹（H.R.Hertz）用电波环进行了一系列实验，发现了电磁波的存在，电磁波的发现产生了巨大影响。不到 6 年的时间，俄国的波波夫、意大利的马可尼分别发明了无线电报，实现了信息的无线电传播，其他的无线电技术也如雨后春笋般涌现出来。

1904 年英国电气工程师弗莱明发明了二极管。

1906 年美国物理学家费森登成功地研究出无线电广播。

1907 年美国物理学家德福莱斯特发明了真空三极管，美国电气工程师阿姆斯特朗应用电子器件发明了超外差式接收装置。

1920 年美国无线电专家康拉德在匹兹堡建立了世界上第一家商业无线电广播电台，从此广播事业在世界各地蓬勃发展，收音机成为人们了解时事新闻的方便途径。

1922 年 16 岁的美国中学生菲罗.法恩斯沃斯设计出第一幅电视传真原理图，1929 年申请了发明专利，被裁定为发明电视机的第一人。

1924 年第一条短波通信线路在瑙恩和布宜诺斯艾利斯之间建立。

1928 年美国西屋电器公司的兹沃尔金发明了光电显像管，并同工程师范瓦斯合作，实现了电子扫描方式的电视发送和传输。

1933 年法国人克拉维尔建立了英法之间第一条商用微波无线电线路，推动了无线电技术的进一步发展。

1935 年美国纽约帝国大厦设立了一座电视台，次年就成功地把电视节目发送到 70 km 以外的地方。

1938 年兹沃尔金又制造出第一台符合实用要求的电视摄像机。经过人们的不断探索和改进，1945 年在三基色工作原理的基础上美国无线电公司制成了世界上第一台全电子管彩色电视机。

1946 年，美国人罗斯.威玛发明了高灵敏度摄像管，同年日本人八本教授解决了家用电视机接收天线的问题，从此一些国家相继建立了超短波转播站，电视迅速普及开来。

1948 年，肖克莱等人发明了晶体三极管，香农提出了信息论。

1950 年，进分多路技术出现。

1958 年，美国的基尔比和诺伊斯发明了集成电路，从此微电子技术诞生了。

1960 年，第一颗通信卫星发射成功，激光器研制成功。

1962 年，美国研究脉码调制设备成功。

1969 年，出现了激光通信，世界上第一个计算机网络诞生。

1970—1980 年，大规模集成电路、卫星通信、程控数字交换、光纤通信迅速发展。

1980—1990 年，超大规模集成电路、移动通信、光纤通信广泛应用，综合数字网崛起。

1990 年以后，卫星通信、光纤通信、移动通信进一步飞速发展。2G、3G、LTE 技术更新换代迅速，GPS 广泛应用。

以上各个时期的大事件，可大致反映出通信发展的主要历程。

2．移动通信技术发展历程

早在 1897 年，马可尼在陆地和一只拖船之间用无线电进行了消息传输，成为了移动通信的开端。至今，移动通信已有 100 多年的历史，在这期间移动通信技术日新月异，从 1978 年的第一代模拟蜂窝通信系统的诞生到第二代全数字蜂窝网电话系统的问世，将无线通信与国际互联网等多媒体通信结合的第三代移动通信系统，现如今正在兴起的 LTE（Long Term Evolution，长期演进）及将要进入的集 3G 与 WLAN 于一体的第四代移动通信。

（1）第一代移动通信

第一代移动通信技术（1G）是指最初的模拟、仅限语音的蜂窝电话标准，制定于 20 世纪 80 年代。第一代移动通信系统的典型代表是美国的 AMPS（Advanced Mobile Phone Service）系统（先进移动电话系统）和后来的改进型系统 TACS（Total Access Communications System）系统（全入网通信系统），以及瑞典、挪威和丹麦的 NMT（Nordic Mobile Telephony，北欧移动电话）和 NTT（Nippon Telegraph And Telephone Corporation，日本电信电话株式会社）等。主要采用的是模拟技术和频分多址 FDMA（frequency division multiple access）技术。主要以语音业务为主，基本上很难开展数据业务。

（2）第二代移动通信

由于模拟移动通信所带来的局限性，到 20 世纪 80 年代中期到 21 世纪初，数字移动通信系统得到了大规模应用，其代表技术是欧洲的 GSM。GSM 是全球移动通信系统（Global System of Mobile Communication）的简称。它的空中接口采用时分多址技术。自 20 世纪 90 年代中期投入商用以来，被全球超过 100 个国家采用。

（3）GPRS

GPRS 是在第二代无线通信系统 GSM 基础上发展起来的，将 GSM 网络为数据流的传输增加了支持分组交换的网络系统设备，第三代无线通信系统将会在 GPRS 的基础上进行更进一步的技术进步与发展，以全面支持高速、宽带的多媒体数据传输。也就是说，GPRS 是介于第二代和第三代之间的一种网络技术，也就是一般称为的 2.5 代。

GPRS 是一项高速数据处理的技术，方法是以"分组"的形式传送资料到用户手上。从技术上来说，声音的传送（即通话）继续使用 GSM，而数据的传送便可使用 GPRS，这样的话，就把移动电话的应用提升到一个更高的层次。而且发展 GPRS 技术也十分"经济"，因为只要沿用现有的 GSM 网络来发展即可。GPRS 的用途十分广泛，包括通过手机发送及接收电子邮件、在互联网上浏览等。

（4）第三代移动通信

第三代与前两代的主要区别是在传输声音和数据的速度上的提升，它能够在全球范围内更好地实现无缝漫游，并处理图像、音乐、视频流等多种媒体形式，提供包括网页浏览、电话会议、电子商务等多种信息服务。国际电联接受的 3G 标准主要有 WCDMA（日本和欧洲）、CDMA2000（美国）、TD-SCDMA（中国）及 WiMAX 四种。CDMA 是 Code Division Multiple Access

（码分多址）的缩写，是第三代移动通信系统的技术基础。

WCDMA：全称为 Wideband CDMA，这是基于 GSM 网发展出来的 3G 技术规范，是欧洲提出的宽带 CDMA 技术，它与日本提出的宽带 CDMA 技术基本相同，目前正在进一步融合。该标准提出了 GSM（2G）—GPRS—EDGE—WCDMA（3G）的演进策略。GPRS 是 General Packet Radio Service（通用分组无线业务）的简称，EDGE 是 Enhanced Data rate for GSM Evolution（增强数据速率的 GSM 演进）的简称，这两种技术被称为 2.5 代移动通信技术。目前中国移动正在采用这一方案向 3G 过渡，并已将原有的 GSM 网络升级为 GPRS 网络。

CDMA2000：由窄带 CDMA（CDMA IS95）技术发展而来的宽带 CDMA 技术，由美国主推，该标准提出了从 CDMA IS95（2G）—CDMA20001x—CDMA20003x（3G）的演进策略。CDMA20001x 被称为 2.5 代移动通信技术。CDMA20003x 与 CDMA20001x 的主要区别在于应用了多路载波技术，通过采用三载波使带宽提高。目前中国联通正在采用这一方案向 3G 过渡，并已建成了 CDMA IS95 网络。

TD-SCDMA：全称为 Time Division-Synchronous CDMA（时分同步 CDMA），是由我国大唐电信公司提出的 3G 标准，该标准提出不经过 2.5 代的中间环节，直接向 3G 过渡，非常适用于 GSM 系统向 3G 升级。但目前大唐电信公司还没有基于这一标准的可供商用的产品推出。

（5）LTE

LTE（Long Term Evolution，长期演进）项目是 3G 的演进，始于 2004 年 3GPP 的多伦多会议。LTE 并非人们普遍误解的 4G 技术，而是 3G 与 4G 技术之间的一个过渡，是 3.9G 的全球标准，它改进并增强了 3G 的空中接入技术，采用 OFDM 和 MIMO 作为其无线网络演进的唯一标准。在 20 MHz 频谱带宽下能够提供下行 326 Mb/s 与上行 86 Mb/s 的峰值速率。改善了小区边缘用户的性能，提高了小区容量和降低了系统延迟。LTE 也被通俗地称为 3.9G，具有 100 Mb/s 的数据下载能力，被视作从 3G 向 4G 演进的主流技术。

（6）第四代移动通信

4G 是第四代移动通信及其技术的简称，是集 3G 与 WLAN 于一体并能够传输高质量视频图像以及图像传输质量与高清晰度电视不相上下的技术产品。4G 系统能够以 100 Mb/s 的速度下载，比拨号上网快 2 000 倍，上传的速度也能达到 20 Mb/s，并能够满足几乎所有用户对于无线服务的要求。而在用户最为关注的价格方面，4G 与固定宽带网络在价格方面不相上下，而且计费方式更加灵活机动，用户完全可以根据自身的需求确定所需的服务。此外，4G 可以在 DSL 和有线电视调制解调器没有覆盖的地方部署，然后再扩展到整个地区。很明显，4G 有着不可比拟的优越性。

1.5.2　通信技术发展趋势

一个多世纪以来，通信技术的发展大致经历了三大阶段，即以传输语音发展起来的模拟电话通信、以传输数字信号为主的数字通信以及移动通信。为适应新的发展要求，今后的通信技术主要有以下几个发展方向。

（1）数字化

数字化就是在通信网中全面使用数字技术，包括数字传输、数字交换，数字终端等。数字通信具有抗干扰能力强、失真不积累、便于纠错、易于加密、利于传输等优点，与传统的模拟通信相比，数字通信更加通用和灵活，也为实现通信网的计算机管理创造了条件。数字化是"信息化"的基础，诸如"智能交通"、"智慧农业"、"数字城市"等都是建立在数字化基础上的信息系统。

（2）宽带化

互联网的内容向动态的多媒体方式的内容（图形、图像、视频、在线游戏）发展，而多媒体的内容文件的数据量越来越大，要提高用户的上网速度，就要改进用户的上网方式、通信的宽带。光纤通信的大力发展为宽带接入技术奠定了坚实的基础，宽带接入技术、IPRAN等技术将会得到更大的发展。

（3）智能化

随着人们对各种新业务需求的不断增加，智能网络技术将改变传统的网络结构，对网络资源进行动态分配，使网络能方便地引进新业务，并使用户具有控制网络的能力。通信网络的管理和控制将会借助于计算机技术、信息技术、计算机网络技术、智能控制技术等多种技术的汇集，实现通信网络管理和使用的智能化。

（4）综合化

将声音、图像、数据等多种信息源的业务综合在一个数字通信网中传送，可大大减少网络资源的浪费，且给用户带来极大便利，综合化的通信网不但能满足人们目前对电话、传真、广播电视、数据和各种新业务的需要，更能满足未来人们对信息服务的更高要求。

（5）个人化

个人通信（PCN）被称作新一代移动通信，即第三代移动通信。个人通信网是在宽带综合业务数字网的基础上，以无线移动通信网为主要接入手段、智能网为核心的最高层次的通信网，是人类企图实现的理想通信方式。任何个人在全球跨越多个网络时，可在任何时间、任何地理位置的任何一个固定的或移动的终端上发起或接收。这将大大地解放个人，使其具备极大的灵活性。

案例分析 1 VoIP 网络电话

1995 年以色列 VocalTec 公司推出的 Internet Phone，不但是 VoIP 网络电话的开端，也揭开了电信 IP 化的序幕。人们从此可以享受到更便宜、甚至完全免费的通话及多媒体增值服务，电信业的服务内容及面貌也为之剧变。

VoIP（Voice over Internet Protocol）简而言之就是将模拟声音信号（voice）数字化，以数据封包（data packet）的形式在 IP 数据网络 （IP Network）上做实时传递。

VoIP 的关键技术是服务提供商要在互联网上建立一个完善的电话网关。当用户上网后，使用专用的网络电话软件，将语音进行数字化压缩处理，并将信号传输到离目的地最近的电话网关，电话网关将数字信号转换成可以在公共电话网上传输的模拟信号，并接通对方电话号码，双方即可通过互联网电话网关通话，如图 1.18 所示。

IP 网络可以是 Internet、IPLC（国际专线）、无线网络等，只要是采用 IP 协议（Internet Protocol）就可以了。VoIP 系统就是把传统的电话网与互联网组合搭配在一起。由于话音和传真在 Internet 上免费搭乘了"顺风车"，所以点对点（网关—网关）国际或国内长途通信是完全免费的。

图 1.18　VoIP

　　VoIP 最大的优势是能广泛地采用 Internet 和全球 IP 互连的环境，提供比传统业务更多、更好的服务。VoIP 可以在 IP 网络上便宜地传送语音、传真、视频和数据等业务，如统一消息、虚拟电话、虚拟语音/传真邮箱、查号业务、Internet 呼叫中心、Internet 呼叫管理、电视会议、电子商务、传真存储转发和各种信息的存储转发等。

　　思考：

　　由此说说什么是通信？生活中还有哪些常见的数字通信网络？对比现实生活中的数字通信系统，找出与通信系统模型的对应关系。

习题 1

扫一扫
看习题1
及答案

一、选择题

1. 某数字通信系统码元速率为 2 400 B，$M=8$ 时信息传输速率为（　　）。

A. 4 800 b/s　　　B. 6 400 b/s　　　C. 7 200 b/s　　　D. 9 600 b/s

2. 某数字传输系统传送八进制码元的传输速率为 1 200 B，此时该系统的传信率为（　　）。

A. 1 200 b/s　　　B. 4 800 b/s　　　C. 3 600 b/s　　　D. 9 600 b/s

3. 某信号的频率范围为 40 kHz～4 MHz，则该信号的带宽为（　　）。

A. 36 MHz　　　B. 3.96 MHz　　　C. 360 kHz　　　D. 396 kHz

4. 模拟信号的特点是（　　）。

A. 幅度是连续的　　　　　　　　B. 时间域上全有值

C. 幅度连续，时间间断　　　　　D. 幅度离散

5. 某数字通信系统的码元速率为 1 200 B，接收端在半小时内共接收到 216 个错误码元，则该系统的误码率为（　　）。

A. 10^{-4}　　　B. 10^{-5}　　　C. 10^{-6}　　　D. 10^{-3}

二、填空题

1. 通信的目的是_____或_____信息。

2. 数字通信在_____是离散的。

3. 根据信号在传递的过程中是否进行过调制，可将通信系统分为_____和_____。

4．设信道的带宽 $B=1\,024\ Hz$，可传输 $2\,048\ b/s$ 的比特率，其传输效率 $\eta =$ _____。

5．某数字通信系统传送四进制码元，码元速率为 $4\,800\ B$，接收端在 $5\ min$ 的时间内共接收到 288 个错误比特，则该系统的误比特率为_____。

6．常见的通信方式有_____、_____、_____。

7．一个最简单的通信网包括_____、_____和_____三大部分。

8．通信系统模型包括_____、_____、_____、_____、_____五个部分。

9．数字通信系统的有效性指标有_____、_____、_____三个。

10．当信源中每个符号_____出现时，信源熵有最大值。

三、判断题

1．出现概率越小的消息，其出现时所含的信息量越大。（   ）

2．当传码率一致时，传输符号个数越多的数字通信系统的传信率越低。（   ）

3．数字通信系统的可靠性和有效性可以同时兼得。（   ）

4．数字通信系统的传信率越高，其频率利用率越低。（   ）

5．信源编码的目的是为了降低信息的冗余度，提高传输有效性。（   ）

四、计算题

1．掷一对无偏骰子，告诉你得到的总的点数为：（a）7；（b）12。问各得到多少信息量。

2．某信息源由 A、B、C、D 四个符号组成，这些符号分别用二进制码组 00，01，10，11 表示。若每个二进制码元用宽度为 5ms 的脉冲传输，试分别求出在下列条件下的平均信息速率。

（1）这四个符号等概率出现。

（2）这四个符号出现概率分别为 1/4，1/4，3/16，5/16。

3．一个由字母 A、B、C、D 组成的字。对于传输的每一个字母用二进制脉冲编码，00 代替 A，01 代替 B，10 代替 C，11 代替 D。每个脉冲宽度为 5 ms。

（1）不同的字母等概率出现时，试计算传输的平均信息速率。

（2）若每个字母出现的概率为 $P_A=\dfrac{1}{5},P_B=\dfrac{1}{4},P_C=\dfrac{1}{4},P_D=\dfrac{3}{10}$，试计算传输的平均信息速率。

4．某数字通信系统，其传码率为 $8.448\ MB$，它在 $5\ s$ 时间内共出现了 2 个误码，求其误码率。

模块 2

信道与噪声

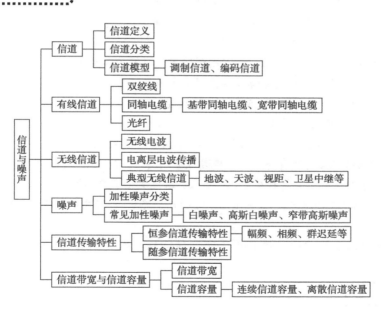

导入案例

设想一个问题：一个跨国集团其总部在美国，其分部分别在欧洲、亚洲、非洲。某一天总部通知要开一个集团高层会议，各大洲的老总们就要匆匆收拾行囊，花一大笔钱，在飞机上坐 14～24 小时去开只有一到两天的会。换来的是满身的疲劳及工作效率的低下。再如在国内，国务院要召开一个全国会议表彰先进；或者北京大学教授要给全国各分校学生授课；或者现代化战争要求军队需要即时了解战场情况；或者天坛医院专家要给远在海南的垂危病人指导手术；再或者政府、军队布置抗洪抢险紧急事宜，等等。

如何快速、高效、经济地解决这些问题？答案是使用视频会议系统。视频会议系统，又称会议电视系统，两个或两个以上不同地方的个人或群体，通过传输线路及多媒体设备，将声音、影像及文件资料互传，实现即时且互动的沟通，以实现会议目的的系统设备。我们在需要开会的每个会场安装一套视频会议终端，接上电视机、摄像头、麦克风等附件，再接入相应的宽带网络如 IP、ISDN、E1/T1 等，即可实现视频、音频、数据的实时传送，从而真正实现天涯共一室的梦想。视频会议使不同地方的人们相互影响——不管他们之间是 10 分钟的步程还是 10 小时的飞机行程。它能够使人们像在同一房间一样交流思想、交换信息。这就意味着人们不用在等 E-mail、传真或者快递中度过工作时间。简短地说，视频会议使人们"坐"在了一起。采用远程视频会议系统具有以下优势：节约会议的经费、时间；提高开会的效率，增加参会人员；对于某些交通状况不好，特别是地处山区、边疆的城市以及一些紧急场合，如救灾、防汛、战地会议等，视频会议系统带来了极大的便利。

会议系统的组成非常简单，如图 2.1 所示。每个会场安放一台视频会议终端，终端接上电视机作为回显设备、接上网络作为传输媒介就可以了。一台终端通常有一台核心编解码器、一个摄像头、一个全向麦克风以及一个遥控器。核心编解码器将摄像头和麦克风输入的图像及声音编码通过网络传送，同时将网络传来的数据解码后将图像和声音还原到电视机和音响上，即实现了与远端的实时交互。终端通过呼叫 IP 地址或 ISDN 号码进行连接（专线无须拨号）。但在有三点会场时就必须采用 MCU（视频会议多点控制单元）进行管理。MCU 决定将哪一路（或哪几路合并成一个）图像作为主图像广播出去，以供其他会场点收看。所有会场的声音是实时同步混合传输的。在具有 MCU 的会议系统里，所有终端的音视频数据均实时传到 MCU 供选择广播。MCU 的数据流量较大，通常接于网络的中心交换机上，控制人员通过笔记本电脑调用 MCU 管理界面在会场进行远程管理。呼叫方式可以由控制人员由 MCU 呼叫各个终端，亦可由各终端呼叫设置好的会议号。

思考：

常见的视频会议系统中的信道使用了哪些传输媒质？分别具有什么特点？系统中有无噪声的加入？

学习目标

☞ 理解信道的基本概念，知道信道的分类及信道模型。

☞ 掌握有线信道与无线信道及其传输特性。

☞ 知道噪声的分类和常见加性噪声，并了解噪声在生活中的应用。

☞ 会计算信道容量及信道带宽。

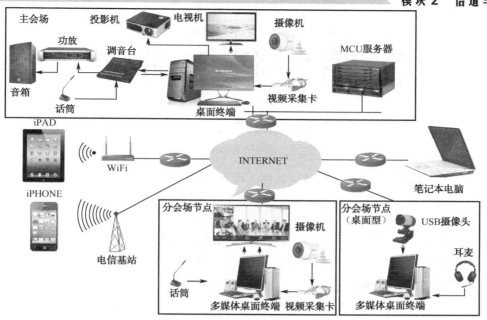

图 2.1　视频会议系统设备连线图

2.1　信道

2.1.1　信道定义

信道（information channels）是指信息传输的通道。它的作用就是把携有信息的信号（如电、光、声信号）从发送端传递到接收端。信道可以是有线线路，也可以是无线线路。例如两人对话，靠声波通过两人之间的空气来传送，因而两人之间的空气就是信息传输的信道。由于信道特性不完善，信号经信道传输后往往发生振幅和相位的失真，导致波形失真。同时，在信道中还存在各种干扰和噪声，减损传输信号。

2.1.2　信道分类

按照不同的分类方法，信道的分类有很多种。

1．狭义信道与广义信道

从大范围来看，信道分为狭义信道和广义信道。

狭义信道是指发送端和接收端之间用以传输信号的传输媒介或途径。根据传输媒介的不同，狭义信道可分为有线信道和无线信道；具有通信信道特性的某些物理存储介质也可以认为是狭义信道，如光盘、磁盘等。

广义信道是一种逻辑信道，是对狭义信道范围的扩大，除了传输媒介外，还包括有关转换设备，如馈线与天线、功放、调制器与解调器等。

通常将广义信道按信道功能划分为调制信道和编码信道，如图 2.2 所示。

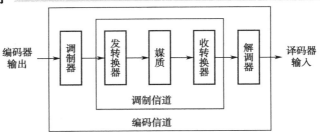

图 2.2　调制信道和编码信道

调制信道是从调制器输出端到解调器输入端之间的部分（含物理媒质、收发转换器、天线等）。传输的是调制信号。由于调制信号一般是由基带信号对正弦载波信号调制而得，所以又常叫作"模拟信道"。

编码信道是从编码器输出端到译码器输入端之间的部分（含调制信道、调制器和解调器）。由于它传送的信号是数字信号，通常又叫作"数字信道"。

2．模拟信道和数字信道

按传输信号的类型分类，信道可以分为模拟信道和数字信道两类。传输模拟信号的信道称之为模拟信道（连续信道）。传输离散数字信号的信道称为数字信道（离散信道）。利用模拟信道传送数字信号，则必须经过数字与模拟信号之间的变换（A/D 变换器）。当利用数字信道传输数字信号时通常须要进行数字编码，而不须要进行变换。

3．物理信道与逻辑信道

一般情况下，信道有物理信道与逻辑信道之分。物理信道是指用来传送信号或数据的物理链路，它是由实实在在的传输介质及设备组成的。而逻辑信道在信号输入输出端之间并不存在物理上的传输介质，只是在物理信道的基础上，由节点内部或节点之间建立的连接来实现。

4．有线信道与无线信道

信道可按照信道传输介质分为有线信道和无线信道两类。有线信道是指电磁波的引导传播渠道。该类信道是具有各种传输能力的引导体。目前采用的传输媒介主要有明线、对称电缆、同轴电缆及光缆等。无线信道是指电磁波的空间传播渠道。目前采用的传输媒介主要有地波传播、短波电离层反射、超短波或微波视距中继、人造卫星中继以及各种散射信道等。

2.1.3　信道模型

在研究信道模型时，信道主要包括两个部分：调制信道和编码信道。

1．调制信道

调制信道是指从调制器输出端到解调器输入端的所有变换装置及传输媒质，它描述了调制信道输出信号和输入信号之间的关系。

从调制和解调的角度来看，调制信道是对输入信号进行某种变换，因此所关心的只是输入信号和经过调制信道后输出的最终结果。

调制信道最基本的模型是二对端调制信道，可用二对端时变线性网络来表示，如图 2.3 所示。

对于二对端调制信道模型来说，它的输入和输出之间的关系可表示为

$$e_{o}(t) = k(t)e_{i}(t) + n(t) \qquad (2\text{-}1\text{-}1)$$

式中，$e_i(t)$ 是调制信道在时刻 t 的输入信号，即调制信号；$e_o(t)$ 是调制信道在时刻 t 的输出信号，即已调信号；$k(t)$ 表示信道对信号影响的某种函数关系，描述了信道对输入信号的畸变和延时。$k(t)$ 使得调制信道的输出信号 $y(t)$ 的幅度随着时间 t 发生变化，因此也被称作"乘性干扰"；$n(t)$ 是调制信道上存在的加性噪声，与输入信号 $e_i(t)$ 无关，又被称为"加性干扰"。即使信道的输入信号为零，信道仍然有来自噪声的能量输出，会使信道中传输的信号发生失真，对信道传输性能产生影响。

一般情况下，通信系统要求具有较高的传输效率，因此为了提高传输效率，除了上述二对端调制信道模型这种最基本的信道模型外，调制信道允许多对端信道传输，出现了多对端调制信道模型，如图 2.4 所示。

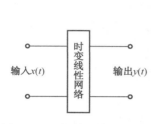

图 2.3　二对端调制信道模型

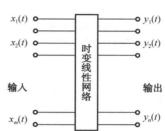

图 2.4　多对端调制信道模型

对于多对端调制信道模型来说，它的输入和输出之间的关系式很容易由二对端的信道模型表达式推广出来。唯一的不同之处在于在实际的信道设计中，多对端调制信道允许多输入、多输出，因此较多地考虑消除信道间干扰，设计较为复杂。

由于调制方法及信道构造的差异，调制信道存在很多类型，但不同构造的调制信道存在某些共性：

（1）有一对（或多对）输入端和输出端；

（2）绝大多数的信道都是线性的，即满足线性叠加原理；

（3）信号通过信道具有固定的或时变的延迟时间和损耗；

（4）没有信号输入，输出端有一定的输出（噪声）。

2．编码信道

编码信道是指编码器输出端到译码器输入端的信道。从编译码的角度来看，编码信道对信号的影响是一种数字序列的变换，即把一种数字序列变成另一种数字序列。编码信道可分为无记忆编码信道和有记忆编码信道。信道有无记忆主要决定于信道中码元的差错发生是否独立。信道中码元的差错发生是独立的，即一码元的差错与其前后码元是否发生差错无关，则编码信道是无记忆的；反之，则是有记忆的。图 2.5 给出了二进制无记忆编码信道模型。

在这个模型里，把 $P(0/0)$、$P(1/0)$、$P(0/1)$、$P(1/1)$ 称为信道转移概率，具体地把 $P(0/0)$ 和 $P(1/1)$ 称为正确转移概率，而把 $P(1/0)$ 和 $P(0/1)$ 称为错误转移概率。根据概率性质可知

$$P(0/0) + P(1/0) = 1 \qquad (2\text{-}1\text{-}2)$$

$$P(1/1) + P(0/1) = 1 \qquad (2\text{-}1\text{-}3)$$

转移概率完全由编码信道的特性所决定。一个特定的编码信道，有确定的转移概率。但应该指出，转移概率一般须要对实际编码信道做大量的统计分析才能得到。由无记忆二进制编码模型，容易推出无记忆多进制的模型。图 2.6 给出一个无记忆多进制编码信道模型。

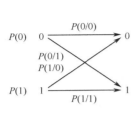
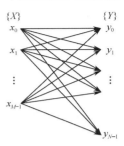

图 2.5　二进制无记忆编码信道模型　　　图 2.6　无记忆多进制编码信道模型

必须指出，如果编码信道是有记忆的，即信道中码元的差错发生是非独立的，则编码信道模型要比上图的模型复杂得多，信道转移概率表示式也变得很复杂。这些就不进一步讨论了。

2.2　有线信道

有线信道是通信网中最常用的信道，也是最早使用的信道。在电气通信初期，以金属媒介为主体的有线信道得到了广泛的应用。在终端与中心计算机相连的网络中，计算机之间、驱动器与功率放大器之间的连接线都使用金属传输媒介，其代表为双绞线、同轴电缆等。20世纪 70 年代后期，光纤以信道损耗小、抗干扰能力强等优势逐渐成为现代通信的主要传输媒介。

有线信道主要有四类，包括明线（open wire）、双绞线（twisted pair）、同轴电缆（coaxial cable）和光纤（optical fiber）。明线由于易受天气和环境的影响，对外界噪声干扰比较敏感，通信质量不高，且线路容量小，传输频带窄，不适用于宽频带和高速数字信号，已经逐渐被淘汰，因此这里就不详细介绍了。

2.2.1　双绞线

双绞线是由两条相互绝缘的导线按照规定的绞距互相缠绕（一般以逆时针缠绕）在一起而制成的一种通用配线。双绞线的缠绕密度、扭绞方向及绝缘材料直接影响它的特性阻抗、衰落和近端串扰。扭绞不仅可以抵御一部分来自外界的电磁波干扰，而且可以降低自身信号的对外干扰。把两根绝缘的铜导线按一定密度互相绞在一起，一根导线在传输中辐射的电波会被另一根线上发出的电波抵消。"双绞线"的名字由此而来。

双绞线电缆是由多对双绞线外包一个绝缘电缆套管构成。电缆套管可保护双绞线免遭机械损伤和其他有害物体的损坏，提高电缆的物理性能和电气性能。在双绞线电缆内，不同线对具有不同的扭绞长度，一般扭绞长度为 38.1～14 mm，按逆时针方向扭绞。通过相邻线对之间变换的扭绞长度，可使同一电缆内各线对之间干扰最小，相邻线对的扭绞长度在 12.7 mm 以上，一般扭绞越密，其抗干扰能力越强。以四对双绞线为例，其中，橙色对和绿色对通常用于发送和接收数据，绞合程度最高；蓝色对次之；棕色对一般用于进行检验，绞合度较低。如果双绞线的绞合密度不符合技术要求的话，将会引起电缆阻抗不匹配，导致较为严重的近端串扰，从而使传输距离变短，传输速度降低。

按照不同的分类方式，双绞线电缆的分类不同。

（1）按双绞线电缆包缠的是否有金属屏蔽层分，双绞线电缆分为屏蔽双绞线（Shielded Twisted Pair，STP）与非屏蔽双绞线（Unshielded Twisted Pair，UTP）

屏蔽双绞线在双绞线与外层绝缘封套之间有一个金属屏蔽层，如图 2.7 所示。屏蔽双绞线分为 STP 和 FTP，STP 指每条线都有各自的屏蔽层，而 FTP 只在整个电缆有屏蔽装置，并且两端都正确接地时才起作用。所以要求整个系统是屏蔽器件，包括电缆、信息点、水晶头和配线架等，同时建筑物需要有良好的接地系统。屏蔽层可减少辐射，防止信息被窃听，也可阻止外部电磁干扰的进入，使屏蔽双绞线比同类的非屏蔽双绞线具有更高的传输速率。

非屏蔽双绞线指不带任何屏蔽物的对绞电缆，由多对双绞线外包一层绝缘塑料套管构成，如图 2.8 所示。

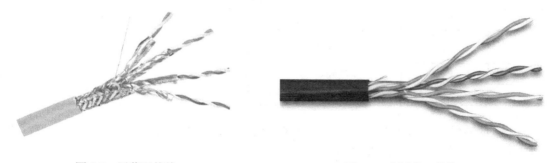

图 2.7   屏蔽双绞线   图 2.8   非屏蔽双绞线

非屏蔽双绞线具有质量轻、体积小、弹性好和价格适宜等特点，广泛用于以太网络和电话线中，如图 2.9 所示。

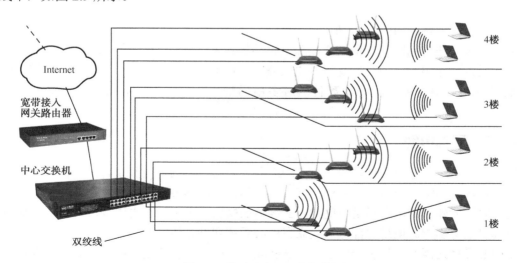

图 2.9   常见以太网网络拓扑图

（2）按照双绞电缆性能高低分，TIA/EIA 和 ISO/IEC 分别定义了七种不同质量的型号标准，如表 2.1 所示。

表 2.1　双绞线缆分类

TIA/EIA	ISO/IEC	规定最大带宽	备　注
CAT1	A 类	100 kHz	只适用于语音传输（一类标准主要用于 20 世纪 80 年代初之前的电话线缆），不同于数据传输
CAT2	B 类	4 MHz	线缆最高频率带宽是 1 MHz，用于语音传输和最高传输速率 4 Mb/s 的数据传输，常见于使用 4 Mb/s 规范令牌传递协议的旧的令牌网
CAT3	C 类	16 MHz	传输频率 16 MHz，最高传输速率为 10Mb/s，主要应用于语音、10 Mb/s 以太网（10BASE-T）和 4 Mb/s 令牌环
CAT4		20 MHz	传输频率为 20 MHz，用于语音传输和最高传输速率 16 Mb/s 的数据传输，主要用于基于令牌的局域网和 10BASE-T/100BASE-T
CAT5	D 类	100 MHz	用于语音传输和最高传输速率为 100 Mb/s 的数据传输
CAT5e	E 类	100 MHz	提供 100 MHz 的带宽。目前常用在快速以太网及千兆以太网（1 Gb/s）中
CAT6	F 类	250 MHz	最适用于传输速率高于 1 Gb/s 的应用
CAT7	G 类	600 MHz	带宽为 600 MHz，可能用于今后的 10 吉比特以太网

（3）按照双绞线电缆中线对数分，通常将双绞线电缆分为 4 对双绞线电缆和大对数（25 对、50 对、100 对……）双绞线电缆。

4 对双绞线电缆主要用于配线布线，4 对双绞线电缆的线对颜色编码依次为蓝色、橙色、绿色和棕色。大对数双绞线电缆主要用于建筑物主干布线，常用的有 3 类 25 对、50 对、100 对、200 对和 5 类、超 5 类的 25 对、50 对、100 对等规格，如图 2.10 所示。

双绞线本身在传输距离、信道宽度和数据传输速度等方面均受到一定限制，而且容易引入电气噪声，因此在传送高频率的信号或进行长距离传送时多用同轴电缆。

图 2.10　大对数双绞线

2.2.2　同轴电缆

同轴电缆是一种非对称传输线，电流的去向和回向导体轴是相互重合的。在中心内导体外包围一定厚度的绝缘介质，介质外是管状外导体，外导体表面再用绝缘塑料保护。当信号通过电缆时，所建立的电磁场是封闭的，在导体的横切面周围没有电磁场。因此，内部信号对外界几乎没有影响。电缆内部电场建立在中心导体和外导体之间，方向呈放射状，而磁场则是以中心导体为圆心，呈多个同心圆。这些场的方向和强弱随信号的方向和大小变化。同轴电缆常用于设备与设备之间的连接，或应用在总线型网络拓扑中。与双绞线相比，同轴电缆的抗干扰能力强、屏蔽性能好、传输数据稳定、价格便宜，而且它不用连接在集线器或交换机上即可使用。

同轴电缆由里到外分为四层：中心导线（单股的实心线或多股绞合线）、绝缘层、金属网状织物构成的屏蔽层和外部的绝缘护套，其结构如图 2.11 所示。其中心导线主要用于传导电流，金属屏蔽层用于接地。同轴电缆的这种结构，使它具有高带宽和极好的噪声抑制特性。同轴电缆的中心导线与屏蔽层恰好可构成电流的回路，因此在制作同轴电缆的接头时，千万不能使屏蔽层的任何部分与中心导线接触，以免造成短路。

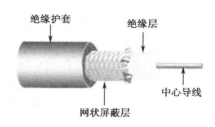

图 2.11　同轴电缆结构图

同轴电缆从用途上分可分为 50 Ω 基带同轴电缆和 75 Ω 宽带同轴电缆（即网络同轴电缆和视频同轴电缆）。基带电缆又分细同轴电缆和粗同轴电缆。基带电缆仅仅用于数字传输，数据传输速率可达 10 Mb/s。总线型以太网就是使用 50 Ω 同轴电缆，在以太网中，50 Ω 细同轴电缆的最大传输距离为 185 m，粗同轴电缆可达 500 m。宽带同轴电缆用于视频领域模拟传输，传输带宽可达 1 GHz。目前，同轴电缆大量被光纤取代，但仍广泛应用于有线电视和某些局域网，如图 2.12 所示。

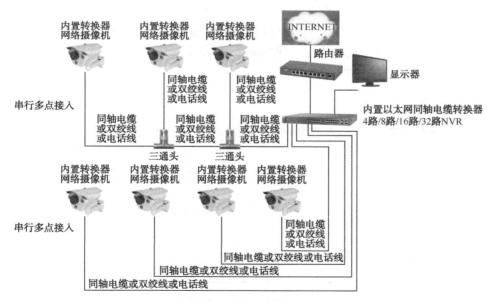

图 2.12　网络摄像机组网图

（1）基带同轴电缆

基带同轴电缆易于连接，数据信号可以直接加载到电缆上，阻抗特性均匀，电磁干扰屏蔽性好，误码率低，适用于各种局域网络，速率最高为 10 Mb/s。

按同轴电缆的直径大小，基带同轴电缆一般可以分为细同轴电缆（简称细缆或 10Base-2）和粗同轴电缆（简称为粗缆或 10Base-5）两种。目前计算机网络中常使用细缆。

粗同轴电缆直径约为 12.7 mm，铜芯比细缆粗，也比较硬，其外表为黄色。IEEE 把粗缆称为 10Base-5，其中"10"代表最高的数据传输速率为 10 Mb/s，"Base"代表传输方式是基带传输，"5"代表最长可以达到 500 m。对于同轴电缆而言，铜芯越粗，数据的传输距离就越远。因此粗缆常作为网络的主干网络线，适用于比较大型的网络，标准距离长，可靠性高。但粗同轴电缆网络必须安装收发器，安装难度大，因此总体造价高。

细同轴电缆直径比粗缆小（5 mm），因此它比粗缆轻便灵活，但它的数据传输距离近。其外表通常是黑色，安装比较简单，造价低，但安装时要切断电缆，两头须装上 BNC 终端器，接在 T 形连接器两端，容易造成接触不良而影响整个网络。

无论粗缆还是细缆，多采用适合于机器密集环境的总线型拓扑结构，一旦某点发生故障，会影响整根缆上的所有机器，故障诊断和修复复杂，因此，逐步被双绞线或光缆所替代。

（2）宽带同轴电缆

传输有线电视模拟信号的同轴电缆被称为宽带同轴电缆。"宽带"这个词来源于电话业，指 4 kHz 宽的频带。在计算机网络中，"宽带电缆"却指任何使用模拟信号进行传输的电话网络。

宽带同轴电缆的传输特性要高于基带同轴电缆，但须要附加信号处理设备，安装比较困难，适用于长途电话网、电缆电视系统和宽带计算机网络。通常宽带同轴电缆是 75 Ω 电缆，速率最高为 20 Mb/s，可以传输数据、语音和影像信号，传输距离可以达到几千米。

其中，基带传输不使用载波频率，依靠线路自身传递信息。宽带传输使用载波允许多个独立的信号在一根电缆上传输。以太网就是一种基带网络技术，整个线路专门用来传递网络流量。宽带传输如有线电视电缆（电缆调制解调器）或数字用户（DSL）的高速因特网接入。

2.2.3 光纤

光纤（光导纤维的简称）是一种细微、柔韧、透明的光传输媒质，是信息高速路的基石，它具有频带宽、数据传输速率高、误码率低、传输损耗小、传输距离远、电磁绝缘性能好等优点。光纤由折射率较高的纤芯、折射率较低的包层和外面的涂覆层组成，如图 2.13 所示。

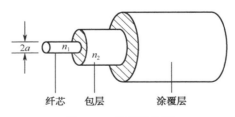

图 2.13　光纤结构图

光缆（optical fiber cable）是一定数量的光纤按照一定方式组成缆芯，外包有塑料保护套管及塑料外皮用以实现光信号传输的一种通信线路，基本结构一般由缆芯、加强构件、填充物和护层等几部分构成，此外，根据实际需要，还要有防水层、缓冲层、绝缘金属导线等构件，如图 2.14 和图 2.15 所示。光缆具有频带宽、电磁绝缘性能好、衰落较小、中继段长等优点。

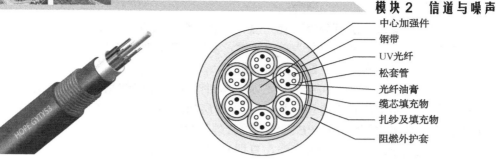

中心加强件
钢带
UV光纤
松套管
光纤油膏
缆芯填充物
扎纱及填充物
阻燃外护套

图 2.14　光缆　　　　　　　　图 2.15　光缆结构

1）光纤工作原理

当光纤纤芯折射率 n_1 大于等于包层折射率 n_2、入射角大于临界角时，光在光纤中发生全反射。光纤是利用全反射原理来导光的，如图 2.16 所示。

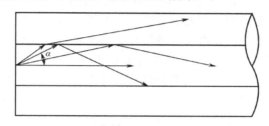

图 2.16　光在光纤中的传播

2）光纤分类

光纤的分类方法很多，既可以按照光纤中传输模式数的多少来分类，又可以按照光纤截面折射率分布、光纤使用的材料或传输的工作波长等来分类。根据不同的分类方法和标准，同一根光纤将会有不同的名称。

（1）按照信号传送方式，光纤可分为单模光纤和多模光纤。

单模光纤纤芯直径很小，只能在给定的工作波长上以单一模式传输，传输频带宽、容量大、色散小、稳定性好，适合于远距离通信。

多模光纤纤芯直径较大，在给定的工作波长上，能以多个模式同时传输，模间色散较大，限制了传输数字信号的频率，且光纤越长色散越严重，适合于低速、短距离光纤通信。

（2）按照纤芯直径可划分为 50/125（μm）缓变型多模光纤、62.5/125（μm）缓变增强型多模光纤、10/125（μm）缓变型单模光纤等，其中分子表示纤芯直径，分母表示包层直径。

（3）按照光纤纤芯的折射率变化情况分为突变型光纤和渐变型光纤。

（4）　按照其制造材料的不同可分为石英光纤和塑料光纤。

（5）按照工作波长可分为短波长光纤和长波长光纤。短波长光纤的波长为 0.85 μm（0.8～0.9 μm）；长波长光纤的波长为 1.3～1.6 μm，主要有 1.31 μm 和 1.55 μm 两个窗口。

3）光缆分类

光缆的种类较多，不如电缆分类那样明确。

（1）根据传输性能、距离和用途，光缆可分为市话光缆、长途光缆、海底光缆和用户光缆。

（2）按光纤的种类可分为多模光缆、单模光缆。

（3）按光纤套塑方法可分为紧套光缆、松套光缆、束管式光缆和带状多芯单元光缆。

（4）按光纤纤芯数多少可分为单芯光缆、双芯光缆、四芯光缆、六芯光缆、八芯光缆、十二芯光缆、二十四芯光缆、四十八芯光缆等。

（5）按加强件配置方法可分为中心加强构件光缆（如层绞光缆、骨架光缆等）、分散构件光缆（如束管两侧加强光缆和扁平光缆）、护层加强构件光缆（如束管钢丝轻铠光缆和 PE 外护层加一定数量的细钢丝即 PE 细钢丝综合外护层缆）。

（6）按敷设方式可分为管道光缆、直埋光缆、架空光缆和水底光缆。

光纤的工作波长有短波长（0.85 μm）、长波长（1.31 μm 和 1.55 μm）。光纤损耗一般随波长加长而减小，0.85 μm 的损耗为 2.5 dB/km，1.31 μm 的损耗为 0.35 dB/km，1.55 μm 的损耗为 0.20 dB/km，这是光纤的最低损耗，波长 1.65 μm 以上的损耗趋向加大。由于 OH⁻ 的吸收作用，0.90～1.30 μm 和 1.34～1.52 μm 范围内都有损耗高峰，这两个范围未能充分利用。20 世纪 80 年代起，倾向于多用单模光纤，而且先用长波长 1.31 μm。

在进行光纤通信时，发送端可将发光二极管或半导体激光器设置为光源，在电脉冲的作用下产生光脉冲。接收端则利用光电二极管做成光检测器，在检测到光脉冲时可还原出电脉冲。有光脉冲相当于 1，没有相当于 0。由于可见光的频率非常高，约为每秒 10^8 量级，因此光纤通信系统的传输带宽远远大于目前其他各种传输媒体的带宽。但由于制造光纤的基本材料是石英（SiO_2），光波在光纤中传输会产生损耗，使光的功率逐渐下降。光纤损耗通常可分为固有损耗和附加损耗。在光纤通信过程中，常常采取积极措施减少损耗。如图 2.17 所示为常见的光纤连接图。

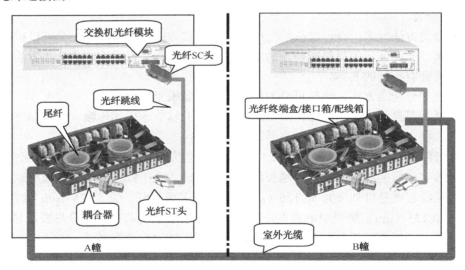

图 2.17　光纤连接图

2.3　无线信道

扫一扫看线信道及噪声教学课件

由于移动电话的普及，移动通信的需求量增大，无线信号传送信息的重要性越来越受到人们的重视，无线电波被广泛地应用于通信等领域。通常所讲的无线电通信系统是由发送设备、接收设备、无线信道三大部分组成的。其中发送设备包括变换器、发射机和发射天线等，与发送设备相对应的接收设备包括变换器、接收机和接收天线等。无线信道指电磁波的空间传播渠道，利用无线电磁波作为传输媒体以实现信息和数据的无线传输。按电磁波的传播模式划分，包括地波传播信道、天波传播信道、视距传播信道、无线电视距中继信道、卫星中继信道、对流层散射信道、流星余迹散射信道。

2.3.1　无线电波

无线电波是指在自由空间（包括空气和真空）传播的射频频段的电磁波。无线电通信技术就是利用导体中电流强弱的改变会产生无线电波的这一现象，通过调制将信息加载于无线电波之上，当电波通过空间传播到达收信端，电波引起的电磁场变化又会在导体中产生电流。通过解调将信息从电流变化中提取出来，从而达到了信息传递的目的。

在自由空间中，存在以下关系：

$$c = f\lambda \tag{2-3-1}$$

式中，c 为光速；f 和 λ 分别为无线电波的频率和波长。因此，无线电波是一种能量的传播形式，也可将其认为是一种频率相对较低的电磁波，其波长大于 1 mm，频率小于 300 GHz。

对频率或波长进行分段，分别称为频段或波段。不同频段信号的产生、放大和接收的方法不同，传播的能力和方式也不同，因而它们的分析方法和应用范围也不同。

根据工作频段或波长可分为长波信道、中波信道、短波信道、超短波信道、微波信道和光波信道，如表 2.2 所示。

表 2.2　无线信道波段划分

名　称	长　波	中　波	短　波	超　短　波	微　波	光　波
频率范围	3～300 kHz	300～3 000 kHz	3～30 MHz	30～1 000 MHz	1～300 GHz	1～50 THz
波长范围	100～1 km	1 km～100 m	100 m～10 m	10 m～30 cm	30 cm～1 mm	300～0.006 μm

2.3.2　电离层电波传播

电离层电波传播是指在地球上空约 55～1 000 km，受弱等离子体制约的无线电波传播，包括在这个区域内和透过这个区域的电波传播。电离层是冷的弱等离子体，呈电中性。其处在地磁场中，电子运动时因受地磁场的洛伦兹力作用而围绕磁力线旋转，旋转频率称为磁旋频率，其大小可以与短波频率相比。

电离层对超长波至微波频段的电波均有影响，只是影响程度不同，传播效应各异。电离层电波传播方式主要有以下几种。

（1）透射传播。对于频率高于 100 MHz 的电波，电离层电子密度不足以造成反射，且折射作用也不大，因此它们能直接穿过电离层。地空通信、远程警戒雷达就基于这个原理。但是，电离层存在大量不同尺度的不均匀结构，使透射电离层的信号的振幅和相位产生起伏，这种现象称为电离层闪烁。闪烁现象在赤道±20°之内出现较多，在极区也较严重，而在中纬度地区较弱。

（2）散射传播。利用电离层中不均匀结构对甚高频波段（30～300 MHz）电波的散射作用，可实现远距离散射传播。但由于散射传播效率低、信号强度弱、衰落快、距离有限且信道间互相干扰，因而限制了它们的广泛应用。

（3）反射传播。对长波、中波和短波（30 kHz～30 MHz），可利用电离层反射实现远距离甚至环球传播。长波天波传播广泛应用于导航和授时。中波天波传播广泛用于广播和导航。短波传播广泛用于通信和广播。短波设备简单、经济、方便、传播距离远，是远距离通信的重要手段之一。

（4）波导传播。极低频、甚低频（0.3～30 kHz）波段的电波，可在地面与电离层所构成的同心球壳间实现"波导传播"，其优点是传播相位稳定和传播距离远，广泛用于导航、授时和通信。

2.3.3 典型无线信道

1．地波传播信道

地波传播是指频率在约 2 MHz 以下的无线电波沿着地球表面的传播，如图 2.18 所示。地波传播主要用于低频及甚低频远距离无线电导航、标准频率和时间信号广播、对潜通信等，具有传播损耗小、作用距离远、受电离层扰动小、传输稳定、有较强的穿透海水和土壤的能力等优点，但其大气噪声电平高，工作频带窄。

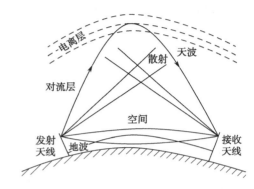

图 2.18　地波与天波传播信道示意图

2．天波传播信道

天波传播是指频率在 2～30 MHz 的高频电磁波经由电离层反射的一种传播方式，如图 2.18 所示。长波中波、短波都可以利用天波通信。但短波是电离层反射的最佳波段，电离层一次反射最远距离可以达到 4 000 km，可利用电离层的多次反射进行远距离通信。

天波传播的主要特点是：传输损耗小、设备简单、可利用较小功率进行远距离通信。但由于电离层是一种随机的、色散及各向异性的有耗媒质，电波在其中传播会产生各种效应，如多径传输、衰落、极化面旋转等，有时还会因电离层骚动和突变而极不稳定，甚至完全中断通信。近年来，高频自适应通信系统的使用，大大提高了短波通信的可靠性。低频天波在授时、导航、通信、广播，以及低电离层特性研究方面都有广泛的用途。例如，采用天波信道的短波应急通信系统如图 2.19 所示。

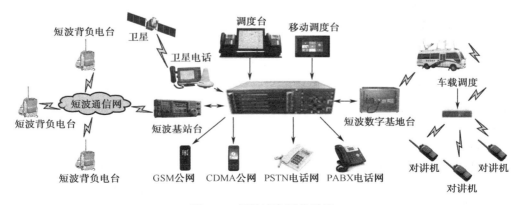

图 2.19　短波应急通信系统

3．视距传播信道

视距传播是指在发射天线和接收天线之间能互相"看见"的距离内，频率高于 30 MHz 的电磁波直接从发射点传到接收点的一种传播方式，又称为直射波或空间波传播，如图 2.20 所示。

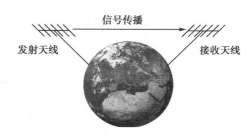

图 2.20　视距传播信道示意图

根据收发天线所处空间位置的不同，视距传播大致可分为三种类型：①地面上的视距传播，如中继通信、电视、广播及地面移动通信等；②地面与空中目标之间的视距传播，如飞机、飞艇、通信卫星；③空间飞行体之间的视距传播，如飞机间、宇宙飞行器间的电波传播等。无论地面视距传播还是地对空视距传播，其传播途径至少有一部分是在对流层中，必然要受到对流层这一传输媒质的影响。因此，当电波在低空大气层中传播时，还可能受到地球表面自然或人为障碍物的影响，引起电波的反射、散射或绕射现象。接收点除了空间直射波外，还会受到地面或其他障碍物的反射波。

4．无线电视距中继信道

无线电视距中继通信工作在超短波和微波波段，利用定向天线实现视距直线传播。由于直线视距一般在 40～50 km，因此需要中继方式实现远距离通信，如图 2.21 所示。相邻中继站相距 40～50 km。由于中继站间采用定向天线实现点对点传输，并且距离较近，因此传播条件比较稳定，具有传输容量大、发射功率小、通信可靠稳定等特点。

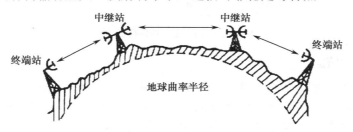

图 2.21　无线电视距中继信道

5．卫星中继信道

卫星信道利用人造地球卫星作为中继站转发无线电信号实现地球站之间的通信，如图 2.22 所示。

当卫星的运行轨道在赤道上空，距地面 35 860 km 时，其绕地球一周的运行时间为 24 h，在地球上看上去卫星是相对静止的，称为同步卫星。利用它作为中继站可以实现地球上 18 000 km 范围内的多点通信。利用三颗适当配置的同步卫星可以实现全球（除南北极盲区外）通信。同步卫星通信的电磁波为直线传播，大部分为真空状态的自由空间传播，传播特性稳定可靠、

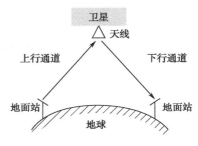

图 2.22　卫星中继信道

传输距离远、容量大、覆盖地域广，广泛用于传输多路电话、电报、图像、数据和电视节目。

微波中继通信是一种"视距"通信，即只有在"看得见"的范围内才能通信。而通信卫星的作用相当于离地面很高的微波中继站。由于作为中继的卫星离地面很高，因此经过一次中继转接之后即可进行长距离的通信。图 2.23 是一种典型的卫星通信网络拓扑图。

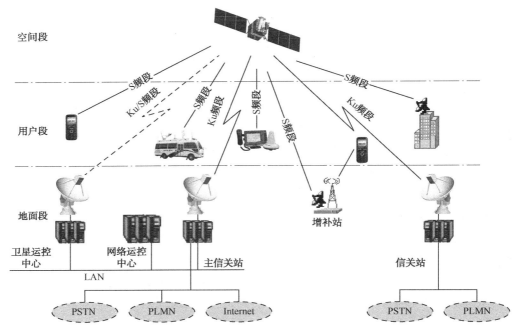

图 2.23　卫星通信网络拓扑图

6. 对流层散射信道

对流层散射通信频率范围主要在 100 MHz～4 GHz，可以达到的有效散射传播距离最大约为 600 km。对流层散射是由大气的不均匀性产生的，而且电磁波散射现象具有较强的方向性，散射能量主要集中于前方，故称"前向散射"。发射天线射束与接收天线射束相交于对流层上层，两波束相交的空间为有效散射区域，对流层散射信道示意图如图 2.24 所示。

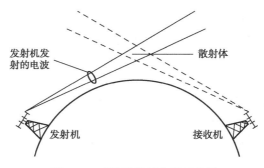

图 2.24　对流层散射信道示意图

7. 流星余迹散射信道

流星余迹散射是由于流星经过大气层时产生很强的电离余迹使电磁波散射的现象，如图 2.25 所示。流星余迹高度约为 80～120 km，余迹长度约为 15～40 km，散射频率范围为 30～100 MHz，传播距离达 1 000 km 以上。一条余迹的存留时间在零点几秒到几分之间，但空中随时都有大量肉眼看不见的流星余迹存在，能随时保证信号断续地通信。所以流星余迹散射通信只能用于低速存储和高速突发的断续方式传输数据。

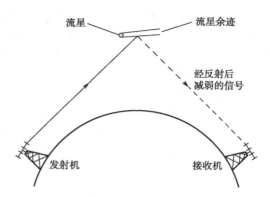

图 2.25　流星余迹散射信道示意图

2.4　噪声

噪声，从广义上讲是指通信系统中有用信号以外的有害干扰信号，习惯上把周期性的、规律的有害信号称为干扰，而把其他有害的信号称为噪声。噪声可以笼统地称为随机的、不稳定的能量。它分为加性噪声和乘性噪声，乘性噪声随着信号的存在而存在，当信号消失后，乘性噪声也随之消失。在这里我们主要讨论加性噪声。

2.4.1　加性噪声分类

1. 按来源分类

按照来源分类，信道中加性噪声一般可以分为人为噪声、自然噪声和内部噪声。

（1）人为噪声

人为噪声由人类的活动产生，包括无线电噪声和工业噪声等，这些干扰一般可以消除，例如加强屏蔽、滤波和接地措施等。

无线电噪声的主要来源是各种用途的外台无线电发射机。这类噪声所覆盖的频率范围很宽，从甚低频段到特高频段，都可能存在无线电干扰，干扰的强度也可能较大。这类干扰的频率是固定的，因此可以预先设法防止或避开；特别是在加强了无线电频率的管理工作后，在频率的稳定性、准确性以及谐波辐射等方面都建立了严格的规定，从而使得它对信道中传输信号的干扰程度可降到最小。

工业噪声来源于各种电气设备，如电力线、点火系统、电车、电源开关、电力铁道、高频电炉等。干扰来源分布范围较大，例如收听广播时，如果开启电灯开关，可听到扬声器发出"喀啦"声。这类干扰的频谱都集中在较低的频率范围内，工作信道的频率只要高于这个频段就可防止受到它的干扰；也可以在干扰源方面设法消除或减小干扰的产生，如加强屏蔽和滤波等措施，以此防止接触不良和消除波形失真。

（2）自然噪声

自然噪声是自然界存在的各种电磁波源，主要来源是闪电、大气中的磁暴、太阳黑子以及宇宙射线（天体辐射波）等各种电磁干扰。比如在接收卫星信号时，太阳噪声就是严重的噪声问题；打雷时收音机会发出较大的"喀啦"声等。各种自然现象与其发生的时间、季节、地区等很有关系，因此受天气干扰的影响也是因时、因地而大小不同的。这类干扰所占的频谱范围很宽，并且频率也不像无线电干扰那样是固定的，因此难以防范。

（3）内部噪声

内部噪声是系统设备本身产生的各种噪声，来源于信道本身所包含的各种电子器件、转换器以及天线或传输线等。这类干扰是自由电子做不规则运动造成的，因此它的波形也是不规则变化的，在示波器上观察就像一堆杂乱无章的茅草一样，通常称之为起伏噪声。由于在数学上可以用随机过程来描述这类干扰，因此又可称为随机噪声，或者简称为噪声。

2．按性质分类

按照性质分类，信道中加性噪声一般可以分为单频噪声、脉冲噪声和起伏噪声。

（1）单频噪声

单频噪声指占有频率很窄的连续波干扰，如电源交流电、反馈系统自激振荡等。单频噪声并不是在所有通信系统中都存在。频率是可以通过实测来确定的，因此在采取适当的措施后就有可能防止。

（2）脉冲噪声

脉冲噪声是突发出现的幅度高而持续时间短的离散脉冲。这种噪声的主要特点是其突发的脉冲幅度大，但持续时间短，且相邻突发脉冲之间往往有较长的安静时段。从频谱上看，脉冲噪声通常有较宽的频谱（从甚低频到高频），但频率越高，其频谱强度就越小。脉冲噪声主要来自机电交换机和各种电气干扰、雷电干扰、电火花干扰、电力线感应等。数据传输对脉冲噪声的容限取决于比特速率、调制解调方式以及对差错率的要求。脉冲噪声由于具有较长的安静期，故对模拟话音信号的影响不大，脉冲噪声虽然对模拟话音信号的影响不大，但是在数字通信中，它的影响是不容忽视的。一旦出现突发脉冲，由于它的幅度大，将会导致一连串的误码，会对通信造成严重的危害。CCITT 关于租用电话线路的脉冲噪声指标是 15 分钟内，在门限以上的脉冲数不得超过 18 个。在数字通信中，通常可以通过纠错编码技术来减轻这种危害。

（3）起伏噪声

起伏噪声主要指信道内部的热噪声和散弹噪声以及来自空间的宇宙噪声。起伏噪声都是不规则的随机过程，只能采用大量统计的方法来寻求统计特性，由于起伏噪声来自信道本身，因此它对信号传输的影响是不可避免的。

2.4.2 常见加性噪声

1．白噪声

在通信系统中，经常碰到的噪声之一就是白噪声。所谓白噪声是指它的功率谱密度函数在整个频域（$-\infty < \omega < +\infty$）内是常数，即服从均匀分布。换句话说，此信号在各个频段上的功率是一样的，由于白光是由各种频率（颜色）的单色光混合而成，因而此信号的这种具有平坦功率谱的性质被称作是"白色的"，此信号也因此被称作白噪声。相对的，其他不具有这一性质的噪声信号被称为有色噪声。

理想的白噪声具有无限带宽，因而其能量是无限大，这在现实世界是不可能存在的。实际上，我们常常将有限带宽的平整信号视为白噪声，这让我们在数学分析上更加方便，因此它是系统分析的有力工具。一般，只要一个噪声过程所具有的频谱宽度远远大于它所作用系统的带宽，并且在该带宽中其频谱密度基本上可以作为常数来考虑，就可以把它作为白噪声来处理。例如，热噪声和散弹噪声在很宽的频率范围内具有均匀的功率谱密度，通常可以认为它们是白噪声。

白噪声的功率谱密度及自相关函数如下：

$$P_n(\omega) = \frac{n_0}{2} \quad (-\infty < \omega < +\infty) \tag{2-4-1}$$

$$R_n(\tau) = \frac{1}{2\pi} \int_{-\infty}^{+\infty} \frac{n_0}{2} e^{j\omega\tau} d\omega = \frac{n_0}{2} \delta(\tau) \tag{2-4-2}$$

在任意两个不同时刻上的随机取值都是不相关的。白噪声的功率谱密度及其自相关函数，如图 2.26 及图 2.27 所示。

图 2.26　白噪声的功率谱密度　　　图 2.27　白噪声的自相关函数

虽然白噪声会产生许多危害，但我们同样可以对它进行一些应用。

（1）白噪声的应用领域之一是建筑声学，为了减弱内部空间中分散人注意力并且不希望出现的噪声（如人的交谈)，使用持续的低强度噪声作为背景声音。一些紧急车辆的警报器也使用白噪声，因为白噪声能够穿过如城市中交通噪声这样的背景噪声并且不会引起反射，所以更加容易引起人们的注意。

（2）在电子音乐中也有白噪声的应用，它被直接或者作为滤波器的输入信号以产生其他类型的噪声信号，尤其是在音频合成中，经常用来重现类似于铙钹这样在频域有很高噪声成分的打击乐器。

（3）白噪声也用来产生冲击响应。为了在一个演出地点保证音乐会或者其他演出的均衡效果，从系统发出一个瞬间的白噪声或者粉红噪声，并且在不同的地方监测噪声信号，从而调整总体的均衡效果以得到一个平衡的和声。

2．高斯白噪声

高斯噪声是实际信道中另一种常见的噪声，所谓高斯噪声，是指它的概率密度函数服从高斯分布（即正态分布）。

高斯型白噪声也称高斯白噪声，是指噪声的概率密度函数满足正态分布统计特性，高斯白噪声的功率谱密度函数是常数。高斯型白噪声同时涉及噪声的两个不同方面，即概率密度函数的正态分布性和功率谱密度函数均匀性，两者缺一不可。

在通信系统的理论分析中，特别是在分析、计算系统抗噪声性能时，经常假定系统中信道噪声（即前述的起伏噪声）为高斯型白噪声。其原因在于：

（1）高斯型白噪声可用具体的数学表达式表述，便于推导分析和运算。

（2）高斯型白噪声确实反映了实际信道中的加性噪声情况，比较真实地代表了信道噪声的特性。

热噪声是典型的高斯型白噪声。除了热噪声之外，电子管和晶体管器件电子发射不均匀所产生的散弹噪声，来自太阳，银河系及银河系外的宇宙噪声的功率谱密度在很宽的频率范围内也是平坦的，其分布也是零均值高斯的。因此，散弹噪声和宇宙噪声通常也看成是高斯白噪声。这些噪声都是起伏噪声。

3．窄带高斯噪声

通信的目的在于传递信息，通信系统的组成往往是为携带信息的信号提供一定带宽的通道，其作用在于一方面让信号畅通无阻，同时最大限度地抑制带外噪声。所以实际通信系统往往是一个带通系统。下面研究带通情况下的噪声情况。

当高斯噪声通过以 ω_c 为中心角频率的窄带系统时，就可形成窄带高斯噪声。所谓窄带系统是指系统的频带宽度 Δf 远远小于其中心频率 f_c 的系统，即 $\Delta f \ll f_c = \omega_c/2\pi$ 的系统。这是符合大多数信道的实际情况的。

窄带高斯噪声的特点是频谱局限在 $\pm\omega_c$ 附近很窄的频率范围内，其包络和相位都在作缓慢随机变化。如用示波器观察其波形，它是一个频率近似为 f_c，包络和相位随机变化的正弦波。因此，窄带高斯噪声 $n(t)$ 可表示为

$$n(t) = p(t)\cos[\omega_c t + \varphi(t)] \tag{2-4-3}$$

式中，$p(t)$ 为噪声 $n(t)$ 的随机包络；$\varphi(t)$ 为噪声 $n(t)$ 的随机相位。相对于载波 $\cos\omega_c t$ 的变化而言，它们的变化要缓慢得多。窄带高斯噪声的频谱如图 2.28，其波形示意图如图 2.29。

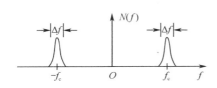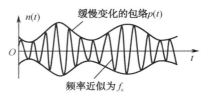

图 2.28　窄带高斯噪声的频谱　　　　图 2.29　窄带高斯噪声的波形示意图

窄带高斯噪声具有以下特点。

（1）一个均值为零的窄带高斯噪声 $n(t)$，假定它是平稳随机过程，则它的同相分量和正交分量也是平稳随机过程，为高斯分布，且均值也都为零，方差也相同。

（2）窄带高斯噪声的随机包络服从瑞利分布。

（3）窄带高斯噪声的相位服从均匀分布。

对于接收机的链路来说，噪声系数是一个很重要的指标，总的噪声系数在各级的合理分配可以有效地提高接收机的灵敏度。

2.5　信道传输特性

扫一扫看信道传输特性教学课件

在调制信道的研究中，乘性干扰 $k(t)$ 是时间 t 的函数，受到信道特性的影响，通常随着时间随机变化。但有部分信道的乘性干扰基本不随时间变化，可认为其 $k(t)$ 为一常量。因此，若以 $k(t)$ 为参考量，可将调制信道分为两类：若 $k(t)$ 不随时间变化（或变化缓慢），称该信道

为恒参信道。通常由架空明线、电缆、中长波地波传播、超短波及短波视距传播、人造卫星中继、光导纤维以及光波视距传播等传输媒质构成的信道均属于恒参信道。若信道传输函数随时间随机快速变化，则称为随参信道。

2.5.1　恒参信道传输特性

1．幅频、相频特性

由线性系统的传输特性可知，若已知信号通过某一线性系统的分析方法，便可求得信号通过该系统后的变化规律。由于恒参信道对信号传输的影响固定不变或者变化极为缓慢，在理想情况下，可将其等效为一个非时变的线性系统。当信号（假设为 $e_i(t)$）通过传递函数为 $h(t)$ 的恒参信道时，输出端的恒参信号可描述为

$$e_o(t) = e_i(t) * h(t) + n(t) \qquad (2\text{-}5\text{-}1)$$

对其进行傅里叶变换可得

$$E_o(\omega) = E_i(\omega)H(\omega) + N(\omega) \qquad (2\text{-}5\text{-}2)$$

由此可见，恒参信道的传输特性可类似于线性系统传输特性 $H(\omega)$，通常可用幅度-频率特性（简称幅频特性）$|H(\omega)|$ 和相位-频率特性（简称相频特性）$\varphi(\omega)$ 来表征，即

$$H(\omega) = |H(\omega)|e^{j\varphi(\omega)} \qquad (2\text{-}5\text{-}3)$$

式中，$|H(\omega)|$ 为幅频特性；$\varphi(\omega)$ 为相频特性。

2．群迟延-频率特性

群迟延-频率特性就是相位-频率特性的导数，通常还采用群迟延-频率特性 $\tau(\omega)$ 来衡量信道的相频特性，用 $\tau(\omega)$ 表示，表达式为

$$\tau(\omega) = \frac{\mathrm{d}\varphi(\omega)}{\mathrm{d}\omega} \qquad (2\text{-}5\text{-}4)$$

3．理想恒参信道模型

信号传输追求的目标是信号通过信道时实现信号无失真传输。由线性系统中的信号无失真传输理论可知，若要使得信号通过恒参信道时不产生波形失真，恒参信道的传输特性应具备以下两个理想条件：

（1）网络的幅度-频率特性 $|H(\omega)|$ 是一个不随频率变化的常数。

（2）网络的相位-频率特性 $\varphi(\omega)$ 应与频率呈直线关系。

由上可知，理想恒参信道等效的线性网络传输特性为

$$H(\omega) = H_0 e^{-j\omega t_d} \qquad (2\text{-}5\text{-}5)$$

式中，H_0 为传输系数；t_d 为时间延迟，两者都是与频率无关的常数。理想恒参信道的幅频特性、相频特性和群迟延-频率特性如图 2.30 所示。

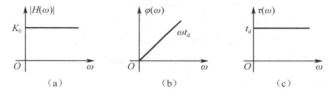

图 2.30　理想恒参信道的幅频特性、相频特性和群迟延-频率特性

由此可见，理想恒参信道对信号传输的影响是：

（1）对信号在幅度上产生固定的衰落。

（2）对信号在时间上产生固定的迟延。

以上两条给出了信号无失真传输的条件。但任何实际信道都不可能是理想的，总会出现一定的幅度失真和相位失真，这种现象也称为信道的色散。

4．恒参信道的实际传输

实际上，恒参信道并不是理想网络，其参数随时间不变化或变化特别缓慢。它对信号的主要影响可用幅度-频率畸变和相位-频率畸变（群迟延畸变）来衡量，而这两个特性的不理想将是损害信号传输的重要因素。下面以典型的恒参信道——有线电话的音频信道和载波信道为例，来分析恒参信道等效网络的幅度-频率特性和相位-频率特性，以及它们对信号传输的影响。

（1）幅度-频率畸变

幅度-频率失真是由实际信道的幅度频率特性的不理想所引起的，这种失真又称为频率失真，它会使通过它的信号波形产生失真，若在这种信道中传输数字信号，则会引起相邻数字信号波形之间在时间上的相互重叠，造成码间干扰。典型音频电话信道的相对衰耗，如图 2.31 所示。

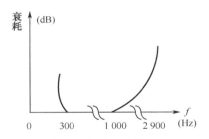

图 2.31　典型音频电话信道的相对衰耗

为了减小幅度-频率畸变，在设计总的电话信道传输特性时，一般都要求把幅度-频率畸变控制在一个允许的范围内。这就要求改善电话信道中的滤波性能，或者再通过一个线性补偿网络，使衰耗特性曲线变得平坦，接近于图 2.33（a）。后一项措施通常称之为"均衡"。在载波电话信道上传输数字信号时，通常要采用均衡措施。均衡的方式有时域均衡和频域均衡。

（2）相位-频率畸变（群迟延畸变）

相位-频率畸变是指信道的相位-频率特性偏离线性关系所引起的畸变。图 2.32 是一个典型电话信道的群迟延特性。不难看出，当非单一频率的信号通过该电话信道时，信号频谱中的不同频率分量将有不同的迟延，即它们到达的时间先后不一，从而引起信号的畸变。图 2.33（a）是原信号，它由基波和三次谐波组成，其幅度比为 2∶1。若它们经受不同的迟延，基波相移 π，三次谐波相移 2π，则这时的合成波形（见图 2.33（b））与原信号的波形有了明显的差别。这个差别就是由相位-频率畸变造成的。相位-频率畸变和幅度-频率畸变一样，也是一种线性畸变，因此也可以采用均衡措施得到补偿。

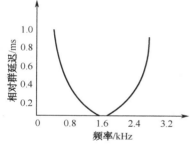

图 2.32　典型电话信道的群迟延特性

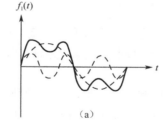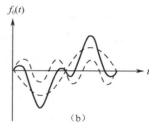

图 2.33　相移失真前后的波形比较

综上所述，幅度-频率特性与相位-频率特性是损害信号传输的重要因素。此外，还存在一些其他因素使信道的输出与输入产生差异（亦可称为畸变），例如非线性畸变、频率偏移及相位抖动等。以上的非线性畸变一旦产生，一般均难以排除。

实例 2.1　如图 2.34 所示网络，求它的频率特性。判断是否存在幅频失真及相频失真。

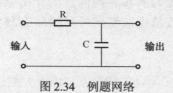

图 2.34　例题网络

解　如图 2.34 所示网络的传输函数可以直接写为

$$H(\omega) = \frac{1}{1 + j\omega RC} = \frac{1}{\sqrt{1 + \omega^2 R^2 C^2}} e^{-j\arctan(\omega RC)}$$

$$\tau(\omega) = \frac{d\varphi(\omega)}{d\omega} = \frac{RC}{1 + \omega^2 R^2 C^2}$$

由于 $H(\omega)$ 及 $\tau(\omega)$ 均为 ω 的函数，因此该网络存在着幅频失真及相频失真。

2.5.2　随参信道传输特性

随参信道的传输媒质主要以电离层反射、对流层散射等为代表，其传输函数随时间随机快速变化。信号在电离层中传输示意图如图 2.35 所示。由发射点出发的电波可能经多条路径到达接收点，这种现象称为多径传播。就每条路径而言，它的衰耗和时延都不是固定不变的，而是随电离层或对流层的变化机理而变化的。因此，多径传播后的接收信号将是衰落和时延随时间变化的各路径信号的合成。

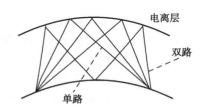

图 2.35　电离层传输示意图

由于随参信道的传递函数不恒定，对信号传输的影响比恒参信道要大得多。概括起来，随参信道传输媒质通常具有以下特点。

（1）信号的传输衰耗随时间随机变化。

（2）信号的传输时延随时间随机变化。

（3）具有多径传播（多径效应，引起选择性衰落效应，对通信危害极大）。

1. 无线信道空间传输损耗

在有线通信中，双绞线、电缆、光纤和波导等传输媒体都是导向媒体，而在自由空间长距离的电磁波传播，属于非导向媒体传输。超高频和微波波段信号的空间传播，会对信号带来多种传输损伤和衰落。

衰落是较为复杂的距离函数，且在地球周围受到大气层的影响。衰落对传输信号的质量和传输可靠度都有很大的影响，严重的衰落甚至会使传播中断。衰落主要由多径干涉和非正常衰落引起，主要影响因素是：传播频段 f、传播距离 L 及电磁波速率 C（近于光速）。

采用不同的传输模型会存在不同的衰落损耗，无线信道传播模型可分为大尺度模型和小尺度模型。大尺度模型存在自由空间衰落和阴影衰落；小尺度模型存在多径衰落、多普勒效应等。

（1）自由空间衰落

自由空间是一种理想的、均匀的和各向同性的介质空间。电磁波在自由空间中传播时不存在能量损耗，但当电磁波从点波源向外传播时会导致部分能量扩散，继而造成传输衰落。

（2）阴影衰落

在无线通信系统中，移动台在运动的情况下，由于大型建筑物和其他物体对电波的传输路径的阻挡而在传播接收区域上形成半盲区，从而形成电磁场阴影。这种随移动台位置的不断变化而引起的接收点场强中值的起伏变化叫作阴影效应。阴影效应是产生慢衰落的主要原因。由于阴影效应所造成的衰落称为慢衰落（slow fading）。

慢衰落损耗主要是指电磁波在传播路径上受到建筑物等的阻挡产生的阴影效应而引起的损耗，它反映了在中等范围内（数百波长量级）的接收信号电平平均值起伏变化的趋势。其场强中值服从对数正态分布，且与位置/地点相关，衰落的速度取决于移动台的速度，这类损耗一般为无线传播所特有。它服从对数正态分布，其变化率比传送信息率慢，故称为慢衰落。

（3）快衰落

实际应用中，通常将由于电离层浓度变化等因素所引起的信号衰落称为慢衰落；而把由于多径效应引起的信号衰落称为快衰落。快衰落反映微观小范围（数十波长以下量级）接收电平平均值的起伏变化趋势。一般服从瑞利、莱斯、纳卡伽米分布，其变化速率比慢衰落快，故称快衰落。这一快衰落又可分为空间选择性快衰落、频率选择性快衰落与时间选择性快衰落。下面讨论几种典型的快衰落。

① 瑞利衰落：在无线通信信道中，由于电磁波信号经过反射、折射、散射等多径传播达到接收点，总信号的强度服从瑞利分布，再加上其接收点的移动性、信号强度、路径延迟时间和相位等特性不断起伏变化，而各个方向分量波的叠加，又产生了驻波场强，从而形成的信号快衰落称为瑞利衰落（Rayleigh fading）。瑞利衰落属于小尺度的衰落效应，它总是叠加于如阴影、衰落等大尺度衰落效应上。瑞利衰落能有效描述存在能够大量散射无线电信号的障碍物的无线传播环境。

② 频率选择性衰落：一般来说，多路信号到达接收机的时间有先有后，即有相对时延。

如果这些相对时延远小于一个符号的时间，则可以认为多路信号几乎是同时到达接收机的。在这种情况下多径不会造成符号间的干扰。这种衰落称为平坦衰落。相反地，如果多路信号的相对时延与一个符号的时间相比不可忽略，那么当多路信号叠加时，不同时间的符号就会重叠在一起，造成符号间的干扰，这种衰落称为频率选择性衰落；当发送的信号是具有一定频带宽度的信号时，多径传播会产生频率选择性衰落。

（4）多径衰落

在实际的无线电波传播信道中，常有许多时延不同的传输路径，称为多径现象。通常信号从端到端的传播路径可以是直射、反射或是绕射等，如图 2.36 所示。不同路径的相同信号到达接收端时的信号强度、到达时间以及到达时的载波相位都不同。接收端接收到的信号是不同路径信号的矢量和，这种信号的叠加就会增大或减小信号的能量，存在一定的干扰，因而将由电波传播信道中的多径传输现象所引起的干扰效应称为多径效应或多径干扰。

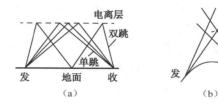

图 2.36　多径传播示意图

传播的多径效应经常发生而且很严重。它有两种形式的多径现象：一种是分离的多径，由不同跳数的射线、高角和低角射线等形成，其多径传播时延差较大；另一种是微分的多径，多由电离层不均匀体所引起，其多径传播时延差很小。对流层电波传播信道中的多径效应问题也很突出。多径产生于湍流团和对流层层结。在视距电波传播中，地面反射也是多径的一种可能来源。

2. 随参信道特性的改善

随参信道的衰落将会严重降低通信系统的性能，必须设法改善。对于慢衰落，主要采取加大发射功率和在接收机内采用自动增益控制等技术和方法。对于快衰落，通常可采用多种措施。常用的随参信道特性的改善措施有抗衰落性能好的调制解调技术、扩频技术、功率控制技术、与交织结合的差错控制技术、分集接收技术等。其中分集接收技术是一种有效的抗衰落技术，现已广泛应用于短波通信、移动通信系统中。分集技术是为了对抗多径衰落和降低衰落的影响，而将多个特性不相同的收信信号合成或切换以得到良好信号。下面简单介绍分集接收的原理。

1）分集技术

为了获取互相独立或基本独立的合成信号，通常利用不同路径、频域、角度或不同极化方式等接收手段来实现。考虑到使用不同的天线、频率、极化、到达角、路由、地址和时间，大致有如下几种分集方式。

（1）空间分集

空间分集是利用不同接收地点（空间）收到的信号衰落的独立性，实现抗衰落的功能。即接收端在不同的位置上接收同一个信号，只要各位置间的距离大到一定程度，则所收到信号的衰落是相互独立的。因此，空间分集的接收机至少需要几副间隔一定距离的天线，天线间要求有足够的距离（一般在 100 个信号波长以上），以保证各天线上获得的信号基本相互独立。

空间分集还有以下两类变化形式。

① 极化分集：利用在同一地点两个极化方向相互正交的天线发出的信号可呈现不相关的衰落特性来实现分集接收。这是一种不同极化天线上分别接收水平极化和垂直极化波而构成的分集方法。例如，在收发端天线上安装水平、垂直极化天线，就可以把得到的两路衰落特性不相关的信号进行极化分集。一般来说，这两种波是相关性极小的（在短波电离层反射信道中）。这种分集方式结构紧凑、节省空间，但由于发射功率要分配到两副天线上，因此有 3 dB 的传输损失。

② 角度分集：利用多个接收端接收从各个不同角度到达的多路径信号的一种技术。通常利用天线波束不同指向上的信号互不相关的原理形成，例如在微波面天线上设置若干个反射器，产生相关性很小的几个波束。具体实现方法是使电磁波通过几个不同路径，并以不同角度到达接收端，而接收端采用多个方向性接收天线分离出不同方向来的信号，由于每个方向性天线接收到的多径信号是不相关的，这些分量具有相互独立的衰落，从而实现角度分集。角度分集主要用于在不同的地形、地貌、接收环境下无线通信系统基站的设计中。

（2）频率分集

频率分集是将待发送的信息分别调制到不同的载波频率上发送，只要载波频率之间的间隔大到一定程度，则接收端所接收到的信号的衰落就是相互独立的。在实际中，当载波频率间隔大于相关带宽时，例如，频差选成多径时延差的倒数，则可认为接收到信号的衰落是相互独立的。因此，载波频率的间隔应满足

$$\Delta f \geqslant B_c = 1/\tau_m \tag{2-5-6}$$

式中，Δf 为载波频率间隔；B_c 为相关带宽；τ_m 为最大多径时延差。

（3）时间分集

时间分集是将同一信号在不同的时间区间多次重发，只要各次发送的时间间隔足够大，则各次发送信号所出现的衰落将是相互独立的。接收机将重复收到的同一信号进行合并，就能减小衰落的影响。时间分集主要用于在衰落信道中传输数字信号。

2）合并技术

分集接收中，在接收端从多个不同的独立信号支路所获得的信号，可以通过不同形式的合并技术来获得分集增益。合并时采用的准则和方式主要可以分为三种：最大比值相加式、等增益相加式、最佳选择式。

（1）最大比值相加式：控制各支路增益，使它们分别与本支路的信噪比成正比，然后再相加获得接收信号。

（2）等增益相加式：将几个分散信号以相同的支路增益进行直接相加，相加后的信号作为接收信号。

（3）最佳选择式：选择其中信噪比最大的那一路信号作为合并器的输出，即从几个分散信号中设法选择其中信噪比最好的一个作为接收信号。

以上合并方式在改善总接收信噪比上均有差别，最大比值相加式性能最好，等增益合并的优点是实现比较简单；选择性合并的缺点是未被选择的信号被弃之不用。从总的分集效果来说，分集接收除了能够提高接收信号的电平外（例如二重空间分集在不增加发射机功率情况下，可使接收信号电平增加 1 倍左右），还改善了衰落特性，使信道的衰落平滑。因此用分集接收方法对随参信道进行改善是非常有效的。

2.6　信道带宽与信道容量

 扫一扫看信道带宽与信道容量教学课件

2.6.1　信道带宽

信道带宽是限定允许通过该信道的信号下限频率和上限频率，也就是限定了一个频率通带。一般说来，当信号的频率范围超出信道带宽时，传输的信号就会发生严重的失真。例如，一个信道的通带为 1.5～15 kHz，其带宽为 13.5 kHz。任意最低频率分量和最高频率分量在信道带宽确定的频率范围内的复合信号都能从该信道通过，如果不考虑衰落、时延以及噪声等因素，还可实现不失真传输。

信道带宽的表达式为

$$B = f_2 - f_1 \qquad\qquad (2\text{-}6\text{-}1)$$

式中，f_1 是信道能通过的最低频率；f_2 是信道能通过的最高频率。两者都是由信道的物理特性决定的。

这里，需要先明确信道带宽和信号带宽之间的区别。信号带宽是信号频谱的宽度，即信号的最高频率分量与最低频率分量之差。例如，一个由数个正弦波叠加成的方波信号，其最低频率分量是其基频，假定为 $f=2$ kHz，其最高频率分量是其 7 次谐波频率，即 $7f=14$ kHz，因此该信号带宽为 12 kHz。信道带宽则限定了允许通过该信道的信号下限频率和上限频率，即限定了一个频率通带，只有在频率范围内的信号才能实现正常传输。信道带宽限制了要通过信道的信号带宽；信号带宽受到信道带宽的影响时，会产生失真。

2.6.2　信道容量

信息论中，信道可概括为两大类：离散信道和连续信道。离散信道就是输入与输出信号都是取值离散的时间函数；连续信道是输入和输出信号都是取值连续的时间函数。前者是广义信道中的编码信道，后者是调制信道。信道容量是用来衡量物理信道能够传输数据最大能力的基本标准，通常以单位时间内信道中无差错传输的最大信息量来表述。

1．连续信道容量

连续信道的信道容量可以根据香农（Shannon）定律计算。香农定律指出：在信号平均功率受限的高斯白噪声信道中，信道的信道容量为

$$C = B \log_2 \left(1 + \frac{S}{N}\right) \quad (\text{b/s}) \qquad\qquad (2\text{-}6\text{-}2)$$

式中，B 为信道带宽；S 为信道输出的信号功率；N 为输出的加性高斯；S/N 为信噪比，通常表示成该信道的最大可能信息速率即信道容量 C。由香农公式我们可以看出：

（1）提高信噪比 S/N，可提高信道容量。

（2）若噪声功率 $N \to 0$，则信道容量 $C \to \infty$，也就是说无干扰信道的信道容量为无穷大，因此减少人为的噪声是可靠通信的重要因素。

（3）若增加信道带宽，由于 $N = n_0 B$ 则信道容量也增加，但不能无限制地增加。

（4）信道容量 C 一定时，带宽 B 和信噪比 S/N 可以互换。

（5）当信号功率 $S \to \infty$，则信道容量 $C \to \infty$。说明当允许信号功率不受限时，信道容量可达无穷大。

（6）若信源的信息速率小于或等于信道容量，则理论上可实现无差错传输；若信源的信息速率大于信道容量，则不可能实现无差错传输。

实例 2.2 设一幅图片约有 2.5×10^6 个像素，每个像素以后 12 个以等概率出现的高亮电平。若要求用 3 分钟传输这张图片，并且信噪比等于 30 dB，试求所需的信道带宽。

解：由于每个像素有 12 个等概率出现的亮度电平，所以每个像素的信息量为

$$I_p = \log_2 12 = 3.585 \text{ bit}$$

每幅图像的信息量为 $I_f = 2.5 \times 10^6 \times I_p = 8.963 \times 10^6 \text{ bit}$

信息传输速率，即信道容量为

$$C = I_f / t = 8.963 \times 10^6 / (3 \times 60) \approx 4.98 \times 10^4 \text{ b/s}$$

信噪比为 $\quad S/N = 30 \text{ dB} = 1\,000$

由于信道容量 $C = B \log_2(1 + S/N)$，所以所需信道带宽为

$$B = \frac{C}{\log_2(1 + S/N)} = \frac{4.98 \times 10^4}{\log_2(1 + 1\,000)} \approx 5 \text{ kHz}$$

2. 离散信道容量

在信道中可以传送不同的输入信号，每一个输入信号存在自身的概率分布，一旦转移概率矩阵确定以后，信道容量也完全确定了。须要注意的是，尽管信道容量的定义涉及输入概率分布，但信道容量的数值与输入概率分布无关。信道容量有时也表示为单位时间内可传输的二进制位的位数（即信道的数据传输速率，位速率），以位/秒（b/s）予以表示。

对于数字信道（离散信道），信道容量一般用转移概率来描述。在有噪声的信道中，假设发送符号为 x_i，接收符号为 y_i，所获得的信息量为

$$I = -\log 2 P(x_i) + \log 2 P(x_i / y_i) \tag{2-6-3}$$

对各 x_i，y_i 取统计平均得

$$\text{平均信息量/符号} = -\sum_{i=1}^{n} p(x_i) \log_2 p(x_i) - \left[-\sum_{j=1}^{n} p(y_j) \sum_{i=1}^{n} p(x_i / y_j) \log_2 p(x_i / y_j) \right]$$

$$= H(x) - H(x/y) \tag{2-6-4}$$

式中，$H(x)$ 为发送每个符号的平均信息量；$H(x/y)$ 为发送符号在有噪声的信道中传输平均丢失的信息量。此处的信息传输速率是指信道在单位时间传输的平均信息量，即为

$$R = H_t(x) - H_t(x/y) \tag{2-6-5}$$

设单位时间传送的符号数为 r，则有

$$H_t(x) = r H(x) \tag{2-6-6}$$

$$H_t(x/y) = rH(x/y) \tag{2-6-7}$$

$$R = r[H(x) - H(x/y)] \tag{2-6-8}$$

对于一切可能的信息源概率分布来说，信道传输信息的速率 R 的最大值称为信道容量，记为 C，此处的 C 的表达式为

$$C = \max_{\{P(x)\}} R = \max_{\{P(x)\}} [H_t(x) - H_t(x/y)] \tag{2-6-9}$$

实例 2.3　设一个二进制对称信道的转移概率 $p = \dfrac{1}{4}$，且信源是等概率的。试求此无噪声信道容量 C。

解：对于二进制对称信道，有

$$H(Y|X) = -\sum_{i=1}^{2}\sum_{j=1}^{2} p(x_i, y_j)\log_2 p(y_j|x_i) = -p\log_2 p - (1-p)\log_2(1-p)$$

由于 $p = \dfrac{1}{4}$，所以 $H(Y|X) = -\dfrac{1}{4}\log_2\dfrac{1}{4} - \dfrac{3}{4}\log_2\dfrac{3}{4} = 0.81$ 比特/符号

当对称信道输入等概率时，$H(Y)$ 达到最大，即 $H(Y) = 1$ 比特/符号

则信道容量为 $C = I(X,Y) = H(Y) - H(Y|X) = 1 - 0.81 = 0.19$ 比特/符号

案例分析 2　地震预警系统

地震预警是指在地震发生以后，抢在地震波传播到设防地区前，向设防地区提前几秒至数十秒发出警报，以减小当地的损失。

地震的成因是由于地下几千米至数百千米的岩体发生突然破裂和错动。而这些破裂和错动释放的能量又以地震波的形式向四周辐射出去。地震波是一种机械波，具有一定的传播速度，当地震发生后，地震波要经过一段时间才能传播到人所在的位置。这个时间差给地震预警留下了空间。

地震发生时，首先出现的是上下震动的 P 波，震动幅度较小，要过大约 10 秒到 1 分钟时间，水平运动的 S 波才会到达，造成严重破坏。地震预警就是利用了地震发生后，P 波与 S 波之间的时间差。原理上，在距离震源 50 km 内的地区，会在地震前 10 秒收到预警信息；90～100 km 内的地区，能提前 20 多秒收到预警信息，可根据数据准确估计震级、震中位置以及快速估计地震对预警目标的影响等。例如，地震波从震中传到北川县城大概需要 25 s。如果您在发震 5 s 后感受到了地震波，并花了 15 s 打电话告诉北川的朋友地震波即将来临，那么您北川的朋友将会获得 5 s 的应急时间。

地震预警系统通常包括 4 个主要的部分，即地震监测台网、信号传输（通信）系统、控制系统、报警系统。整套系统的特点是高度集成、实时监控、飞速响应。尤其是飞速响应这一点至关重要。因为地震预警系统其实就是在和地震波赛跑，多跑赢一秒，就能多获得一秒的应对时间。随着当前 DSP（数字信号处理）技术及通信传输技术的发展，地震信号的捕捉、处理、分析、传送时间都大为缩短，为地震预警系统的研究和发展提供了良好的铺垫。

地震预警信息是由电脑自动发送，该预警信息可通过多种通信手段进行传输发送，如网络微博发送、计算机、手机、专用预警接收服务器、电视等实时同步发布，如图 2.37 所示。由于地震预警系统传递信息时需要保证信息的可靠性，因此可以通过多种通信手段保证信息

的发布，所涉及的信道方式也可能有多种形式。

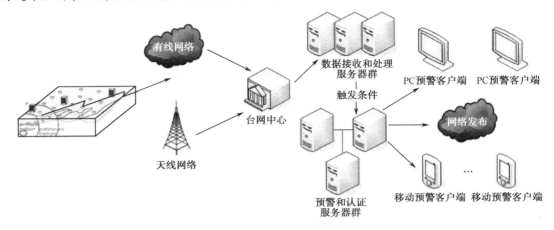

图2.37　地震预警系统构成示意图

思考：

典型的地震预警系统传输预警信息使用了哪些通信方式？涉及的信道包括哪些？地震发生时会有怎样的噪声加入？信道特性如何？如何计算信道带宽及信道容量？能否设计出其他的通信方式来实现预警信息的发布？涉及的信道可能包括哪些？

习题2

扫一扫
看习题2
及答案

一、填空题

1．在研究信道模型时，通常将广义信道按信道功能可以划分为_____和_____。其中，调制信道可分为_____、_____两类。

2．信道可按照信道传输介质分为_____和_____两类。有线信道主要有_____、_____、_____及_____等。无线信道有_____、_____、_____、_____、_____等。

3．按双绞线电缆包缠的是否有金属屏蔽层分，双绞线电缆分为_____和_____。

4．同轴电缆由里到外分为四层：_____、_____、_____和_____。

5．光纤由_____、_____和_____组成。

6．按照信号传送方式，光纤可分为_____和_____。

7．光纤的工作波长有_____、_____和_____。

8．电离层电波传播方式主要有：_____、_____。

9．按电磁波的传播模式划分，包括_____、_____、_____、_____、_____。短波应急通信系统采用_____。

10．地波传播是_____的传播，天波传播是_____的传播，视距传播是_____的传播。

11．信道中加性噪声一般可以分为_____和_____。外部噪声又

分为_____和_____。

12．信号在实际传输中，不可避免地会出现一定程度的失真或损耗。当信号发生幅度-频率畸变或相位-频率畸变（群迟延畸变）时，通常采用_____措施。均衡的方式有_____、_____及_____等。

13．当信号在自由空间进行无线传输时，超高频和微波波段信号的空间传播，会对信号带来多种传输损伤和衰落。常见的衰落包括_____和_____。

14．对于_____，主要采取加大发射功率和在接收机内采用自动增益控制等技术和方法。对于_____，通常可采用调制解调技术、扩频技术、功率控制技术、交织结合的差错控制技术与分集接收技术等。

二、判断题

1．使用屏蔽双绞线即可完全防止信息被窃听，也可阻止外部电磁干扰的进入。（　　　）

2．与同轴电缆相比，双绞线的抗干扰能力强。（　　　）

3．提高信噪比 S/N，可提高信道容量。（　　　）

4．若增加信道带宽，信道容量也可以无限制地增加。（　　　）

5．当信号功率 $S \to \infty$，则信道容量 $C \to \infty$。（　　　）

6．恒参信道的线性畸变表现为幅频畸变和相频畸变。（　　　）

7．多径效应，引起快衰落。（　　　）

三、问答题

什么是白噪声？

四、计算题

1．设一幅彩色电视画面由 30 万个像素组成，每个像素有 64 种颜色和 16 个高亮电平，且所有颜色和亮度的组合均以等概率出现，并且各种组合的出现互相独立。若每秒发送 25 帧画面，试求所需的信道容量；若要求接收信噪比为 30 dB，试求所需的信道带宽。

2．设信道带宽为 3 kHz，采用 8 进制传输，试计算无噪声时的信道容量。

模块 3

通信系统有效性传输

知识分布网络

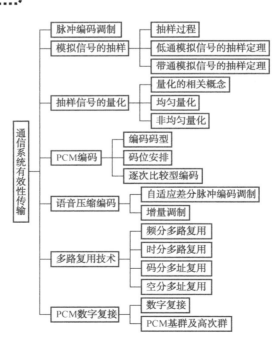

导入案例

2016 年 8 月 21 日，这是一个全民欢庆的日子，中国女排时隔 12 年再次站上奥运会的冠军领奖台，女排姑娘的拼搏精神激励了广大的中国人民。可是，这样一场激动人心的比赛，并不是每个人都有机会坐在电视机面前观看直播。错过了比赛的直播，怎么办？随着数字电视的出现，这个问题迎刃而解，数字电视提供的回放功能可以让你重播已经播放的电视节目。那么什么是数字电视呢？

所谓数字电视，是指从演播室到发射、传输、接收的所有环节都是使用数字电视信号或对数字电视信号进行处理和调制的电视系统。数字电视系统由前端、传输与分配网络以及终端组成。

数字前端包括信源处理、信号处理和传输处理三大部分，完成电视节目和数据信号采集，模拟电视信号数字化，数字电视信号处理与节目编辑，节目资源与质量管理，节目加扰、授权、认证和版权管理，电视节目存储与播出等功能。

数字电视信号传输与分配网络主要包括卫星、各级光纤、微波网络、有线宽带网地面发射等。

数字电视终端可采用数字电视接收器（机顶盒）加显示器方式，或数字电视接收一体机（数字电视接收机、数字电视机），也可使用计算机接收卡等，既可只具有收看数字电视节目的功能，也可构成交互终端。

图 3.1 是数字电视系统字音/视频信号处理过程示意图。首先，模拟视频/音频电视信号分别经取样、量化和编码，转换成数字电视信号。接着，数字电视信号分别通过编码器压缩数据率，再与数据及其他控制信息复用成传送流，完成信源编码。然后，为了让数据在信道中有抗干扰和抵御传输误码的能力，需要进行信道编码，而为与不同信道匹配的高效传送数字电视信号应进行相应方式的调制。已调信号经信道传送到终端，终端经相反处理过程，恢复音/视频模拟信号。

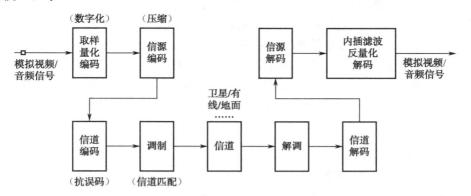

图 3.1　数字电视系统数字音/视频信号处理过程示意图

思考：

上面的案例中，数字电视系统前端的信源处理，对信号有哪些具体的处理过程？为什么要这样处理？它有哪些处理技术？你了解哪些信源编码技术？各种技术的特点是什么？

学习目标

☞ 掌握 PCM 系统的组成及各步骤的作用。

☞ 理解模拟信号抽样定理，会计算抽样频率。

☞ 理解均匀量化和非均匀量化的思想。

☞ 会根据 A 律 13 折线的编码方法对采样量化后的数据进行编码。

☞ 理解几种多路复用技术和数字复接体系。

☞ 对于给定的样值信号能编出 8 位 PCM 码。

3.1 脉冲编码调制

扫一扫看脉冲编码调制及模拟信号的采样教学课件

1. 模拟信号的数字化传输

数字通信系统因其诸多优点而成为当今通信的主流发展方向，它在光纤通信、数字微波通信、卫星通信中均获得了极为广泛的应用。然而，自然界的许多信息经各种传感器感知后都是模拟量，例如电话、电视等通信业务，其信源输出的是在时间上和幅度上连续的模拟信号。若要利用数字通信系统传输模拟信号，实现模拟信号的数字化传输，首先要通过编码将模拟信号转换为数字信号，即模数转换（A/D）。在接收端再将数字信号还原成模拟信号，即数模转换（D/A）。模拟信号的数字化传输原理如图 3.2 所示。

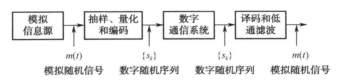

图 3.2 模拟信号的数字化传输原理

由图 3.2 可知，模数转换是实现模拟信号数字化传输的第一个步骤，由于 A/D 或 D/A 变换的过程通常由信源编（译）码器实现，所以我们把发端的 A/D 变换称为信源编码，而收端的 D/A 变换称为信源译码。模数转换的方法有很多，大致可分为三类：波形编码、参量编码、混合编码。其中波形编码是有线通信系统中应用比较广泛的一种编码方式。它直接把时域波形变换为数字代码序列，波形的重建质量较好。波形编码技术主要有脉冲编码调制 PCM（Pulse Code Modulation）、差分脉冲编码调制 DPCM、自适应差分脉冲编码调制 ADPCM、增量调制 DM（ΔM）。

2. 脉冲编码调制

在时间上离散的脉冲信号序列作为传输载波，这种调制方式是用模拟基带信号去控制脉冲的波形参数，使其按载波的规律变化而达到调制的目的，称为脉冲调制，也称为脉冲编码调制（PCM）。

（1）脉冲编码调制的种类

脉冲调制的主要参数是幅度、宽度和相位。根据其参数的不同可分为以下几种调制方式，波形如图 3.3 所示。

① 脉冲幅度调制 PAM：用基带信号去改变脉冲的幅度，这种调制称为 PAM。

② 脉冲宽度调制 PWM：用基带信号去改变脉冲的宽度，这种调制称为 PWM。

③ 脉冲相位调制 PPM：用基带信号去改变脉冲的相位，这种调制称为 PPM。

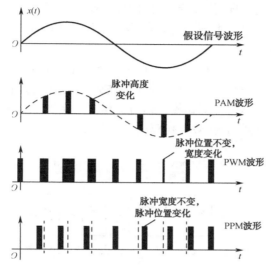

图 3.3　PAM、PWM、PPM 信号波形

（2）脉冲编码的过程

脉冲编码调制 PCM 是实现模拟信号数字化最常用的一种方法，它的任务是把时间连续、幅度连续的模拟信号转换成时间离散、幅度离散的数字信号。转换的过程通常包括抽样、量化和编码三个步骤，其转换示意图如图 3.4 所示。

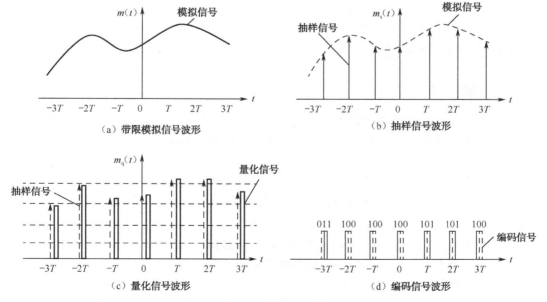

图 3.4　转换示意图

第一步：抽样。就是对模拟信号进行周期性扫描，把时间上连续的信号变成时间上离散的信号，该模拟信号经过抽样后还应当包含原信号中所有信息，也就是说能无失真地恢复原模拟信号。它的抽样速率的下限是由抽样定理确定的。

第二步：量化。把经过抽样得到的瞬时值的幅度离散，即用一组规定的电平，把瞬时抽样值用最接近的电平值来表示，此时信号已经是数字信号（PAM），可以看成是多进制的数字脉冲信号。量化操作将会引入误差。

第三步：编码。用一组二进制码组来表示每一个有固定电平的量化值。实际上在 PCM 编码实现的过程中，量化是在编码的过程中同时完成的，故编码过程也称为模/数转换。

由于编码后的数字信号携带了原始模拟信号的信息，相当于将模拟信号的特征寄存在了数字代码上，在接收端，对接收到的数字代码信号进行还原，便可得到原始的模拟信号。PCM 编码原理如图 3.5 所示。

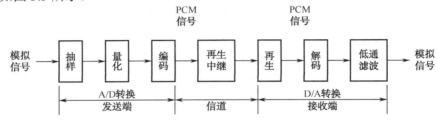

图 3.5 PCM 编码原理图

模拟信号经抽样、量化、编码后变成 PCM 信号传输，由于信号在传输的过程中一是要出现衰减，二是要受到噪声等外界的影响出现失真，在长距离传输的过程中，就必须每隔一定的距离便对信号波形进行整形放大再重传，使畸变的信号恢复成原始的 PCM 信号，即图 3.5 中的"再生中继"部分的作用。解码器将 PCM 信号还原成量化的 PAM 信号，此时的 PAM 信号与原始信号波形非常相似；再通过低通滤波滤出谐波，便可恢复出原始模拟信号。

3.2 模拟信号的抽样

3.2.1 抽样过程

抽样的任务是将时间连续的模拟信号变成时间离散的模拟信号。其实现方式是每隔一定的时间间隔抽取模拟信号的一个瞬时取值，称为样值。它的实现是将连续的模拟信号 $m(t)$ 接到由电子开关构成的抽样电路上，抽样电路的通断由抽样脉冲 $\delta_T(t)$ 控制，如图 3.6 所示。

在抽样脉冲的控制下，抽样门每隔一段时间 T 就接通一下，$m(t)$ 信号通过抽样电路后就形成一个脉冲序列，即得到抽样值 $m_s(t)$，从而实现了模拟信号在时间上的离散化。

抽样得到的离散脉冲样值信号和原始的连续模拟信号形状不同，这样的抽样值如何能够复原出原始信号呢？对于带宽有限的连续模拟信号的抽样，只要抽样频率足够大，这些样值便可完全代替原模拟信号，并且能够由这些样值准确地恢复出原模拟信号。因此，在传输的过程中，可以不传输模拟信号的本身，只传输这些离散的样值，接收端就能恢复出原始信号。

采用多大的抽样频率才能恢复出原始信号由抽样定理决定。根据抽样的原始信号是低通还是带通，抽样定理分为低通抽样定理和带通抽样定理。

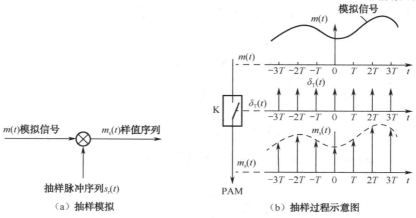

图 3.6 模拟信号抽样示意图

3.2.2 低通模拟信号的抽样定理

所谓低通信号，是指低端频率从 0 开始的信号或某一低限频率 f_0 到某高限频率 f_H 的带限频率，且满足 $B=f_H-f_0>f_0$ 的模拟信号，叫作低通信号。

带通信号：若某一信号的频率范围在 f_0 到 f_H 范围内，若 $B=f_H-f_0<f_0$，这样的模拟信号则称为带通信号。

低通信号抽样定理：一个频带限制在（0，f_H）内的低通模拟信号 $m(t)$，如果抽样频率 $f_s \geq 2f_H$，则可由抽样信号序列 $m_s(t)$ 无失真的复原出原始信号。由于抽样时间间隔相等，因此又称为均匀抽样定理。其抽样过程的时域和频域对照如图 3.7 所示。

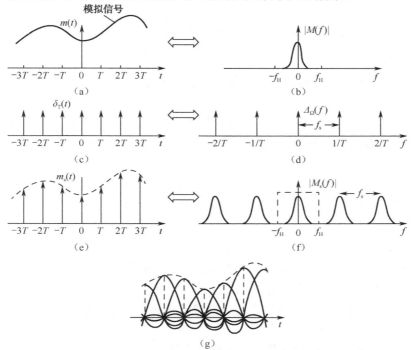

图 3.7 模拟信号的抽样过程

图 3.7（b）是 3.7（a）原始信号 $m(t)$ 的频谱 $M(f)$，图 3.7（c）所示为一个周期为 T 的脉冲信号 $\delta_{\mathrm{T}}(t)$，其表达式为

$$\delta_{\mathrm{T}}(t) = \sum_{n=-\infty}^{\infty} \delta(t-nT) \tag{3-2-1}$$

3.7（d）所示为 $\delta_{\mathrm{T}}(t)$ 的频谱 $\varDelta_\Omega(f)$，其表达式为

$$\varDelta_\Omega(f) = \frac{1}{T} \sum_{n=-\infty}^{\infty} \delta(f-nf_{\mathrm{s}}) \tag{3-2-2}$$

3.7（e）所示为抽样信号 $m_{\mathrm{s}}(t)$。抽样的过程实际上是用信号 $m(t)$ 与抽样脉冲 $\delta_{\mathrm{T}}(t)$ 相乘，因此抽样信号 $m_{\mathrm{s}}(t)$ 的表达式为

$$m_{\mathrm{s}}(t) = m(t)\delta_{\mathrm{T}}(t) = \sum_{n=-\infty}^{\infty} m(nT)\delta(t-nT) \tag{3-2-3}$$

图 3.7（f）是 $m_{\mathrm{s}}(t)$ 的频谱 $M_{\mathrm{s}}(f)$，根据频域卷积定理可得

$$M_{\mathrm{s}}(f) = M(f) \cdot \varDelta_\Omega(f) = \frac{1}{T}\left[M(f) \cdot \sum_{n=-\infty}^{\infty} \delta(f-nf_{\mathrm{s}}) \right] = \frac{1}{T} \sum_{n=-\infty}^{\infty} M(f-nf_{\mathrm{s}}) \tag{3-2-4}$$

上式表明，已抽样信号频谱 $M_{\mathrm{s}}(f)$ 是低通信号频谱 $M(f)$ 以抽样速率为周期进行延拓形成的周期性频谱，它包含了 $M(f)$ 的全部信息。

从图 3.6（f）可以看出，只要抽样频率 $f_{\mathrm{s}} \geqslant 2f_{\mathrm{H}}$，即采样时间间隔 $T_{\mathrm{s}} \leqslant \dfrac{1}{2f_{\mathrm{H}}}$ 时，$M(f)$ 中包含的每个原信号频谱 $M(f)$ 就不重叠，就能够从 $M_{\mathrm{s}}(f)$ 中用一个低通滤波器分离出模拟信号 $m(t)$ 的频谱 $M(f)$。显然，抽样信号 $m_{\mathrm{s}}(t)$ 包含了 $m(t)$ 的全部信息，即可从抽样信号中无失真地恢复原始模拟信号。

$T_{\mathrm{s}} = \dfrac{1}{2f_{\mathrm{H}}}$ 叫作最大抽样时间间隔，也叫奈奎斯特间隔。$f_{\mathrm{s}} = 2f_{\mathrm{H}}$ 叫作最小抽样频率，称为奈奎斯特抽样速率。

当 $f_{\mathrm{s}} \leqslant 2f_{\mathrm{H}}$ 时，抽样信号相邻周期的频谱将会发生重叠，无法用低通滤波器分离出原始信号的频谱。

当 $f_{\mathrm{s}} = 2f_{\mathrm{H}}$ 时，因滤波器的截止边缘无法做得太陡峭，用截止频率 $f_{\mathrm{c}} = f_{\mathrm{H}}$ 的低通滤波器不容易分离出原模拟信号的频谱。因此在应用中的抽样频率通常取 $f_{\mathrm{s}} > 2f_{\mathrm{H}}$，从而留出保护频带。

抽样频率选择太小，会产生频谱重叠，产生交叠失真；抽样频率选择太大，会造成保护频带过宽，从而浪费频带资源。所以在具体的应用中，抽样频率只要能满足 $f_{\mathrm{s}} > 2f_{\mathrm{H}}$，留出一定的保护频带即可。

实例 3.1 语音信号的频率为 $300 \sim 3\,400$ Hz，在通信系统中，如果要让这样的模拟语音信号传送到接收端并能恢复出原始信号，请问需要的最低采样频率是多少？

解：因为原始语音信号的频率为 $300 \sim 3\,400$ Hz，所以

$B = 3\,400 - 300 = 3\,100 > 300$，因而这样的语音信号是低通信号，根据低通信号抽样定理得

$f_{\mathrm{s}} = 2f_{\mathrm{H}} = 2 \times 3\,400 = 6\,800$ Hz

所以最低采样频率为 $6\,800$ Hz 便还原出语音信号。

3.2.3 带通模拟信号的抽样定理

模拟信号的抽样，只要 $f_s > 2f_H$，接收端便可恢复出原始模拟信号，但对频率下限 f_L 较高的模拟信号，如果仍采用 $f_s > 2f_H$ 这样的条件来确定最低采样速率，虽可恢复出原始信号，但必然会造成 $0 \sim f_L$ 频段浪费。因此针对 f_L 较高的带通信号，则采用带通抽样定理来确定最低抽样频率。

带通抽样频率：一个频带限制在 (f_L, f_H) 内的连续模拟信号 $m(t)$，信号带宽 $B = f_H - f_L$，令 $M = \dfrac{f_H}{B} - N$，N 为不大于 $\dfrac{f_H}{B}$ 的最大正整数，则最小抽样频率 f_s 应满足

$$f_s = 2B\left(1 + \frac{M}{N}\right) \tag{3-2-5}$$

带通抽样定理使用的前提是：只允许在其中一个频带上存在信号，而不允许在不同的频带同时存在信号，否则将会引起信号混叠。为了满足这个前提条件，通常在采样前采用跟踪滤波器对原始信号进行滤波，也就是当需要对位于某一个中心频率的带通信号进行采样时，就先把跟踪滤波器调到与之对应的中心频率 $\left(\dfrac{f_L + f_H}{2}\right)$ 上，滤出所感兴趣的带通信号，以防止信号混叠。

当 $f_L = 0$ 时，$f_s = 2B$，就是低通模拟信号的抽样情况；当 f_L 为 B 的整数倍时，$f_s = 2B$，当 f_L 很大时，f_s 趋近于 $2B$。f_L 很大意味着是一个窄带信号，所以对于这种信号抽样，无论 f_H 是否为 B 的整数倍，在理论上，都可以近似地将 f_s 取略大于 $2B$。

实例 3.2 对于截波 60 路群信号，其频率范围为 312~552 kHz，试求其抽样频率。

解：因为 $B = f_H - f_L = 552 - 312 = 240 < 312$，所以此信号是带通信号。根据带通信号的抽样定理得

$$N = \left\lfloor \frac{f_H}{B} \right\rfloor = \left\lfloor \frac{552}{240} \right\rfloor = 2, \quad M = \frac{f_H}{B} - N = \frac{552}{240} - 2 = 0.3$$

$$f_s = 2B\left(1 + \frac{M}{N}\right) = 2 \times 240 \times (1 + 0.3/2) = 552 \text{ kHz}$$

所以抽样频率不能小于 552 kHz。

3.3 抽样信号的量化

扫一扫看实验 2 取样定理及 PAM 通信教学指导

扫一扫看抽样信号的量化教学课件

3.3.1 量化的相关概念

1. 量化过程

时间连续的模拟信号经抽样后的样值序列，虽然在时间上离散，但在幅度上仍然是连续的，因此仍属模拟信号。要把抽样信号变换成数字信号还须要进行幅度的离散化处理。量化就是将幅度连续变化的样值序列信号按一定规则离散化，即用有限个幅值近似代替无穷多个取值的过程。

在理论上，如果用 N 位二进制码组来表示该样值的大小，利用数字传输系统来传输，那

么，N 位二进制码组只能同 $M=2^N$ 个电平样值相对应，而不能同无穷多个可能取值相对应。这就须要把取值无限的抽样值划分成有限的 M 个离散电平，这种抽样值的划分过程就称为量化，此电平被称为量化电平。

由上述可知，量化是利用预先规定的有限个电平来表示模拟信号抽样值的过程。图 3.8 给出了一个将抽样值 $m(kT_i)$ 转换为 M 个规定电平 $q_1 - q_M$ 之一的量化的物理过程。

图中模拟信号 $m(t)$ 按照适当抽样间隔进行均匀抽样，抽样速率为 $f_s = 1/T_s$，在各抽样时刻上的抽样值用 "·" 表示，第 k 个抽样值为 $m(kT_k)$，$m_q(t)$ 表示量化信号，相邻电平间距离 $\varDelta_i = q_i - q_{i-1}$ 称为量化间隔，用符号 "△" 表示。q_i 表示第 i 个量化电平的终点电平（分层电平），按照预先规定，抽样值在量化时转换为 m 个规定电平 $q_1, q_2, \cdots, q_m$ 中的一个。为作图简便起见，图中假设只有 $q_1, q_2, \cdots, q_7$ 等 7 个电平，也就是有 7 个量化级，$m_1, m_2, \cdots, m_6$ 为量化区间的端点。

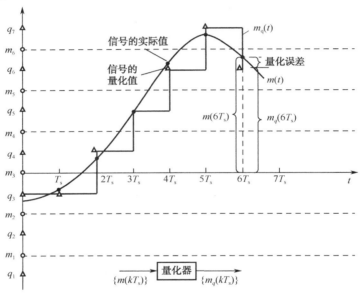

图 3.8　量化的物理过程

若 $q_{i-1} \leqslant m_q(kT_s) \leqslant q_i$，则量化电平可以表示为

$$m_q(kT_s) = q_i \tag{3-3-1}$$

在图 3.8 中，$t = 6T_s$ 时的抽样值 $m(6T_i)$ 在 m_5、m_6 之间，此时按规定量化值为 q_6。量化器输出是图中的阶梯波形 $m_q(t)$，其中 $m_q(t) = m_q(kT_s)i$，$kT_s \leqslant t \leqslant (k+1)T_s$。

结合图 3.8 以及上面的分析可知，量化后的信号 $m_q(t)$ 是对原来信号的近似。当抽样速率一定、量化电平选择适当时，随着量化级数目的增加，可使 $m_q(t)$ 与 $m(t)$ 近似程度提高。

2. 量化的相关概念

（1）量化区

将绝大部分抽样值的取值范围定义为量化区，图 3.8 中的 (m_1, m_6) 便是量化区。小于 m_1 或大于 m_6 的范围是过载区。q_1 和 q_7 叫作过载电压。

（2）量化区间

量化区中划分的每个小区间称为量化区间，如 (m_1, m_2)、(m_2, m_3) …都叫作量化区间。

（3）量化间隔

量化区间的长度叫作量化间隔，量化间隔的大小取决于输入信号 $m(t)$ 的变化范围和量化电平数。当信号的变化范围和量化电平数确定后，量化间隔也被确定。

（4）量化级数

量化区间的个数叫作量化级数，图 3.8 中的量化级数是 7。

（5）量化值

信号落在某个量化区间内，就用此区间的一个特殊值来代替，这个特殊值叫作量化值或量化电平。

在量化过程中，根据量化值的取值标准的不同，量化分为三种。若量化值取量化区间的最小值，这种量化称为"舍去法"量化；若量化值取量化区间的最大值，这种量化称为"补足法"量化；若量化值取量化区间的中间值，则称为"四舍五入法"量化。

（6）量化误差

不管采用哪一种方法来量化，量化值和原始样值间通常存在一定误差，这个误差叫作量化误差。也就是说，量化是会引入误差的，误差的大小取决于量化级数和信号功率的大小。

模拟信号的量化带来量化误差，理想的最大量化误差为 $\pm 0.5 \mathrm{LSB}$。通常会通过增加量化位数来把量化噪声降低到无法察觉的程度，但随着信号幅度的降低，量化噪声与信号之间的相关性变得更加明显。

3.3.2　均匀量化

均匀量化指量化区内的量化间隔是均匀划分的。设量化区的范围是 (a,b)，量化级数为 M，则均匀量化时的量化间隔

$$\Delta = \frac{a+b}{M} \tag{3-3-2}$$

量化区间端点为

$$m_i = a + i\Delta \qquad i=0,1,\cdots,M \tag{3-3-3}$$

若采用四舍五入法量化，则量化输出电平为

$$q_i = \frac{m_i + m_{i-1}}{2} \qquad i=0,1,\cdots,M \tag{3-3-4}$$

若采用舍去法量化，则量化输出电平为

$$q_i = m_{i-1} \qquad i=0,1,\cdots,M \tag{3-3-5}$$

若采用补足法量化，则量化输出电平为

$$q_i = m_i \qquad i=0,1,\cdots,M \tag{3-3-6}$$

以上三种量化方法中，四舍五入法引入的最大量化误差是半个量化间隔 $\frac{\Delta}{2}$，其余两种方法引入的最大量化误差是一个量化间隔 Δ；在过载区的量化误差要大一些。量化误差相当于在原始样值上叠加了一个噪声，所以量化误差又称为量化噪声，这是数字通信不可避免的。

1．量化特性

量化特性是指量化器的输入、输出特性。均匀量化的量化特性是等阶距的梯形曲线，也就是均匀的阶梯关系，如图3.9所示。

从式（3-3-2）、式（3-3-3）、式（3-3-4）三个式子及图3.9可以看出，因为均匀量化的量化间隔是相等的，量化级数M越大，量化间隔越小，则量化误差越小，任何量化方法均会产生误差。量化误差只能尽量减少，而不能被完全消除。量化后得到的Q个电平，可以通过编码器编为二进制代码，通常Q选为2^k，这样Q个电平可以编为k位二进制代码。

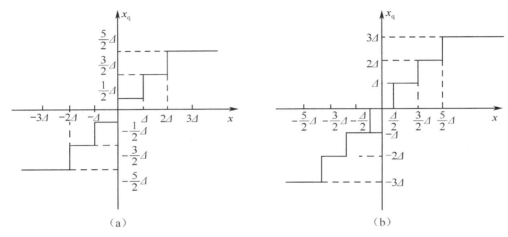

图3.9　两种常用的均匀量化特性

2．均匀量化误差

均匀量化的误差可分为绝对量化误差和相对量化误差两种。当输入电平较低时，由量化间隔的存在而引起的必然误差通常称为绝对量化误差，其表达式为

$$e_q = m - m_q \qquad (3-3-7)$$

对于何用四舍五入法的均匀量化，绝对量化误差在每一量化间隔内的最大值均为$\Delta/2$。由于绝对误差由量化间隔确定，相对量化误差可能值必然很大。

相对量化误差是指绝对量化误差和输出量化电平之差与原输入信号的比值，表达式为

$$e_q/m = (m - m_q)/m \qquad (3-3-8)$$

在通信中，噪声对通信质量的影响并不直接决定于噪声的大小，而是主要决定于信噪比。通常用信号功率与量化噪声功率的比值（即信号量噪比）来衡量量化误差对于信号的影响。

量化间隔越大，量化噪声越大，因而量化噪声的功率与量化间隔成正比。均匀量化时大信号和小信号的量化间隔相等，即量化误差相等，信号量噪比取决于输入信号的大小。信号越大，量噪比越小；信号越小，量噪比越大。在语音信号中出现小信号的概率大，所以通信质量不理想。要提高通信质量，就须要通过增加量化级数来降低量化误差，从而提高信噪比。但是在编码时，量化级数越多，所需要的编码位数越多，造成的量化值的编码数据越大，对传输速率的要求越高，对传输不利。

因此，均匀量化对于小信号的传输非常不利。为了克服这个缺点，在具体的应用中通常选用非均匀量化。

3.3.3 非均匀量化

1. 非均匀量化的过程

非均匀量化是量化间隔按某一特定规律随输入信号样值大小变化的一种量化方式。它是根据输入信号的概率密度函数来确定量化间隔，以改善量化性能的，量化原理如图 3.10 所示。对于信号取值小的区间，其量化间隔也小；反之，量化间隔就大。这样可以提高小信号的量化信噪比，适当减小大信号的信噪功率比。它与均匀量化相比，有以下两个突出的优点。

（1）当输入量化器的信号具有非均匀分布的概率密度（如语音）时，非均匀量化器的输出端可以得到较高的平均信号量化信噪比。

（2）非均匀量化时，量化噪声功率的均方根值基本上与信号抽样值成比例。因此量化噪声对大小信号的影响大致相同，即改善了小信号的量化信噪比。

图 3.10　非均匀量化过程框图

实际中，非均匀量化的实现方法通常是将输入量化器的信号抽样值通过压缩处理后再进行均匀量化。所谓压缩就是实际上是对大信号进行压缩而对小信号进行较大的放大的过程。信号经过这种非线性压缩电路处理后，改变了大信号和小信号之间的比例关系，使大信号的比例基本不变或变得较小，而小信号相应地按比例增大，即"压大补小"。在接收端将收到的相应信号进行扩张，以恢复原始信号的对应关系。扩张特性与压缩特性相反。

通常使用的压缩器中，大多采用对数式压缩，即 $y = \ln x$，对数压缩原理如图 3.11 所示。

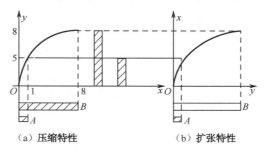

（a）压缩特性　　　　（b）扩张特性

图 3.11　压缩与扩张的示意图

其中 $y = f(x)$ 表示压缩大信号，扩张小信号，逆变换 $x' = f^{-1}(y')$ 是指扩张大信号，压缩小信号。须要注意的是在扩张的环节扩张器对量化信噪比无影响。

压缩与扩张的特性曲线相同，只是输入、输出坐标互换而已，所以后续的分析仅仅针对压缩特性。目前在数字通信系统中采用两种压扩特性，它们分别是美国采用 μ 压缩律以及中国和欧洲各国采用 A 压缩律，以及近似算法——13 折线法和 15 折线法。中国和欧洲通常采用 A 压缩律，北美、日本和韩国等国家和地区采用 μ 压缩律。

后面分别讨论 A 压缩律和 μ 压缩律的原理，这里只讨论 $x \geq 0$ 的范围，而 $x \geq 0$ 的关系曲线和 $x \leq 0$ 的关系曲线是以原点奇对称关系。

2．A 律 13 折线压缩特性

A 压缩律压缩具有如下特性的压缩律，即

$$y = \begin{cases} \dfrac{Ax}{1 + \ln A}, & 0 \leqslant x \leqslant \dfrac{1}{A} \\ \dfrac{1 + \ln Ax}{1 + \ln A}, & \dfrac{1}{A} \leqslant x \leqslant 1 \end{cases} \qquad (3\text{-}3\text{-}9)$$

式中　　y——归一化的压缩器输出电压；

　　　　x——归一化的压缩器输入电压；

　　　　A——压扩参数，它决定压缩的程度。

A 值不同，压缩特性曲线形状不同，对于信号的量噪比有较大影响。当 $A=1$ 时，无压缩；A 值越大，在小信号区压缩特性曲线的斜率越大，对提高小信号的量噪比越有利。在实际使用中，一般选择 $A=87.6$。在这种情况下，可以得到 x 的放大量为

$$\frac{\mathrm{d}y}{\mathrm{d}x} = \begin{cases} \dfrac{Ax}{1 + \ln A} = 16, & 0 < x \leqslant \dfrac{1}{A} \\ \dfrac{A}{(1 + \ln A)Ax} = \dfrac{0.1827}{x}, & \dfrac{1}{A} < x \leqslant 1 \end{cases} \qquad (3\text{-}3\text{-}10)$$

图 3.12 就表示了对于不同 μ 情况下的压缩特性曲线。

当信号 X 很小时（即小信号时），从式（3-3-10）可以看到信号被放大了 16 倍，这相当于与无压缩特性比较，对于小信号的情况，量化间隔比均匀量化时减小了 16 倍，因此，量化误差大大降低；而对于大信号的情况，例如 $x=1$，量化间隔比均匀量化时增大了 5.47 倍，量化误差增大了。这样实际上就实现了"压大补小"的效果。

上面只讨论了 $x>0$ 的范围，实际上 x 和 y 均在（−1，+1）之间变化，因此，x 和 y 的对应关系曲线是在第一象限与第三象限奇对称。为了简便，$x<0$ 的关系表达式未进行描述。

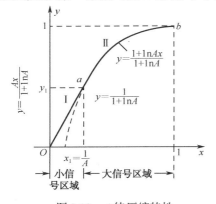

图 3.12　A 律压缩特性

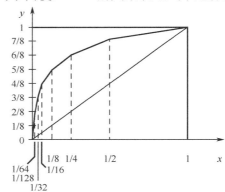

图 3.13　A 律 13 折线压缩特性

前面介绍了 A 律压缩特性，那什么叫 13 折线呢？首先我们介绍 13 折线是怎么得来的：图 3.13 中，对 x 轴在 0-1 归一化范围内以 1/2 递减分成 8 个不均匀段，其分段点为 1/2，1/4，1/8，1/16，1/32，1/64，1/128，对 y 轴在 0-1 归一化范围内则分成 8 个均匀的段落，它们的分段点是 7/8，6/8，5/8，4/8，3/8，2/8，1/8。将 x 轴、y 轴相对应分段线在 x-y 平面上的相交点连线就得到各段折线，第一象限内折线一共 8 段。第一段（0，0）-（1/128,1/8）、第二段（1/128,1/8）

－（1/64，2/8）两段斜率相同，构成一条直线，所以第一、第二段实际上为一段，即 $x \geqslant 0$，折线一共有 7 段。A 律 13 折线各段斜率如表 3.1 所示。

表 3.1　A 律 13 折线各段斜率

折线段号	1	2	3	4	5	6	7	8
折线斜率	16	16	8	4	2	1	1/2	1/4

因为 $x \geqslant 0$ 的关系曲线和 $x \leqslant 0$ 的关系曲线是以原点奇对称关系，所以当 $x \leqslant 0$ 时，第三象限的第一、第二段折线斜率相同，且与第一象限第一、第二段的斜率相同，所以这四段构成一条直线。因此，正负两个象限的完整压缩特性曲线共有 13 段折线压缩特性。

3. μ 律 15 折线压缩特性

μ 压缩律就是压缩器的压缩特性具有如下关系的压缩律，即

$$y = \pm \frac{\ln(1 + \mu|x|)}{\ln(1 + \mu)}, \quad -1 \leqslant x \leqslant 1 \tag{3-3-11}$$

式中　y——归一化的压缩输出电压；

　　　x——归一化的压缩器输入电压；

　　　μ——压扩参数，表示压缩的程度。

图 3.14 就表示了对于不同 μ 情况下的压缩特性曲线，图中只画出了正向部分。图中纵坐标是均匀分级的，但由于压缩的结果，反映到输入信号 x 就成为非均匀量化了，即信号小时量化间隔 Δx 小，信号大时量化间隔 Δx 大，而在均匀量化中，量化间隔却是固定不变的。

由图可见，当 $\mu=0$ 时，压缩特性是通过原点的一条直线，故没有压缩效果；当 μ 值增大时，压缩作用明显，对改善小信号的性能也有利。通常当 $\mu=100$ 时，压缩器的效果就比较理想了。同时须要指出 μ 律压缩特性曲线是以原点奇对称的。

在实际应用中，采用特性近似的 15 折线代替 μ 压缩律，15 折线压缩特性逼近 $\mu=255$ 时的 μ 压缩特性。

在图 3.15 所示为 μ 律 15 折线压缩特性第一象限的曲线。第一象限有 8 段折线，其斜率各不相同，正负半轴关于原点对象，所以第一、三象限的第一段折线斜率是相同的，可以构成一条直线，所以形成 15 段折线。

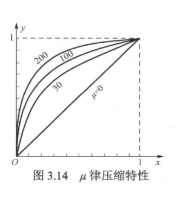

图 3.14　μ 律压缩特性

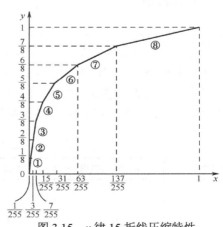

图 3.15　μ 律 15 折线压缩特性

小信号时，15 折线特性斜率要大于 13 折线特性，15 折线压缩的信号量噪比是 13 折线的大约两倍。但对大信号而言，15 折线的压缩的信号量噪比要比 13 折线稍差。

4．A 律 13 折线压缩特性量化区间的划分

从前面的介绍中可知，横坐标上整个归一化量化区被分成了 18 段，正负区间各分成 8 段。如果将这 16 段作为量化区间对抽样后的样值进行量化，将会由于量化间隔过大，从而产生很大的量化误差，增加了量化噪声，导致通信质量下降。为了解决这个问题，我们需要对这 16 段进行细分，这不均匀的 16 段叫作量化段，每一段的长度称为段落差。如正区间第一段的量化段段落差是 1/128。

为了满足通信质量指标的要求，将每一个量化段再均匀地分成 16 级，每一级作为一个量化区间，这样量化间隔就大大减少。整个量化区被分成了 16 个量化段，每个量化段分成了 16 个量化区间，共计 16×16=256 个量化区间，即量化级数为 256。

这样处理后，每个量化段的量化间隔各不相同，小信号区间量化间隔小，大信号区间量化间隔大。第一和第二量化段长度最短，为 1/128，因此其量化间隔最小。将此最小量化间隔称为一个量化单位，用 Δ 表示，$\Delta =$（1/128）×（1/16）=1/2 048，则量化区的范围可表示为（$-2\ 018\Delta$，$2\ 048\Delta$）。

如果采用均匀量化，要达到相同的最小量化间隔，量化级数为 2 048，编码需要 11 bit，采用非均匀量化，量化级数为 256，编码需要 8 bit，大大减少了编码数据。

3.4　PCM 编码

扫一扫看 PCM 编码及语音压缩编码教学课件

抽样、量化后的信号完成了时间上和幅值上的离散化处理，是一种多进制信号，不适合直接传输，因而须要将每个量化值转换成二进制代码，这个将量化后的信号电平值变换成二进制码组的过程称为编码，其逆过程称为解码或译码。编码不仅用于通信，还广泛用于计算机、数字仪表、遥控遥测等领域。现有的编码器的种类大体上可归结为三种：逐次比较（反馈）型、折叠级联型、混合型。这里仅介绍目前用得较为广泛的逐次比较型编码和译码。编码须要解决三个问题，一是编码的编型，二是编码的码位，三是各码位的取值规则。

3.4.1　编码码型

码型是指按一定规律所编出的所有码字的集合，码字是由多位二进制码构成的组合，它确定了编码的位数。码型的实质是代码的编码规律，即把量化后的所有量化级，按其量化电平的大小次序排列起来，并列出各自对应的码字。

在信源编码中常用的二进制码型有三种：自然二进制码、折叠二进制码和反射二进制码（又称格雷码）。表 3.2 列出了用 4 位二进制码表示 16 个量化级时的这三种码型。

表3.2　4位二进制码码型

样值脉冲极性	格雷二进制码	自然二进制码	折叠二进制码	量化级序号
正极性部分	1000	1111	1111	15
	1001	1110	1110	14
	1011	1101	1101	13

续表

样值脉冲极性	格雷二进制码	自然二进制码	折叠二进制码	量化级序号
正极性部分	1010	1100	1100	12
	1110	1011	1011	11
	1111	1010	1010	10
	1101	1001	1001	9
	1100	1000	1000	8
负极性部分	0100	0111	0000	7
	0101	0110	0001	6
	0111	0101	0010	5
	0110	0100	0011	4
	0010	0011	0100	3
	0011	0010	0101	2
	0001	0001	0110	1
	0000	0000	0111	0

（1）自然二进制码

从左至右其权值分别为 8、4、2、1，故有时也被称为 8-4-2-1 二进制码。它是一般的十进制正整数的二进制表示，编码简单、易记，而且译码可以逐比特独立进行。

（2）折叠二进制码

折叠码是由自然二进制码演变而来的一种符号幅度码，是目前 A 律 13 折线 PCM 30/32 路设备所采用的码型。折叠码的左边第一位表示信号的极性，信号为正用"1"表示，为负用"0"表示；从第二位起至最后一位表示信号的幅度。其幅度码从小到大按自然二进制码规则编码。由于正负绝对值相同时，折叠码的上半部分与下半部分相对于零电平对称折叠，对于双极性信号（如话音信号），只要正负极性信号的绝对值相同，则可采用单极性编码方法进行编码，大大简化了编码过程，且在传输过程中出现的误码，对小信号影响较小。在 PCM 通信编码中，采用折叠二进制码。

（3）格雷二进制码

按照即相邻两组的码距均为 1 的原则构成的码型为格雷二进制码。这里的码距是指两个码字的对应码位取不同码符的位数。格雷二进制码译码时，若传输或判决有误，量化电平的误差小，通常可用于工业控制当中的继电器控制，以及通信中采用编码管进行的编码过程。

这种编码相邻的两个码组之间只有一位不同，因而在用于方向的转角位移量向数字量的转换中，当方向的转角位移量发生微小变化，而可能引起数字量发生变化时，格雷码仅改变一位，这样与其他编码同时改变两位或多位的情况相比更为可靠，即可减少出错的可能性。

自然二进制码，当极性码产生误差时，误差比较大，如 0111 误码为 1111 后，则 7 错变为 15，误差较大。

折叠二进制码的幅度误差与信号大小有关，小信号误差小，大信号误差大。而语音信号中，小信号出现的概率大，因此折叠二进制码比自然二进制码造成的误差小，有利于小信号。折叠二进制码对于双极性信号可以采用单极性的编码方法处理，因此简化了编码过程。

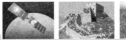

3.4.2 码位安排

1．码位数的选择

在数字通信中码字位数（即编码位数）的选择非常重要，它不仅关系到通信质量的好坏，而且还涉及通信设备的复杂程度。码字位数的选择具有以下特点。

（1）码字位数的多少，决定了量化分层（量化级）的多少。且码位数由量化级数确定，语音通信 PCM 中，国际上采用的码位数是 8 位，则量化电平分层数 $M = 2^8 = 256$。

（2）码位数越多，量化分层越细，量化误差越小，通信质量当然就更好。

（3）码位数越多，设备越复杂，同时还会使总的传输码率相应地增加，传输带宽加大。

语音通信中，通常采用 8 位的 PCM 编码就能够得到满意的通信质量。

2．PCM 码位安排

在 3.4.1 中提到了 A 律 13 折线的量化级数是 256（$2^8 = 256$），所以可以选择 8 位码来表示这 256 种不同状态的码组。因正负信号的输入-输出关于原点对称，因而码形选择折叠二进制码。这 8 位码位的排列如表 3.3 所示。

表 3.3　8 位码位的排列

极　性　码	段　落　码	段　内　码
M_1	$M_2 M_3 M_4$	$M_5 M_6 M_7 M_8$

8 位码位按极性码、段落码和段内码的顺序进行排列。在 13 折线法中，无论输入信号是正还是负，均按 8 段折线（8 个段落）进行编码。若用 8 位折叠二进制码 $M_1 M_2 M_3 M_4 M_5 M_6 M_7 M_8$ 来表示输入信号的抽样量化值时，其中用第 1 位表示量化值的极性，其余 7 位（第 2 位至第 8 位）则可表示抽样量化值的绝对大小。用其中第 2 至第 4 位（段落码）的 8 种可能状态来分别代表 8 个段落，其他 4 位码（段内码）的 16 种可能状态用来分别代表每一段落的 16 个均匀划分的量化级。上述编码方法是把压缩、量化和编码合为一体的方法。

第 1 位码 M_1 的数值"1"或"0"分别代表抽样信号的正负极性，称为极性码。从折叠二进制码的规律可知，对于两个极性不同，但绝对值相同的样值脉冲，用折叠码表示时，除极性码 M_1 不同外，其余几位码是完全一样的。因此在编码过程中，只要将样值脉冲的极性判出，编码器就会以样值脉冲的绝对值进行量化和输出码组。

第 2 位至第 4 位码即 $M_2 M_3 M_4$ 称为段落码，表示信号绝对值处在哪个段落。这 3 位二进制码可将抽样信号正负极性各分成 8 个段落。3 位码的 8 种可能状态分别代表 8 个段落的起点电平。段落码和 8 个段落之间的关系如表 3.4 所示。

表 3.4　段落码

段 落 序 号	段 落 范 围	段 落 码	量 化 间 隔
	Δ	$M_2 M_3 M_4$	Δ
8	1 024～2 048	111	64
7	512～1 024	110	32

续表

段落序号	段落范围	段落码	量化间隔
	Δ	$M_2M_3M_4$	Δ
6	256～512	101	16
5	128～512	100	8
4	64～128	011	4
3	32～64	010	2
2	16～32	001	1
1	0～16	000	1

第 5 位到第 8 位即 $M_5M_6M_7M_8$ 被称为段内码，这 4 位码的 16 种可能状态用来分别代表每一段落内的 16 个均匀划分的量化级。段内码具体的分法如表 3.5 所示。

表 3.5　段内码

量化间隔序号	段内码	量化间隔序号	段内码
	$M_5M_6M_7M_8$		$M_5M_6M_7M_8$
15	1111	7	0111
14	1110	6	0110
13	1101	5	0101
12	1100	4	0100
11	1011	3	0011
10	1010	2	0010
9	1001	1	0001
8	1000	0	0000

3.4.3　逐次比较型编码

逐次比较型编码器的任务是根据输入的样值脉冲编出相应的 8 位二进制代码。除第 1 位极性码外，其他 7 位二进制代码是通过逐次比较方法予以确定的。采用上述办法进行编码的编码器就是 PCM 通信中常用的逐次比较型编码器。

我们知道，天平称重时，当重物放入托盘以后，就开始称重，第 1 次称重所加砝码（在编码术语中称为"权"，它的大小称为权值）是估计的，这种权值当然不能正好使天平平衡。若砝码的权值大了，换一个小一些的砝码再称。第 2 次所加砝码的权值，是根据第 1 次做出判断的结果确定的。若第 2 次称的结果说明砝码小了，就要在第 2 次权值基础上加上一个更小一些的砝码。如此进行下去，直到接近平衡为止。

逐次比较型编码器编码的方法与用天平称重物的过程极为相似，在编码时，样值脉冲信号相当于被测物，标准电平相当于天平的砝码。预先规定好的一些作为比较用的标准电流（或电压），称为权值电流，用符号 I_w 表示。I_w 的个数与编码位数有关。当样值脉冲 I_s 到来后，用逐步逼近的方法有规律地用各标准电流 I_w 去和样值脉冲比较，每比较一次出一位码。当

$I_{s}>I_{w}$ 时，出"1"码，反之出"0"码，直到 I_{w} 和抽样值 I_{s} 逼近为止，完成对输入样值的非线性量化和编码。

PCM 编码过程分三步进行，假设权值信号用 I_{w} 来表示，样值信号用 I_{s} 来表示。

（1）编极性码（M_{1}）

样值信号 I_{s} 与 0 比较，$I_{s} \geqslant 0$，则 $M_{1}=1$，若 $I_{s} \leqslant 0$，则 $M_{1}=0$。

（2）编段落码（$M_{2}M_{3}M_{4}$）

三位段落码，需要进行三次比较，大于等于比较权值时，对应段落码取值为 1，否则取值为 0。第一次，比较权值 $I_{w}=128\varDelta$，第二次比较权值 $512\varDelta$（当 $M_{2}=1$ 时）或 $32\varDelta$（当 $M_{2}=0$ 时），第三次比较权值是 $1\,024\varDelta$（当 $M_{2}=1, M_{3}=1$ 时），或 $256\varDelta$（当 $M_{2}=1, M_{3}=0$ 时），或 $64\varDelta$（当 $M_{2}=0, M_{3}=1$ 时），或 $16\varDelta$（当 $M_{2}=0, M_{3}=0$ 时）。其判决流程如图 3.16 所示。

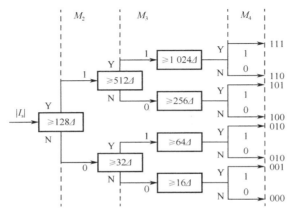

图 3.16　段落码编码流程图

（3）编段内码（$M_{5}M_{6}M_{7}M_{8}$）

当段落码确定后，则该量化段的起始电平 I_{Bi} 与该量化段的量化间隔 $\varDelta$ 就确定了。各权值信号用下面表达式确定。

$$I_{w5} = I_{Bi} + 8\varDelta$$
$$I_{w6} = I_{Bi} + 8\varDelta M_{5} + 4\varDelta$$
$$I_{w7} = I_{Bi} + 8\varDelta M_{5} + 4\varDelta C_{6} + 2\varDelta$$
$$I_{w8} = I_{Bi} + 8\varDelta M_{5} + 4\varDelta C_{6} + 2\varDelta C_{7} + \varDelta$$

再进行四次比较，即可编出段内码，其比较方法如下：

若 $\left|I_{s} \geqslant I_{w5}\right|$，$C_{5}=1$；否则，$C_{5}=0$

若 $\left|I_{s} \geqslant I_{w6}\right|$，$C_{6}=1$；否则，$C_{6}=0$

若 $\left|I_{s} \geqslant I_{w7}\right|$，$C_{7}=1$；否则，$C_{7}=0$

若 $\left|I_{s} \geqslant I_{w8}\right|$，$C_{8}=1$；否则，$C_{8}=0$

图 3.17 就是逐次比较型编码器原理图。它由极性判决、整流器、保持电路、比较器及本地译码电路等组成。

 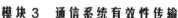

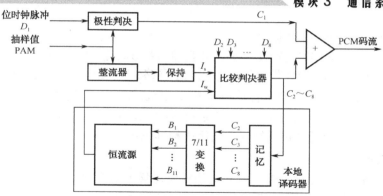

图 3.17　逐次比较型编码器原理图

极性判决电路用来确定信号的极性。由于输入 PAM 信号是双极性信号，当其样值为正时，在位脉冲到来时刻出"1"码；当样值为负时，出"0"码。同时将该双极性信号经过全波整流变为单极性信号。下面介绍各部分的组成及作用。

（1）比较器是编码器的核心。它的作用是通过比较样值电流 I_s 和标准电流 I_w，从而对输入信号抽样值实现非线性量化和编码。每比较一次输出一位二进制代码，并且当 $I_s > I_w$ 时，出"1"码，反之出"0"码。由于在 13 折线法中用 7 位二进制代码来代表段落和段内码，所以对一个输入信号的抽样值须要进行 7 次比较。每次所需的标准电流 I_w 均由本地译码电路提供。

（2）本地译码电路包括记忆电路、7/11 变换电路和恒流源。记忆电路用来寄存二进制代码，因为除第一次比较外，其余各次比较都要依据前几次比较的结果来确定标准电流 I_w 的值。因此，7 位码组中的前 6 位状态均应由记忆电路寄存下来。7/11 变换电路就是前面非均匀量化中谈到的数字压缩器。因为采用非均匀量化的 7 位非线性编码等效于 11 位线性码，而比较器只能编 7 位码，反馈到本地译码电路的全部码也只有 7 位。因为恒流源有 11 个基本权值电流支路，需要 11 个控制脉冲来控制，所以必须经过变换，把 7 位码变成 11 位码，实际上就是完成非线性和线性之间的变换，其转换关系如表 3.6 所示。

表 3.6　A 律 13 折线非线性码与线性码间的关系

段落号	非线性码						线性码											
	起始电平	段落码 $M_2M_3M_4$	段内码权值（Δ） $M_5M_6M_7M_8$				B_1	B_2	B_3	B_4	B_5	B_6	B_7	B_8	B_9	B_{10}	B_{11}	B_{12}
							1024	512	256	128	64	32	16	8	4	2	1	1/2
8	1024	111	512	256	128	64	1	M_5	M_6	M_7	M_8	1*						
7	512	110	256	128	64	32		1	M_5	M_6	M_7	M_8	1*					
6	256	101	128	64	32	16			1	M_5	M_6	M_7	M_8	1*				
5	128	100	64	32	16	8				1	M_5	M_6	M_7	M_8	1*			
4	64	011	32	16	8	4					1	M_5	M_6	M_7	M_8	1*		
3	32	010	16	8	4	2						1	M_5	M_6	M_7	M_8	1*	
2	16	001	8	4	2	1							1	M_5	M_6	M_7	M_8	1*
1	0	000	8	4	2	1								M_5	M_6	M_7	M_8	1*

注：表中 1*项为收端解码时的补差项，在发端编码时，该项均为零。

PCM 码与线性码的转换规则：当段落码所代表起始电平为 2^n 时，则 11 位线性码中第 $n+1$ 位为 1，然后把段落码紧跟在这个 1 后面，并且前后补 0 补足 11 位码即可。

（3）恒流源（也称 11 位线性解码电路或电阻网络）用来产生各种标准电流值 I_w。为了获得各种标准电流 I_w，在恒流源中有数个基本权值电流支路。基本的权值电流个数与量化级数有关，在 A 律 13 折线编码过程中，它要求 11 个基本的权值电流支路，每个支路均有一个控制开关。每次该哪几个开关接通组成比较用的标准电流 I_w，由前面的比较结果经变换后得到的控制信号来控制。

（4）保持电路的作用是保持输入信号的抽样值在整个比较过程中具有确定不变的幅度。由于逐次比较型编码器编 7 位码（极性码除外）须要在一个抽样周期 T_s 以内完成 I_s 与 I_w 的 7 次比较，因此，在整个比较过程中都应保持输入信号的幅度不变，这在实际中要用平顶抽样，通常由抽样保持电路实现。顺便指出，原理上讲模拟信号数字化的过程是抽样、量化以后才进行编码，但实际上量化是在编码过程中完成的，也就是说，编码器本身包含了量化和编码两个功能。

实例 3.3 设输入信号抽样值 $I_s=+1\,270\Delta$（Δ 为一个量化单位，表示输入信号归一化值的 1/2 048），采用逐次比较型编码器，按 A 律 13 折线编成 8 位码为 $M_1M_2M_3M_4M_5M_6M_7M_8$。

解 编码过程如下。

（1）确定极性码 M_1

由于输入信号抽样值 I_s 为正，故极性码 $M_1=1$。

（2）确定段落码 $M_2M_3M_4$

抽样值 $I_s=1\,270\Delta$，第 1 次比较，$I_{w2}=128\Delta$，$I_s>I_{w2}$，则 $M_2=1$。

因为 $M_2=1$，所以 $I_{w3}=512\Delta$，第 2 次比较，$I_s>I_{w3}$，则 $M_3=1$。

因为 $M_3=1$，所以 $I_{w4}=1\,024\Delta$，第 3 次比较，$I_s>I_{w4}$，则 $M_4=1$。

由以上 3 次比较得段落码为"111"，因此，输入信号抽样值 $I_s=1\,270\Delta$ 应属于第 8 段。

（3）确定段内码 $M_5M_6M_7M_8$

由编码原理可知，段内码是在已经确定输入信号所处段落的基础上，用来表示输入信号处于该段落的哪一量化级的。$M_5M_6M_7M_8$ 的取值与量化级之间的关系如表 3.6 所示。上面已经确定输入信号处于第 8 段，该段中的 16 个量化级之间的间隔均为 64Δ，故确定 M_5 的标准电流应选为

$$I_w=段落起始电平+8\times(量化级间隔)=1\,024+8\times64=1\,536\Delta$$

第 4 次比较结果为 $I_s<I_w$，故 $M_5=0$。它说明输入信号抽样值应处于第 8 段小的 0～7 量化级。

同理，确定 M_6 的标准电流应选为

$$I_w=段落起始电平+4\times(量化级间隔)=1\,024+4\times64=1\,280\Delta$$

第 5 次比较结果为 $I_s<I_w$，故 $M_6=0$。说明输入信号应处于第 8 段中的 0～3 量化级。

确定 M_7 的标准电流应选为

$$I_w=段落起始电平+2\times(量化级间隔)=1\,024+2\times64=1\,152\Delta$$

第 6 次比较结果为 $I_s>I_w$，故 $M_7=1$。说明输入信号应处于第 8 段中的 2～3 量化级。

最后，确定 M_8 的标准电流应选为

$$I_w = 段落起始电平 + 3 \times (量化级间隔) = 1\,024 + 3 \times 64 = 1\,216\Delta$$

第 7 次比较结果为 $I_s > I_w$，故 $M_8 = 1$。说明输入信号应处于第 8 段中的 3 量化级。

经上述 7 次比较，编出的 8 位码为 11110011。它表示输入抽样值位于第 8 段第 3 量化级，其量化电平为 1216Δ，故量化误差等于 $1\,270\Delta - 1\,216\Delta = 54\Delta$。

结合表 3.6 对非线性和线性之间变换的描述，除极性码外的 7 位非线性码组 1110011，相对应的 11 位线性码组为 10011000000。

（4）译码原理

译码的作用是把接收端收到的 PCM 信号还原成相应的 PAM 信号，即实现数/模变换（D/A 变换）。逐次比较型译码器原理如图 3.18 所示，与图 3.17 中本地译码器基本相同，所不同的是增加了极性控制部分和带有寄存读出的 7/12 位码变换电路，下面简单介绍各部分电路。

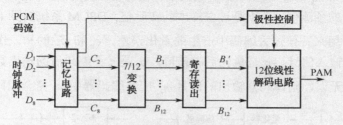

图 3.18　逐次比较型译码器原理

① 极性控制部分的作用是根据收到的极性码 M_1 是"1"，还是"0"来辨别 PCM 信号的极性使译码后的 PAM 信号的极性恢复成与发送端相同的极性。

② 串/并变换记忆电路的作用是将输入的串行 PCM 码变为并行码，并记忆下来，与编码器中译码电路的记忆作用基本相同。

③ 7/12 变换电路是将 7 位非线性码转变为 12 位线性码。在编码器的本地译码电路中采用 7/11 位码变换，使得量化误差有可能大于本段落量化间隔的一半。译码器的 7/12 变换电路使输出的线性码增加一位码，人为地补上半个量化间隔，使最大量化误差不超过 $\Delta_i/2$，从而改善量化信噪比。两种码之间转换原则是两个码组在各自的意义上所代表的权值必须相等。

④ 寄存读出电路是将输入的串行码在存储器中寄存起来，待全部接收后再一起读出，送入解码网络。实质上是进行串/并变换。

⑤ 12 位线性解码电路主要是由恒流源和电阻网络组成，与编码器中解码网络类似。它是在寄存读出电路的控制下，输出相应的 PAM 信号。

3.5　语音压缩编码

扫一扫看实验 3 脉冲编码调制（PCM）教学指导

以较低的速率获得高质量编码，一直是语音编码追求的目标。通常，人们把话路速率低于 64 Kb/s 的语音编码方法，称为语音压缩编码技术。语音压缩编码方法很多，其中自适应差分脉冲编码调制是语音压缩中复杂度较低的一种编码方法，它可在 32 Kb/s 的比特率上达到 64 Kb/s 的 PCM 数字电话质量。近年来，ADPCM 已成为长途传输中一种新型的国际通用

的语音编码方法。ADPCM 是在差分脉冲编码调制（DPCM）的基础上发展起来的。

3.5.1 自适应差分脉冲编码调制

1．差分脉冲编码调制概念

差分脉冲编码调制（Differential Pulse Code Modulation，DPCM）是利用样本与样本之间存在的信息冗余度（预测样值与当前样值之差）来代替样值本身进行编码的一种数据压缩技术。差分脉冲编码调制可实现在量化台阶不变（即量化噪声不变）的情况下，编码位数显著减少，信号带宽大大压缩。根据过去的样本去估算下一个样本信号的幅度大小，这个值称为预测值，对实际信号值与预测值之差进行量化编码，从而就减少了表示每个样本信号的位数。

图 3.19 中，延迟电路的延迟时间为一个抽样时间间隔 T_s，输入模拟信号 $m(t)$，抽样信号 m_k，接收端重建信号 $m_k^{*'}$，差分信号 e_k 是输入抽样信号 m_k 与预测信号 m_k' 的差值，注意，m_k' 是对抽样信号 $m(t)$ 的预测值，而不是过去样本的实际值。DPCM 系统实际上就是对这个差值 e_k 进行量化编码，用来补偿过去编码中产生的量化误差。e_k 和 m_k' 的和，作为预测器确定下一个信号估算值的输入信号。r_k 是量化后的差值，c_k 是 r_k 经编码后的输出数字编码信号。理想情况下，若传输无误，则译码器输出的信号 $m_k^{*'}$ 应与编码器中 m_k^* 完全相同。

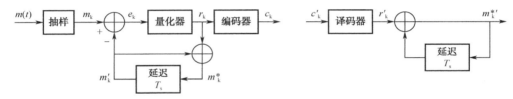

图 3.19　DPCM 系统原理框图

根据图 3.19，差值 e_k 和译码信号 $m_k^{*'}$ 的表达式分别为

$$e_k = m_k - m_k' \tag{3-5-1}$$

$$m_k^{*'} = m_k^* = m_k' + r_k \tag{3-5-2}$$

DPCM 的总误差为

$$e = m_k - m_k^{*'} = m_k - (m_k' + r_k) = e_k - r_k \tag{3-5-3}$$

所以在 DPCM 系统中，排除传输过程中因外界因素导致的误差，总量化仅仅是预测差值信号的量化误差，产生的误差极小。但是要减少预测误差，对 DPCM 系统的预测和量化都提出了很高的要求。因为语音信号在较大范围变化，所以采用 DPCM 对语音信号进行预测和量化是一个复杂的技术问题。为了得到最佳性能，通常采用自适应系统。

2．自适应编码概念

自适应脉冲编码调制（APCM）是根据输入信号幅度大小来改变量化阶大小的一种波形编码技术。它对实际信号与按其前一些信号而得的预测值间的差值信号进行编码。在 ADPCM 中所用的量化间隔的大小还可按差值信号的统计结果自动适配，达到最佳量化，从而使因量化造成的失真亦最小。

（1）自适应预测和自适应量化

自适应包含自适应预测和自适应量化两个内容。这里的自适应的主要特点是用自适应量化取代固定量化，用自适应预测取代固定预测。

自适应量化指量化台阶随信号的变化而变化，使量化误差减小。其基本思想是使量化级差随输入信号变化，使大小不同的信号的平均量化误差最小，从而提高信噪比。

自适应预测指预测器系数 $\{a_i\}$ 可以随信号的统计特性而自适应调整，提高了预测信号的精度，从而得到高预测增益。它的基本思想是使预测系数随输入信号而变化，从而保证预测值与样值最接近，使预测误差为最小。

通过这两点改进，可大大提高输出信噪比和编码动态范围。

例如，若 DPCM 的预测增益为 6～11 dB；自适应预测可使信噪比改善 4 dB；自适应量化可使信噪比改善 4～7 dB，则 ADPCM 比 PCM 可改善 16～21 dB，相当于编码位数可以减小 3～4 位。因此，在维持相同的语音质量下，ADPCM 允许用 32 Kb/s 比特率编码，这是标准 64 Kb/s PCM 的一半。

（2）前向自适应与后向自适应

改变量化阶大小的方法有两种：一种称为前向自适应（forward adaptation），另一种称为后向自适应（backward adaptation）。前者是根据未量化的样本值的均方根值来估算输入信号的电平，以此来确定量化阶的大小，并对其电平进行编码作为边信息（side information）传送到接收端。后者是从量化器刚输出的过去样本中来提取量化阶信息。由于后向自适应能在发收两端自动生成量化阶，所以它不需要传送边信息，如图 3.20 所示。图中的 m_k 是发送端编码器的输入信号，$m_k^{*\prime}$ 是接收端译码器输出的信号。

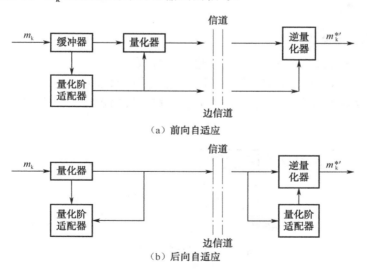

（a）前向自适应

（b）后向自适应

图 3.20　APCM 原理框图

3. 自适应差分脉冲编码调制概念

ADPCM 系统性能的改善是以最佳的预测和量化为前提的。但对语音信号进行预测和量化是复杂的技术问题，这是因为语音信号在较大的动态范围内变化。为了能在相当宽的变化范围内获得最佳的性能，只有在 DPCM 基础上引入自适应系统。有自适应系统的 DPCM 称为自适应差分脉冲编码调制。自适应差分脉冲编码调制（Adaptive Difference Pulse Code Modulation，ADPCM）综合了 APCM 的自适应特性和 DPCM 系统的差分特性，是一种性能比较好的波形编码。它的核心想法是：①利用自适应的思想改变量化阶的大小，即使用小的量化阶（step-size）去编码小的差值，使用大的量化阶去编码大的差值；②使用过去的样本值估算下一个输入样本的预测值，使实际样本值和预测值之间的差值总是最小。它的编码简化框图如图 3.21 所示。接收端的译码器使用与发送端相同的算法，利用传送来的信号来确定量化器和逆量化器中的量化阶大小，并且用它来预测下一个接收信号的预测值。

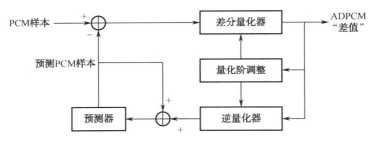

图 3.21　ADPCM 原理框图

因为采用了自适应措施，使量化失真、预测误差都降低，因而传送 32 Kb/s 比特率可获得 64 Kb/s PCM 的通信质量。国际电信联盟已将 ADPCM 作为国际通用的主意编码方法。

3.5.2　增量调制

1．增量调制基本概念

增量调制（Delta Modulation，DM），也称 ΔM，是一种预测编码技术，可以看成是差分脉冲编码调制（DPCM）的一个重要特例，即 1 比特量化的差值脉码。它是继 PCM 后出现的又一种模拟信号数字传输的方法，目的在于简化模拟信号的数字化方法。其原理框图如图 3.22 所示。

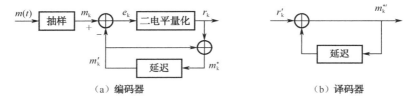

（a）编码器　　　　　　　　　　　（b）译码器

图 3.22　增量调制原理框图

图 3.22（a）中预测误差 e_k 被量化为两个电平 $+\sigma$ 和 $-\sigma$，σ 作为量化台阶。即量化输出的信号 r_k 取值只有两个：$+\sigma$ 和 $-\sigma$，所以可以用一个进制符号表示。3.22（b）解码器由"延迟相加电路"组成，它和编码器中的相同。当传输无误码时，$m_k^{*'} = m_k^*$。

增量调制与 PCM 比较有如下特点。

（1）增量调制一般采用的数据率为 32 Kb/s 或 16 Kb/s，在比特率较低（数据率低于 40 Kb/s）

时，增量调制的量化信噪比高于 PCM。

（2）增量调制抗误码性能好，可用于比特误码率为 $10^{-2} \sim 10^{-3}$ 的信道，而 PCM 则要求 $10^{-4} \sim 10^{-6}$。

（3）增量调制通常采用单纯的比较器和积分器作编译码器（预测器），结构比 PCM 简单。

增量调制主要在军事和工业部门的专用通信网和卫星通信中得到了广泛使用，近年来也作为高速大规模集成电路中的 A/D 转换器使用，同时也应用于散射通信和农村电话网等中等质量的通信系统，还可应用于图像信号的数字化处理。

2. 增量调制编码

输入的模拟信号减去预测信号值，若差值是正的，就发"1"码，若差值为负就发"0"码。此时数码"1"和"0"只是表示信号相对于前一时刻的增减，不代表信号的绝对值。

同样，在接收端，每收到一个"1"码，译码器的输出相对于前一时刻的值上升一个量阶 σ，每收到一个"0"码就下降一个量阶 σ。当收到连"1"码时，表示信号连续增长；当收到连"0"码时，表示信号连续下降。译码器的输出再经过低通滤波器滤去高频量化噪声，从而恢复原信号，只要抽样频率足够高，量化阶距大小适当，接收端恢复的信号与原信号非常接近，量化噪声可以很小。

以图 3.23 为例，$m(t)$ 代表时间连续变化的模拟信号（为作图方便起见，令 $m(t) \geqslant 0$），可用一时间间隔为 Δt、相邻幅度差为 $\pm \sigma$ 的阶梯波形 $m'(t)$ 去逼近它。图中在模拟信号 $m(t)$ 的曲线附近，有一条阶梯状的变化曲线 $m'(t)$，$m'(t)$ 与 $m(t)$ 的形状相似。显然，只要 Δt 足够小，即抽样频率 $f_s = 1/\Delta t$ 足够高，且 σ 足够小，则 $m'(t)$ 与 $m(t)$ 的相似程度就会提高，$m'(t)$ 便可以相当近似于 $m(t)$。我们把 σ 称作量阶，$\Delta t = T_s$ 称为抽样间隔。

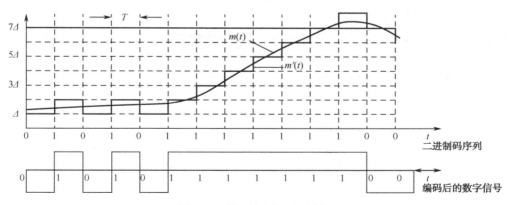

图 3.23　增量编码波形示意图

简单增量调制的编码动态范围较小，在低传码率时，不符合话音信号要求。因此为了克服简单增量调制的缺点，在实际应用中多采用改进的 ΔM 调制系统，如增量总和调制、数字压扩自适应增量调制等。其中，增量总和调制的基本思想是对输入的模拟信号先进行一次积分处理，改变信号的变化性质，降低信号高频分量的幅度（从而使信号更适合于增量调制），然后再进行简单增量调制，这里不进行详细介绍。

扫一扫看多路复用技术及PCM数字复接教学课件

3.6 多路复用技术

数据通信系统或计算机网络系统中，传输媒体的带宽或容量往往会大于传输单一信号的需求。而在通信网络的建设成本中，传输线路的投资比例占整个通信系统的 65%以上。为了有效地利用通信线路，提高通信线路的利用率，我们希望一个信道能同时传输多路信号，这就是所谓的多路复用技术（multiplexing）。当一条物理信道的传输能力高于一路信号的需求时，该信道就可以被多路信号共享。

多路利用就是将多路独立的信号在同一条信道中互不干扰地传输，从而可以充分利用信道的频带或时间资源，提高信道的利用率。在远距离传输时可大大节省电缆的安装和维护费用。多路复用技术包括频分复用、时分复用、波分复用、码分多址、空分多址等。其中频分多路复用（Frequency Division Multiplexing，FDM）和时分多路复用（Time Division Multiplexing，TDM）是两种最常用的多路复用技术，将在本节中重点介绍。

3.6.1 频分多路复用

1．子频带划分

频分多路复用（FDM）是一种用频率来划分信道的复用方式。把物理信道的整个带宽按一定的原则划分为多个子频带，每个子频带用作一个逻辑信道传输一路数据信号，为避免相邻子频带之间的相互串扰影响，一般在两个相邻的子频带之间流出一部分空白频带（保护频带）；每个子频带的中心频率用作载波频率，使用一定的调制技术把需要传输的信号调制到指定的子频带载波中，再把所有调制过的信号合成在一起进行传输。子频带划分如图 3.24 所示。

2．频分多路复用系统

在频分多路复用中，将每个信号调制到不同的载波频率上，调制后的信号被组合成可以通过媒介传输的复合信号。在保证载波频率之间的间距足够大的情况下，即能够保证这些信号的带宽不会重叠，就可以实现在同一媒体上传送多路信号，如图 3.25 所示。

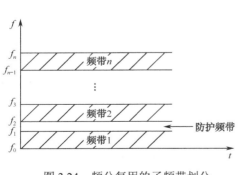

图 3.24　频分复用的子频带划分

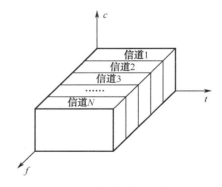

图 3.25　频分复用示意图

如将 4 个模拟信号源输入到一个多路复用器上，复用器用不同的频率（f_1、f_2、f_3、f_4）调制每一个信号，接着将调制得到的模拟信号叠加起来，产生复合信号。其频分多路复用系统如图 3.26 所示。频分复用的关键技术是频谱搬移技术，该技术是用混频来实现的。在接收端，信号通过带通滤波器被分解成多路状态，然后经解调器后恢复为原始多路信号。

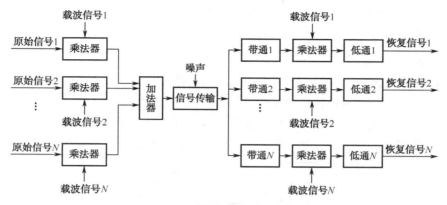

图 3.26 频分多路复用系统

3. 大容量载波系统的构建

为了构造大容量的频分复用设备，现代大容量载波系列的频谱是按模块结构由各种基础群组合而成。最典型的例子是在一条物理线路上传输多路语音信号的多路载波电话系统。根据国际电报电话咨询委员会（CCITT）建议，基础群分为前群、基群、超群和主群。

（1）前群，又称 3 路群。它由 3 个话路经变频后组成。各话路变频的载频分别为 12、16、20（kHz）。取上边带，得到频谱为 12～24 kHz 的前群信号。

（2）基群，又称 12 路群。它由 4 个前群经变频后组成。各前群变频的载频分别为 84、96、108、120（kHz）。取下边带，得到频谱为 60～108 kHz 的基群信号。基群也可由 12 个话路经一次变频后组成。

（3）超群，又称 60 路群。它由 5 个基群经变频后组成。各基群变频的载频分别为 420、468、516、564、612（kHz）。取下边带，得到频谱为 312～552 kHz 的超群信号。

（4）主群，又称 300 路群。它由 5 个超群经变频后组成。各超群变频的载频分别为 1 364、1 612、1 860、2 108、2 356（kHz）。取下边带，得到频谱为 812～2 044 kHz 的主群信号。3 个主群可组成 900 路的超主群。

（5）4 个超主群可组成 3 600 路的巨群。

4. 频分多路复用的特点

FDM 的优点：信道复用率高，复用的路数多，分路方便，技术成熟。因此，频分多路复用是目前模拟通信中常用的一用复用方式，特别是在有线和微波通信系统中应用十分广泛。

FDM 的缺点：设备复杂，不仅需要大量的调制解调器和带通小滤波器，还要求提供相干载波。此外，由于在传输过程中的非线性失真，在频分复用中不可避免地会产生路际信号间的相互干扰，即串扰。

3.6.2 时分多路复用

时分多路复用（TDM）是指多路信号在同一信道中轮流在不同的时间间隙互不干扰地传输。

时分多路复用是建立在抽样定理基础上的。抽样定理使连续（模拟）的基带信号被在时间上离散出现的抽样脉冲值所代替。这样，当抽样脉冲占据较短时间时，在抽样脉冲之间就留出了时间空隙，利用这种空隙便可以传输其他信号的抽样值。因此，这就有可能沿一条信道同时传送若干个基带信号。

1. 时分多路复用原理

在 TDM 中，将信道时间划分为不同的帧，帧又进一步分割为不同的时隙，各个信号按照一定的顺序在每一帧中占据各自的时隙。在发送端，按照这一顺序将各路信号合成形成帧；在接收端，再从每一帧中按照这一顺序将各路信号进行分离。时分复用是在时域上将各路信号分割开，但在频域上各路信号是混叠在一起的。时分多路复用原理如图 3.27 所示。

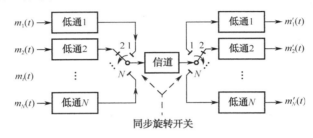

图 3.27　时分多路复用原理

各路信号首先通过相应的低通滤波器，使输入信号变为带限信号。然后再送到抽样开关（或转换开关），转换开关（电子开关）每秒将各路信号依次抽样一次，这样 3 个抽样值按先后顺序错纳入抽样间隔之内。合成的复用信号是 3 个抽样消息之和。在接收端，若开关同步旋转，则对应各种的低通滤波器输入端能得到相应的 PAM 信号。从而实现了在一个线路上分时发送多路信号的目的。

2. 时分多路复用的分类

TDM 又分为同步时分复用（Synchronous Time Division Multiplexing，STDM）和异步时分复用（Asynchronous Time Division Multiplexing，ATDM）。

（1）同步时分复用

同步时分复用采用固定的时间片（time slot）分配方法，即将公共信道的传输时间按特定长度连续地划分成"帧"，再将帧划分成几个固定长度的时间片，然后把时间片以固定的方式分配给各个数据终端（每一路信号具有相同大小的时间片），通过时间片交织形成多路复用信号，从而把各低速数据终端信号复用成较高速率的数据信号。同步时分复用示意图如图 3.28 所示。

STDM 的公共信道的速率必须是每一个子信道速率的总和，即每个用户的位周期必须是公共信道的位周期的 N 倍，N 是用户数。

时隙分配固定，便于调节控制，适于数字信息的传输；信道与设备利用率低（某路信号没有足够多的数据，它所对应的信道会出现空闲，而其他有大量数据要发送的繁忙的信道无法占用这个空闲的信道，由于没有足够多的时间片可利用而拖很长一段的时间），主要应用于 DDN 网。

图 3.28 同步时分复用示意图

由于在同步时分复用方式中，时隙预先分配且固定不变，无论时隙拥有者是否传输数据都占有一定时隙，这就形成了时隙浪费，其时隙的利用率很低，为了克服 STDM 的缺点，引入了异步时分复用技术。

（2）异步时分复用

异步时分复用技术又被称为统计时分复用技术（Statistical Time Division Multiplexing），它能动态地按需分配时隙，以避免每个时间段中出现空闲时隙，如图 3.29 所示。

ATDM 就是只有当某一路用户有数据要发送时才把时隙分配给它；当用户暂停发送数据时，则不给它分配时隙。电路的空闲时隙可用于其他用户的数据传输。另外，在 ATDM 中，每个用户可以通过多占用时隙来获得更高的传输速率，而且传输速率可以高于平均速率，最高速率可达到电路总的传输能力，即用户占有所有的时隙。

图 3.29 异步时分复用示意图

ATDM 提高了信道和设备利用率，但实现技术复杂（须使用保存输入排队信息的缓冲数据存储器和比较复杂的寻址、控制技术），主要应用于高速远程通信过程中，主要应用场合有数字电视节目复用器和分组交换网等。

3．时分多路复用的特点

（1）TDM 系统具有抗干扰性强、无噪声积累、功放器件全激励功率的利用充分。

（2）多路信号的汇合与分路都是数字电路，比 FDM 的模拟滤波器分路简单、可靠。

（3）信道的非线性会在 FDM 系统中产生交调失真与高次谐波，引起路际串话，因此对信道的非线性失真要求很高。而 TDM 系统的非线性失真要求可降低。

（4）复用速率高。目前 TDM 的复用速率可高达 160Gb/s，随着器件的进步，以后的速率将会发展得更快。

3.6.3 码分多址复用

码分多址复用（Code Division Multi-address，CDMA）是指不同地址的用户占用相同的频率和同一地址段，但各有不同的伪随机码（PN 码），即以伪随机码来区分不同的信道的接入方式。码分多址是以扩频信道为基础的，数字信息经信息调制（PSK 或 FSK 等），形成已调数字信号，然后由 PN 码发生器产生的 PN 码去调制数字信号，使其频谱展宽后再发送。接收端收到信号后，首先通过同步电路捕捉发送来的 PN 码准确相位，由此产生与发送来的伪随机码完全一致的接收用 PN 码，作为扩频解调用的本地信号，扩频解调后的信号再经信息解调后恢复为原调制信息。

码分多址通信系统中，不同用户传输信息所用的信号不是靠频率不同或时隙不同来区分，而是用各自不同的编码序列来区分，或者说，靠信号的不同波形来区分，如图 3.30 所示。如果从频域或时域来观察，多个 CDMA 信号是互相重叠的。接收机用相关器可以在多个 CDMA 信号中选出其中使用预定码型的信号。其他使用不同码型的信号因为和接收机本地产生的码型不同而不能被解调。它们的存在类似于在信道中引入了噪声和干扰，通常称之为多址干扰。

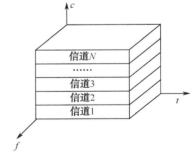

图 3.30　码分多址复用示意图

CDMA 移动通信网是由扩频、多址接入、蜂窝组网和频率复用等几种技术结合而成，含有频域、时域和码域三维信号处理的一种协作，因此它具有抗干扰性好、抗多径衰落、保密安全性高、同频率可在多个小区内重复使用、容量和质量之间可做权衡取舍等属性。这些属性使 CDMA 比其他系统有更大的优势。

（1）系统容量大

理论上，在使用相同频率资源的情况下，CDMA 移动网比模拟网容量大 20 倍，实际使用中比模拟网大 10 倍，比 GSM 要大 4～5 倍。

（2）系统容量的配置灵活

在 CDMA 系统中，用户数的增加相当于背景噪声的增加，造成话音质量的下降。但对用户数并无限制，操作者可在容量和话音质量之间折中考虑。另外，多小区之间可根据话务量和干扰情况自动均衡。

这一特点与 CDMA 的机理有关。CDMA 是一个自扰系统，所有移动用户都占用相同带宽和频率，打个比方，将带宽想象成一个大房子，所有的人将进入唯一的大房子。如果他们使用完全不同的语言，他们就可以清楚地听到同伴的声音而只受到一些来自别人谈话的干扰。在这里，屋里的空气可以被想象成宽带的载波，而不同的语言即被当作编码，我们可以不断地增加用户直到整个背景噪声限制住了我们。如果能控制用户的信号强度，在保持高质量通话的同时，我们就可以容纳更多的用户。

（3）通话质量更佳

TDMA 的信道结构最多只能支持 4 KB 的语音编码器，它不能支持 8 KB 以上的语音编码器。而 CDMA 的结构可以支持 13 KB 的语音编码器。因此可以提供更好的通话质量。CDMA 系统的声码器可以动态地调整数据传输速率，并根据适当的门限值选择不同的电平级发射。同时门限值根据背景噪声的改变而改变，这样即使在背景噪声较大的情况下，也可以得到较好的通话质量。另外，TDMA 采用一种硬移交的方式，用户可以明显地感觉到通话的间断，在用户密集、基站密集的城市中，这种间断尤为明显，因为在这样的地区每分钟会发生 2～4 次移交的情形。而 CDMA 系统"掉话"的现象明显减少，CDMA 系统采用软切换技术，"先连接再断开"，这样完全克服了硬切换容易掉话的缺点。

（4）频率规划简单

用户按不同的序列码区分，所以不同 CDMA 载波可在相邻的小区内使用，网络规划灵

活，扩展简单。

（5）建网成本低

CDMA 技术通过在每个蜂窝的每个部分使用相同的频率，简化了整个系统的规划，在不降低话务量的情况下减少所需站点的数量从而降低部署和操作成本。CDMA 网络覆盖范围大，系统容量高，所需基站少，降低了建网成本。

卫星通信已成功地应用了 CDMA 技术。蜂窝移动通信系统采用 CDMA 技术是正在研究的课题。美国移动通信制造公司在 1992 年推出的码分多址数字蜂窝移动通信系统，能提供数字 GSM 系统（时分多址）6 倍及模拟 AMPS 系统（频分多址）10～20 倍的容量。

3.6.4　空分多址复用

空分多址（Space Division Multiple Access，SDMA）也称为多光束频率复用，通过标记不同方位相同频率的天线光束来进行频率的复用。空分多址利用空间角度分隔信道，频率、时间、码字共享，如图 3.31 所示。

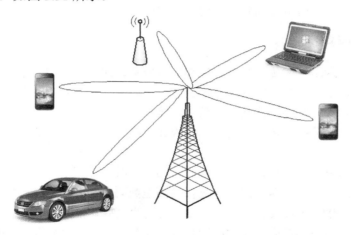

图 3.31　空分多址复用示意图

SDMA 系统可使系统容量成倍增加，使得系统在有限的频谱内可以支持更多的用户，从而成倍地提高频谱使用效率。SDMA 在中国第三代通行系统 TD-SCDMA 中引入，是智能天线技术的集中体现。该方式是将空间进行划分，以取得到更多的地址，在相同时间间隙、相同频率段内、相同地址码情况下，根据信号在一空间内传播路径不同来区分不同的用户，故在有限的频率资源范围内，可以更高效地传递信号，在相同的时间间隙内，可以多路传输信号，也可以达到更高效率的传输。当然，引用这种方式传递信号，在同一时刻，由于接收信号是从不同的路径来的，可以大大降低信号间的相互干扰，从而达到了信号的高质量。

空分多址方式通常不是单独使用的，它与时分多址方式结合起来，称为空分多址-卫星切换-时分多址方式（SDMA/SS/TDMA）。由于空分多址方式能灵活利用多波束卫星和时分多址的各种优点，并具有很高的处理能力，能实现与模拟调频和时分多址兼容，因此已应用在 VI 号国际通信卫星中。在通信卫星系统中，只要卫星向各地的波束互不重叠，就可利用卫星转发器中的切换开关矩阵进行线路分配。卫星上的切换开关相当于一部国际业务的电话交换机。又如，使用同一根电缆或光缆中的不同线对，这样可同时使用相同的频带进行通信，

以增加通信容量。空分多址连接有时在构成小范围通信网时比较经济。

从上述对几种多址方式的比较分析来看，每种技术都有其不同的特点及技术优势，在实际运用中，选择哪种多址方式，则应根据具体情况作出具体决定。

3.7 PCM 数字复接

在数字通信中，为扩大传输容量和提高传输效率，通常须要把若干低速的数据码流按一定格式合并为高速数据码流，以满足上述需要。在时分复用中，把时间划分为若干时隙，各路信号在时间上占有各自的时隙，即多路信号在不同的时间内被传送，各路信号在时域中互不重叠。数字复接就是依据时分复用基本原理完成数码合并的一种技术。

数字复接的方法主要有按位复接、按字复接和按帧复接三种；按照复接时各路信号时钟的情况，复接方式可分为同步复接、异步复接与准同步复接三种。我国在 1995 年以前，一般均采用准同步数字序列（PDH）的复用方式。1995 年以后，随着光纤通信网的大量使用，开始采用同步数字序列（SDH）的复用方式。原有的 PDH 数字传输网可逐步纳入 SDH 网。

3.7.1 数字复接

在数字通信中，为了扩大传输容量和提高传输效率，通常须要把若干低速的数据码流按一定格式合并成高速数据码流，以满足这样的要求。数字复接就是用时分复用基本原理完成数码合并的一种技术。在数字通信网中，数字复接是网同步中帧调整、线路集中器中的线路复用及数字交换中的时分接续等技术的基础。因此，数字复接技术是数字通信中的一项基本技术。

数字复接的应用首先是从市话中继传输开始的，当时为适应非同步支路的灵活复接，采用塞入脉冲技术将准同步的低速支路信号复接为高速数码流。开始时的传输媒介是电缆，由于频带资源紧张，因此主要着眼于塞入抖动及节约辅助比特开销，根据国家/地区的技术历史形成了美、日、欧三种不同速率结构的准同步数字系列（PDH）。我国在 1995 年之前，一般均采用准同步数字系列的复用方式。1995 年后，随着光纤通信网的大量使用开始引入同步数字系列（SDH）的复用方式。这里简要介绍 PDH 的基本原理。

1．数字复接原理

数字复接实质上是对数字信号的时分多路复用。但由于在时分多路数字电话系统中每帧长度为125μs，因此传输的路数越多，每比特占用的时间就越少，实现的技术难度也就越高。数字复接系统方框图如图 3.32 所示。

数字复接系统由数字复接器和数字分接器组成。一般把两者做成一个设备，简称为数字复接器。

数字复接器是将若干个低速数字支路信号合并为一个高速数字合路信号的设备，它由定时单元、码速调整单元和复接单元等功能单元组成。它的工作步骤是：定时单元提供统一的基本时钟；码速调整单元将时钟频率不同的各支路信号调整成与复接定时信号完全同步的数字信号，以便复接单元进行低次群信号的复接。在复用的过程中还须要插入帧同步信号。

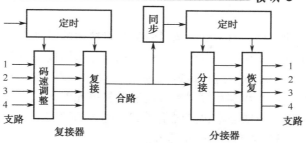

图 3.32　数字复接系统方框图

数字分接器则是将高速数字合路信号分解成原来的低速数字支路信号的设备，它由定时单元、帧同步单元、分接单元和支路恢复单元等组成。它的工作步骤是：定时单元从接收到的合路信号中提取定时时钟，并分送给各支路恢复单元以便从高次复合信号中正确分解各支路信号；同步单元从合路信号中提取帧同步信号，用它来控制分接器定时单元；恢复单元用来复原分离出原来的各支路数字信号。

2. 数字复接分类

在数字复接中，如果复接器输入端的各支路信号与本机定时信号是同步的，则称为同步复接器；如果不是同步的，则称为异步复接器。如果输入各支路数字信号与本机定时信号标称速率相同，但实际上有一个很小的容差，这种复接器称为准同步复接器。

1）同步复接

同步复接是用一个高稳定的主时钟来控制被复接的几个低次群，使这几个低次群的码速统一在主时钟的频率上，这样就达到系统同步的目的。同步数字复接终端包括同步数字复接器（synchronous digital multiplexer）和同步数字分接器（synchronous digital demultiplexer）两部分，如图 3.33 所示。数字复接器把两个或两个以上的支路数字信号按时分复用方式合并成单一的合路数字信号；数字分接器把单一的合路数字信号分解为原来的各支路数字信号。通常总是把数字复接器和数字分接器装在一起做成一个设备，称为复接分接器（muldex），一般简称数字复接设备。

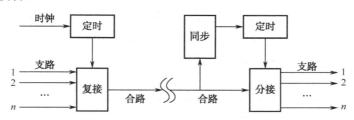

图 3.33　同步数字复接设备简图

同步数字复接器由定时和复接单元组成，而同步数字分接器则由同步、定时和分接单元组成。定时单元给设备提供各种定时信号，复接器的主时钟可由内部产生，也可由外部提供，而分接器主时钟则从接收信号中提取，并通过同步电路的调整控制，使得分接器基准时序信号与复接器基准时序信号保持正确的相位关系，即收发同步。同步的建立由同步单元实现。同步方式可分为位同步、帧同步和群同步等。

2）异步复接

在异步复接中，其参与复接的各支路信号时钟与复接器的时钟由不同时钟源提供，并要求各支路数码率标称相等，即允许时钟频率在规定的容差范围内任意变动。对此，要严格实现各异步支路时钟的同步，还须要进行码速调整。从这一角度考虑，异步复接可看作码速调整和同步复接功能的综合。在数字复接器中，码速调整单元就是完成对输入各支路信号的速率和相位进行必要的调整，形成与本机定时信号完全同步的数字信号，使输入复接单元的各支路信号是同步的。图 3.34 为异步复接原理方框图。

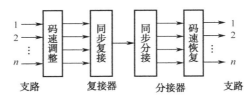

图 3.34　异步复接原理方框图

高次群复接的帧结构如下。

我国对于 2～5 次群复接的体制都是由 4 个支路异步数字信号复接成一个高次群的数字信号。各高次群的帧结构组成基本一致，只是帧长与速率不同。由于三次群或更高群的复接原理与二次群的复接原理相似，下面以二次群复接为例，分析其复接原理。

根据 ITU-T G.742 建议，二次群由 4 个一次群合成。一次群码率为 2.048 Mb/s；二次群码率为 8.448 Mb/s。二次群帧结构帧长为 100.38 μs，每帧共 848 bit，分 4 组，每组 212 bit，称为子帧，子帧码率为 2.112 Mb/s。四路基群信号复接成二次群信号是通过每比特占用时间的改变而实现数码率调整的。基群在调整前，数码率为 $f_1 = 2\,046$ Kb/s，每比特宽 $b_1 = 488.68$ μs，进行码速调整后，数码率 $f_{00} = 2112$ Kb/s，这时每比特占用时间为 $b_{00} = 473.49$ μs，而二次群的数码率为 8 448 Kb/s，对应每比特占用时间为 118.37μs；也就是说，通过正码速调整，使输入码率为 2.048 Mb/s 的一次群码率调整为 2.112 Mb/s，然后将四个支路合并为二次群，码率为 8.448 Mb/s。采用正码速调整的二次群复接子帧结构如图 3.35 所示。这样，二次群一帧周期100.38 μs 内就有 848bit，三、四、五次群帧结构与二次群帧结构相似。四次群帧结构的帧长为 21.024 μs，每帧含 2 928 bit，共分 6 个码组，帧同步码组是 12 位。

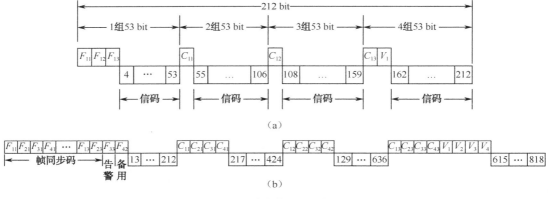

图 3.35　异步复接二次群帧结构

由子帧结构可以看出，一个子帧有 212 bit，分为四组，每组 53 bit。第一组中的前 3 个比特 F_{11}、F_{12}、F_{13} 用于帧同步和管理控制，然后是 50 比特信息。第二、三、四组中的第一个比特 C_{11}、C_{12}、C_{13} 为码速调整标志比特。第四组的第 2 比特（本子帧第 161 比特）V_1 为码速调整插入比特，其作用是调整基群码速，使其瞬时码率保持一致并和复接器主时钟相适应。具体调整方法是：在第一组结束时刻进行是否需要调整的判决，若需要进行调整，则在 V_1 位置插入调整比特；若不需要调整，则 V_1 位置传输信息比特。为了区分 V_1 位置是插入调整比特还是传输信息比特，用码速调整标志比特 C_{11}、C_{12}、C_{13} 来标志。若 V_1 位置插入调整比特，则在 C_{11}、C_{12}、C_{13} 位置插入 3 个 "1"；若 V_1 位置传输信息比特，则在 C_{11}、C_{12}、C_{13} 位置插入 3 个 "0"。

在复接器中，四个支路都要经过这样的调整，使每个支路的码率都调整为 2.112 Mb/s，然后按比特复接的方法复接为二次群，码率为 8.448 Mb/s。在分接器中，除了要对各支路信号分路外，还要根据 C_{11}、C_{12}、C_{13} 的状态将插入的调整比特扣除。若 C_{11}、C_{12}、C_{13} 为 "111"，则 V_1 位置插入的是调整比特，需要扣除；若 C_{11}、C_{12}、C_{13} 为 "000"，则 V_1 位置是传输信息比特，不需要扣除。采用 3 位码 "111" 和 "000" 来表示两种状态，具有一位纠错能力，从而提高了对 V_1 性质识别的可靠性。

3）正码速调整

码速调整技术可分为正码速调整、正/负码速调整和正/零/负码速调整三种。由于正码速调整的优点较多，应用最为普遍。我国 PDH 采用正码速调整的异步复接帧结构。

正码速调整的含义是使调整以后的速率比任意支路可能出现的最高速率还要高。码速恢复过程则把因调整速率而插入的调整码元及帧同步码元等去掉，恢复出原来的支路码流。正码速调整原理如图 3.36 所示。

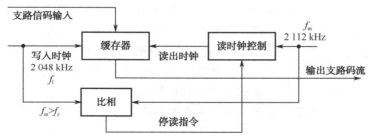

图 3.36　正码速调整原理

实现正码速调整通常采用脉冲插入法（或称脉冲填充法）。它是在各支路信号中人为地插入一些必要的脉冲，通过控制插入脉冲的多少来使各支路信号瞬时数码率达到一致，从而为下一步实现同步复用提供条件。这里码速变换任务主要由缓冲寄存器来完成。

码速调整装置的主体是缓冲寄存器，还包括一些必要的控制电路、输入支路的数码率及输出数码率等。所谓正码速调整就是因为 $f_m > f_1$ 而得名的。假定缓存器中的信息原来处于半满状态，随着时间的推移，由于读出时钟 f_m 大于写入时钟 f_1，缓存器中的信息势必越来越少，如果不采取特别措施，终将导致缓存器中的信息被取空，再读出的信息将是虚假的信息。

为了防止缓存器的信息被取空，须要采取一些措施。图 3.37 中假设某支路输入码速率为 f_m，在写入时钟作用下，将信码写入缓存器，读出 f_m 时钟频率是 f_1，一旦缓存器中的信息比特数降到规定数量时，就发出控制信号，这时控制门关闭，读出时钟被扣除一个比特。由于没有读出时钟，缓存器中的信息就不能读出去，而这时信息仍往缓存器存入，因此缓存器中的信息就增加一个比特。如此重复下去，就可将数码流通过缓冲存储器传送出去，而输出信码的速率则增加为 f_1。由于 $f_m > f_1$，所以缓存器是处于慢写快读的状态，最后将会出现"取空"现象。如果在设计电路时加入一控制门，当缓冲存储器中的信息尚未"取空"而快要"取空"时，就让它停读一次。同时插入一个脉冲（这是非信息码），以提高码速率。

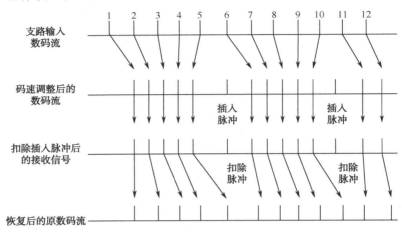

图 3.37　脉冲输入方式码速调整示意图

3.7.2　PCM 基群及高次群

1．PCM 基群帧结构

从前面介绍的时分复用的基本原理可知，复用方式是将时间分割成若干路时隙，每一路信号分配一个时隙，这种按时隙分配的重复性比特即为帧结构。在 PCM 基群设备中是以帧结构为单位，将各种信息规律性地相互交叉汇成 2 048 Kb/s 的高速码流。通常帧同步码和其他业务信号、信令信号再分配一个或两个时隙。目前国际上推荐的 PCM 基群有两种标准，即 PCM30/32 路（A 律压扩特性）制式和 PCM24 路（μ 律压扩特性）制式；并规定，国际通信时，以 A 律压扩特性为标准。我国也规定采用 PCM30/32 路制式。下面详细介绍 PCM30/32路制式基群帧结构。

根据 CCITT 建议，PCM30/32 路制式基群帧结构如图 3.38 所示，共由 32 路组成，其中30 路用来传输用户话语，2 路用作勤务。由于 PCM 基群的话路只占用 30 个时隙，而帧同步码及每个话路的信令信号码等非语音信息占用两个时隙，因此这种帧结构的基群被称为 PCM30/32 路系统。PCM30/32 路系统的高次群，如二次群、三次群等均是以基群系统作为基本单元的，所以 PCM 基群也被称为一次群。

PCM30/32 路基群的最大帧结构是复帧，1 个复帧内有 16 个子帧，编号为 F_0、F_1、$\cdots$、F_{15}，其中称 F_0、F_2、$\cdots$、F_{14} 为偶帧，称 F_1、F_3、$\cdots$、F_{15} 为奇帧，复帧的重复频率为 500Hz，周期为 2 ms。每帧有 32 个时间间隔，称为时隙。各个时隙从 0 到 31 顺序编号，分别记作 T_{s0}、T_{s1}、$\cdots$、T_{s31}，每个时隙内有 8 bit，构成一个码字，一帧共包含 256 bit。当某一时隙用于传送语音信号时，这个时隙通常传送该信号抽样频率为 8kHz，且每个样值编 8 bit 码的 PCM 码字，语音信号样值抽样频率为 8 kHz，故对应的每个帧周期为 $T_s = 125\ \mu s$。当然，各时隙也可传送非语音编码

的数字信号。

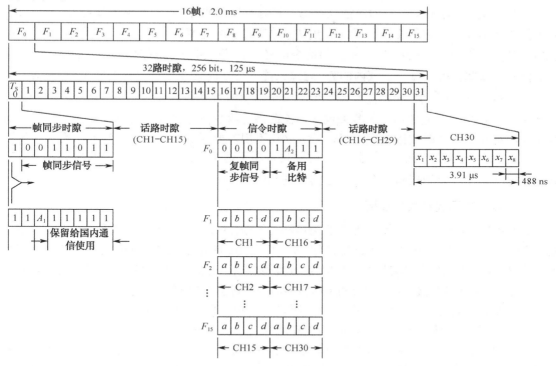

图 3.38　PCM30/32 路制式基群帧结构

由图 3.38 给出的 PCM30/32 路时分多路时隙的分配图可以看出，在两个相邻抽样值间隔中，分成 32 个时隙，其中 30 个时隙用来传送 30 路语音信号，一个时隙（T_{s0}）用来传送帧同步码，另一个时隙（T_{s16}）用来传送各话路的标志信号码（如拨号脉冲、被叫摘机、主叫挂机等）。第 1 至 15 话路的码组依次安排在时隙 T_{s1}、T_{s2}、…、T_{s15} 中传送，而第 16 至 30 话路依次在时隙 T_{s17}、T_{s18}、…、T_{s31} 中传送。根据帧结构并由抽样理论可知，PCM30/32 路系统的总信息传输速率为

$$V_b = 8\ 000 \times 32 \times 8 = 2.048\ \text{Mb/s}$$

每子帧即每帧时隙内含比特数为 $32 \times 8 = 256\ \text{bit}$，因为帧周期 $T_s = 125\ \mu s$，每时隙占用时间为

$$\tau_1 = 8\tau_b = 125/32 \approx 3.91\ \mu s$$

每比特码时间宽度为 $\tau_b = \dfrac{1}{f_b} \approx 0.488\ \mu s$。而复帧周期为 $125\ \mu s \times 16 = 2\ \text{ms}$。

图 3.38 中子帧的 32 个时隙的传输用途如下：

（1）偶帧 F_0、F_2、…、F_{14} 的 T_{s0} 用于传送帧同步码，码型为 0011011。

（2）奇帧 F_1、F_3、…、F_{15} 的 T_{s0} 用于传送帧失步对告码等，码型为 {×1A1SSSSS}，其中 A_1 是对端告警码，$A_1 = 0$ 时表示帧同步，$A_1 = 1$ 时表示帧失步；S 为备用比特，可用来传送业务码；×（每一子帧 T_{s0} 的第 1 比特）为国际备用比特或传送循环冗余校验码（CRC 码），不用时为"1"；它可用于监视误码。

（3）T_{s1}、T_{s2}、…、T_{s15} 及 T_{s17}、T_{s18}、…、T_{s31} 共 30 个时隙用于传送第 1 至 30 路的信息信号。

（4）T_{s16} 用于传送复帧同步信号、复帧失步对告及各路的信令（挂机、拨号、占用等）信号。F_0 帧 T_{s16} 时隙前 4 位码为复帧同步码，其码型为 0000；A_2 为复帧失步对告码。当 T_{s16} 用于传随路信令时，它的安排是子帧 F_0 的 T_{s16} 时隙用于传复帧失步对告码及复帧同步码，F_1 子帧的 T_{s16} 时隙传送第 1 路和第 16 路的信令信号，F_2 子帧的 T_{s16} 时隙传送第 2 路和第 17 路信令信号，依此类推，每一子帧内的 T_{s16} 时隙只能传送 2 路信令信号码，这样 30 路的信令信号传送一遍需要 15 个子帧的 T_{s16} 时隙，每个话路信令信号码的重复周期为一个复帧周期。复帧同步码为 0000，为避免出现假复帧同步，各话路的信令信号比特 $abcd$ 不可同时为 0，目前为止 d 比特不用，此时要固定发 "1"，若 bcd 均不用，要固定发 "101"。当前所用的基群设备，T_{s16} 一般用于传随路信令信号，T_{s16} 时隙也可用于速率达到 64 Kb/s 的公共信道信令获得信号定位的方法，可组成特定公共信道信令规范的一部分。

2．PCM 的高次群数字复接

在数字通信系统中，为了进一步扩大通信网的传输容量，通常须要对基群数字信号进行多次复用合成高次群（2～5 次群）的高速数字信号，然后通过高速信道进行传输；在接收端则按照要求分解成原来的基群数字信号进行信息提取。这种将若干个低次群的支路信号合成为高次群复合信号的过程称为数字复接。在接收端将复合数字信号分离成各支路信号的过程称为数字分接。

数字基群国际上建议两种标准制式，所以数字信号的二次群相应也有两种制式，即以 PCM30/32 路制式为基群的 8 448 Kb/s 的 120 路制式及以 PCM24 路为基群的 6 312 Kb/s 的 96 路制式。我国和欧洲各国采用以 PCM30/32 路制式为基础的高次群复合方式，北美和日本采用以 PCM24 路制式为基础的高次群复合方式。两种标准系列和高次群速率如表 3.7 所示。

表 3.7 两种标准系列和高次群速率

国家或地区	一次群（基群）	二次群	三次群		四次群	五次群
日本 北美	24 路 1 544 Kb/s	96 路（24×4） 6 312 Kb/s	672 路（69×7） 44 736 Kb/s	480 路（96×5） 3 206 Kb/s	1440 路（480×3） 97 728 Kb/s	
中国 欧洲	30 路 2 048 Kb/s	120 路（30×4） 8 448 Kb/s	480 路（120×4） 3 4368 Kb/s		1920 路（480×4） 139 264 Kb/s	7680 路 （1920×4） 564 992 Kb/s

（1）北美、日本采用的数字 TDM 的等级结构

北美、日本采用的数字 TDM 的一种等级结构如图 3.39 所示。每路 PCM 数字化速率为 64 Kb/s，表示为 DS-0。由 24 路 PCM 数字化复接为一个基群（或称一次群），表示为 DS-1。一次群包括 24 路用户数字化，传输速率为 1.544 Mb/s。

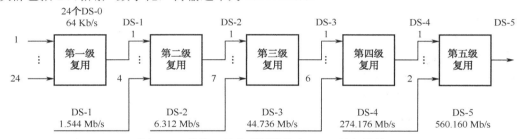

图 3.39 北美、日本采用的数字 TDM 等级结构

由 4 个一次群复接为一个二次群，表示为 DS[CD×2]-2。二次群包括 96 路用户数字化，传输速率为 6.312 Mb/s。由 7 个二次群复接为一个三次群，表示为 DS-3，包括 672 路用户数字化，传输速率为 44.736 Mb/s。由 6 个三次群复接为一个四次群，表示为 DS-4，包括 4032路用户数字化，传输速率为 274.176 Mb/s。由 2 个四次群复接为一个五次群，表示为 DS-5，包括 8064 路用户数字化，传输速率为 560.160 Mb/s。表 3.8 给出了北美数字 TDM 标准一览表，表中包括传输速率、话路数和采用的传输媒质。

表 3.8　北美数字 TDM 标准一览表

标　　号	传输速率（Mb/s）	PCM 话路数	传　输　媒　质
DS-0	0.064	1	对称电缆
DS-1	1.544	24	对称电缆
DS-1c	3.125	48	对称电缆
DS-2	6.312	96	对称电缆、光纤
DS-3	44.736	672	同轴电缆、无线、光纤
DS-3c	90.254	1 344	无线、光纤
DS-4E	139.264	2 016	无线、光纤、同轴电缆
DS-4	274.16	4 032	同轴电缆、光纤
DS-432	432.00	6 048	光纤
DS-5	560.160	8 064	同轴电缆、光纤

（2）ITU-T（CCITT）建议的数字 TDM 等级结构

ITU-T（CCITT）建议的数字 TDM 等级结构如图 3.40 所示，它是我国和欧洲大部分国家所采用的标准。

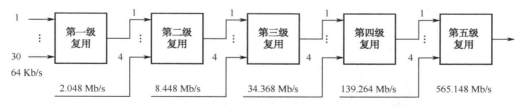

图 3.40　ITU-T 建议的数字 TDM 等级结构

ITU-T 建议的标准与北美标准类似，由 30 路 PCM 用户复接成一次群，传输速率为2.048 Mb/s。由 4 个一次群复接为一个二次群，包括 120 路用户数字化，传输速率为 8.448 Mb/s。由 4 个二次群复接为一个三次群，包括 480 路用户数字化，传输速率为 34.368 Mb/s。由 4 个三次群复接为一个四次群，包括 1920 路用户数字化，传输速率为 139.264 Mb/s。由 4 个四次群复接为一个五次群，包括 7680 路用户数字化，传输速率为 565.148 Mb/s。

ITU-T 建议标准与北美标准的每一等级群路可以用来传输多路数字电话，可以用来传送其他相同速率的数字信号，如可视电话、数字电视等。

案例分析3 数字信号传输

数字信号是对连续变化的模拟信号进行抽样、量化和编码产生的，称为 PCM（Pulse Code Modulation），即脉码调制。这种电的数字信号称为数字基带信号，由 PCM 电端机产生，如图 3.41 所示。现在的数字传输系统都采用脉码调制体制。PCM 最初并非传输计算机数据用的，而是使交换机之间有一条中继线不是只传送一条电话信号。

图 3.41　典型 PCM 设备图

从 PCM 设备送来的是适合 PCM 传输的码型的电信号，为 HDB3 码或 CMI 码。接着进入光发送机后，首先进入输入接口电路，进行信道编码，变成由"0"和"1"码组成的不归零码（NRZ）。然后在码型变换电路中进行码型变换，变换成适合于光线路传输的 mBnB 码或插入码，再送入光发送电路，将电信号变换成光信号，送入光纤传输。在光接收器端，从光纤传来的光信号进入光接收电路，将光信号变成电信号并放大后，进行定时再生，又恢复成数字信号。由于发送端有码型变换，因此，在接收端进行码型反变换，然后将信号送入输出接口电路，变成适合 PCM 设备传输的 HDB3 码或 CMI 码，送给 PCM 设备。

脉冲编码调制设备可以向用户提供多种业务，既可以提供从 2～155 Mb/s 速率的数字数据专线业务，也可以提供话音、图像传送、远程教学等其他业务，如图 3.42 所示。

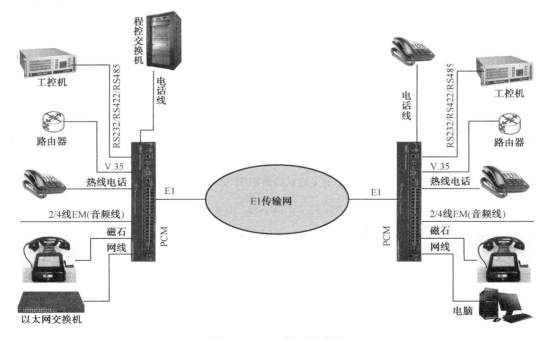

图 3.42　PCM 组网示意图

思考：

回顾 PCM 的基本原理，PCM 系统的组成及各步骤的作用是什么？我国的 PCM 采用均匀量化还是非均匀量化？若给定样值信号能否编出 8 位 PCM 码？

习题 3

扫一扫
看习题3
及答案

一、选择题

1. 人讲话的语声信号为（　　）。

A. 模拟信号　　　　　B. 数字信号　　　　C. 调相信号　　　D. 调频信号

2. 脉冲编码调制信号为（　　）。

A. 数字信号　　　　　B. 模拟信号　　　　C. 调相信号　　　D. 调频信号

3. A 律 13 折线编码器编码位数越大（　　）。

A. 量化误差越小，信道利用率越低　　　B. 量化误差越大，信道利用率越低

C. 量化误差越小，信道利用率越高　　　D. 量化误差越大，信道利用率越高

4. 解决均匀量化小信号的量化信噪比低的最好方法是（　　）。

A. 增加量化级数　　　　　　　　　　B. 增大信号功率

C. 采用非均匀量化　　　　　　　　　D. 降低量化级数

5. 在 N 不变的前提下，非均匀量化与均匀量化相比（　　）。

A. 大、小信号的量化信噪比均不变　　　B. 大信号的量化信噪比提高

C. 小信号的量化信噪比提高　　　　　　D. 大、小信号的量化信噪比均提高

6. A 律 13 折线编码器中全波整流的作用是（　　）。

A. 对样值取绝对值　　　　　　　　　B. 产生判定值

C. 编极性码　　　　　　　　　　　　D. 编幅度码

7. 抽样的作用是使被抽样信号的（　　）。

A. 幅度离散化　　　　　　　　　　　B. 时间离散化

C. 时间和幅度都离散化　　　　　　　D. 模拟信号数字化

8. 若输入模拟信号的频谱限在 0～2 700 Hz 以内，则产生抽样折叠噪声的抽样频率是（　　）。

A. 5 400 Hz　　　　B. 5 000 Hz　　　　C. 5 700 Hz　　　D. 8 000 Hz

9. PCM 系统解码后的误码信噪比与（　　）。

A. 传输码速率成正比　　　　　　　　B. 传输码速率成反比

C. 误码率成反比　　　　　　　　　　D. 误码率成正比

10. A 律 13 折线压缩特性中 A 的取值为（　　）。

A. 255　　　　　B. 64　　　　　C. 128　　　　D. 87.6

二、填空题

1. 非均匀量化的宗旨是：在不增大量化级数 N 的前提下，利用降低大信号的信噪比来提高_____。

2. 在 A 律 13 折线中，已知段落码可确定样值所在量化段的_____和_____。

3．PCM 通信系统中为了延长通信距离，每隔一定的距离要加_____。

4．频分多路复用是利用各路信号在信道上占有不同_____的特征来分开各路信号的。

5．ADPCM 的关键技术是_____。

6．某基带信号的最高频率为 2.7 kHz，为了能够无失真地恢复出原信号，所需的最低采样频率为_____。

三、简答题

1．试比较非均匀量化的 A 律和 μ 律的优缺点。

2．试述 PCM、DPCM 和增量调制三者之间的关系和区别。

四、计算题

1．采用 13 折线 A 律编码，抽样样值为 635Δ，试求：

（1）求 8 位 PCM 编码，并计算量化误差。

（2）写出对应 7 位码（不包括极性码）的均匀量化 11 位码。

2．采用 A 律 13 折线编码，设接收端收到的信号码组为 01010100，已知段内码为折叠二进制码，试求：

（1）译码器输出信号值为多少？

（2）写出对应于该 7 位码（不包括极性码）的均匀量化 11 位码。

模块 4

通信系统可靠性传输

知识分布网络

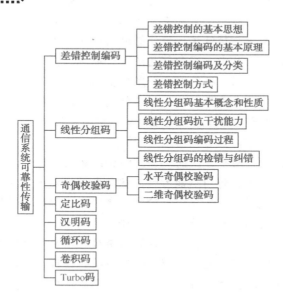

导入案例

传感器网络有着巨大的应用前景，被认为是将对 21 世纪产生巨大影响力的技术之一。已有和潜在的传感器应用领域包括军事侦察、环境监测、医疗、建筑物监测等。随着传感器技术、无线通信技术、计算技术的不断发展和完善，各种传感器网络将遍布我们生活环境，从而真正实现"无处不在的计算"。

传感器网络研究最早起源于军事领域，实验系统有海洋声呐监测的大规模传感器网络，也有监测地面物体的小型传感器网络。现代传感器网络应用中，通过飞机撒播、特种炮弹发射等手段，可以将大量便宜的传感器密集地撒布于人员不便于到达的观察区域如敌方阵地内，收集到有用的微观数据；在一部分传感器因为遭破坏等原因失效时，传感器网络作为整体传感器网络仍能完成观察任务。传感器网络的上述特点使得它具有重大军事价值。

无线信道环境是相当恶劣和复杂的。对于接收端的信号，不但存在由于地理环境引起的衰落和阴影，而且还要受到开放式信道结构带来的各种干扰和噪声的影响。这些衰落和干扰所造成的误码有随机差错和突发差错，通常以多径衰落和长突发差错为主，这将严重损害通信质量。因此，在无线通信这种变参的混合信道中，必须采用差错控制方案和其他抗衰落技术来提高信号的传输质量，保证信息可靠传输。

差错控制是通信网络中一个非常重要的错误处理机制。信源产生二进制符号信息，信道编码器将这些符号信息，按一定的规则加上冗余，从而产生更高比特率的编码数据。接收端的信道译码器利用这些冗余来判断发送端发送的比特信息是否正确。差错控制方案按进行纠错的工作方式，可以分为前向纠错、自动重发请求和混合模式。

在前向纠错控制的方案中，接收端不但能够利用所附加的冗余信息（监督码元）来检测接收到的信息是否有错误，并且由于冗余信息是按一定规则生成的，所以还能够纠正接收端的错误。前向纠错既能检测错误，也能纠正一定数量的错误，其优点是发送时不需存储，不要反馈信道；而缺点是译码设备复杂，纠错码与信道干扰情况相关。

自动重发请求中，信源产生的信息码元在编码器中被分组编码后，到达接收端的译码器。如果根据监督码元检测出有错，则进行请求重发。

混合模式是 FEC 及 ARQ 两种方式的混合。混合纠错的工作方式是：少量错误在接收端自动纠正，差错较严重，超出自行纠正能力时，就向发信端发出信号，要求重发。

差错控制主要利用检测码或纠错码进行检错或者纠错。所谓检错码是能够自动发现错误的编码；纠错码是能够发现错误且又能自动纠正错误的编码。

通信系统中，信源产生要发送的信息，经过信道编码，在无线信道中进行传输，在到达接收端之前，进行译码，做相应的差错处理。信道编码的过程，就是按照一定规则在信元上附加"冗余"信息的过程。在接收端进行译码的过程实质是根据冗余规则，进行错误的检测和处理。

思考：

差错控制方式有哪些？接收端怎样进行检错纠错？

学习目标

☞ 理解差错控制的基本思想和有关概念。

☞ 会计算编码的最小码距，并能根据最小码距计算该种编码的纠错检错位数。

☞ 理解奇偶校验码、汉明码、循环码、卷积码、Turbo 码编码的特点和构造思路。

☞ 掌握奇偶校验码、汉明码、循环码的编码方法。

4.1　差错控制编码

扫一扫看差错控制编码及线性分组码教学课件

4.1.1　差错控制的基本思想

信号在传输过程中不可避免地受到干扰，原因主要归结为两个方面：一是信道特性不理想造成的码间干扰；二是噪声对信号的干扰。信号到达接收端时，接收信号是信号与各种干扰的叠加，接收电路在取样时判断信号电平。如果干扰对信号叠加的结果在电平判断时出现错误，就会引起通信数据的错误，就出现了误码。数字通信系统中码元的错误有三种形式。

1. 随机错误

错误的出现是随机的，一般而言错误出现的位置是随机分布的，即各个码元是否发生错误是互相独立的，通常不是成片地出现错误。这种情况一般是由信道的加性随机噪声引起的。因此，一般将具有此特性的信道称为随机信道。

2. 突发错误

错误的的出现是一连串出现的。通常在一个突发错误持续时间内，开头和末尾的码元总是错的，中间的某些码元可能错也可能对，但错误的码元相对较多。错码出现时，在短时间内有一连串的错码，而该时间过后又有较长时间无错码。这种情况如移动通信中信号在某一段时间内发生衰落，造成一串差错；汽车发动时电火花干扰造成的错误；光盘上的一条划痕等。这样的信道称之为突发信道。

3. 混合错误

既有突发错误又有随机差错的情况。这种信道称之为混合信道。移动通信的传输信道属于变参信道，它不仅会引起随机错误，而更重要的是造成突发错误。

差错控制是对传输差错采取的技术措施，目的是提高传输的可靠性。差错控制的基本思想是通过对信息序列做某种变换，使原来彼此独立的、没有相关性的信息码元序列，经过某种变换后，产生某种规律性，从而在接收端有可能根据这种规律来检查，进而纠正传输序列中的差错。变换的方法不同就构成不同的编码和不同的差错控制方式。差错控制的核心是抗干扰编码，即差错控制编码，又称纠错编码、可靠性编码，也称信道编码。不同的编码方法，有不同的检错或纠错能力，差错控制编码一般是在用户信息序列后（称为信息码元）插入一定数量的新码元（称为监督码元）。监督码元不受用户的控制，最终也不发送给接收用户，只是在系统传输过程中为了减少传输差错而采用的一种措施。如果信道传输速率一定，加入差错控制编码，就降低了用户输入的信息速率，新加入的码元越多，冗余度就越大，检错纠错越强，效率越低。差错控制编码是通过增加冗余码来达到提高可靠性传输的目的的。

差错控制技术简单地说就是一种保证接收完整、准确数据的方法。例如，我们日常使用的电话线路是不稳定的，那么数据在传输过程中就会出现数据顺序的错乱和丢失。为了使这些错误能够得到及时地纠正，调制解调器在发送端必须对发送的数据进行信道编码，并将监督码元和信息码元同时发送，调制解调器在接收端对编码过的数据进行解码，也就是检验监督码元和信息码元是否符合该编码的规律。若不符合规律，则表明数据在传输过程中被破坏，接收端的调制解调器就会向发送端的调制解调器发送一个命令，要求数据重发。图 4.1 就是一种差错控制技术的机理图。

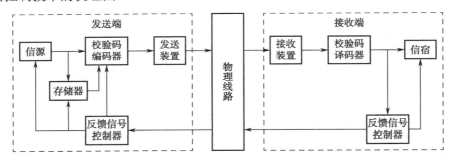

图 4.1　差错控制技术机理图

4.1.2　差错控制编码的基本原理

信息码序列中加入监督码元才能完成检错和纠错功能，其前提是监督码元和信息码元之间要有一种特殊的关系，即符合一定的规律。下面我们举例说明检错和纠错的基本原理。

假设要发送一组具有四个状态的数据信息，比如电压信号的四个值分别为 1 V、2 V、3 V 和 4 V。我们首先要用二进制码对数据信息进行编码，用 2 位二进制就可以完成。

假设不经信道编码，在信道中直接传输按表 4.1 中编码规则得到 0、1 数字序列，则在理想情况下，这样编码接收端接收没有问题。但是在实际通信中由于干扰的影响，会使信息码元发生错误，从而出现误码。比如码组 00 变成 01、10 或者 11。任何一组码不管是一位还是两位发生错误，都会使该码组变成另外一组信息码，从而引起信息传输错误，而且接收端无法判断是否有错误。因此，以这种编码形式得到的数字信号在传输过程中不具备检错和纠错的能力。

表 4.1　数据信息编码方案

数据信息	1 V	2 V	3 V	4 V
数据编码	00	01	10	11

为了使接收端能具有检错能力，我们在每组码后面再加 1 位码元，使监督码元和信息码元中 1 的个数为偶数，这样 2 位码组就变成了 3 位码组，如表 4.2 所示。这样，在 3 位码组的 8 种组合中只有 4 组（000、011、101 和 110）是按照编码规则允许使用的码字，称为许用码组，而其余 4 种（001、010、100 和 111）不符合编码规则的码字，被称为禁用码组。表 4.2 中每个码组右边加上的 1 位码元就是监督码元，加入监督码元的原则就是使监督码元和信息码元中 1 的个数为偶数。如果许用码组 000 在传输过程中出现一位误码，即变成了 001、

010 或者 100 三个码组中的一个，则不满足编码规则（信息码元和监督码元中 1 的个数为偶数），成为禁用码组。当接收端收到这三个禁用码组中的任何一个时，按照监督码元和信息码元的关系（1 的个数为偶数）判断出是误码。因此表 4.2 可以发现一位错误。但是当接收端收到一个误码 010 时，可能是 000、011、110 错一位得到，也可能是 101 错两位得到，没有办法判断是哪一位错误得到 010，因此没有办法对收到的错码 010 进行纠错。

表 4.2　信道编码方案 A

数据信息	1 V	2 V	3 V	4 V	×	×	×	×
数据编码	000	011	101	110	001	010	100	111

为了使接收端具有纠错能力，在表 4.1 数据信息编码后面增加 4 位监督位，如表 4.3 所示（由于禁用码太多，没有列出来）。如果接收端收到码字 000001，那么可能是 000000 错 1 位，011011、101101 和 110110 错 3 位得到的。因为传输中码字错的位数比多的位数少出现的概率小得多。因此，如果接收端收到码字 000001，那么接收端会认为是 000000 错 1 位得到的，接收端则直接把收到的码字判为 000000，这样就达到了纠正错码的目的。

表 4.3　信道编码方案 B

数据信息	1 V	2 V	3 V	4 V
数据编码	000000	011011	101101	110110

4.1.3　差错控制编码及分类

从不同的角度出发，信道编码有不同的分类方法，如图 4.2 所示。

1. 按码组的功能分

按码组的功能分，有检错码和纠错码两类。一般来说，在译码器中能够检测出错码，但不知道错码的准确位置的码，称为检测码，它没有自动纠正错误的能力。若在译码器中不仅能发现错误，而且知道错码的位置，自动纠正错误的码，则称为纠错码。

2. 按码组中的监督码元和信息码元之间的关系分

按码组中的监督码元和信息码元之间的关系分，有线性码和非线性码两类。线性码是指监督码元与信息码元之间呈线性关系，即可用一组线性代数方程联系起来；否则为非线性关系。

3. 按照信息码元与监督码元的约束关系分

按照信息码元与监督码元的约束关系，又分为分组码和卷积码两类。所谓分组码就是将信息序列以每 k 个码元分组，通过编码器在每 k 个码元后按照一定的编码规则产生 r 个监督码元，组成长度为 $n=k+r$ 的码组，每一个码组中的 r 个监督码元仅监督本码组中的信息码元，而与别组无关。分组码一般用符号 (n, k) 表示。

在卷积码中，每组的监督码元不但与本组码的信息码元有关，而且还与前面若干组的信息码元有关，即不是分组监督，而是每个监督码元对它的前后码元都实行监督，前后相连，有时也称为连环码。

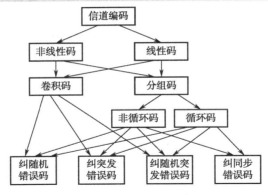

图 4.2　信道编码分类

4．按照信息码元在编码前后是否保持原来的形式不变分

按照信息码元在编码前后是否保持原来的形式不变，可划分为系统码和非系统码。系统码的信息码元和监督码元在分组内确定位置，而非系统码中信息码元则改变了原来的信号形式。

4.1.4　差错控制方式

在数字通信系统中，信道编码和差错控制方式是结合起来使用的，如图 4.3 所示。比如，前向纠错码和纠错编码结合起来使用，前向纠错码就不能和检错码结合起来使用。常用信道编码的差错控制的方式主要有前向纠错、自动重传请求和混合纠错三种。

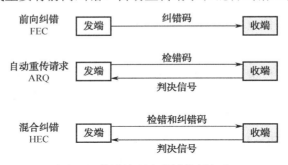

图 4.3　信道编码和差错控制方式

1．前向纠错（Forward Error-Correction，FEC）

FEC 的基本思想是利用纠错编码来控制传输差错，在发送端将信息按照一定规则附加冗余码元，使之具有一定的纠错能力；在接收端收到码元后，按预先规定的规则校验信息与冗余码元之间的关系，若发现错误则确定其出错位置并进行纠正。通过纠错编码可以降低误比特率，但如果差错超过了其纠错能力，那接收的码组将被错误地译码，并将错误码组传给用户。

其主要优点是：不需要反向信道就能进行一个用户对多个用户的同时通信（广播），特别适合于移动通信；而且系统的传输效率高；译码延迟固定，信息传输时延和时延抖动都比较小，实时性好，较适用于实时传输系统；控制电路比较简单。

　　然而 FEC 也存在一些缺点：纠错编码是以引入冗余比特，加大开销为代价，可能会导致不必要的浪费；当译码出现错误时，错误的信息会传递给用户，所以其可靠性较差；为了获得较高的可靠性，设计时必须使用长码和选用纠错能力强的码组，这会增加译码电路复杂度，提高成本；编解码使计算的开销和复杂性大大增加，在丢包率很高时，性能下降明显；只适合一次发送一个数据包的应用；其整体性能受丢包最严重的接收者制约等。另外，FEC 采用"事先避免"的策略，即使事后仍有丢包，也不再重传。因此，单纯的 FEC 技术并不能完全保证数据传输的正确性。

2. 自动重传请求（Automatic Rpeat Request，ARQ）

　　ARQ 的基本思想是在发送端和接收端之间引入反向链路，发送端对信息进行编码，编码后的信息具有很强的检错能力，通过前向信道发送到接收端。在接收端进行检错译码，如果没有检出错误，则提交给用户（或存入缓冲寄存器备用），同时，通过反向信道向发送端返回一个确定应答（ACK），通知发送端此信息已经正确接收。如果检出错误，则通过反向信道返回一个否定应答（NAK），请求对方把刚才的信息重发一次，这样持续进行下去直到正确接收或达到最大重传次数为止。由此可知，应用 ARQ 方式必须存在一条反馈信道，并要求发送端信息的产生速率可以控制（或有大容量的信息发送缓冲存储器），整个通信系统的发送端和接收端必须密切协作，互相配合，因此 ARQ 方式的控制过程相对比较复杂。由于进行反馈重发的次数与信道情况有关，若信道情况较差，则系统经常处于反馈重发的状态，所以信息传输的实时性和连贯性较差。该方式的优点是编解码设备简单，尤其是解码设备，在冗余度一定的情况下其检错能力比纠错码的纠错能力要高很多，所以检错能力极强，因而整个差错控制系统的适应性很强，特别适用于干扰情况特别复杂的短波和散射等信道以及对误码率要求极低的场合。ARQ 系统与 FEC 系统相比，不仅设备简单，而且可靠性高。但它必须存在一个反向信道，并且当信道误码率太大时，系统会经常处于重传状态而使传输效率非常低。

　　ARQ 有三种基本的重传机制：停止等待 ARQ（见图 4.4）、连续重传 N-ARQ（见图 4.5）和选择重传 ARQ（见图 4.6）。后两种协议是滑动窗口技术与请求重传技术的结合，由于当窗口尺寸足够大时，帧在线路上可以连续地发送，因此又称其为连续 ARQ 协议。三者的区别在于对于出错数据块的处理机制不同。三种 ARQ 协议中，复杂性递增，效率也递增。

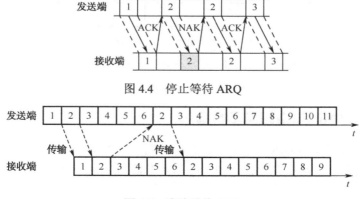

图 4.4　停止等待 ARQ

图 4.5　连续重传 ARQ

图 4.6　选择重传 ARQ

3．混合纠错（Hybrid Error-Correction，HEC）

FEC 和 ARQ 分别是利用纠错码和检错码实现差错控制的技术。ARQ 方式检错能力强，但需要一个反馈信道，并且实时性较差。相反，FEC 方式的通信实时性好，收发控制系统电路简单，但纠错码往往是以最坏信道条件来进行设计，因此编码的效率较低。混合纠错检错方式是前向纠错方式和检错重发方式的结合。在这种系统中，发送端发出同时具有检错和纠错能力的码，接收端收到码后，检查错误情况，如果错误少于纠错能力，则自行纠正；如果干扰严重，错误很多，超出纠正能力，但能检测出来，则经反向信道要求发端重发。混合纠错检错方式在实时性和译码复杂性方面是前向纠错和检错重发方式的折中。

除了上述三种主要的方式以外，还有所谓狭义信息反馈系统（Information Repeat Request，IRQ）和检错删除。狭义信息反馈是指接收端将收到的码元原封不动地通过反馈信道送回发送端，发送端比较发送的与反馈回来的消息，若发现错误，发送端把传错部分对应的原消息再次传送，最后达到使对方正确接收消息的目的。该方式的缺点是须采用双向信道，传输效率也很低。检错删除是指在接收端发现错码后，立即将其删除。适用在发送码元中有大量多余度，删除部分接收码元不影响应用之处。

4.2　线性分组码

分组码一般可用（n，k）表示，其结构如图 4.7 所示。其中，k 是每个码组二进制信息码元的数目，n 是编码组的码元总位数，又称为码组长度，简称码长。$n-k=r$ 为每个码组中的监督码元数目。简单地说，分组码是对每段 k 位长的信息组以一定的规则增加 r 个监督元，组成长为 n 的码字。在二进制情况下，共有 2^k 个不同的信息组，相应地可得到 2^k 个不同的码字，称为许用码组。其余 2^n-2^k 个码未被选用，称为禁用码组。

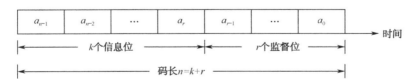

图 4.7　分组码的结构示意图

4.2.1　线性分组码基本概念和性质

线性分组码是所有纠错编码中最基本最容易研究的一类码，它概念清楚，易于理解，而且能方便地反映出各类编码中广为使用的一些基本参数和名称。因此，线性分组码就成了讨论其他各类码的基础。

在（n，k）分组码中，若每一个监督元都是码组中某些信息码元按模 2 和得到的，即监

督码元是信息码元按线性关系相加而得到的，则称线性分组码。或者说，可用线性方程组表述码规律性的分组码称为线性分组码。线性分组码是一类重要的纠错码，应用很广泛。

码字中码元的数目称为码长，如 001，码长为 3。码字中非 0 码元的个数称为该码字的码重，又称为汉明重量。如 001，码重为 1。两个等长码字之间对应位不同的个数称为两个码字之间的码距，又称为汉明距离。如 001 和 000 之间的码距为 1。在（n，k）线性分组中，任意两个不同码字之间的距离最小值称为该分组码的最小汉明距离，用 $d_{\min}$ 表示。如 000、011、101 和 110 两两之间的码距有 2 和 3，最小码距则是 2。

监督码元的引入，增加了原始信息码元的数目，这就引入了编码效率的概念。若码字中信息位为 k，监督位为 r，码长为 $n=k+r$，编码效率是指信息码元数与码长之比，通常用 R_c 来表示。

$$R_c = \frac{k}{n} = \frac{n-r}{n} \tag{4-2-1}$$

采用差错控制编码是为了提高通信系统的可靠性，但是它是以降低有效性为代价换来的。对信道编码的基本要求是：检错和纠错能力尽量强；编码效率尽量高；编码规律尽量简单。实际中要根据具体指标要求，保证有一定的纠、检错能力和编码效率，并且易于实现。

线性分组码具有以下两个性质。

（1）封闭性：任意两个许用码组相加（模 2 加）后，所得码组仍是许用码组。

（2）最小码距：等于除全"0"码组以外的最小码重。

4.2.2　线性分组码抗干扰能力

采用表 4.2 信道编码方案 A，信息码元后面增加了一位监督位，可以发现 1 位发生错误或者 3 位出现错误的码组，而无法检出 2 位错误。采用表 4.3 信道编码方案 B 增加了 3 位监督位，可以发现错误，并纠正 1 位错误。

那么能否得出这样的结论：增加监督码元的位数就能增加检错位数或实现纠错功能？将表 4.1 中的编码增加 2 位监督码元，采用重复编码，变成 4 位编码，观察情况如何，如表 4.4 所示。

表 4.4　信道编码方案 C

数据信息	1 V	2 V	3 V	4 V	×	×	×	×
数据编码	0000	0101	1010	1111	0001	0010	0100	1000
					0011	0111	1001	1011
					1100	1110	1101	0110

用这种编码方案可以发现 1 位错误，如 0000 错一位变成 0001、0010、0100、1000 四个禁用码组中的一个，由此可以判断出误码，但是无法判断出是哪一位错误。若 0000 错两位可能变成 0011、0101、0110、1001、1010、1100 中的任何一种，而 0101、1010 是许用码组，故如果 0000 变成了 0101、1010 则无法检测出错误，因此，这种编码方案只能检测 1 位误码，不能纠正 1 位误码，也不能检测 2 位误码。

由此可见，表 4.4 相对于表 4.2 增加了监督码元位数，并没有提高检错与纠错能力，那么检错与纠错能力究竟与什么有关呢？

数字通信原理与应用

一种编码方式的检错与纠错能力与许用码组中的最小码距有关。一般情况下，分组码的最小码距 $d_{\min}$ 和分组码的检错纠错能力存在如下关系：

（1）要检测 e 位误码，则要求

$$d_{\min} \geq e+1 \qquad (4\text{-}2\text{-}2)$$

（2）要纠正 t 个错误，则要求

$$d_{\min} \geq 2t+1 \qquad (4\text{-}2\text{-}3)$$

（3）要码字用于纠正 t 个错误，同时检测 e 个错误，则要求

$$d_{\min} \geq t+e+1 \qquad (4\text{-}2\text{-}4)$$

显然，要提高编码的检错纠错能力，不能仅靠简单地增加监督码元位数（即冗余度），更重要的是要加大最小码距，而最小码距的大小与编码冗余度是有关的，最小码距增大，码元的冗余度就增大。

4.2.3 线性分组码编码过程

对于偶监督码，使用了一位监督位 a_0，设码字 $A=[a_{n-1}, a_{n-2}, \cdots, a_1, a_0]$，有

$$a_{n-1} \oplus a_{n-2} \oplus a_{n-3} \oplus \cdots \oplus a_1 \oplus a_0 = S \qquad (4\text{-}2\text{-}5)$$

在接收端解码时，实际上就是计算式（4-2-5）中 S 的结果，若结果为 1，则认为有错，结果为 0，则认为无错。式中，S 称为校正子，取值只有两种，故只能代表有错和无错两种信息，若增加一位监督位，则能增加一个类似于上式的监督关系式。若有两个校正子，它们有 4 种可能值组合，故能表示 4 种不同信息，则除了表示有无错信息外，还能有其余可能值来表示错误的位置信息。同理，r 个监督位能表示 $2^r - 1$ 个可能错误的位置。

现以（7，4）分组码为例来说明线性分组码的特点。设其码字为 $A = (a_6, a_5, a_4, a_3, a_2, a_1, a_0)$，其中前 4 位是信息码元，后 3 位是监督码元，可用下列线性方程组来描述该分组码，产生监督码元。

$$\begin{cases} a_2 = a_6 + a_5 + a_4 \\ a_1 = a_6 + a_5 + a_3 \\ a_0 = a_6 + a_4 + a_3 \end{cases} \qquad (4\text{-}2\text{-}6)$$

显然，这三个方程是线性无关的。经计算可得（7,4）码的全部码字，如表 4.5 所示。

表 4.5 （7,4）线性分组码码字

	码 字				码 字	
序　号	信息码元	监督码元	序　号		信息码元	监督码元
0	0000	000	8		1000	111
1	0001	011	9		1001	100
2	0010	101	10		1010	010
3	0011	110	11		1011	001
4	0100	110	12		1100	001
5	0101	101	13		1101	010
6	0110	011	14		1110	100
7	0111	000	15		1111	111

根据线性分组码的性质和最小码距与分组码的抗干扰能力的关系，不难看出，上述（7,4）线性分组码的最小码距 $d_{\min}=3$，它能纠正一个错误或检测两个错误。

将式（4-2-6）改写成如下形式：

$$\begin{cases} 1\cdot a_6+1\cdot a_5+1\cdot a_4+1\cdot a_3+1\cdot a_2+0\cdot a_1+0\cdot a_0=0 \\ 1\cdot a_6+1\cdot a_5+0\cdot a_4+1\cdot a_3+0\cdot a_2+1\cdot a_1+0\cdot a_0=0 \\ 1\cdot a_6+0\cdot a_5+1\cdot a_4+1\cdot a_3+0\cdot a_2+0\cdot a_1+1\cdot a_0=0 \end{cases} \qquad (4\text{-}2\text{-}7)$$

这组线性方程可用矩阵形式表示为

$$\begin{bmatrix} 1&1&1&0&1&0&0 \\ 1&1&0&1&0&1&0 \\ 1&0&1&1&0&0&1 \end{bmatrix}[a_6\,a_5\,a_4\,a_3\,a_2\,a_1\,a_0]^T=\begin{bmatrix} 0 \\ 0 \\ 0 \end{bmatrix} \qquad (4\text{-}2\text{-}8)$$

式（4-2-8）简记为 $\boldsymbol{HA}^T=\boldsymbol{O}^T$，或 $\boldsymbol{AH}^T=\boldsymbol{O}$，其中 $\boldsymbol{A}^T$ 是 $\boldsymbol{A}$ 转置矩阵，$\boldsymbol{O}^T$ 是 $\boldsymbol{O}=[0\ 0\ 0]$ 的转置。

$$\boldsymbol{H}=\begin{bmatrix} 1&1&1&0&1&0&0 \\ 1&1&0&1&0&1&0 \\ 1&0&1&1&0&0&1 \end{bmatrix}=[\boldsymbol{P}\ \boldsymbol{I}_r] \qquad (4\text{-}2\text{-}9)$$

$\boldsymbol{H}$ 称为监督矩阵，一旦 $\boldsymbol{H}$ 给定，信息位和监督位之间的关系也就确定了，$\boldsymbol{H}$ 为 $r\times n$ 阶矩阵，$\boldsymbol{H}$ 矩阵每行之间是彼此线性无关的。式（4-2-9）中的 $\boldsymbol{H}$ 矩阵可以分成矩阵 $\boldsymbol{P}$ 和 $\boldsymbol{I}_r$ 两部分，其中 $\boldsymbol{P}$ 为 $r\times k$ 阶矩阵，$\boldsymbol{I}_r$ 为 $r\times r$ 阶单位矩阵，我们将具有 $\boldsymbol{H}=[\boldsymbol{P}\ \boldsymbol{I}_r]$ 形式的监督矩阵称为典型监督矩阵。一般形式的 $\boldsymbol{H}$ 矩阵可以通过行的初等变换将其化为典型形式。$\boldsymbol{HA}^T=\boldsymbol{O}^T$，说明 $\boldsymbol{H}$ 矩阵与码字的转置乘积必须为零，可以用来作为判断接收码字 $\boldsymbol{A}$ 是否出错的依据。

将式（4-2-6）补充为下列方程

$$\begin{cases} a_6=a_6 \\ a_5=a_5 \\ a_4=a_4 \\ a_2=a_6+a_5+a_4 \\ a_1=a_6+a_5+a_3 \\ a_0=a_6+a_4+a_3 \end{cases} \qquad (4\text{-}2\text{-}10)$$

并改写为矩阵形式

$$\begin{bmatrix} a_6 \\ a_5 \\ a_4 \\ a_3 \\ a_2 \\ a_1 \\ a_0 \end{bmatrix}=\begin{bmatrix} 1&0&0&0 \\ 0&1&0&0 \\ 0&0&1&0 \\ 0&0&0&1 \\ 1&1&1&0 \\ 1&1&0&1 \\ 1&0&1&1 \end{bmatrix}\begin{bmatrix} a_6 \\ a_5 \\ a_4 \\ a_3 \end{bmatrix} \qquad (4\text{-}2\text{-}11)$$

两边求转置，得

$$A = [a_6\ a_5\ a_4\ a_3\ a_2\ a_1\ a_0] = [a_6\ a_5\ a_4\ a_3]G \tag{4-2-12}$$

其中

$$G = \begin{bmatrix} 1 & 0 & 0 & 0 & 1 & 1 & 1 \\ 0 & 1 & 0 & 0 & 1 & 1 & 0 \\ 0 & 0 & 1 & 0 & 1 & 0 & 1 \\ 0 & 0 & 0 & 1 & 0 & 1 & 1 \end{bmatrix} = [\boldsymbol{I}_k\quad \boldsymbol{Q}] \tag{4-2-13}$$

$$\boldsymbol{Q} = \boldsymbol{P}^{\mathrm{T}} \tag{4-2-14}$$

G 称为生成矩阵，由 G 和信息码组 $[a_6\,a_5\,a_4\,a_3]$ 就可以产生全部码字。G 为 $k \times r$ 阶矩阵，各行也是线性无关的。生成矩阵也可以分成两部分 $\boldsymbol{I}_k = \begin{bmatrix} 1 & 0 & 0 & 0 \\ 0 & 1 & 0 & 0 \\ 0 & 0 & 1 & 0 \\ 0 & 0 & 0 & 1 \end{bmatrix}$ 和 $\boldsymbol{Q} = \begin{bmatrix} 1 & 1 & 1 \\ 1 & 1 & 0 \\ 1 & 0 & 1 \\ 0 & 1 & 1 \end{bmatrix}$，$\boldsymbol{I}_k$ 为 k 阶单位

矩阵，$\boldsymbol{Q}$ 为 $k \times r$ 阶矩阵，可以写成式（4-2-13）形式的 G 矩阵，称为典型生成矩阵。非典型形式的生成矩阵经过简单的行运算也一定可以化成典型生成矩阵形式。任意码组 $\boldsymbol{A}$ 都是 G 的各行的线性组合。实际上，G 的各行本身就是一个许用码组。

4.2.4 线性分组码的检错与纠错

线性分组码的监督矩阵 $\boldsymbol{H}$ 和生成矩阵是密切联系在一起的。由生成矩阵 G 生成的 (n,k) 线性分组码发送后，接收端可以用监督矩阵 $\boldsymbol{H}$ 来检验收到的码字是否满足监督方程，即是否有错。设发送码组 $\boldsymbol{A} = [a_{n-1}, a_{n-2}, \cdots, a_1, a_0]$，在传输过程中可能发生误码。接收码组 $\boldsymbol{B} = [b_{n-1}, b_{n-2}, \cdots, b_1, b_0]$，则收发码组之差定义为错误图样 $\boldsymbol{E}$，也称为误差矢量，即

$$\boldsymbol{E} = \boldsymbol{B} - \boldsymbol{A} \tag{4-2-15}$$

式中 $\boldsymbol{E} = [e_{n-1}, e_{n-2}, \cdots, e_1, e_0]$，且

$$e_i = \begin{cases} 0 & \text{当 } b_i = a_i \\ 1 & \text{当 } b_i \neq a_i \end{cases} \qquad (i = 0, 1, \cdots, n-1) \tag{4-2-16}$$

上式也可以写成

$$\boldsymbol{B} = \boldsymbol{A} + \boldsymbol{E} \tag{4-2-17}$$

令 $\boldsymbol{S} = \boldsymbol{B}\boldsymbol{H}^{\mathrm{T}}$，$\boldsymbol{S}$ 称为伴随式或校正子，利用 $\boldsymbol{A}\boldsymbol{H}^{\mathrm{T}} = \boldsymbol{O}$，得

$$\boldsymbol{S} = \boldsymbol{B}\boldsymbol{H}^{\mathrm{T}} = (\boldsymbol{A} + \boldsymbol{E})\boldsymbol{H}^{\mathrm{T}} = \boldsymbol{E}\boldsymbol{H}^{\mathrm{T}} \tag{4-2-18}$$

由式（4-2-18）可见，校正子与错误图样 $\boldsymbol{E}$ 之间有确定的线性变换关系，校正子 $\boldsymbol{S}$ 只与错误图样 $\boldsymbol{E}$ 有关，可以用校正子 $\boldsymbol{S}$ 作判别错误的参量，如果 $\boldsymbol{S}=0$，则接收到的是正确码字；若 $\boldsymbol{S} \neq 0$，则说明 $\boldsymbol{B}$ 中存在着差错，接收译码器从校正子确定错误图样，然后从接收到的码字中减去错误图样，得到纠正后的码字。校正子 $\boldsymbol{S}$ 是一个 $1 \times r$ 阶矩阵，也就是说校正子 $\boldsymbol{S}$ 的位数与监督码元个数 r 相等。(7,4)码校正子 $\boldsymbol{S}$ 与错误图样 $\boldsymbol{E}$ 的对应关系如表 4.6 所示。

表 4.6 　（7,4）码校正子 S 与错误图样 E 的对应关系

序号	错误码位	E							S		
		e_6	e_5	e_4	e_3	e_2	e_1	e_0	s_2	s_1	s_0
0		0	0	0	0	0	0	0	0	0	0
1	b_0	0	0	0	0	0	0	1	0	0	1
2	b_1	0	0	0	0	0	1	0	0	1	0
3	b_2	0	0	0	0	1	0	0	1	0	0
4	b_3	0	0	0	1	0	0	0	0	1	1
5	b_4	0	0	1	0	0	0	0	1	0	1
6	b_5	0	1	0	0	0	0	0	1	1	0
7	b_6	1	0	0	0	0	0	0	1	1	1

实例 4.1 （7,4）分组码其监督方程为式（4-2-6），若接收端收到码字为 1100111，请分析是否有错，若有错，请纠正。

解：根据题意，接收码组 $B = [1100111]$，其监督矩阵为式（4-2-9），即

$$H = \begin{bmatrix} 1 & 1 & 1 & 0 & 1 & 0 & 0 \\ 1 & 1 & 0 & 1 & 0 & 1 & 0 \\ 1 & 0 & 1 & 1 & 0 & 0 & 1 \end{bmatrix}$$

通过式（4-2-18）$S = BH^T$，若接收码字 1100111 无错，那么计算结果 $S = 0$。

$$S = [1100111]\begin{bmatrix} 1 & 1 & 1 & 0 & 1 & 0 & 0 \\ 1 & 1 & 0 & 1 & 0 & 1 & 0 \\ 1 & 0 & 1 & 1 & 0 & 0 & 1 \end{bmatrix}^T = [1100111]\begin{bmatrix} 1 & 1 & 1 \\ 1 & 1 & 0 \\ 1 & 0 & 1 \\ 0 & 1 & 1 \\ 1 & 0 & 0 \\ 0 & 1 & 0 \\ 0 & 0 & 1 \end{bmatrix} = [110] = [s_2 s_1 s_0]$$

根据表 4.6 所示，得到错误码位置是 b_5，当接收码字为 1100111 时，纠正为 1000111。

4.3 　奇偶校验码

扫一扫看奇偶校验码、定比码及汉明码教学课件

这是一种最简单的检错码，又称奇偶监督码，是奇校验码和偶校验码的统称，在计算机数据传输中应用广泛。

在发送端，奇（偶）监督码编码规则是先将所要传输的数据码元（信息码元）分组，在分组后的信息码元后加上一位监督码元，使信息码元和监督码元中 1 的个数为奇数（偶数），如表 4.7 所示。

表 4.7　奇偶校验码

原编码	奇校验码	偶校验码
0000	00001	00000
0010	00100	00101
1100	11001	11000
1010	10101	10100

$$a_{n-1} \oplus a_{n-2} \oplus \cdots \oplus a_1 \oplus a_0 = 0 \qquad (4\text{-}3\text{-}1)$$

$$a_{n-1} \oplus a_{n-2} \oplus \cdots \oplus a_1 \oplus a_0 = 1 \qquad (4\text{-}3\text{-}2)$$

在接收端用检查码组中 1 的个数是否符合编码规律来判断是否出错。设码组长度为 n，表示为 $[a_{n-1}, a_{n-2}, \cdots, a_1, a_0]$，其中前 $n-1$ 位为信息码元，第 n 位 a_0 为监督码元。对于偶监督码，要使码组中"1"的个数为偶数，其监督方程如式（4-3-1）所示。对于奇监督码，要使码组中"1"的个数为奇数，其监督方程如式（4-3-2）所示。如果发生奇数个错误，就会破坏上述方程式。这种奇偶校验码检测奇数个错误，不能检出偶数个错误，但是错一位的概率比错两位的概率大得多，错三位码的概率比错四位码的概率大得多。因此，绝大多数随机错误都能用简单奇偶校验查出，这正是这种方法被广泛用于以随机错误为主的通信系统的原因。但是这种方法难以应付突发错误，所以突发错误很多的信道中不能单独使用。

4.3.1　水平奇偶校验码

为了提高奇偶校验检测突发错误的能力，引入了水平奇偶校验码。其构成思路是：将信息序列按行排成方阵，每行后加一个奇或偶校验码，发送时采用交织的方法，即按列的顺序进行发送。接收端排列成与发送端相同的方阵，然后按行进行奇偶校验。如图 4.8 所示，有信息序列 0101011 1000001 1110001 01101100 要进行水平奇偶校验，先将信息序列分组，假设 7 位为一组，排列成四行方阵，然后在水平方向上进行偶校验。发送端发送时按照方阵列的顺序发送，即发送顺序为 0110 1101 1100 0001 等。接收端先将码元排列成方阵，然后按照行进行偶校验。

发送顺序	信息码元							偶校验码
	0	1	0	1	0	1	1	0
	1	0	0	0	0	0	0	1
	1	1	1	0	0	0	1	0
	0	1	1	0	1	1	0	0

图 4.8　水平奇偶校验码

水平奇偶校验不但可以检测出各段同一位上的奇数位错，而且还能检测出突发长度$\leqslant p$（p 是交织的行数）的所有突发错误，突发长度$\leqslant p$ 的突发错误必然分布在不同的行中，且每行一位，所以可以检查出差错。但是实现水平奇偶校验码时，不论是采用硬件还是软件方法，都不能在发送过程中产生奇偶校验冗余位边插入发送，而必须等待要发送的全部信息块到齐后，才能计算冗余位，也就是一定要使用数据缓冲器，因此它的编码和检测实现起来都要复杂一些。

4.3.2　二维奇偶校验码

二维奇偶校验码是在水平奇偶校验的基础之上增加了垂直奇偶校验。也就是在发送端将信息码元进行方阵排列后按行进行奇偶校验后，还增加了按列进行奇偶校验。发送时按行或列进行发送。接收端重新将码元排列成方阵，然后按行和列分别进行奇偶校验。

水平垂直奇偶校验（见图 4.9）能检测出所有 3 位或 3 位以下的错误（因为此时至少在某一行或某列上有一位错）、奇数位错、突发长度≤$p+1$ 的突发错以及很大一部分偶数位错。这种方式的编码可使误码率降至原误码率的百分之一到万分之一。

	信息码元							偶校验码
0	1	0	1	0	1	1	0	
1	0	0	0	0	0	0	1	
1	1	1	0	0	0	0	1	
0	1	1	0	1	1	0	0	
0	1	0	1	1	0	1	0	

图 4.9　水平垂直奇偶校验码

（左侧竖排文字：发送顺序　偶校验码　偶校验码）

水平垂直奇偶校验不仅可检错,还可用来纠正部分差错。例如数据块中仅存在 1 位错时，便能确定错码的位置就在某行和某列的交叉处，从而可以纠正它。

二维奇偶校验码检错能力强，又有一定的纠错能力，且实现容易，因而得到了广泛应用。

4.4　定比码

定比码的码字中 1 的数目与 0 的数目保持恒定比例，也称为恒比码。由于恒比码中，每个码组均含有相同数目的 1 和 0，因此恒比码又称等重码、定 1 码。这种码在检测时，只要计算接收码元中 1 的数目是否正确，就可判断有无差错。

我国电传通信用五位电码表示一位阿拉伯数字，再用四位表示一个汉字。电传通信普遍采用 3∶2 码，又称"5 中取 3"的定比码，即每个码组的长度为 5，其中 3 个"1"。这时可能编成的不同码组数目等于从 5 中取 3 的组合数 10，这 10 个许用码组恰好可表示 10 个阿拉伯数字。国际通用的 ARQ 电报通信系统采用"7 中取 3"的定比码。"7 中取 3"码可以检出所有的单比特差错和奇数个差错，但只能检出部分偶数位差错。

定比码比较简单，应用于电报、数据通信、计算机中，适合用在传输电传机或其他键盘设备产生的数字、字母和符号。

4.5　汉明码

汉明码是一种能够纠正单个随机错误的线性分组码，它是 1950 年由贝尔实验室的 R.W.Hamming 发明的。因其编译码器结构简单，故得到了广泛应用。

汉明码的特点：

（1）最小码距 $d_{\min} = 3$，可以纠正一位错误。

（2）监督位数 $r = n - k$。

（3）信息位数 $k=2^r-r-1$。r 位监督位可以指示 2^r-1 个错误码元位置（当码元全部正确的时候用到一种情况）。对于码组长度为 n、信息码元为 k 位、监督码元为 $r=n-k$ 位的分组码，如果希望用 r 个监督位构造出 r 个监督关系来指示一个错码的 n 种可能，则要求 $2^r-1 \geq n$ 或 $2^r \geq k+r+1$。

汉明码的检错、纠错基本思想是将有效信息按某种规律分成若干组，每组安排一个校验位进行奇偶性测试，然后产生多位检测信息，并从中得出具体的出错位置，最后通过对错误位取反（原来是 1 就变成 0，原来是 0 就变成 1）来将其纠正。

要采用汉明码纠错，须要按以下步骤来进行：确定校验位数→确定校验码位置→确定校验码→实现校验和纠错。下面来具体介绍这几个步骤。

（1）确定校验位数（监督位）。根据公式 $2^r-1 \geq n$ 或 $2^r \geq k+r+1$ 来计算得出校验位数。

（2）确定校验码（监督位）的位置。将监督码元和信息码元的位置从左到右进行编号，$1,2,3,4,5\cdots$ 其中 $2n$ 的位置就是校验码所在位置，其他位置就是信息码元的位置，可将信息码元从左到右依次填进去。如表 4.8 第一行第二行所示，第二行中 $d_1,d_2,d_3,\cdots,d_i,\cdots$ 就是信息码元，p_1,p_2,p_4,p_8,p_{16} 就是监督码元。

（3）确定校验码（监督位）p_1,p_2,p_4,p_8,p_{16} 等。下列表格中 X 表示需要校验的位置，比如 p_1 是对第 $3,5,7\cdots$ 等位置进行奇偶校验的监督码，p_2 是对 $3,6,7,10,11$ 等进行偶校验的监督码，p_i 对从第 i 位开始校验 i 位，跳过 i 位校验 i 位$\cdots$得到的偶校验码，如表 4.8 所示。

表 4.8　汉明码监督位与信息位关系

		1	2	3	4	5	6	7	8	9	10	11	12	13	14	15	16	17	18	19	20
编码后数据位置		p_1	p_2	d_1	p_4	d_2	d_3	d_4	p_8	d_5	d_6	d_7	d_8	d_9	d_{10}	d_{11}	p_{16}	d_{12}	d_{13}	d_{14}	d_{15}
奇偶校验位覆盖率	p_1	X		X		X		X		X		X		X		X		X		X	
	p_2		X	X			X	X			X	X			X	X			X	X	
	p_4				X	X	X	X					X	X	X	X					X
	p_8								X	X	X	X	X	X	X	X					
	p_{16}																X	X	X	X	X

实例 4.2　对 1100 进行汉明编码，求编码后的码字。

解：计算监督位的位数 $k=2^r-r-1$，得出 $r=3$，码长 $n=k+r=7$

设编码后的码字为 $A=(a_6,a_5,a_4,a_3,a_2,a_1,a_0)$，按照表 4.8 所示，$a_6,a_5,a_3$ 为监督位（采用偶校验），监督关系式为

$$\begin{cases} a_6+a_4+a_2+a_0=0 \\ a_5+a_4+a_1+a_0=0 \\ a_3+a_2+a_1+a_0=0 \end{cases}$$

补充为下列方程：

$$\begin{cases} a_6 = a_4 + a_2 + a_0 \\ a_5 = a_4 + a_1 + a_0 \\ a_4 = a_4 \\ a_3 = a_2 + a_1 + a_0 \\ a_2 = a_2 \\ a_1 = a_1 \\ a_0 = a_0 \end{cases}$$

改写为矩阵形式：

$$\begin{bmatrix} a_6 \\ a_5 \\ a_4 \\ a_3 \\ a_2 \\ a_1 \\ a_0 \end{bmatrix} = \begin{bmatrix} 1 & 1 & 0 & 1 \\ 1 & 0 & 1 & 1 \\ 1 & 0 & 0 & 0 \\ 0 & 1 & 1 & 1 \\ 0 & 1 & 0 & 0 \\ 0 & 0 & 1 & 0 \\ 0 & 0 & 0 & 1 \end{bmatrix} \begin{bmatrix} a_4 \\ a_2 \\ a_1 \\ a_0 \end{bmatrix}$$

根据上面的式子，将信息码 1100 带入上式 $\begin{bmatrix} a_4 \\ a_2 \\ a_1 \\ a_0 \end{bmatrix}$，得到码字

$$A = \begin{bmatrix} a_6 \\ a_5 \\ a_4 \\ a_3 \\ a_2 \\ a_1 \\ a_0 \end{bmatrix}^T = [0\ 1\ 1\ 1\ 1\ 0\ 0]$$

因此，汉明编码后的码字为：0111100。

在接收端收到汉明码后，则把每个汉明码各校验码对它所校验的位组进行"异或运算"，即

$$G_1 = p_1 + d_1 + d_2 + d_4 + d_5 + \cdots$$
$$G_2 = p_2 + d_1 + d_3 + d_4 + d_6 + d_7 + d_{10} + d_{11} + \cdots$$
$$G_4 = p_4 + d_2 + d_3 + d_4 + d_8 + d_9 + d_{10} + d_{11} + \cdots$$
$$G_8 = p_8 + d_5 + d_6 + d_7 + d_8 + d_9 + d_{10} + d_{11} + \cdots$$

若各校验码采用偶（奇）校验，如果结果为 0 就是正确（1 则正确），为 1 则说明当前汉明码所对应的数据位中有错误（0 则错误），此时再通过其他校验位各自的运算来确定具体是哪个位出了问题。

假设接收端接收到汉明码为 0101100，G_1=0+0+1+0=1，G_2=1+0+0+0=1，G_4=1+1+1+0=0，从表 4.8 中可以看到，只有第三位即 d_1 出错，才会造成 G_1 和 G_2 同时出错。所以，正确的汉

明码为 0111100。

4.6　循环码

扫一扫看循环码、
卷积码及 Turbo 码
教学课件

　　循环码是线性分组码的一个重要子类，具有严密的代数学理论。循环码"线性"是指任意两个循环码模 2 相加所得的新码仍为循环码。循环码具有线性码的一般性质（即封闭性，指一种线性分组码的任意两个码组之和仍是该分组码的另一个码组）外，还具有循环性，即循环码中任意码组循环一位（将最右端码元移至左端，或反之）以后，仍为该码组中的一个码组。$(n，k)$ 循环码表示其中信息位为 k，监督位为 $n-k$ 位。

　　为了利用代数理论研究循环码，可以将码组用代数多项式来表示，这个多项式被称为码多项式，对于许用循环码 $A = [a_{n-1}, a_{n-2}, \cdots, a_1, a_0]$，可以将它的码多项式表示为

$$A(x) = a_{n-1}x^{n-1} + a_{n-2}x^{n-2} + \cdots + a_1 x + a_0 \tag{4-6-1}$$

　　对于二进制码组，多项式的每个系数不是 0 就是 1，x 仅是码元位置的标志。因此，这里并不关心 x 的取值。例如码组 101101 可以用码多项式 $x^5 + x^3 + x^2 + 1$ 来表示。

1．编码过程

　　在编码时，首先须要根据给定循环码的参数确定生成多项式 $g(x)$，也就是从 $x^k + 1$ 的因子中选一个 $(n-k)$ 次多项式作为 $g(x)$；然后，利用循环码的编码特点，即所有循环码多项式 $A(x)$ 都可以被 $g(x)$ 整除，来定义生成多项式 $g(x)$。

　　根据上述原理可以得到一个较简单的系统：设要产生 (n, k) 循环码，$m(x)$ 表示信息多项式，循环码编码方法则其次数必小于 k，而 $x^{n-k} \cdot m(x)$ 的次数必小于 n，用 $x^{n-k} \cdot m(x)$ 除以 $g(x)$，可得余数 $r(x)$，$r(x)$ 的次数必小于 $(n-k)$，将 $r(x)$ 加到信息位后作监督位，就得到了系统循环码。下面就将以上各步处理加以解释。

　　（1）用 x^{n-k} 乘 $m(x)$。这一运算实际上是把信息码后附加上 $(n-k)$ 个"0"。例如，信息码为 110，它相当于 $m(x)=x^2+x$。当 $n-k = 7 - 3 = 4$ 时，$x^{n-k} \cdot m(x) = x^6 + x^5$，它相当于 1100000。而希望得到的系统循环码多项式应当是 $A(x) = x^{n-k} \cdot m(x) + r(x)$。

　　（2）求 $r(x)$。由于循环码多项式 $A(x)$ 都可以被 $g(x)$ 整除，也就是

$$\frac{A(x)}{g(x)} = \frac{x^{n-k} \cdot m(x) + r(x)}{g(x)} = \frac{x^{n-k} \cdot m(x)}{g(x)} + \frac{r(x)}{g(x)}$$

　　（3）因此，用 $x^{n-k} \cdot m(x)$ 除以 $g(x)$，就得到商 $Q(x)$ 和余式 $r(x)$，即

$$\frac{x^{n-k} \cdot m(x)}{g(x)} = Q(x) + \frac{r(x)}{g(x)}$$

这样就得到了 $r(x)$。

　　（4）编码输出系统循环码多项式 $A(x)$ 为

$$A(x) = x^{n-k} \cdot m(x) + r(x)$$

　　实例 4.3　已知循环码的生成多项式为 $G(x) = x^4 + x^3 + 1$。若信息位为 11011110 时，写出它的监督码和码组。

　　解：$g(x)$ 的最高次幂是 $n-k = 4$，$m(x)$ 的最高次幂是 7。

　　（1）用 x^{n-k} 乘以信息码多项式 $m(x)$ 得到

$$x^{n-k} \cdot m(x) = x^4(x^7 + x^6 + x^4 + x^3 + x^2 + x^1)$$
$$= x^{11} + x^{10} + x^8 + x^7 + x^6 + x^5$$

（2）用 $g(x)$ 去除 $x^{n-k} \cdot m(x)$，得到商和余数 $Q(x)$ 和余数 $r(x)$

$$\frac{x^{11} + x^{10} + x^8 + x^7 + x^6 + x^5}{x^4 + x^3 + 1} = x^7 + x^4 + x^2 + 1 + \frac{x^3 + x^2 + 1}{x^4 + x^3 + 1}$$

余式 $r(x) = x^3 + x^2 + 1$，对应于监督码 1101

利用多项式除法规则进行运算，过程如下

$$
\begin{array}{r}
x^7 \quad\quad + x^4 \quad\quad + x^2 \quad\quad\quad\quad + 1 \\
x^4 + x^3 + 1\,\big)\overline{\,x^{11} + x^{10} + x^8 + x^7 + x^6 + x^5} \\
\underline{x^{11} + x^{10} \quad\quad + x^7} \\
x^8 + x^7 + x^6 + x^5 \\
\underline{x^8 + x^7 \quad\quad\quad + x^4} \\
x^6 + x^5 + x^4 \\
\underline{x^6 + x^5 \quad\quad + x^2} \\
x^4 \quad\quad + x^2 \\
\underline{x^4 + x^3 \quad\quad + 1} \\
x^3 + x^2 + 1
\end{array}
$$

循环码组 $A(x) = x^{n-k} \cdot m(x) + r(x)$，即 110111101101。

2．译码过程

纠错码的译码是该编码能否得到实际应用的关键所在。译码器往往比编码较难实现，对于纠错能力强的纠错码更复杂。根据不同的纠错或检错目的，可分为用于纠错目的和用于检错目的的循环码译码器。

通常，将接收到的循环码组进行除法运算，如果除尽，则说明正确传输；如果未除尽，则在寄存器中的内容就是错误图样，根据错误图样可以确定一种逻辑，来确定差错的位置，从而达到纠错的目的。用于纠错目的的循环码译码算法比较复杂，而用于检错目的的循环码，一般使用 ARQ 通信方式。检测过程也是将接收到的码组进行除法运算，如果除尽，则说明传输无误；如果未除尽，则表明传输出现差错，要求发送端重发。用于这种目的的循环码经常被称为循环冗余校验码，即 CRC 校验。CRC 校验码由于编码电路、检错电路简单且易于实现，因此得到了广泛应用。

4.7　卷积码

卷积码的编码器包括 k 个输入端、n 个输出端，同时还包含一个有 N 级移位寄存器所构成的有限状态的有记忆系统，通常卷积码表示成 (n,k,N)。信息输入的序列经过串并变换之后，分成多组并列的子序列分别进入 N 位寄存器组，期间序列分别与寄存器内的比特信息进行模二加操作，各路输出的信息最后经过并串变换连接成单行信息序列进行输出。

对于卷积码 (n,k,N)，信息序列在编码时被分成多个长度为 k 的信息分组，每一时刻输入 k 比特信息序列，将生成含 n 比特的码字，此时生成的码字，不仅与当前输入的信息序列有关，而且还与之前输入的 N 个分组的信息序列有关，图 4.10 为不同时刻输入信息序列之间的约束关系，通常将 $N+1$ 称为卷积码的约束长度。从图中可以看出，在新的信息序列输入之前，N 组存储器须要存储之前 N 时刻所有的输入信息序列。

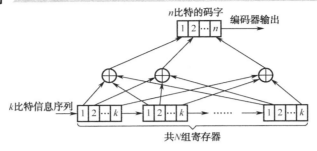

图 4.10　卷积码编码器

如图 4.11 所示，以卷积码（2,1,2）为例，详细描述卷积码的编码原理。该卷积码编码器是具有一个输入端、两个输出端、两个存储器的有记忆系统。在时刻输入比特 u 时，存储器的内容为和它们分别是 $t-1$ 时刻和 $t-2$ 时刻的输入比特。输入比特按照图中连线规则进行二进制加法运算，分别得到输入比特 u 对应的生成码字 $c^{(1)}c^{(2)}$，其中 $c^{(1)}=u+m_2$，$c^{(2)}=u+m_1+m_2$。同时存储器的内容进行更新，新的存储器内容分别为 u 和 m_1，作为下

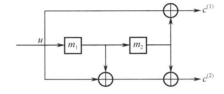

图 4.11　卷积码（2,1,2）的编码器

一个时刻编码器的状态。以此类推，该编码器完成对输入信息序列的编码过程。

卷积码的描述可以分为两大类型：解析法和图形法。解析法可以用数学公式直接表达，包括离散卷积法、生成矩阵法、码生成多项式法；图形法包括状态图（最基本的图形表达形式）、树图及格图（或称为篱笆图）。

卷积码的译码方法可分为序列译码、代数译码和 Viterbi 译码三类。代数译码虽然易于实现，但是效率太低，并未得到广泛使用。卷积码在约束长度较小时，Viterbi 译码法比序列译码效率更高，且 Viterbi 算法易于实现，因此基于 Viterbi 译码的卷积广泛应用于各种数字通信系统中。

扫一扫看实验 4
卷积编译码方法
与测量教学指导

4.8　Turbo 码

Turbo 码提出之初，对它的研究主要集中在性能、译码算法以及独特编码结构上，经过二十多年的发展，已经取得了很大成就，并且各方面也都进入了实际应用阶段，其系统框图如图 4.12 所示。Turbo 码不但有着很好的性能，而且具有较好的抗干扰、抗衰落能力。

如图 4.13 所示，Turbo 码编码器通常由一个交织器、两个并行连接的分量编码器、一个删余矩阵、一个复接器构成，分量编码器常采用递归卷积编码器。其工作原理为：未编码信息序列进入到递归卷积编码器 1，经过交织器交织后的信息序列进入到递归卷积编码器 2，两个递归卷积编码器接收到的信息序列由于交织器的作用比特次序会发生变化，但是内容不变，在删余矩阵的作用下，两个分量编码器产生的校验位会被周期性地删除，得到的校验序列和原信息序列构成码字序列，从而完成编码。交织器仅可以有效提升码重、增加两个分量码输出的独立性、改变信息比特位置，在众多的交织器中，常常采用伪随机交织器。

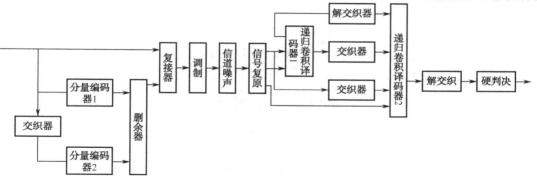

图 4.12　Turbo 码系统框图

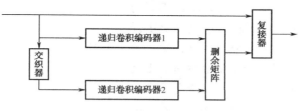

图 4.13　Turbo 码编码器结构

在编码器中，一般选用递归卷积编码器作为分量编码器，并且一般情况下两个递归卷积编码器结构以及生成矩阵相同，这也是码性能优越的一个重要原因。在编码器中使用递归卷积编码器有如下优势：递归卷积码作为一种系统码，相对于非系统卷积码而言，在译码端无须变换码字，从而大大降低了译码的复杂度。在低信噪比以及相同约束长度下，递归系统卷积码误码率低于非递归系统卷积码，因而选取递归系统卷积码可有效改善误码率。

在通信中，信道编码常常用于纠正单个错误或者是长度较短的差错串，但对比较长的错误串纠正能力有限，在实际通信中，为了有效分散差错的比特，减小错误比特分布的聚集度，常采用交织技术，交织技术目前已经广泛用于语音编码交织等应用中。

在编码中，信息码元经过交织器后，其信息比特顺序会重新排列，这从很大程度上降低了数据比特的相关性，从而提升了信道编码的纠错能力。

然而，性能提升的同时也会带来硬件实现的复杂度的提高，在编码器使用交织器，相应地在译码器中要采用解交织器，故增大了分析系统性能以及实际实现的难度。其中的交织器不仅可以有效提升码重，还可以增加两个分量码输出的独立性，从而使得整个码序列更接近于随机编码。

交织器也分为很多种类（规则交织器、不规则交织器、随机交织器、行列交织器等）。一般情况下，交织长度越长，比特相关性越小，信道编码纠错能力越强。然而为实现较长的交织长度，会增大交织器的硬件实现难度，同时考虑到较长的随机码也会为译码增大难度，故在交织长度实际选择中往往需要在性能以及实现复杂度中取一个折中。

为了节省宽带资源，编码器中的删余器可有效提高码率，通常情况下，为在接收端有效还原信息，删余器会保留信息位。在编码中，删余器会周期性地删除经过两个递归卷积编码器编码后的校验序列，经过删除形成的校验序列再与未编码的信息序列经过复接器的作用形成编码序列，从而完成编码。如果不采用删余器，由于一个信息序列对应两个分量编码器分别形成的校验序列，而经过删余器的作用后，一个信息序列只对应其中的一个校验序列，故采用删余器可以有效提升码率。

Turbo 码的译码器结构，主要由两个分量译码器、交织器、解交织器等组成，其中，交织器与对应编码器中的交织器完全相同，解交织器与交织器的作用相反，它用来恢复序列的原始顺序。

案例分析4　蓝牙的应用

"蓝牙"是 10 世纪的丹麦国王 Harald Blatand（哈拉尔国王），英译为 Harold Bluetooth，他口齿伶俐，善于交际，在有生之年将挪威、瑞典和丹麦统一起来，传说中他还引入了基督教。以此为蓝牙命名的想法最初是 Jim Kardach 于 1997 年提出的，Kardach 开发了能够允许移动电话与计算机通信的系统。他的灵感来自于当时他正在阅读的一本由 Frans G. Bengtsson 撰写的描写北欧海盗和 Harald Bluetooth 国王的历史小说 *The Long Ships*，意指蓝牙也将把通信协议统一为全球标准。蓝牙标志最初是在商业协会宣布成立的时候由 Scandinavian 公司设计的。标志保留了它名字的传统特色，包含了古北欧字母 "H"，看上去非常类似一个星号和一个 "B"，在标志上仔细看两者都能看到，如图 4.14 所示。

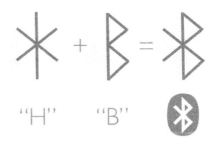

图 4.14　蓝牙标志

蓝牙作为最常见的传输协议，最早通过功能手机得到了大规模普及。蓝牙是一种开放的短距离无线通信技术规范。蓝牙工作在 2.400 0～2.483 5 GHz 的 ISM 频段。由于 ISM 频带对公众开放，无须特许，因此使用其中的任何一个频带都有可能遇到不可预知的干扰源，如某些家电、无绳电话、微波炉等都有可能产生干扰。如何降低通信中的误码率、提高通信的质量便是蓝牙系统中的一个必须重视的问题，而差错控制编码则是解决这一问题的关键技术。

针对蓝牙微微网中语音、数据以及控制信息所要求的通信质量的不同，蓝牙基带层规范给出了一系列的差错控制方法，包括 1/3 码率前向纠错码（1/3 FEC）、2/3 码率前向纠错码（2/3 FEC）、数据的自动重传请求机制以及错误检测。

1. 1/3 码率前向纠错编码

1/3 码率前向纠错编码将每一比特重复进行 3 次编码，编码后的序列长度是原来的 3 倍。在蓝牙数据传输中，该方法主要用于数据分组的分组头纠错，由于分组头中携带了重要的链路信息，并且分组头较小，采用重复编码的方式既不会严重影响数据分组传输的速率，也可以保证信息的可靠性以及译码的速率，同时这种编码也同样应用于 SCO 链路的 HV1 分组语音段，以保证蓝牙设备具有较高的语音通信质量。

2. 2/3 码率前向纠错码

2/3 码率前向纠错码是一种采用（15,10）缩短汉明码表示方式的纠错码，其生成多项式为 $g(D) = (D+1)(D^4 + D + 1)$。经过多项式编码后，编码后序列是原始序列长度的 1.5 倍，该方式可以纠正码字中发生的一位比特错误，或者是检测出两个比特的错误。蓝牙基带层协议将 2/3 码率 FEC 编码应用于蓝牙的 ACL 链路异步分组和 SCO 链路的同步分组，如 DM 分组、DV 分组的数据段、FSH 分组、HV2 分组和 EV4 分组。

3. 自动重传请求（ARQ）

蓝牙基带层协议采用的是一种快速无编号的 ARQ（Un-numbered ARQ）方式，其基本原理就是发送端发送数据分组，只要在规定的时间内没有接收到接收端反馈的确认信息（ACK），就重新发送该数据分组，直到正确接收。当启动一次新的主从连接时，主设备通过发送轮询命令将数据分组头中的 ARQN 都设置成 NAK，同样从设备也对应答分组头做相同的设置。在其后的数据交互过程中，只要数据载荷经过 CRC 校验无误，就将 ARQN 改为 ACK，相反若经过接入码校验、分组头校验和 CRC 校验存在错误，则将 ARQN 置为 NAK。由于这种快速 ARQ 机制是无编号的，所以接收方是通过分组头中的 SEQN 位来判断接收的分组是重复的还是新的分组。如果是新分组，SEQN 位将交替变化，而在重传过程中，SEQN 是不发生任何变化的。在蓝牙协议使用的重传请求方式中，DM、DH、DV 分组的有效载荷部分采用 CRC 校验来检测，并且通过 ARQ 技术来保证数据传输的可靠性，出错的数据分组须进行反复重传，直到发送端成功接收到确认信息为止。

4. 错误检测

为了保证数据的可靠传输，蓝牙基带层使用信道接入码、分组头校验和有效载荷 CRC 校验来检测数据分组是否错误以及控制分组重传。首先要检测接入码是否出错，以防止接收端错误地接收其他微微网的数据，由于 64 位的同步码来源于蓝牙设备的 24 位 LAP，所以可以通过检测蓝牙的 LAP 地址是否一致来判断接入码接收正确与否。对于蓝牙分组头可以采用头部错误校验（Header-Error-Check，HEC）方式，编码时首先通过 8 位的蓝牙 UAP 地址进行相关的初始化，完成后通过 HEC 生成多项式 $g(D) = (D+1)(D^7 + D^4 + D^3 + D^2 + D + 1)$ 进行计算，得到 8 位的 HEC 值。在接收端进行 HEC 校验的时候，也须进行适当的初始化。对于载荷部分，蓝牙基带协议使用循环冗余校验（CRC）来检测载荷部分是否出错。

在物联网（IoT）智能硬件大浪潮来临的今天，蓝牙因低功耗更加显示出它的优势。未来的蓝牙技术除了传输文件，还将有更多应用方案，下面举例说明。

第一，Beacon。

蓝牙 Beacon 应用彻底改变了人们对连接和信息发布的认识。很多人熟悉 Beacon 是觉得它在零售环节当中使用。实际这只是 Beacon 市场当中很小的一块，Beacon 可以用于工业、农业领域。例如，将 Beacon 传感器放到土壤中，它可以知道土壤的温度、湿度、酸碱值，用智能手机或平板电脑就可以直接了解这些信息，知道哪边的庄稼需要浇水，哪边的土壤需要轮种。

进屋前就自动点亮屋内的灯光；在离开房间后自动关闭暖气；在客厅里观看电影，离开客厅后电影自动暂停，随后在卧室内的电视上从暂停点继续播放，如图 4.15 所示。

在没有无线网、GPS 的建筑物内，只要通过 iBeacon 技术也可以实现导航——零售商推送不同的商品折扣信息，博物馆导览系统，或在地铁等信号不好的地方推送信息，如图 4.16 所示。

第二，定位与发现。

蓝牙将室内定位应用提升至全新高度。例如有一栋楼着火了，通过 GPS 可以确定是哪一栋楼，警察和消防员携带有定位功能的蓝牙设备进入楼层，这使在外面指挥的人就可以看到消防员在什么位置，如果消防员在一个位置超过 5 分钟不动，说明有可能遇到险情，这时可以根据蓝牙设备定位到最近的另一个消防员去营救他。

图 4.15　应用于家庭互联网

图 4.16　应用于室内导航

第三，更智能的自动化解决方案。

智能建筑、智能家居、智能汽车未来都可以通过蓝牙连接到一起。包括控制温度、控制门锁、控制窗户等，蓝牙非常适合这些低功耗的小设备使用。还可以通过 Mesh 功能，将所有设备连接到一起，提供一整套的解决方案。

无线 Mesh 网络（见图 4.17），也称为"多跳"网络，它是一种与传统无线网络完全不同的新型无线网络技术。在传统的无线局域网（WLAN）中，每个客户端均通过一条与 AP 相连的无线链路来访问网络，用户如果要进行相互通信的话，必须首先访问一个固定的接入点（AP），这种网络结构被称为单跳网络。而在无线 Mesh 网络中，任何无线设备节点都可以同时作为 AP 和路由器，网络中的每个节点都可以发送和接收信号，每个节点都可以与一个或者多个对等节点进行直接通信。

图 4.17　7 Smart Mesh

思考：

在蓝牙的基带层的差错控制当中，用到了什么差错控制技术和信道编码技术？它们是怎样结合起来使用的？

习题 4

扫一扫
看习题 4
及答案

一、填空题

1．在数字通信系统中采用差错控制编码的目的是＿＿＿＿＿＿＿＿。

2．偶校验能发现＿＿＿＿＿＿个错误，不能检出＿＿＿＿＿个错误。

3．偶校验码组中"1"的个数为＿＿＿＿＿＿＿＿。

4．码字 1110010 的码重为＿＿＿＿＿＿。

5．已知（n，k）的循环码生成多项式为 $x^4 + x^3 + x^2 + 1$，该码的监督位长为＿＿＿＿＿＿。

6．卷积码（2,1,7）的编码效率为＿＿＿＿＿＿。

二、选择题

1．码组 10100 与 11000 之间的码距为（　　　）。

A. 1 　　　　　　B. 2 　　　　　　C. 3 　　　　　　D. 4

2. 在一个码组中信息位为 k 位，附加的监督位为 r 位，则编码效率为（　　　）。

A. $\dfrac{r}{r+k}$ 　　　　B. $\dfrac{1}{r+k}$ 　　　　C. $\dfrac{k}{r+k}$ 　　　　D. $\dfrac{r}{k}$

3. 汉明码最小码距为（　　　）。

A. 1 　　　　　　B. 2 　　　　　　C. 3 　　　　　　D. 4

4. 下面的 4 组线性分组码中，（　　　）是汉明码。

A.（7,4）　　　　B.（7,3）　　　　C.（8,4）　　　　D.（8,3）

5. 循环码属于（　　　）。

A. 奇偶监督码　　　B. 非分组码　　　C. 非线性分组码　　　D. 线性分组码

三、计算题

1. 已知 8 个码字分别为 000000、001110、010101、011011、100011、101101、110110、111000，试求其最小码距 $d_{\min}$。

2. 上题所给的码组若用于检错，能检测几位错误？用于纠错能纠正几位错误？若同时用于检错与纠错，情况如何？

3. 已知（15,7）循环码由 $g(x)=x^8+x^7+x^6+x^4+1$ 生成，问接收码字为 $T(x)=x^{14}+x^5+x+1$，是否需要重发？

四、简答题

1. 差错产生的原因和类型有哪些？

2. 信道编码与信源编码有何不同？

3. 为什么要进行差错控制？简述常用差错控制方法的基本原理和特点。

4. 什么是奇偶校验？常用的奇偶校验编码方式有哪些？各有什么特点？

模块 5

数字信号的基带传输

知识分布网络

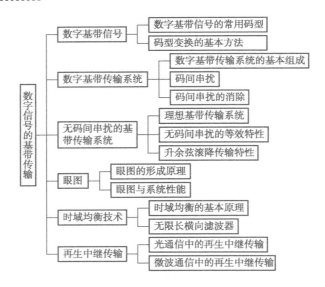

导入案例

　　基带传输是一种不搬移基带信号频谱的传输方式。未对载波调制的待传信号称为基带信号，它所占的频带称为基带，基带的高限频率与低限频率之比通常远大于 1。将基带信号的频谱搬移到较高的频带（用基带信号对载波进行调制）再传输，则称为频带传输。选用基带传输或频带传输，与信道的适用频带有关。例如，计算机或脉码调制电话终端机输出的数字脉冲信号是基带信号，可以利用电缆（网线、电话线）作基带传输，不必对载波进行调制和解调。

　　与频带传输相比，基带传输的优点是设备较简单；线路衰减小，有利于增加传输距离。对于不适合基带信号直接通过的信道（如无线信道），则可将脉冲信号经数字调制后再传输。

　　基带传输广泛用于音频电缆和同轴电缆等传送数字电话信号，同时，在数据传输方面的应用也日益扩大。频带传输系统中，调制前和调制后对基带信号处理仍须利用基带传输原理，采用线性调制的通带传输系统可以变换为等效基带传输来分析。

　　这也就意味着，数字基带传输系统在多数通信系统中处于一个承上启下的位置，位于信道编码和调制器之间。在实际工程应用中，无论是卫星通信还是移动通信，数字基带系统传输处理模块都已经集成化。图 5.1 和图 5.2 分别展示了我国现用的北斗卫星和 GSM 网络常用的集成芯片。

　　移动通信系统中，在发射端的基站以及接收端的移动终端（如手机、iPad、PC 等）都设计部署了相关的基带处理模块。由于移动终端体积较小，所以采用集成度较高的芯片形式；由于基站承载的处理容量较大，所以采用 BBU 基带处理模块的形式（见图 5.3）。

　　这些芯片和基带处理模块最主要的工作就是完成对数字信号的码型转换处理以及输出适合电缆传输的电信号。原理上经过数字化处理过后的信息可以表示成一个数字代码序列。例如，计算机中的信息是以约定的二进制代码"0"和"1"的形式存储。但是，在实际传输中，为了匹配信道的特性以获得令人满意的传输效果，须要选择不同的传输波形来表示"0"和"1"。

图 5.1　北斗卫星基带处理芯片

图 5.2　酷派手机 GSM 基带处理芯片

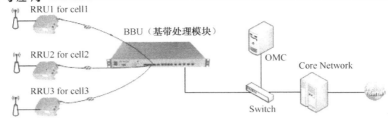

图 5.3　基站 BBU 基带处理模块

思考：

假设有两组同学，分别模拟未经数字基带处理和经过数字基带码型变换两种传输方式。一组同学负责传输未经数字基带处理的 16 位原始二进制 0/1 码，另一组同学负责传输经过数字基带码型变换差分码波形。请问哪一组同学的传输正确率高？传输错误的原因是什么？

学习目标

☞ 理解数字基带传输系统。

☞ 知道数字基带信号的常用码型。

☞ 掌握无码间干扰的基带传输系统。

☞ 了解眼图。

☞ 了解时域均衡技术。

☞ 了解再生中继传输。

5.1　数字基带信号

扫一扫看数字基带信号教学课件

在数字通信中，来自数据终端的原始数据信号（如计算机输出的二进制序列）、电传机输出的代码和模拟信号经数字化处理后的 PCM 码组等都是数字信号。这些信号往往包含丰富的低频分量，甚至直流分量，称为数字基带信号。在某些有线信道中，特别是传输距离不太远的情况下，数字基带信号可以直接传输，称为数字基带传输。而大多数信道，如各种无线信道和光信道中，数字基带信号必须经过载波调制，把频谱搬移到载波上才能在信道中传输，这种传输称为数字频带（调制或载波）传输。

目前，虽然在实际应用场合，数字基带传输不如频带传输的应用那样广泛，但对于基带传输系统的研究仍是十分有意义的。一是因为在利用对称电缆构成的近距离数据通信系统广泛采用了这种传输方式；二是因为数字基带传输中包含频带传输的许多基本问题，也就是说，基带传输系统的许多问题也是频带传输系统必须考虑的问题，例如传输过程中的码型设计与波形设计，基带传输是基础，任何频带传输都包括基带传输部分；三是因为任何一个采用线性调制的频带传输系统均可以等效为基带传输系统来研究。因此，认识数字信号的基带传输仍然十分有意义。

5.1.1　数字基带信号的常用码型

1. 常见基本码型

所选码型的电波类型有很多，常见的有矩形脉冲、三角波、高斯脉冲和升余弦脉冲等。最常

用的是矩形脉冲，因为矩形脉冲易于形成和变换，下面就以矩形脉冲为例介绍几种常用码型。

（1）单极性不归零（NRZ）码

在表示一个码元时，电压无须回到零，称为不归零码，如图5.4所示。此方式中"1"和"0"分别对应正电平和零电平，或负电平和零电平。通常，编码器直接输出的就是这种最简单的码型。一般来说，单极性不归零码只适合极短距离传输。基带数字信号传输中很少采用这种码型。

（2）双极性不归零（NRZ）码

此方式中，"1"和"0"分别对应正电平和负电平，如图5.4所示。近年来，随着100Mb/s高速网络技术的发展，双极性 NRZ 码成为了主流编码技术。

（3）单极性归零（RZ）码

所用脉冲宽度比码元宽度窄，即还没有到一个码元终止时刻就回到零值，因此，称其为单极性归零码，如图5.4所示。当传送"1"时，发送 1 个宽度小于码元持续时间的归零脉冲；当传送"0"时，不发送。此方式与单极性不归零码的主要区别是占空比不同。脉冲宽度 τ 与码元宽度 T_b 之比 τ/T_b 叫作占空比。RZ 码的占空比为 NRZ 码的占空比的一半。RZ 码也不适合在信道中传输，因为它具有单极性码的一般缺点。虽然单极性 RZ 码可以直接提取同步信号，但这并不意味着单极性 RZ 能被广泛应用，但它是其他码型提取同步信号须采用的一个过渡码型。

（4）双极性归零（RZ）码

如图 5.4 所示，类似于单极性归零码，在双极性归零码中，"1"和"0"分别用正和负脉冲表示，且相邻脉冲之间必有零电平区域存在。除了具有双极性不归零波形的特点外，还有利于同步脉冲的提取。即收发之间无须特别定时，且各符号独立地构成起止方式，此方式也叫作自同步方式。双极性归零码具有抗干扰能力强及码中不含直流成分的优点，因此得到了广泛的应用。

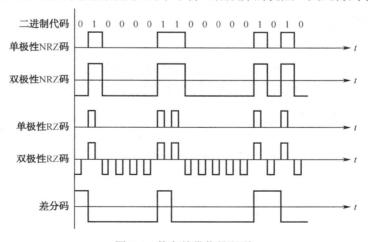

图 5.4　数字基带信号码型

（5）差分码

差分码是以相邻脉冲电平的相对变化来表示代码，因此称它为相对码。"0"差分码是利用相邻前后码元电平极性改变表示"0"，不变表示"1"；而"1"差分码则是利用相邻前后码元电平极性改变表示"1"，不变表示"0"，如图 5.4 所示。它的特点是：用差分波形传送代码可以消除设备初始状态的影响，特别是在相位调制系统中用于解决载波相位模糊问题。

（6）多进制码

前面几种码都是二进制码型，实际应用中我们还会用到多进制码型。图 5.5 分别为两种四进制码波形图，图 5.5（a）为四进制单极性码，图 5.5（b）为四进制双极性码。

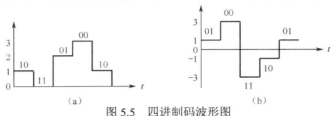

图 5.5　四进制码波形图

在实际的基带传输系统中，并不是所有的电信号都能在信道中传输。含有丰富直流和低频成分的基带信号就不便于提取同步信号，它有可能使信号产生畸变，因此不适宜在信道中传输。单极性基带波形就属于这种情况。因此，选择何种信号形式是基带传输系统中的首要问题。为了获得优良的传输特性，一般要将信号码变化为适合于信道传输特性的传输码（又叫线路码）。

在较为复杂的基带传输系统中，对传输码的要求有以下几点。

（1）码型中直流、低频、高频分量尽量少。

（2）码型中应包含定时信息。

（3）码型变换设备要简单可靠。

（4）码型具有一定检错能力。

（5）编码方案对信源具有透明性。

（6）低误码。

（7）较高的编码效率。

2．常用的传输码型

除了基本码型之外，人们还专门设计了几种传输性能较好、适合电路传输的码型。以下我们着重介绍两种：交替极性码——AMI 码；三阶高密度双极性码——HDB3 码。

1）交替极性（AMI）码

AMI（Alternative Mark Inversion）码的全称是传号交替反转码，其编码规则是三元码，"1"交替地变换为"+1"和"−1"，"0"保持不变采用归零码，脉冲宽度为码元宽度的一半，"0"，"1"不等概时也无直流；零频附近的低频分量小；频率集中在 1/2 码速处；编解码电路简单，且可以利用传号极性交替这一规律观察五码情况；整流成归零码之后，从中可以提取定时分量，如图 5.6 所示。

（1）编码规则

将消息代码"1"（传号）交替地变换为传输码的"+1"和"−1"，而"0"（空号）保持不变。即把一个二进制符号变换成一个三进制符号，成为 1B/1T 码。

（2）编码效率

$$\eta = \frac{1}{\log_2 3} \qquad\qquad (5\text{-}1\text{-}1)$$

（3）特点

① 无直流成分，且零频附近的低频分量小；对信源有透明性。

② 码型具有一定检错能力；若接收端收到的码元极性与发送端完全相反，也能正确判决。

③ 用归零码便于提取定时分量。但当信码出现连"0"串时，提取定时信号困难。

μ 律 PCM 的一、二、三次群接口码均使用经扰码后的 AMI 码。

2）三阶高密度双极性码（HDB3）

HDB3（3nd Order High Density Bipolar）码的全称是三阶高密度双极性码，是 AMI 码的一种改进，保持了 AMI 码的优点，使"0"连续不超过 3 个，如图 5.6 所示。

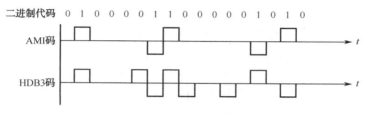

图 5.6　AMI 码型与 HDB3 码型

（1）编码规则

当信码的连"0"个数不超过 3 时，"1"交替地变换为 +1 与 -1 的半占空归零码，但连"0"数小于或者等于 3，仍按 AMI 码的规则编码；当有 4 个连"0"时，将第 4 个"0"改为非"0"脉冲，记为 +V 或 -V，称为破坏脉冲。相邻 V 码的极性必须交替出现；V 码的极性应与其前一个非"0"脉冲的极性相同，否则，将 4 连"0"的第一个"0"改为与该破坏脉冲相同极性的脉冲，并记为 +B 或 -B；破坏脉冲之后的传号码极性也要交替。

（2）编码效率

HDB3 码仍为 1B/1T 码，编码效率同 AMI 码。

（3）特点

① 和 AMI 码的大多数特点相同。

② 连 0 串不超过 3 个，便于提取定时分量。

③ 编码复杂，解码设备简单。

HDB3 码是应用最为广泛的码型，A 律 PCM 四次群以下的接口码型均为 HDB3 码。

3）双相码

双向码又称为曼彻斯特（Manchester）码，用一个周期的正负对称方波表示"0"，而用其反相波形表示"1"，其编码规则："1"用"10"表示，"0"用"01"表示，是一种双极性不归零波形，只有极性相反的两个电平；每个码元中心都有电平跳变，含有丰富的定时信息，且没有直流分量，编码过程也简单；缺点是占用带宽加宽，使频率利用率降低。双相码波形如图 5.7 所示。

4）差分双相码

为了解决双相码因极性反转而引起的译码错误，采用差分码的概念，每个码中间的电平

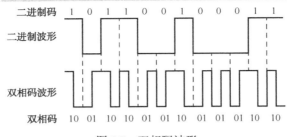

图 5.7 双相码波形

跳变用于同步，而以每个码元的开始处是否存在额外的跳变来确定信码，有跳变则表示二进制"1"、无跳变则表示"0"，即跳变与上个码元不同则为"1"，相同则为"0"。差分双相码波形如图 5.8 所示。

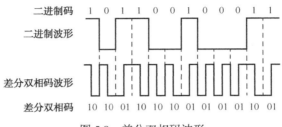

图 5.8 差分双相码波形

5）密勒码

密勒（Miller）码又称延迟调制码。编码规则如下。

"1"码用码元间隔中心点出现跃变来表示，即用"10"或"01"表示。"0"码有两种情况：单个"0"时，在码元间隔内不出现电平跃变，且与相邻码元的边界处也不跃变；连"0"时，在两个"0"码的边界处出现电平跃变，即"00"与"11"交替。波形如图 5.9 所示。

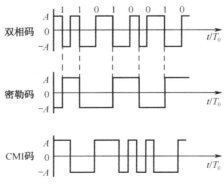

图 5.9 双相码、密勒码与 CMI 码波形

密勒码流中最大电平不跳变宽度为 $2T_s$，即两个码元周期。这一性质可用来进行宏观检错。密勒码最初用于气象卫星和磁记录中，现在也用于低速基带数传机中。

6）传号反转码（CMI）

CMI（Coded Mark Inversion）码是传号反转的简称，与双相码类似，也是一种双极性

二电平码。编码规则：'1'交替用"11"和"00"来表示，'0'固定用"01"来表示；易于实现，有较多的电平跃变，含有丰富的定时信息；"10"为禁用码组，不会出现三个以上的连码，具有检错能力。

（1）编码规则

"1"码交替用"11"和"00"两位码表示；"0"码固定地用"01"表示，CMI 码波形如图 5.10 所示。

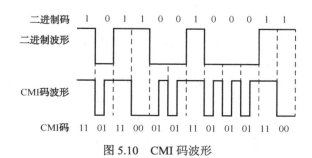

图 5.10 CMI 码波形

（2）特点

① 含有丰富的定时信息。

② 具有检错功能。

CMI 码是 CCITT 推荐的 PCM 高次群采用的接口码型，在速率低于 8.448 Mb/s 的光纤传输系统中有时也用作线路传输码型。

7）块编码

为了提高线路编码性能，需要某种冗余来确保码型的同步和检错能力。引入块编码可以在某种程度上达到这一目的。块编码的形式有 nBmB、nBmT 码等。nBmB 码的编码规则：

把原信息码流的 n 位二进制码作为一组，变换为 m 位二进制码作为新的码组。

实例 5.1 已知信息代码为 10000011000011。

（1）试确定相应的 AMI 码及 HDB3 码；

（2）分别画出它们的单极性不归零波形图。

解：消息码为：1 0 0 0 0 0 1 1 0 0 0 0 1 1

（1）AMI 码为： +1 0 0 0 0 0 −1 +1 0 0 0 0 −1 +1

HDB3 码为： +1 0 0 0+V 0 −1 +1 −B 0 0 −V +1 −1

（2）AMI 码波形图：

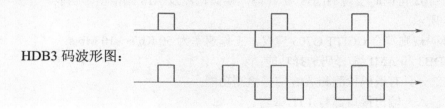

HDB3 码波形图：

5.1.2 码型变换的基本方法

前面已经介绍了一些应用较多的线路码型，在实际通信过程中，在发送端我们须要把简单的二进制码型变成我们所需的线路码型，以适应传输信道的特性，而在接收端译码则只需码型的反变换就能还原传送的数据。码型变换的方法有多种，而译码通常采用一种方法。下面就介绍几种常用的编译码方法。

1．码表存储法

码表存储法方框图如图 5.11 所示。该方法是将二进制码与所需线路码型的变换表（对应关系表）写入可编程只读存储器（PROM）中，将待转变的码字作为地址码，在数据线上即可得到变换后的码。对于译码器，在地址线上输入编码码字，则在数据线上输入还原了的二进制原码。

其最大优点是在码型反变换的同时用很少的器件就可实现不中断业务的误码监测，比较适合有固定码结构的线路码，例如 5B6B 码等，但受到存储器存储量和工作速率的限制。一般地，编组码元数小于或等于 7。

2．布线逻辑法

布线逻辑法又称组合逻辑法，它根据数字逻辑部件的要求，按组合逻辑设计的方法来实现码型变换。布线逻辑法方框图如图 5.12 所示，在某些情况下也可以看成是用组合逻辑代替码表存储法中的 PROM。对于一些码来说（如 1B2B、2B3B 码等），此方法比用码表存储法简单易行。图 5.13 为用布线逻辑法实现的 CMI 编/译码器和各点的波形。

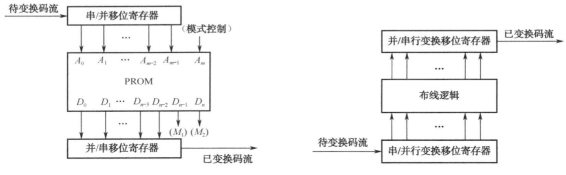

图 5.11　码表存储法方框图　　　　　　　图 5.12　布线逻辑法方框图

3．单片 HDB3 编/译码器

器件 CD22103 可同时实现 HDB3 编/译码，误码检测及 AIS 码检出等功能。主要特点如下，如图 5.14 所示。

（1）编/译码规则符合 CCITT G703 建议，工作速率为 50 Kb/s～10 Mb/s；

（2）有 HDB3 和 AMI 编/译码选择功能；

（3）接收部分具有误码检测和 AIS 信号检测功能；

（4）所有输入、输出接口都与 TTL 兼容；

（5）具有内部自环测试能力。

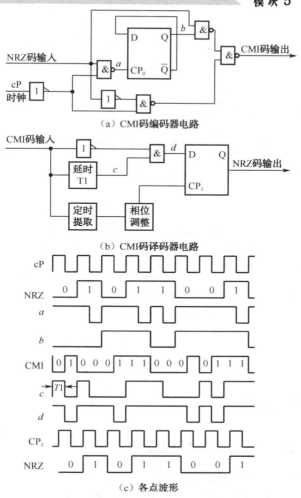

（a）CMI码编码器电路

（b）CMI码译码器电路

（c）各点波形

图 5.13 CMI 编/译码器及各点波形

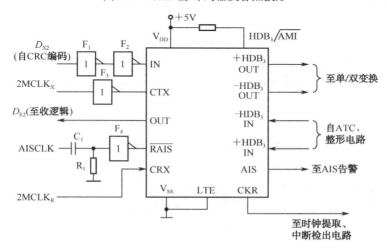

图 5.14 实用 HDB3 编/译码电路

4．缓存插入法

缓存插入法主要用于 mB1P、mB1C 和 mB1H 等类型的码型变换。码型变换器设置一个适当长度的缓存器，用输入码的速度写入，再以变换后的速度读出，在需要的时刻插入相应的插入码，如图 5.15 所示。

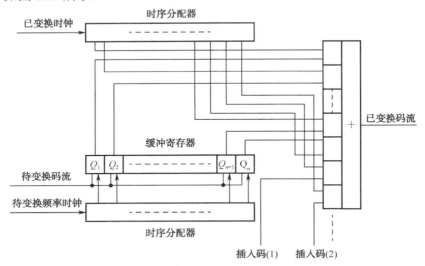

图 5.15　缓存插入法方框图

5.2　数字基带传输系统

扫一扫看数字
基带传输系统
教学课件

5.2.1　数字基带传输系统的基本组成

在数字传输系统中，其传输的对象通常是二进制数字信号，它可能是来自计算机、电传打字机或其他数字设备的各种数字脉冲，也可能是来自数字电话终端的脉冲编码调制（PCM）信号。这些二进制数字信号的频带范围通常从直流和低频开始，直到某一频率，我们称这种信号为数字基带信号。在某些有线信道中，特别是在传输距离不太远的情况下，数字基带信号可以不经过调制和解调过程直接在信道中传送，这种不使用调制和解调设备而直接传输基带信号的通信系统，我们称它为基带传输系统。而在另外一些信道，特别是无线信道和光信道中，数字基带信号则必须经过调制过程，将信号频谱搬移到高频处才能在信道中传输，相应地，在接收端必须经过解调过程，才能恢复数字基带信号。我们把这种包括了调制和解调过程的传输系统称为数字基带传输系统。

数字基带传输系统方框图如图 5.16 所示，它通常由脉冲形成器、发送滤波器、信道、接收滤波器、抽样判决器与码元再生器组成。系统工作过程如下。

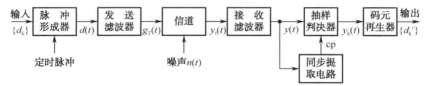

图 5.16　数字基带传输系统方框图

脉冲形成器输入的是由电传机、计算机等终端设备发送来的二进制数据序列或是经模数转换后的二进制（也可是多进制）脉冲序列，它们一般是脉冲宽度为 T_b 的单极性 NRZ 码，如图 5.17（a）波形 $\{d_k\}$ 所示。根据上节对单极性码讨论的结果可知，$\{d_k\}$ 并不适合信道传输。

脉冲形成器的作用是将 $\{d_k\}$ 变换成为比较适合信道传输，并可提供同步定时信息的码型，比如图 5.17（b）所示的双极性 RZ 码元序列 $d(t)$。

发送滤波器进一步将输入的矩形脉冲序列 $d(t)$ 变换成适合信道传输的波形 $g_T(t)$。这是因为矩形波含有丰富的高频成分，若直接送入信道传输，容易产生失真。这里，假定构成 $g_T(t)$ 的基本波形为升余弦脉冲，如图 5.17（c）所示。

基带传输系统的信道通常采用电缆、架空明线等。信道既传送信号，同时又因存在噪声 $n(t)$ 和频率特性不理想而对数字信号造成损害，使得接收端得到的波形 $y_t(t)$ 与发送波形 $g_T(t)$ 具有较大差异，如图 5.17（d）所示。

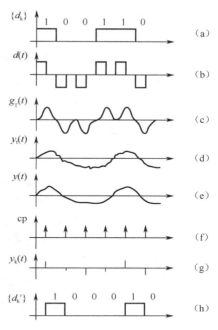

图 5.17　基带信号传输系统各点波形

接收滤波器是接收端为了减小信道特性不理想和噪声对信号传输的影响而设置的。其主要作用是滤除带外噪声并对已接收的波形均衡，以便抽样判决器正确判决。接收滤波器的输出波形 $y(t)$ 如图 5.17（e）所示。

抽样判决器首先对接收滤波器输出的信号 $y(t)$ 在规定的时刻（由定时脉冲 cp 控制）进行抽样，获得抽样信号 $y_k(t)$，然后对抽样值进行判决，以确定各码元是"1"码还是"0"码。抽样信号 $y_k(t)$ 见图 5.17（g）。

码元再生电路的作用是对判决器的输出 "0"、"1" 进行原始码元再生，以获得图 5.17（h）所示与输入波形相应的脉冲序列 $\{d_k'\}$。

同步提取电路的任务是从接收信号中提取定时脉冲 cp，供接收系统同步使用。

总结数字基带传输系统各部分作用如下。

（1）信道信号形成器

基带传输系统的输入是由终端设备或编码器产生的脉冲序列，它往往不适合直接送到信道中传输。信道信号形成器的作用就是把原始基带信号变换成适合于信道传输的基带信号，这种变换主要是通过码型变换和波形变换来实现的，其目的是与信道匹配，便于传输，减小码间干扰，利于同步提取和抽样判决。

（2）信道

信道是允许基带信号通过的媒质，通常为有线信道，如市话电缆、架空明线等。信道的传输特性通常不满足无失真传输条件，甚至是随机变化的。另外信道还会进入噪声。在通信系统的分析中，常常把噪声 $n(t)$ 等效，集中在信道中引入。

（3）接收滤波器

它的主要作用是滤除带外噪声，对信道特性均衡，使输出的基带波形有利于抽样判决。

（4）抽样判决器

它是在传输特性不理想及噪声背景下，在规定时刻（由位定时脉冲控制）对接收滤波器的输出波形进行抽样判决，以恢复或再生基带信号。用来抽样的位定时脉冲则依靠同步提取电路从接收信号中提取，位定时的准确与否将直接影响判决效果。

5.2.2　码间串扰

对比图 5.17（a）、（h）中的 $\{d_k\}$ 与 $\{d'_k\}$ 可以看出，传输过程中第 4 个码元发生了误码。从上述基带系统的工作过程不难知道，产生该误码的原因就是信道加性噪声和频率特性不理想引起的波形畸变。但这只是初步的定性认识。下面将对此作进一步讨论，特别是要弄清楚码间干扰的含义及其产生的原因，以便为建立无码间干扰的基带传输系统做准备。

依据图 5.17 可建立基带传输系统的数学模型，如图 5.18 所示。图中，$G_T(\omega)$ 表示发送滤波器的传递函数，$C(\omega)$ 表示基带传输系统信道的传递函数，$G_R(\omega)$ 表示接收滤波器的传递函数。

为方便起见，假定输入基带信号的基本脉冲为单位冲激 $\delta(t)$，这样由输入符号序列 $\{a_k\}$ 决定的发送滤波器输入信号可以表示为

$$d(t) = \sum_{k=-\infty}^{\infty} a_k \delta(t - kT_b) \tag{5-2-1}$$

式中，a_k 是 $\{a_k\}$ 的第 k 个码元，对于二进制数字信号，a_k 的取值为 0、1（单极性信号）或-1、+1（双极性信号）。

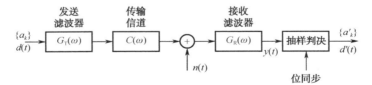

图 5.18　基带传输系统数学模型

由图 5.18 可得抽样判决器的输入信号为

$$y(t) = d(t) * h(t) + n_R(t) = \sum_{k=-\infty}^{\infty} a_k h(t - kT_b) + n_R(t) \tag{5-2-2}$$

定义 $H(\omega)$ 表示从发送滤波器至接收滤波器总的传输特性，即

$$H(\omega) = G_T(\omega)C(\omega)G_R(\omega) \tag{5-2-3}$$

式中，$h(t)$ 是 $H(\omega)$ 的傅氏反变换，为系统的冲激响应，可表示为

$$h(t) = \frac{1}{2\pi} \int_{-\infty}^{\infty} H(\omega) e^{j\omega t} d\omega \tag{5-2-4}$$

$n_R(t)$ 是加性噪声，是 $n(t)$ 通过接收滤波器后所产生的输出噪声。

抽样判决器对 $y(t)$ 进行抽样判决，以确定所传输的数字信息序列 $\{a_k\}$。为了判定其中第 j 个码元 a_j 的值，应在 $t=jT_b+t_0$ 瞬间对 $y(t)$ 抽样。这里 t_0 是传输时延，通常取决于系统的传输函数 $H(\omega)$。显然，此抽样值为

$$y(jT_b + t_0) = \sum_{k=-\infty}^{\infty} a_k h[(jt_b + t_0) - kT_b] + n_R(jT_b + t_0)$$

$$= \sum_{k=-\infty}^{\infty} a_k h[(j-k)T_b + t_0] + n_R(jT_b + t_0) \qquad (5\text{-}2\text{-}5)$$

$$= a_j h(t_0) + \sum_{k \ne j} a_k h[(j-k)T_b + t_0] + n_R(jT_b + t_0)$$

式（5-2-5）中，右边第一项 $a_j h(t_0)$ 是第 j 个接收基本波形在抽样瞬间 $t = jT_b + t_0$ 所取得的值，它是确定 a_j 信息的依据。第二项 $\sum_{k \ne j} a_k h[(j-k)T_b + t_0]$ 是除第 j 个以外的其他所有接收基本波形在 $t = jT_b + t_0$ 瞬间所取值的总和，它对当前码元 a_j 的判决起着干扰的作用，称之为码间串扰值。这种因信道频率特性不理想引起波形畸变，从而导致实际抽样判决值是本码元脉冲波形的值与其他所有脉冲波形拖尾的叠加，并在接收端造成判决困难的现象叫码间串扰（或码间干扰）。由于 a_j 是随机的，所以码间串扰值一般是一个随机变量。第三项 $n_R(jT_b + t_0)$ 是输出噪声在抽样瞬间的值，显然它是一个随机干扰。

由于随机性的码间串扰和噪声的存在，使抽样判决电路在判决时可能判对，也可能判错。例如，假设 a_j 的可能取值为 0 与 1，判决电路的判决门限为 v_0，则这时的判决规则为：若 $y(jT_b + t_0) > v_0$ 成立，则判 a_j 为 1；反之，则判 a_j 为 0。显然，只有当码间干扰和随机干扰很小时，才能保证上述判决的正确；当干扰及噪声严重时，则判错的可能性就很大。由此可见，为使基带脉冲传输获得足够小的误码率，必须最大限度地减小码间串扰和随机噪声的影响。这也是研究基带脉冲传输的基本出发点。

实际抽样判决值不仅有本码元的值，还有其他码元在该码元抽样时刻的干扰值及噪声。接收端能否正确恢复信息，在于能否有效地抑制噪声和减小码间干扰。图 5.19 为基带信号传输中码间干扰示意图。

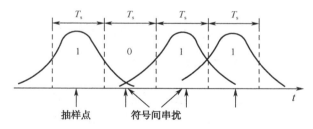

图 5.19　码间干扰示意图

5.2.3　码间串扰的消除

系统要消除码间串扰，要求

$$\sum_{k \ne j} a_k h[(j-k)T_b + t_0] = 0 \qquad (5\text{-}2\text{-}6)$$

满足（5-2-6）即可消除码间干扰，且码间干扰的大小取决于 a_k 和系统冲激响应波形 $h(t)$ 在抽样时刻上的取值。但 a_k 随机变化，无法通过各项互相抵消使码间串扰为 0。然而，由式（5-2-4）可以看到，系统冲激响应 $h(t)$ 却仅依赖于从发送滤波器至接收滤波器的总传输特性 $H(\omega)$。因此，从减小码间串扰的影响来说，可合理构建 $H(\omega)$，使得系统冲激响应最好满足前一个码元的波形在到达后一个码元抽样判决时刻已衰减到 0，如图 5.20（a）所示。但这样的波形不易实现，比较合理的是采用如图 5.20（b）所示这种波形，虽然到达 $t_0 + T_b$ 以前并没有衰减到 0，但可以让它在 $t_0 + T_b$，$t_0 + 2T_b$ 等后面码元取样判决时刻正好为 0，这就是消除码间串扰的基本原理。

扫一扫看实验 5 AMI/HDB3 码编译码原理与测量教学指导

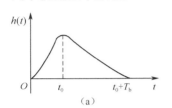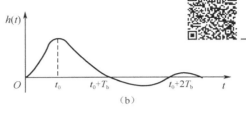

图 5.20　理想的传输波形

扫一扫看无码间串扰的基带传输系统教学课件

5.3　无码间串扰的基带传输系统

根据上节对码间串扰的讨论，我们可将无码间串扰对基带传输系统冲激响应 $h(t)$ 的要求概括如下。

（1）基带信号经过传输后在抽样点上无码间串扰，也即瞬时抽样值应满足

$$h[(j-k)T_b + t_0] = \begin{cases} 1（或常数） & j = k \\ 0 & j \neq k \end{cases} \tag{5-3-1}$$

（2）$h(t)$ 尾部衰减要快。

式（5-3-1）所给出的无码间串扰条件是针对第 j 个码元在 $t = jT_b + t_0$ 时刻进行抽样判决得来的。t_0 是一个时延常数，为了分析简便起见，假设 $t_0 = 0$，这样无码间串扰的条件变为

$$h[(j-k)T_b] = \begin{cases} 1（或常数） & j = k \\ 0 & j \neq k \end{cases} \tag{5-3-2}$$

令 $k' = j - k$，并考虑到 k' 也为整数，可用 k 表示，得无码间串扰的条件为

$$h(kT_b) = \begin{cases} 1（或常数） & k = 0 \\ 0 & k \neq 0 \end{cases} \tag{5-3-3}$$

式（5-3-3）说明，无码间串扰的基带系统冲激响应除 $t=0$ 时取值不为零外，其他抽样时刻 $t=kT_b$ 上的抽样值均为零。习惯上称式（5-3-3）为无码间串扰基带传输系统的时域条件。

能满足这个要求的 $h(t)$ 是可以找到的，而且很多，拿我们比较熟悉的抽样函数来说，就有可能满足此条件。比如图 5.21 所示的 $h(t) = Sa(\pi t / T_b)$ 曲线，就是一个典型的例子。

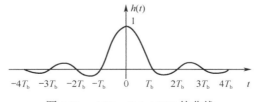

图 5.21　　$h(t) = Sa(\pi t / T_b)$ 的曲线

上面给出了无码间串扰对基带传输系统冲激响应 $h(t)$ 的要求，下面着重讨论无码间串扰

对基带传输系统传输函数 $H(\omega)$ 的要求以及可能实现的方法。为方便起见，我们从最简单的理想基带传输系统入手。

5.3.1　理想基带传输系统

理想基带传输系统具有理想低通特性（见图 5.22（a）），其传输函数为

$$H(\omega)=\begin{cases}1(\text{或其他常数}) & |\omega|\leqslant\dfrac{\omega_b}{2}\\ 0 & |\omega|>\dfrac{\omega_b}{2}\end{cases}\qquad(5\text{-}3\text{-}4)$$

其中带宽 $B=(\omega_b/2)/2\pi=f_b/2$（Hz），对其进行傅氏反变换为

$$h(t)=\frac{1}{2\pi}\int_{-\infty}^{\infty}H(\omega)\mathrm{e}^{\mathrm{j}\omega t}\mathrm{d}\omega=2BSa(2\pi Bt)\qquad(5\text{-}3\text{-}5)$$

它是个抽样函数，如图 5.22（b）所示。从图中可以看到，$h(t)$ 在 $t=0$ 时有最大值 $2B$，而在 $t=k/(2B)$（k 为非零整数）的各瞬间均为零。显然，只要令 $T_b=1/2B=1/f_b$，也就是码元宽度为 $1/2B$，就可以满足式（5-3-3）的要求，接收端在 $k/2B$ 时刻（忽略 $H(\omega)$ 造成时间延迟）的抽样值中无串扰值积累，从而消除码间串扰。

5.3.2　无码间串扰的等效特性

如果信号经传输后整个波形发生变化，但只要其特定点的抽样值保持不变，那么用再次抽样的方法（这在抽样判决电路中完成），仍然可以准确无误地恢复原始信码，这就是奈奎斯特第一准则（又称为第一无失真条件）的本质。

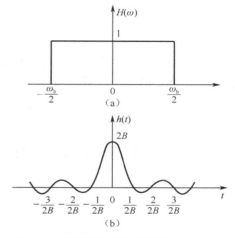

图 5.22　理想基带传输系统的 $H(\omega)$ 和 $h(t)$

在图 5.22（a）所示的截止频率为 B 的理想基带传输系统中，$T_b=1/2B$ 为系统传输无码间串扰的最小码元间隔，称为奈奎斯特间隔。相应地，称 $R_B=1/T_b=2B$ 为奈奎斯特速率，它是系统的最大码元传输速率。

反过来说，输入序列若以 $1/T_b$ 的码元速率进行无码间串扰传输时，所需的最小传输带宽为 $1/2T_b$（Hz）。通常称 $1/2T_b$ 为奈奎斯特带宽。

所谓频带利用率是指码元速率 R_B 和带宽 B 的比值，即单位频带所能传输的码元速率，其表示式为

$$\eta=\frac{R_B}{B}=2\,(\text{B/Hz})\qquad(5\text{-}3\text{-}6)$$

显然，理想低通传输函数的频带利用率为 2 B/Hz。这是最大的频带利用率，因为如果系统用高于 $1/T_b$ 的码元速率传送信码时，将存在码间串扰。若降低传码率，即增加码元宽度 T_b，使之为 $1/2B$ 的整数倍时，由图 5.22（b）可见，在抽样点上也不会出现码间串扰。但是，这时系统的频带利用率将相应降低。

从前面讨论的结果可知，理想低通传输函数具有最大传码率和频带利用率，十分美好。但是，理想基带传输系统实际上不可能得到应用。这是因为首先这种理想低通特性在物理上是不能实现的；其次，即使能设法接近理想低通特性，但由于这种理想低通特性冲激响应 $h(t)$ 的拖尾（即衰减型振荡起伏）很大，如果抽样定时发生某些偏差，或外界条件对传输特性稍加影响，信号频率发生漂移等都会导致码间串扰明显地增加。

把 $h(kT_b)=\dfrac{1}{2\pi}\displaystyle\int_{-\infty}^{\infty}H(\omega)\mathrm{e}^{\mathrm{j}\omega kT_b}\mathrm{d}\omega$ 的积分区间用角频率间隔 $2\pi/T_b$ 分割，如图 5.23 所示。

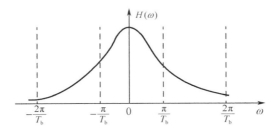

图 5.23 $H(\omega)$ 的分割

它表明，把一个基带传输系统的传输特性 $H(\omega)$ 分割为 $2\pi/T_b$ 宽度，各段在 $(-\pi/T_b, \pi/T_b)$ 区间内能叠加成一个矩形频率特性，那么它在以 f_b 速率传输基带信号时，就能做到无码间干扰。如果不考虑系统的频带，而从消除码间干扰来说，基带传输特性 $H(\omega)$ 的形式并不是唯一的。

5.3.3 升余弦滚降传输特性

由于理想低通系统在实际应用中存在两个问题：①理想矩形特性的物理实现极为困难；②理想冲激响应 $h(t)$ 的"尾巴"很长，衰减很慢。当定时存在偏差时，可能出现严重的码间干扰。

因而，一般不能采用 $H_{eq}(\omega)=H(\omega)$，而只把这种情况作为理想的"标准"或者作为与别的系统特性进行比较时的基准。理想冲激响应 $h(t)$ 的尾巴衰减慢的原因是系统的频率截止特性过于陡峭。这种设计也可看成是理想低通特性按奇对称条件进行"圆滑"的结果，上述的"圆滑"，通常被称为"滚降"。定义滚降系数为

$$\alpha = \omega_1 + \omega_2 \qquad\qquad (5\text{-}3\text{-}7)$$

式中 ω_1——无滚降时的截止频率；

　　　ω_2——滚降部分的截止频率。

滚降特性构成如图 5.24 所示。

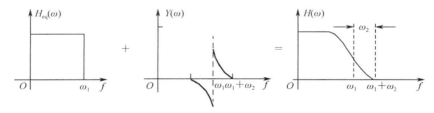

图 5.24 滚降特性构成示意图

升余弦滚降传输特性就是使用较多的一类。升余弦滚降传输特性 $H(\omega)$（见图 5.25）可表示为

$$H(\omega) = H_0(\omega) + H_1(\omega) \qquad (5\text{-}3\text{-}8)$$

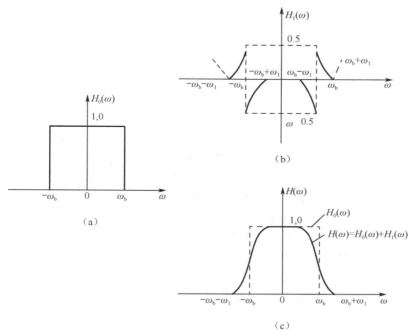

图 5.25　升余弦滚降传输特性

不同 α 值的频谱与波形如图 5.26 所示可以看出：

（1）当 $\alpha = 0$，无"滚降"，即为理想基带传输系统，"尾巴"按 $1/t$ 的规律衰减。当 $\alpha \neq 0$，即采用升余弦滚降时，α 越大，衰减越快，码间干扰越小，错误判决的可能性越小。

（2）输出信号频谱所占据的带宽 $B = (1+\alpha)f_b/2$。

（3）当 $\alpha = 1$，它的尾部衰减快。但它的带宽是理想低通特性的 2 倍，频带利用率只是 1 B/Hz。

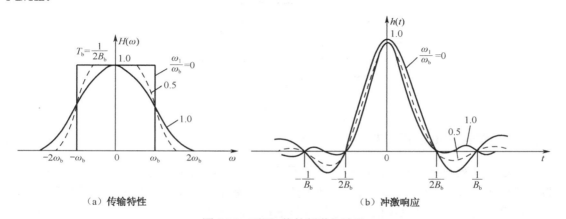

图 5.26　不同 α 值的频谱与波形

升余弦滚降特性的实现比理想低通容易得多，因此广泛应用于频带利用率不高、但允许定时系统和传输特性有较大偏差的场合。

实例 5.2 已知信息代码为 100000110000011，设数字基带传输系统的频带宽度为 9 kHz，若采用 $\alpha=0.5$ 的滚降系统特性，请确定无码间串扰的最高传码率及频带利用率。

解：无码间串扰的频带利用率为 $\eta = \dfrac{R_B}{B} = \dfrac{2}{1+\alpha} = \dfrac{4}{3}$；

最高传码率为 $R_B = \dfrac{4}{3} \times B = 12 \text{ kB}$。

5.4 眼图

扫一扫看眼图、时域均衡及再生中继传输教学课件

滤波器部件调试不理想或信道特性变化等因素都可能使特性 $H(\omega)$ 改变，从而使系统性能恶化。在码间干扰和噪声同时存在的情况下系统性能的定量分析更困难，因此在实际应用中，须要用简便的实验方法来定性测量系统的性能，其中一个有效的实验方法是观察接收信号的眼图。用一个示波器跨接在接收滤波器的输出端，然后调整示波器水平扫描周期，使其与接收码元的周期同步。此时可以从示波器显示的图形上观察出码间干扰和噪声的影响，从而估计系统性能的优劣程度。因为在传输二进制信号波形时，示波器显示的图形很像人的眼睛，故名"眼图"，如图 5.27 所示。

图 5.27（a）是接收滤波器输出的无码间干扰的双极性基带波形，扫描所得的每一个码元波形将重叠在一起，形成如图 5.27（c）所示的迹线细而清晰的大"眼睛"；图 5.27（b）是有码间干扰的双极性基带波形，由于存在码间干扰，此波形已经失真，示波器的扫描迹线就不完全重合，于是形成的眼图线迹杂乱，"眼睛"张开得较小，且眼图不端正，如图 5.27（d）所示。对比图 5.27（c）和图 5.27（d）可知，眼图的"眼睛"张开得越大，且眼图越端正，表示码间干扰越小；反之，表示码间干扰越大。

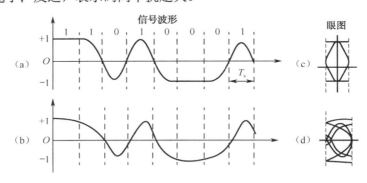

图 5.27 基带信号波形及眼图

5.4.1 眼图的形成原理

眼图是一系列数字信号在示波器上累积而显示的图形，它包含了丰富的信息，从眼图上可以观察出码间串扰和噪声的影响，体现了数字信号整体的特征，从而估计系统优劣程度，因而眼图分析是高速互联系统信号完整性分析的核心。另外也可以用此图形对接收滤波器的特性加以调整，以减小码间串扰，改善系统的传输性能。

用一个示波器跨接在接收滤波器的输出端，然后调整示波器扫描周期，使示波器水平扫描周期与接收码元的周期同步，这时示波器屏幕上看到的图形就称为眼图。示波器一般测量的信号是一些位或某一段时间的波形，更多地反映的是细节信息，而眼图则反映的是链路上传输的所有数字信号的整体特征，如图 5.28 所示。

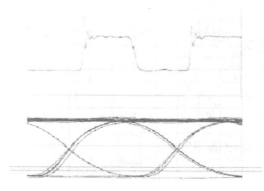

图 5.28　示波器中的信号与眼图

如果示波器的整个显示屏幕宽度为 100 ns，则表示在示波器的有效频宽、取样率及记忆体配合下，得到了 100 ns 下的波形资料。但是，对于一个系统而言，分析这么短的时间内的信号并不具有代表性，例如信号在每一百万位元会出现一次突波（spike），但在这 100 ns 时间内，突波出现的概率很小，因此会错过某些重要的信息。如果要衡量整个系统的性能，这么短的时间内测量得到的数据显然是不够的。设想，如果可以以重复叠加的方式，将新的信号不断地加入显示屏幕中，但却仍然记录着前次的波形，只要累积时间够久，就可以形成眼图，从而可以了解到整个系统的性能，如串扰、噪声以及其他的一些参数，为整个系统性能的改善提供依据。

分析实际眼图，再结合理论，一个完整的眼图应该包含从"000"到"111"的所有状态组，且每一个状态组发生的次数要尽量一致，否则有些信息将无法呈现在屏幕上，八种状态形成的眼图如图 5.29 所示。

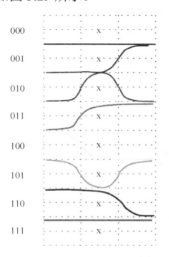
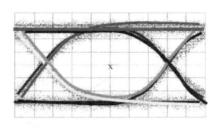

图 5.29　眼图形成示意图

由上述的理论分析，结合示波器实际眼图的生成原理，可以知道一般在示波器上观测到的眼图与理论分析得到的眼图大致接近（无串扰等影响），如图 5.30 所示。

如果这八种状态组中缺失某种状态，得到的眼图会不完整，如图 5.31 所示。

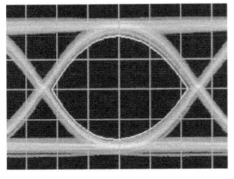

图 5.30　示波器实际观测到的眼图

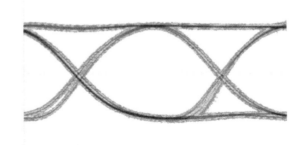

图 5.31　示波器观测到的不完整的眼图

以接收信号为 11010001 为例，对比正常情况下无波形失真时接收信号的眼图（见图 5.32）和存在码间串扰、波形失真情况下接收信号的眼图（见图 5.33），对于眼图的认识将更加清晰。

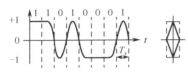

图 5.32　无波形失真眼图

图 5.33　波形失真眼图

思考一下，通过眼图可以反映出数字系统传输的总体性能，可是怎样才能正确地掌握其判断方法呢？这里有必要对眼图中所涉及的各个参数进行定义，了解了各个参数以后，其判断方法很简单。

5.4.2　眼图与系统性能

当接收信号同时受到码间串扰和噪声影响时，系统性能的定量分析较为困难，一般可以利用示波器，通过观察接收信号的"眼图"对系统性能进行定性的、可视的估计。由眼图可以观察出符号间干扰和噪声的影响，眼图模型如图 5.34 所示。

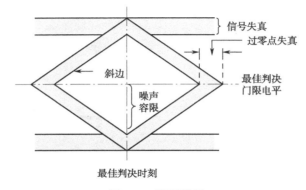

图 5.34　眼图模型

眼图为展示数字信号传输系统的性能提供了很多有用的信息：可以从中看出码间串扰的大小和噪声的强弱，有助于直观地了解码间串扰和噪声的影响，评价一个基带系统的性能优劣；可以指示接收滤波器的调整，以减小码间串扰。

眼图的"眼睛"张开的大小反映着码间串扰的强弱。"眼睛"张得越大，且眼图越端正，表示码间串扰越小；反之，表示码间串扰越大。当存在噪声时，噪声将叠加在信号上，观察到的眼图的线迹会变得模糊不清。若同时存在码间串扰，"眼睛"将张开得更小。与无码间串扰时的眼图相比，原来清晰端正的细线迹，变成了比较模糊的带状线，而且不很端正。噪声越大，线迹越宽，越模糊；码间串扰越大，眼图越不端正。

理论分析得到如下几条结论，在实际应用中要以此为参考，从眼图中对系统性能作一论述。

（1）最佳抽样时刻应在"眼睛"张开最大的时刻。

（2）对定时误差的灵敏度可由眼图斜边的斜率决定。斜率越大，对定时误差就越灵敏。

（3）在抽样时刻上，眼图上下两分支阴影区的垂直高度，表示最大信号畸变。

（4）眼图中央的横轴位置应对应判决门限电平。

（5）在抽样时刻，上下两分支离门限最近的一根线迹至门限的距离表示各相应电平的噪声容限，噪声瞬时值超过它就可能发生错误判决。

（6）对于利用信号过零点取平均来得到定时信息的接收系统，眼图倾斜分支与横轴相交的区域的大小表示零点位置的变动范围，这个变动范围的大小对提取定时信息有重要的影响。

5.5　时域均衡技术

扫一扫看实验 6
眼图观察测量教学指导

一个实际的基带传输系统由于存在设计误差和信道特性的变化，因而不可能完全满足理想的无失真传输条件，故实际系统码间串扰总是存在的。在信道特性 $C(\omega)$ 确知条件下，人们可以精心设计接收和发送滤波器以达到消除码间干扰和尽量减小噪声影响的目的。但在实际实现时，由于难免存在滤波器的设计误差和信道特性的变化，所以无法实现理想的传输特性，因而引起波形的失真从而产生码间干扰，系统的性能也必然下降。理论和实践均证明，在基带系统中插入一种可调（或不可调）滤波器可以校正或补偿系统特性，减小码间干扰的影响，这种起补偿作用的滤波器称为均衡器。

均衡可分为频域均衡和时域均衡。频域均衡是指从校正系统的频率特性出发，使包括均衡器在内的基带系统的总特性满足无失真传输条件。时域均衡是利用均衡器产生的时间波形去直接校正已畸变的波形，使包括均衡器在内的整个系统的冲激响应满足无码间干扰条件。

频域均衡在信道特性不变，且在传输低速数据时是适用的。而时域均衡可以根据信道特性的变化进行调整，能够有效地减小码间干扰，故在高速数据传输中得以广泛应用。本节主要讨论时域均衡原理。

5.5.1　时域均衡的基本原理

时域均衡可用图 5.35 所示的波形来说明。它是利用波形补偿的方法将失真的波形直接加以校正，而且通过眼图可直接进行调节。

图 5.35（a）中的实线为基带传输中接收到的单个脉冲信号，由于信道不理想产生了失真，出现了"拖尾"，可能造成对其他码元信号的干扰，我们设法加上一个补偿波形。图 5.35（a）中的虚线为补偿波形，其与拖尾波形大小相等，极性相反，经过调整，可将原失真波形中的"尾巴"抵消掉，如图 5.35（b）所示。因此，消除了对其他码元的串扰，达到了均衡的目的。可用图 5.36 所示的传输模型来简单说明。

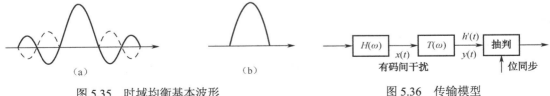

图 5.35　时域均衡基本波形　　　　　　　图 5.36　传输模型

图 5.36 中，$H(\omega)$ 不满足式（5-5-1）的无码间串扰条件时，其输出信号 $x(t)$ 将存在码间串扰。为此，在 $H(\omega)$ 之后插入一个称之为横向滤波器的可调滤波器 $T(\omega)$，形成新的总传输函数 $H'(\omega)$，表示为

$$H'(\omega) = H(\omega)T(\omega) \tag{5-5-1}$$

显然，只要 $H'(\omega)$ 满足式（5-5-1），即

$$H'_{eq}(\omega) = \sum_i H'\left(\omega + \frac{2\pi i}{T_b}\right) = \begin{cases} T_b（或其他常数），|\omega| \leqslant \pi/T_b \\ 0 \qquad\qquad\quad, |\omega| > \pi/T_b \end{cases} \tag{5-5-2}$$

则抽样判决器输入端的信号 $y(t)$ 将不含码间串扰，即这个包含 $T(\omega)$ 在内的 $H'(\omega)$ 将可消除码间串扰。这就是时域均衡的基本思想。

根据 $h_T(t) = F^{-1}[T(\omega)] = \sum\limits_{n=-\infty}^{\infty} C_n \delta(t - nT_b)$，可构造实现 $T(\omega)$ 的插入滤波器，如图 5.37 所示，它实际上是由无限多个横向排列的延迟单元构成的抽头延迟线加上一些可变增益放大器组成的，因此称为横向滤波器。每个延迟单元的延迟时间等于码元宽度 T_b，每个抽头的输出经可变增益（增益可正可负）放大器加权后输出。这样，当有码间串扰的波形 $x(t)$ 输入时，经横向滤波器变换，相加器将输出无码间串扰波形 $y(t)$。

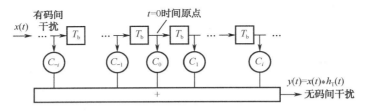

图 5.37　横向滤波器

5.5.2　无限长横向滤波器

根据上节分析表明，借助横向滤波器实现均衡是可能的，并且只要用无限长的横向滤波器，就能做到消除码间串扰的影响。然而，使横向滤波器的抽头无限多是不现实的，大多情况下也是不必要的。因为实际信道往往仅是一个码元脉冲波形对邻近的少数几个码元产生串扰，故实际上只要有一二十个抽头的滤波器就可以了。抽头数太多会给制造和使用都带来困难。

横向滤波器可以实现时域均衡。无限长的横向滤波器可以（至少在理论上）完全消除抽样时刻上的码间干扰，但其实际上是不可实现的。因为，均衡器的长度不仅受经济条件的限制，并且还受每一系数 C_i 调整准确度的限制。如果 C_i 的调整准确度得不到保证，则增加长度所获得的效果也不会显示出来。因此，有必要进一步讨论有限长横向滤波器的抽头增益调整问题。图 5.38 为有限长横向滤波器及其输入、输出单脉冲响应波形。

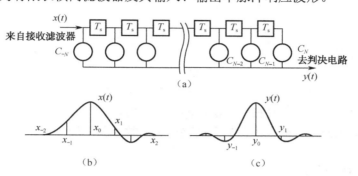

图 5.38　有限长横向滤波器及其输入、输出单脉冲响应波形

设在基带系统接收滤波器与判决电路之间插入一个具有 $2N+1$ 个抽头的横向滤波器，如图 5.38（a）所示。它的输入（即接收滤波器的输出）为 $x(t)$，$x(t)$ 是被均衡的对象，并设它不附加噪声，如图 5.38（b）所示。其输出为 $y(t)$，如图 5.38（c）所示。

若设有限长横向滤波器的单位冲激响应为 $e(t)$，相应的频率特性为 $E(\omega)$，则

$$\sum_{i=-N}^{N} e(t) = C_i \delta(t - iT_s) \tag{5-5-3}$$

其相应的频率特性为

$$E(\omega) = \sum_{i=-N}^{N} C_i \mathrm{e}^{-\mathrm{j}\omega T_s} \tag{5-5-4}$$

由此看出，$E(\omega)$ 被 $2N+1$ 个 C_i 所确定。显然，不同的 C_i 将对应不同的 $E(\omega)$。因此，如果各抽头系数是可调整的，则图 5.38 所示的滤波器是通用的。另外，如果抽头系数设计成可调的，也为随时校正系统的时间响应提供了可能条件。现在让我们来考察均衡的输出波形。因为横向滤波器的输出 $y(t)$ 是 $x(t)$ 和 $e(t)$ 的卷积，故利用式（5-5-3）的特点，可得

$$y(t) = x(t) * e(t) = \sum_{i=-N}^{N} C_i x(t - iT_s) \tag{5-5-5}$$

于是，在抽样时刻 $kT_s + t_0$ 有

$$Y(kT_s + t_0) = C_i x(kT_s + t_0 - iT_s) = C_i x\left[(k-I)T_s + t_0\right] \tag{5-5-6}$$

或者简写为

$$y_k = C_i * x_{k-i} \tag{5-5-7}$$

上式说明，均衡器在第 k 个抽样时刻上得到的样值 y_k 将由 $2N+1$ 个 C_i 与 x_{k-i} 乘积之和来确定。显然，其中除 y_0 以外的所有 y_k 都属于波形失真引起的码间干扰。当输入波形 $x(t)$ 给定，即各种可能的 x_{k-i} 确定时，通过调整 C_i 使指定的 y_k 等于零是容易办到的，但同时要求所有的 y_k（除 $k=0$ 外）都等于零却是一件很难的事。下面我们通过一个例子来说明。

实例 5.3　设有一个三抽头的横向滤波器，其 $C_{-1}=-1/4$，$C_0=1$，$C_{+1}=-1/2$，均衡器输入

$x(t)$在各抽样点上的取值分别为：$x_{-1}=1/4$，$x_0=1$，$x_{+1}=1/2$，其余都为零。试求均衡器输出 $y(t)$ 在各抽样点上的值。

解：根据式（5-5-7）有

$$y_k = C_i * x_{k-i}$$

当 $k=0$ 时，可得

$$y_0 = C_i x_{-i} = C_{-1}x_1 + C_0 x_0 + C_1 x_{-1} = \frac{3}{4}$$

当 $k=1$ 时，可得

$$y_{+1} = C_i x_{1-i} = C_{-1}x_2 + C_0 x_1 + C_1 x_0 = 0$$

由此例可见，除 y_0 外，得到 y，说明，利用有限长横向滤波器减小码间干扰是可能的，但完全消除是不可能的，总会存在一定的码间干扰。所以，我们须要讨论在抽头数有限情况下，如何反映这些码间干扰的大小，如何调整抽头系数以获得最佳的均衡效果。

5.6 再生中继传输

基带数字信号在传输过程中，由于信道本身的特性及噪声干扰使得数字信号波形产生失真。为了消除这种波形失真，每隔一定的距离加一再生中继器，由此构成再生中继系统。再生中继系统的特点是无噪声积累，但有误码率的累积。下面分别以光通信、微波通信为例，介绍一下再生中继传输系统常用的设备。

5.6.1 光通信中的再生中继传输

在 SDH 光缆线路系统中，通常采用点对点链状系统和环网系统。它是由具有复用和光接口功能的线路终端、中继器和光缆传输线构成，其中中继器可以采用目前常见的光—电—光再生器（见图5.39），也可以使用掺铒光纤放大器 EDFA，在光路上完成放大的功能。而在环网系统中，可以选用分插复用器，也可以选用交叉连接设备来作为节点设备，它们的区别在于后者具有交换功能，它是一种集复用、自动化配线、保护/恢复、监控和网管功能为一体的传输设备，可以在外接的操作系统或电信管理网络（TMN）设备的控制下，对多个电路组成的电路群进行交换，因此其成本很高，故通常使用在线路交汇处。而接入设备则可以使用数字环路载波系统（DLC）等设备。

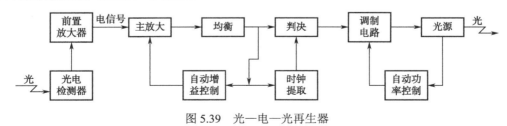

图 5.39 光—电—光再生器

5.6.2 微波通信中的再生中继传输

微波通信只是将微波作为信号的载体，与光纤通信中将光作为信号传输的载体是类似的。简单地说，光纤通信系统中的发射模块和接收用的光电检测模块类似于微波通信中的发

射和接收天线。只是微波信道是一种无线信道，相比于光纤这种有线信道，传输特性要复杂一些。

数字微波通信是指利用微波（射频）携带数字信息，通过电波空间，同时传输若干相互无关的信息，并进行再生中继的一种通信方式。微波的绕射能力很差，所以是视距通信。因为是视距通信，所以传输距离是有限的，如果我们要长距离的传输，那就需要接力，一个站一个站接起来，所以叫微波中继通信。

微波通信系统中各种站型如图 5.40 所示。其中中继站是位于微波链路任意两个站之间的站，其特点是只向两个方向通信，可以上下话路（基带转接），亦可不上下话路（中频转接或射频转接）。

微波波段频率较高，微波波束基本上沿直线传播，遇到障碍物时其绕射能力较差。因此，两通信点在视距范围之内中间应无障碍，否则就必须在障碍点或其他合适的地方增设一个微波中继站以连通两通信点。

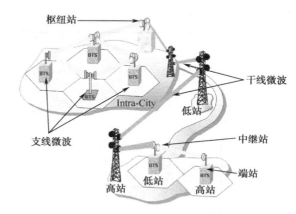

图 5.40　微波的各种站型

微波中继站大致可以分为两类：无源中继站和有源中继站。

1．无源中继站

无源中继站如同一个波束换向器，它使微波波束超过障碍点而形成通路。无源微波中继站通常有两种形式：一种是由一块或两块表面具有一定的平滑度、且在适当的有效面积并相对于两通信点有合适的角度和距离的金属板；另一种是由两个抛物面天线背对背地用一段波导管连接而组成，如图 5.41 所示。

反射板式无源中继站　　　　　　双抛物面式无源中继站

图 5.41　无源中继站的实物图

1）反射板式无源中继站

一块表面具有一定的平滑度、且在适当的有效面积并相对于两通信点有合适的角度和距离的金属板，也是一个微波无源中继站。利用金属板的反射作用改变微波波束的传播方向，同时可以绕过障碍物达到通信的目的。

2）双抛物面式无源中继站

双抛物面式无源中继站如图 5.42 所示，具有无源中继站的通信线路，其总的自由空间损耗是无源中继站至两通信点的自由空间损耗之和，即 $L=L_2+L_4$。这说明无源中继站总的自由空间损耗与无源中继站距两通信点的相对位置有关。所以，为了提高无源中继站的效率，最好使无源中继站至两通信点中任何一点间的距离尽可能地缩短，无源中继站的位置越靠近其中一个通信点，L_2 或 L_4 就越小。最不利的情况是无源中继站的位置在两通信点的正中间，此时其总的自由空间损耗最大。

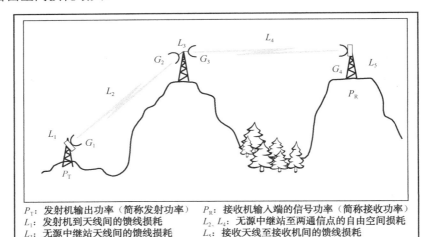

图 5.42　双抛物面式无源中继站示意图

双抛物面式无源中继和反射板式无源中继的比较：

（1）反射板式无源中继方式的效率高。这是由于反射板的增益收、发共用了两次。这是此种方式的突出优点。

（2）双抛物面式无源中继站安装简单、调整方便、工作稳定。而反射板式无源中继站由于反射面积大，一般在几十平方米左右，不易安装和调整。风大时，工作的稳定性易受影响。

（3）双抛物面式无源中继站一般不受收、发两路径在中继站夹角的限制。反射板式无源中继站则受此夹角的限制，当此夹角大于 100° 时，一般须采用双反射板式。这就给选用场地和安装和调整带来更大的困难。

（4）双抛物面式无源中继站可利用极化选择器将前站传来的水平极化波和垂直极化波在中继站进行极化转换，以此来减小传播条件的变化而引起的衰落。特别是无源中继站处于线路路径的直线上时，极化的转换可减少线路的多径衰落。

（5）根据传送信号的需要和合适的地形条件，可以建立三抛物面无源中继分支站。而反射板式无源中继站是无法做到这一点的。

（6）从经济角度考虑，双抛物面式无源中继站比反射板式无源中继站便宜。特别是和双反射板式相比较，这一点更为突出。当采用双反射式无源中继站时，对场地的要求更严格，还要考虑风负荷的问题等，不得不增加投资来保证工作的稳定。

2．有源中继站

微波通信的有源中继站有射频直放站和再生中继站两种通用类型。

1）射频直放站

射频直放站是一种有源、双向、无频移射频中继系统。由于它直接在射频上将信号放大，所以称之为射频直放站。射频直放站的应用范围很广，可直接用作微波系统中不需上下话路的中继站；可用于解决高山、大型建筑等阻挡问题；还可以插在新建或已经建设的微波线路中增加衰落储备等。

射频直放站的应用可行性较高，主要体现在以下几个方面。

（1）射频直放站的增益大、传输性能好。

（2）射频直放站可靠性高、通用性强，能与任何厂家的终端设备相配合。

（3）射频直放站可采用多种能源供电，如交流电、直流电、太阳能、风力、热力等供电方式。

（4）射频直放站造价低、选址灵活，一般均安装于室外的防风雨箱内，通常挂在天线附近的铁塔上以缩短馈线长度，无须建机房、架设电力线、修建道路。它的综合造价比再生中继站低 50%～80%。此外，设计选址时只要考虑传输的最佳位置而不必考虑交通、供电等因素。

（5）射频直放站安装维护简单、扩容变频容易。

2）再生中继站

再生中继站是一种高性能的高频率转发器。再生中继站酷似背对背终端站，包括有再生微波信号的全套射频单元。它同时延长信号传输路径和偏转传输方向以绕过障碍物，但不具备上下话路的能力。它可以用来扩大微波通信系统的距离限制，或者用来偏转传输方向，以绕过视线障碍物，不会引起信号质量恶化。接收的信号经过完全的再生和放大，然后转发。

案例分析 5　通信网络的数据传输

局域网（Local Area Network，LAN）是在一个局部的地理范围内（如一个学校、工厂和机关内），一般是方圆几千米以内，将各种计算机、外部设备和数据库等互相连接起来组成的计算机通信网。它可以通过数据通信网或专用数据电路，与远方的局域网、数据库或处理中心相连接，构成一个较大范围的信息处理系统，如图 5.43 所示。局域网可以实现文件管理、应用软件共享、打印机共享、扫描仪共享、工作组内的日程安排、电子邮件和传真通信服务等功能。

局域网的类型很多，若按网络使用的传输介质分类，可分为有线网和无线网；若按网络拓扑结构分类，可分为总线型、星型、环型、树型、混合型等；若按传输介质所使用的访问控制方法分类，又可分为以太网、令牌环网、FDDI 网和无线局域网等。其中，以太网是当前应用最普遍的局域网技术。大多数的局域网使用基带传输，如以太网、令牌环网。

通信网络中的数据传输形式基本上可分为两种：基带传输和频带传输。

（1）基带传输：基带传输是按照数字信号原有的波形（以脉冲形式）在信道上直接传输，它要求信道具有较宽的通频带。进行基带传输的系统称为基带传输系统。基带传输不需要调制、解调，设备花费少，具有速率高和误码率低等优点，适用于较小范围的数据传输，传输

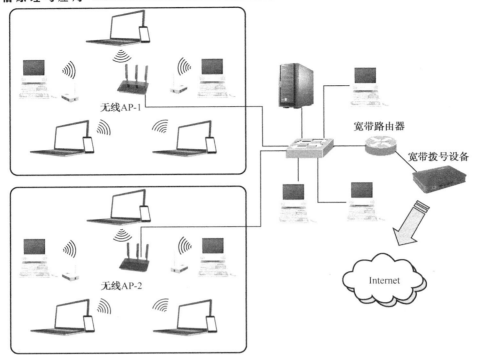

图 5.43　典型局域网示意图

距离在 100 米内，在音频市话、计算机网络通信中被广泛采用。如从计算机到监视器、打印机等外设的信号就是基带传输的。一个企业、工厂，可以采用这种方式将大量终端连接到主计算机上。基带数据传输速率为 0～10 Mb/s，更典型的是 1～2.5 Mb/s，通常用于传输数字信息。基带传输时，通常对数字信号进行一定的编码，数据编码常用三种方法：非归零码 NRZ、曼彻斯特编码和差动曼彻斯特编码。后两种编码不含直流分量，包含时钟脉冲，便于双方自同步，因此得到了广泛应用。

（2）频带传输：频带传输是一种采用调制、解调技术的传输形式。在发送端，采用调制手段，对数字信号进行某种变换，将代表数据的二进制"1"和"0"，变换成具有一定频带范围的模拟信号，以适应在模拟信道上传输；在接收端，通过解调手段进行相反变换，把模拟的调制信号复原为"1"或"0"。常用的调制方法有：频率调制、振幅调制和相位调制。具有调制、解调功能的装置称为调制解调器，即 Modem。 频带传输较复杂，传送距离较远，但它的缺点是速率低，误码率高。若通过市话系统配备 Modem，则传送距离可不受限制。家庭用户拨号上网就属于这一类通信。

基带传输和频带传输最大的区别就是要不要经过调制，通俗点就是需要不需要调制解调器，基带传输是按照数字信号原有的波形（以脉冲形式）在信道上直接传输，频带传输是一种采用调制、解调技术的传输形式，而连在交换机上的若干 PC 通信时，只在双方独自的信道传输，不是整个网络，因此采用基带传输方式。

（3）宽带传输：宽带传输是相对一般说的频带传输而言的宽频带传输。宽带是指比音频带宽更宽的频带，它包括大部分电磁波频谱。使用这种宽频带传输的系统，称为宽带传输系统。它通过借助频带传输，可以将链路容量分解成两个或更多的信道，每个信道可以携带不同的信号，这就是宽带传输。宽带传输中的所有信道都可以同时发送信号。如 CATV、ISDN 等。传输的频带很宽，在 128 Kb/s 以上，宽带传输数据传输速率范围为 0～400 Mb/s，而通常使用的传输速率是 5～10 Mb/s。它可以容纳全部广播，并可进行高速数据传输。

一般来说，宽带传输与基带传输相比有以下优点：能在一个信道中传输声音、图像和数据信息，使系统具有多种用途；一条宽带信道能划分为多条逻辑基带信道，实现多路复用，因此信道的容量大大增加；宽带传输的距离比基带远，因为数字基带直接传送数字信号，传输的速率越高，传输的距离越短。

思考题：

局域网的数字基带传输系统各部分功能是怎样的？系统中常用码型包括哪些？如何消除码间串扰？满足什么条件才能实现无码间串扰传输？数字基带传输系统有什么特点？与频带传输、宽带传输的区别是什么？

习题 5

扫一扫
看习题 5
及答案

一、填空题

1. 数字基带系统产生误码的原因是抽样时刻的＿＿＿＿＿＿和＿＿＿＿＿＿的影响。

2. 数字基带系统中常采用＿＿＿＿＿＿均衡器和＿＿＿＿＿＿系统来改善系统的性能。

3. 为了衡量基带传输系统码间干扰的程度，最直观的方法是＿＿＿＿＿＿。

4. 有限长横向滤波器的作用是＿＿＿＿＿＿码间串扰。

5. 码间串扰是在对某码元识别时，其他码元在该＿＿＿＿＿＿的值。

二、判断题

1. 利用显示均衡波形的眼图可以改善传输性能。（   ）

2. 对于频带限制在（0，$4f_m$）Hz 的时间连续信号 $m(t)$，要想无失真地从抽样信号中恢复出 $m(t)$，抽样频率至少要为 $4f_m$ Hz。（   ）

三、简答题

1. 第一类部分响应系统输入数字码 a_n 为 11001，试写出预编码后的所有可能 b_n 码以及相关编码后的 c_n 分别是什么？

2. 无码间干扰时，基带传输系统的误码率取决于哪些参数？怎样才能降低系统的误码率？

3. 若传送的数据为 11000001100110000101，则相应的 HDB3 码为何？如果数据等概且独立地取 1 或 0，相应的 HDB3 码通过某数字基带系统传送，其系统响应 $h(t)= \cos(\pi t/4T_s)$，0 $\leqslant t \leqslant 3T_s$，$T_s$ 为码宽，简要说明该系统是否存在码间串扰？

模块 **6**

模拟调制解调

知识分布网络

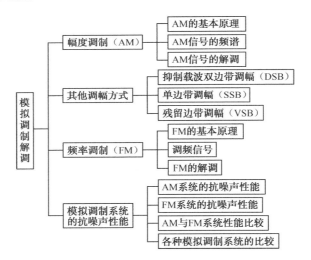

导入案例

20 世纪初，收音机一诞生，就给人们的生活带来了很多乐趣和便利，使众多百姓都能以很少的开销享受无线广播这个"有声世界"的无限精彩。即便是在数字智能化高度发达的今天，几乎家家户户都有电视机，智能手机风靡市场，个人电脑、MP3、PAD 等应有尽有，但收音机还是能够俘获众多人的心。它代表着一种怀旧、文艺的生活态度，不经意间给人以感动和共鸣。其中，最常见的是调幅和调频收音机（见图 6.1）。

图 6.1　收音机

收音机的原理就是把从天线接收到的高频信号经检波（解调）还原成音频信号，送到耳机变成音波。由于广播事业的发展，天空中有了很多不同频率的无线电波。如果把这么多电波全都接收下来，音频信号就会像处于闹市之中一样，许多声音混杂在一起，结果什么也听不清了。为了设法选择所需要的节目，在接收天线后面，有一个选择性电路，它的作用是把所需的信号（电台）挑选出来，并把不要的信号"滤掉"，以免产生干扰，这就是我们收听广播时，所使用的"选台"按钮。

选择性电路的输出是选出某个电台的高频调幅信号，利用它直接推动耳机（电声器）是不行的，还必须把它恢复成原来的音频信号，这种还原电路称为解调，把解调的音频信号送到耳机，就可以收到广播。

上面所讲的最简单收音机称为直接检波机，但从接收天线得到的高频天线电信号一般非常微弱，直接把它送到检波器不太合适，最好在选择电路和检波器之间插入一个高频放大器，把高频信号放大。即使已经增加高频放大器，检波输出的功率通常也只有几毫瓦，用耳机听还可以，但要用扬声器就嫌太小，因此在检波输出后增加音频放大器来推动扬声器。高放式收音机比直接检波式收音机灵敏度高、功率大，但是选择性还较差，调谐也比较复杂。把从天线接收到的高频信号放大几百甚至几万倍，一般要有几级的高频放大，每一级电路都有一个谐振回路，当被接收的频率改变时，谐振电路都要重新调整，而且每次调整后的选择性和通带很难保证完全一样，为了克服这些缺点，现在的收音机几乎都采用超外差式电路。超外差的特点是：被选择的高频信号的载波频率，变为较低的固定不变的中频（465 kHz），再利用中频放大器放大，满足检波的要求，然后才进行检波。在超外差接收机中，为了产生变频作用，还要有一个外加的正弦信号，这个信号通常叫外差信号，产生外差信号的电路，习惯叫本地振荡。收音机本振频率和被接收信号的频率相差一个中频，因此在混频器之前的选择电路，和本振采用统一调谐线，如用同轴的双联电容器（PVC）进行调谐，使之差保持固定的中频数值。由于中频固定，且频率比高频已调信号低，中放的增益可以做得较大，工作也比较稳定，通频带特性也可做得比较理想，这样可以使检波器获得足够大的信号，从而使整机输出音质较好的音频信号。

思考：

小明想用收音机收听 FM90.0 的音乐节目，请问在此过程中，语音信号通过收音机进行了什么处理，最终播放出小明最爱听的音乐？在处理过程中，应用到了哪些电子元器件？

学习目标

☞ 理解模拟调制的基本概念。

☞ 掌握模拟调制技术的分类。

☞ 掌握模拟信号的幅度调制与解调。

☞ 掌握模拟信号的频率调制与解调。

☞ 能够比较不同调制解调方式的参数、性能。

6.1 幅度调制（AM）

扫一扫看
幅度调制
教学课件

调制是一个信号处理过程，把低频基带信号变换成适合在实际通信信道上传输的波形。在通信系统的发送端需要有一个载波来运载基带信号，也就是使载波信号的某一个（或几个）参量随基带信号改变。通常，基带信号是一个低通信号，模拟调制的基带信号是模拟信号，其频谱特征是从 0 或接近 0 的频率到某一截止频率，如语音信号。载波信号是一个相对高频的正弦信号。通过调制后，信号频谱搬移到较高频率范围，以适应信道频率传输特性。调制后的信号称为已调信号，或频带信号。

根据调制信号所控制载波信号的参数，模拟调制分为幅度调制、频率调制和相位调制。本章主要对这几种调制方式进行阐述。

调制技术的作用体现在以下几个方面。

（1）实现基带信号的频谱搬移，使之适合实际的通信信道。

（2）减小信号在传输过程中的噪声或干扰。

（3）通过调制可实现信道复用。例如，电话信号通过双绞线传输，双绞线的传输带宽可达几百上千赫兹甚至更宽，而电话信号带宽不到 4kHz，通过调制可以将几十路电话信号搬移到频谱互不重叠的频率上调试传输，实现频分复用。

6.1.1 AM 的基本原理

假设基带信号为 $m(t)$，载波信号为 $c(t)$，且有

$$c(t) = A_0 \cos(\omega_c t + \varphi_0) \tag{6-1-1}$$

式中，A_0、ω_c、φ_0 分别为载波的振幅、角频率和初始相位。

若我们用 $m(t)$ 来改变载波信号的振幅 A_0，则为标准调幅，其过程如图 6.2 所示。$s_{AM}(t)$ 即为已调信号，从中可以看出，$s_{AM}(t)$ 的表达式为

$$s_{AM}(t) = [A_0 + m(t)] \cos(\omega_c t) \tag{6-1-2}$$

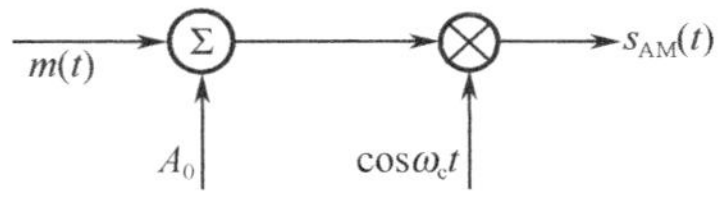

$$m(t) \longrightarrow \Sigma \xrightarrow{\quad} \otimes \longrightarrow s_{AM}(t)$$
$$A_0 \qquad \cos\omega_c t$$

图 6.2 标准调幅的一般模型

若 $m(t) = 0$，则输出就是 $A_0 \cos(\omega_c t)$，即载波信号。设

$$m(t) = A_m \cos(\omega_m t) \tag{6-1-3}$$

则标准调幅的已调信号为

$$s_{AM}(t) = [A_0 + m(t)]\cos(\omega_c t)$$

$$= A_0 \left(1 + \frac{A_m}{A_0}\cos\omega_m t\right)\cos(\omega_c t) \qquad (6\text{-}1\text{-}4)$$

$$= A_0(1 + \beta_{AM}\cos\omega_m t)\cos(\omega_c t)$$

我们将上式中的 β_{AM} 称为调制指数（调幅系数）。通常，$\beta_{AM} < 1$，即 $A_m < A_0$，这种情况为正常调幅。当 $\beta_{AM} = 1$，即 $A_m = A_0$ 时，这种情况称为满调幅；若 $\beta_{AM} > 1$，即 $A_m > A_0$，则称为过调幅。图 6.3 给出了正常调幅过程下各波形图。大家可以自己分别画出 $\beta_{AM} = 1$ 和 $\beta_{AM} > 1$ 时的波形图。

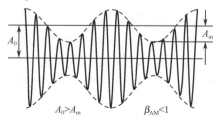

图 6.3　AM 各波形（$\beta_{AM} < 1$）

当 $m(t)$ 为任意信号时，调制指数为

$$\beta_{AM} = \frac{|m(t)|_{\max}}{A_0} \qquad (6\text{-}1\text{-}5)$$

6.1.2　AM 信号的频谱

设调制信号 $m(t)$ 的频谱（即其傅氏变换）为连续谱 $M(\omega)$，由于

$$s_{AM}(t) = [A_0 + m(t)]\cos(\omega_c t)$$

$$= A_0\cos(\omega_c t) + m(t)\cos(\omega_c t) \qquad (6\text{-}1\text{-}6)$$

由傅氏变换的线性性质，得 AM 已调信号的傅氏变换为

$$S_{AM}(\omega) = \pi A_0[\delta(\omega + \omega_c) + \delta(\omega - \omega_c)] + \frac{1}{2}[M(\omega + \omega_c) + M(\omega - \omega_c)] \qquad (6\text{-}1\text{-}7)$$

由以上表达式可见，已调信号的频谱由两部分组成：离散分量和连续谱。离散分量是载波分量，即在 $\pm\omega_c$ 上强度为 πA_0 的冲激。连续谱是基带信号频谱结构在频域内的简单搬移（强度为原来的 $1/2$）。由于这种搬移是线性的，因此幅度调制通常又称为线性调制。其频谱如图 6.4 所示。

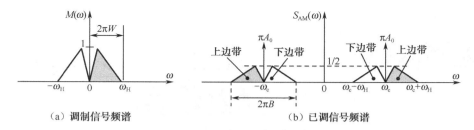

（a）调制信号频谱　　　　　　　　　（b）已调信号频谱

图 6.4　AM 调制频谱

从图 6.4 中能看出，已调信号的频谱由两个边带组成，$|\omega| > \omega_c$ 的部分称为上边带，$|\omega| < \omega_c$ 的部分称为下边带。左右两边的上下边带以 $\pm\omega_c$ 为对称轴对称。已调信号的带宽 B_{AM} 等于调制信号的最高频率 f_H 的两倍，若调制信号带宽为 W，则有

$$B_{AM} = 2f_H = 2W \qquad (6\text{-}1\text{-}8)$$

6.1.3　AM 信号的解调

解调是调制的逆过程，目的是从已调信号中还原出原始的调制信号，AM 的解调就是从已调信号的幅度变化中提取调制信号。AM 信号常用的解调方法是包络检波法、相干解调法（同步检波法）。

1．包络检波法

包络检波法是 AM 最常用的解调方法，实现包络检波过程的电路称为包络检波器。包络检波器根据所采用的器件不同可分为二极管包络检波器和三极管包络检波器，根据信号大小不同又可分为小信号检波器和大信号检波器。

常用的二极管包络检波器如图 6.5 所示，它是利用二极管的单向导电性检出已调信号 $s_{AM}(t)$ 的正半周或负半周，再用低通滤波器滤除高频信号，将包络线取出，得到调制信号，该过程的波形如图 6.6 所示。须指出的是，当 $\beta_{AM} > 1$ 时，包络产生失真，用包络检波器无法恢复调制信号，因此不能用该方法解调。

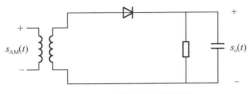

图 6.5　二极管包络检波器

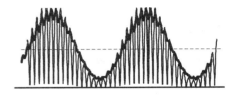

图 6.6　AM 包络检波波形图

这种解调方法不需要相干载波，是一种非相干解调方法。它最大的优点是实现起来简单，特别适合于普通广播接收机。由于包络检波器在正常工作时，输出的电压与输入的信号包络基本上呈线性关系，因此只适合 AM 信号的解调。

2．相干解调法

相干解调法是在信号接收端用一个与载波同频同相的参考载波与 AM 信号相乘（同步检波因此得名），然后用低通滤波器将调制信号恢复出来。该参考载波也称相干载波。相干解调原理如图 6.7 所示。

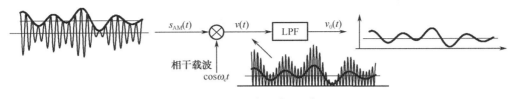

图 6.7　AM 相干解调原理

根据图 6.7 有

$$v(t) = s_{AM}(t) \cdot \cos(\omega_c t)$$
$$= [A_0 + m(t)] \cos(\omega_c t) \cdot \cos(\omega_c t) \qquad (6\text{-}1\text{-}9)$$
$$= [A_0 + m(t)] \cdot \frac{1}{2} [1 + \cos(2\omega_c t)]$$

以上信号经低通滤波器处理，得到

$$v_0(t) = \frac{1}{2}[A_0 + m(t)] \tag{6-1-10}$$

将 $v_0(t)$ 经过简单的线性变换就能得到 $m(t)$ 。

由于相干解调需要在接收端产生相干载波，因此接收机比较复杂。AM 解调一般都采用包络检波。

6.2　其他调幅方式

扫一扫看其他
调幅方式教学
课件

6.2.1　抑制载波双边带调幅（DSB）

1. 抑制载波双边带调幅信号

在 AM 信号中，载波分量并不携带信息，仍占据大部分功率，如果在常规调幅中不发射载波，则已调信号的功率全部集中在携带信息的上边带或是下边带信号上，这样的调制技术便是抑制载波双边带调幅（Double Side Band with Suppressed Carrier，DSB-SC）信号，简称 DSB。

调制信号 $m(t)$ 不叠加直流，直接调制载波，就产生 DSB 信号。此时，已调信号的产生只需要一个乘法器，如图 6.8 所示。其波形如图 6.9 所示。

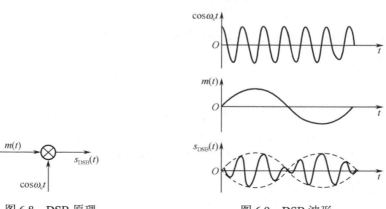

图 6.8　DSB 原理　　　　　　　　　图 6.9　DSB 波形

由图 6.9 可知调幅信号 $s_{DSB}(t)$ 主要由调制信号和载波信号组成，其表达式为

$$s_{DSB}(t) = m(t)\cos\omega_c t \tag{6-2-1}$$

$m(t)$ 由复试变换成 $M(\omega)$ ，则调幅信号的频谱

$$s_{DSB} = \frac{1}{2}[M(\omega - \omega_c) + M(\omega + \omega_c)] \tag{6-2-2}$$

DSB 信号的频谱只有连续谱，没有冲激分量，即没有离散载波分量，如图 6.10 所示。

2. 抑制载波双边带调幅的解调

DSB 信号的包络和 AM 信号的包络有很大的差别，它不能像 AM 信号那样可以直接用包络检波器把调制信号恢复出来，必须采用相干调节方法，其原理如图 6.11 所示。其中低通滤波器的截止频率等于调制信号的宽带。

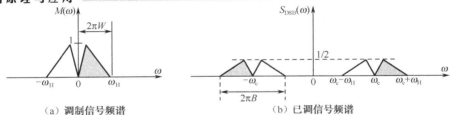

（a）调制信号频谱　　　　　（b）已调信号频谱

图 6.10　DSB 调制信号频谱

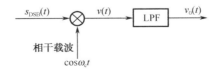

图 6.11　DSB 相干解调原理

下面来讨论它的工作原理。设接收到的信号为

$$s_{DSB}(t) = m(t)\cos\omega_c t \tag{6-2-3}$$

与本地的相干载波相乘后得

$$v(t) = m(t)\cos\omega_c t \cdot \cos\omega_c t = \frac{1}{2}m(t)(1 + \cos 2\omega_c t)$$

$$= \frac{1}{2}m(t) + \frac{1}{2}m(t)\cos\omega_c t \tag{6-2-4}$$

乘法器的输出 $v(t)$ 包含了被解调的基带信号 $m(t)$ 和频率更高（$2\omega_c$）的 DSB 信号，它很容易被低通滤波器除去。即

$$v_0(t) = \frac{1}{2}m(t) \tag{6-2-5}$$

相干载波的获取方法可以直接从接收到的信号提取。提取相干载波的电路有平方环电路、科斯塔斯锁相环等。为了减少接收机的复杂性，也可以在发送端发送一个小信号载波，其功率比已调信号功率要小。接收机接收此信号作为相干载波。这个载波称作导频信号。

6.2.2　单边带调幅（SSB）

AM 信号和 DSB 信号的带宽等于调制信号最高频率的两倍。DSB 信号包含有两个边带，即上边带、下边带。由于这两个边带包含的信息相同，因而从信息传输的角度来考虑，传输一个边带就够了。这种只传输一个边带的通信方式称为单边带调幅。单边带调幅的最大优点就是比 AM 节省一半的频带。因此使系统有较高的有效性。单边带信号的产生方法通常有滤波法和相移法。

1. 滤波法产生单边带调幅信号

产生 SSB 信号最直观的方法是让双边带信号通过一个边带滤波器，保留所需要的一个边带，滤除不要的边带。单边带信号产生的原理如图 6.12 所示。它是在产生 DSB 信号的基础上，用一个边带滤波器 $H_{SSB}(\omega)$ 来完成边带选择。

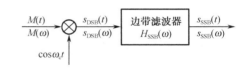

图 6.12　SSB 信号产生的原理

当 $H_{SSB}(\omega)$ 为高通滤波器时，即当 $H_{SSB}(\omega)=H_{USB}(\omega)$，选择的边带是上边带；当 $H_{SSB}(\omega)$ 为低通滤波器时，即当 $H_{SSB}(\omega)=H_{LSB}(\omega)$，选择的边带是下边带。

当使用高通滤波器时，便产生上边信号：

$$S_{SSB}(\omega)=S_{USB}(\omega)=S_{DSB}(\omega)H_{USB}(\omega) \tag{6-2-6}$$

这一过程可以用图 6.13 说明。

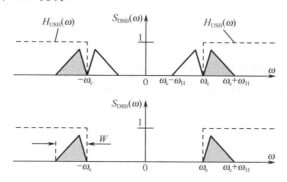

图 6.13　上边带信号产生的原理

下边带信号的产生类似于上边带信号，这里不做讲解。

用滤波法形成 SSB 信号的技术难点是，由于一般调制信号都具有丰富的低频成分，经调制后得到的 DSB 信号的上、下边带之间的间隔很窄，这就要求单边带滤波器在 ω_c 附近具有陡峭的截止特性，才能有效地抑制无用的一个边带。这就使滤波器的设计和制作很困难，有时甚至难以实现。为此，在工程中往往采用多级调制滤波的方法。

2. 相移法产生单边带调幅信号

SSB 信号的时域表示式的推导比较困难，一般要借助希尔伯特变换来表述。但我们可以从简单的单频调制出发，得到 SSB 信号的时域表示式，然后再推广到一般表示式。

下面先来分析一个 DSB 信号。设调制信号是由多个正弦信号构成的。

$$m(t)=\sum_n A_n \cos(\omega_n t + \theta_n) \tag{6-2-7}$$

进行双边带调制后

$$S_{DSB}(t)=m(t)\cos\omega_c t = \sum_n A_n \cos(\omega_n t + \theta_n)\cos\omega_c t$$

$$=\frac{1}{2}\sum_n A_n \cos((\omega_c+\omega_n)t+\theta_n)+\frac{1}{2}\sum_n A_n \cos((\omega_c-\omega_n)t-\theta_n) \tag{6-2-8}$$

它有两个部分，其中频率高于载波频率的部分为上边带信号

$$s_{DSB}(t)=\frac{1}{2}\sum_n A_n \cos((\omega_c+\omega_n)t+\theta_n)$$

$$=\frac{1}{2}\sum_n A_n \cos(\omega_n t+\theta_n)\cos\omega_c t - \frac{1}{2}\sum_n A_n \sin(\omega_n t+\theta_n)\sin\omega_c t$$

$$=\frac{1}{2}m(t)\cos\omega_c t - \frac{1}{2}\hat{m}(t)\sin\omega_c t \tag{6-2-9}$$

式中

$$\hat{m}(t) = \sum_n A_n \sin(\omega_n t + \theta_n) = \sum_n A_n \cos\left(\omega_n t + \theta_n - \frac{\pi}{2}\right) \qquad (6\text{-}2\text{-}10)$$

而频率低于载波频率的部分则是下边带信号，类似分析得到

$$s_{\text{LSB}}(t) = \frac{1}{2}\sum_n A_n \cos[(\omega_c - \omega_n)t - \theta_n]$$

$$= \frac{1}{2}m(t)\cos\omega_c t + \frac{1}{2}\hat{m}(t)\sin\omega_c t \qquad (6\text{-}2\text{-}11)$$

根据式（6-2-10），信号 $\hat{m}(t)$ 可以看作是调制信号通过一个幅度特性为 1，相移为 $-\pi/2$ 的网络后所得到的信号。这个网络的幅度相位频率特性如图 6.14 所示。具有这样传输特性的网络就是希尔伯特变换器。而 $\hat{m}(t)$ 就称作调制信号 $m(t)$ 的希尔伯特变换。这样就得到了单边信号的时域一般表达式，即

$$s_{\text{SSB}}(t) = \frac{1}{2}m(t)\cos\omega_c t \mp \frac{1}{2}\hat{m}(t)\sin\omega_c t \qquad (6\text{-}2\text{-}12)$$

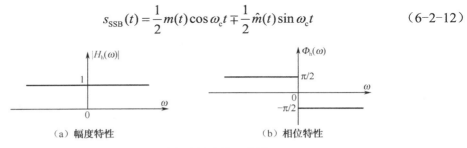

（a）幅度特性　　　　　　　　　（b）相位特性

图 6.14　希尔伯特变换器特性

式中取正号得到下边带信号；取负号得到上边带信号。其中第一项称作同相分量，第二项称作正交分量。根据式（6-2-12）可以得到产生 SSB 信号的原理图（见图 6.15）。

式（6-2-7）的调制信号是由一些离散频率的正弦信号构成的。根据信号和系统的叠加性质，不难理解，式（6-2-10）也适用于调制信号 $m(t)$ 频谱为连续的情况。

相移法形成 SSB 信号的困难在于宽带相移网络的制作，该网络要对调制信号 $m(t)$ 的所有频率分量严格相移 $\pi/2$，这一点即使近似达到也是困难的。为解决这个难题，可以采用混合法，这里就不做详细介绍了。

3. 单边带调幅信号解调

SSB 信号的解调和 DSB 一样不能采用简单的包络检波，因为 SSB 信号也是抑制载波的已调信号，它的包络不能直接反映调制信号的变化，所以仍须采用相干解调。解调的原理如图 6.16 所示。

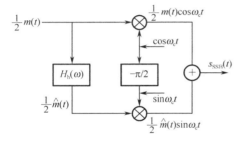

图 6.15　相移法产生 SSB 信号

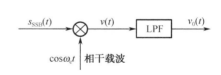

图 6.16　SSB 信号的相干解调

设输入解调器的 SSB 信号为

$$s_{SSB}(t) = m(t)\cos\omega_c t \mp \hat{m}(t)\sin\omega_c t \qquad (6-2-13)$$

则乘法器的输出为

$$
\begin{aligned}
v(t) &= s_{SSB}\cos\omega_c t \\
&= [m(t)\cos\omega_c t \mp \hat{m}(t)\sin\omega_c t]\cos\omega_c t \\
&= \frac{1}{2}m(t) + \frac{1}{2}m(t)\cos 2\omega_c t \mp \frac{1}{2}\hat{m}(t)\sin 2\omega_c t \qquad (6-2-14)
\end{aligned}
$$

经过低通滤波器后，输出

$$v_0(t) = \frac{1}{2}m(t) \qquad (6-2-15)$$

6.2.3 残留边带调幅（VSB）

单边带调幅最大的优点是节省频带。但要从双边带信号中完整地分离出一个边带并不是一件容易的事情。特别是当调制信号含有丰富的低频成分或含有直流分量时。为了既能保证信息的传输，又能节省频带，残留边带调制（VSB）是一种兼顾两者的选择。残留边带信号是在保留双边带信号一个边带能量大部分的同时，保留另一边带能量的一小部分。这样的边带滤波器不要求在载波频率上锐截止，可以有比较平缓的过渡。这样的滤波器易于实现，同时又能充分保留低频信息。

残留边带调制是介于 SSB 与 DSB 之间的一种调制方式，它既克服了 DSB 信号占用频带宽的缺点，又解决了 SSB 信号实现上的难题。在 VSB 中，不是完全抑制一个边带（如同 SSB 中那样），而是逐渐切割，使其残留一小部分。残留边带信号可以用滤波方法产生。和 SSB 信号产生方法类似，首先产生双边带信号，然后用残留边带滤波器滤波，如图 6.17 所示。残留边带滤波器的特性 $H_{VSB}(\omega)$ 和残留边带信号的产生过程如图 6.18 所示。

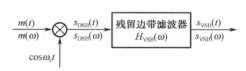

图 6.17 VSB 信号的产生

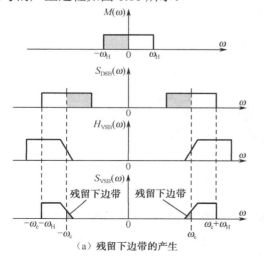

（a）残留下边带的产生

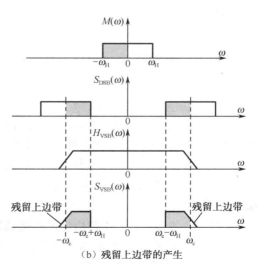

（b）残留上边带的产生

图 6.18 VSB 信号的产生

图 6.17 和图 6.18 中，由于 $m(t) \leftrightarrow M(\omega)$

$$S_{\mathrm{VSB}}(\omega) = S_{\mathrm{DSB}}(\omega)H_{\mathrm{VSB}}(\omega)$$

$$= \frac{1}{2}[M(\omega - \omega_{\mathrm{c}}) + M(\omega - \omega_{\mathrm{c}})]H_{\mathrm{VSB}}(\omega) \tag{6-2-16}$$

6.3 频率调制（FM）

扫一扫看
频率调制
教学课件

6.3.1 FM 的基本原理

在调制时，若载波的频率随调制信号变化，称为频率调制或调频（Frequency Modulation，FM）。若载波的相位随调制信号而变称为相位调制或调相（Phase Modulation，PM）。在这两种调制过程中，载波的幅度都保持恒定不变，而频率和相位的变化都表现为载波瞬时相位的变化，故把调频和调相统称为角度调制或调角。

角度调制信号的一般表达式为

$$s_{\mathrm{m}}(t) = A\cos[\omega_{\mathrm{c}}t + \varphi(t)] \tag{6-3-1}$$

式中，A 为载波的恒定振幅；$\varphi(t)$ 为相对于载波相位 $\omega_{\mathrm{c}}t$ 的瞬时相位偏移。

所谓相位调制（PM）是指瞬时相位偏移随调制信号 $m(t)$ 作线性变化，即

$$\varphi(t) = K_{\mathrm{p}}m(t) \tag{6-3-2}$$

式中 K_{p} 为调相灵敏度（rad/V），含义是单位调制信号幅度引起 PM 信号的相位偏移量。

将上式代入一般表达式（6-3-1）得到 PM 信号表达式

$$s_{\mathrm{PM}}(t) = A\cos[\omega_{\mathrm{c}}t + K_{\mathrm{p}}m(t)] \tag{6-3-3}$$

所谓频率调制（FM）是指瞬时频率偏移随调制信号成比例变化，即

$$\frac{\mathrm{d}\varphi(t)}{\mathrm{d}t} = K_{\mathrm{f}}m(t) \tag{6-3-4}$$

式中 K_{f} 为调频灵敏度（rad/s·V）。

这时相位偏移为

$$\varphi(t) = K_{\mathrm{f}}\int m(\tau)\,\mathrm{d}\tau \tag{6-3-5}$$

将其代入一般表达式（6-3-1）得到 FM 信号表达式

$$s_{\mathrm{PM}}(t) = A\cos[\omega_{\mathrm{c}}t + K_{\mathrm{f}}\int m(\tau)\,\mathrm{d}\tau] \tag{6-3-6}$$

如图 6.19 所示可以看到，PM 调制信号和 FM 调制信号在 $m(t)$ 相同，$\omega(t)$ 相差 π/2 时波形，PM 和 FM 调制信号 $s_{\mathrm{PM}}(t)$ 和 $s_{\mathrm{FM}}(t)$ 的大致波形形状相近。这是由于频率和相位之间存在微分与积分的关系。所以 FM 与 PM 两种调制之间也是可以相互转换的。

如果将调制信号先微分，而后进行调频，则得到的是调相波，这种方式叫间接调相；同样，如果将调制信号先积分，而后进行调相，则得到的是调频波，这种方式叫间接调频，如图 6.20 所示。

PM 与 FM 的区别：PM 是相位偏移随调制信号 $m(t)$ 线性变化，FM 是相位偏移随 $m(t)$ 的积分呈线性变化。如果预先不知道调制信号 $m(t)$ 的具体形式，则无法判断已调信号是调相信号还是调频信号。鉴于在实际中 FM 波用得比较多，下面将主要讨论频率调制。

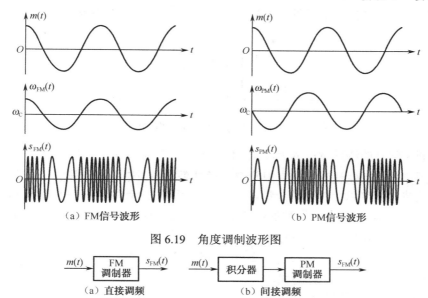

（a）FM信号波形　　　　　　　　（b）PM信号波形

图 6.19　角度调制波形图

（a）直接调频　　　　　　　　　（b）间接调频

（c）直接调相　　　　　　　　　（d）间接调相

图 6.20　PM 与 FM 调制之间的转换关系

6.3.2　调频信号

1. 宽带调频

设单音调制信号

$$m(t) = A_m \cos \omega_m t = A_m \cos 2\pi f_m t \qquad (6-3-7)$$

则单音调制 FM 信号的时域表达式为

$$s_{FM}(t) = A\cos[\omega_c t + m_f \sin \omega_m t] \qquad (6-3-8)$$

将上式进行变换得到 FM 信号的级数展开式

$$s_{PM}(t) = AJ_0(m_f)\cos \omega_c t - AJ_1(m_f)[\cos(\omega_c - \omega_m)t - \cos(\omega_c + \omega_m)t]$$

$$= A\sum_{n=-\infty}^{\infty} J_n(m_f)\cos(\omega_c + n\omega_m)t \qquad (6-3-9)$$

式中 $J_n(m_f)$ 为第一类 n 阶贝塞尔函数，是调频指数 $m(t)$ 的函数。

对上式进行傅里叶变换，即得 FM 信号的频域表达式

$$s_{PM}(\omega) = \pi A\sum_{-\infty}^{\infty} J_n(m_f)[\delta(\omega - \omega_c - n\omega_m) + \delta(\omega + \omega_c + n\omega_m)] \qquad (6-3-10)$$

由上式可见，调频信号的频谱由载波分量 ω_c 和无数边频（$\omega_c \pm n\omega_m$）组成。当 $n=0$ 时是载波分量 ω_c，其幅度为 $AJ_0(m_f)$；当 $n \neq 0$ 时是对称分布在载频两侧的边频分量（$\omega_c \pm n\omega_m$），其幅度为 $AJ_n(m_f)$，相邻边频之间的间隔为 ω_m；且当 n 为奇数时，上下边频极性相反；当 n 为偶数时极性相同。由此可见，FM 信号的频谱不再是调制信号频谱的线性搬移，而是一种非线性过程。

某单音宽带调频波的频谱（见图 6.21）：图中只画出了单边振幅谱。

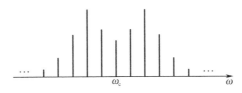

图 6.21　单音宽带调频波的单边振幅频谱图

理论上调频信号的频带宽度为无限宽。但实际上边频幅度 $J_n(m_f)$ 随着 n 的增大而逐渐减小，因此调频信号可近似认为具有有限频谱。通常采用的原则是，信号的频带宽度应包括幅度大于未调载波的 10% 以上的边频分量。当 $m_f \geqslant 1$ 以后，取边频数 $n= m_f +1$ 即可。因为 $n>m_f +1$ 以上的边频幅度均小于 0.1。因为被保留的上下边频数共有 $2n=2(m_f +1)$ 个，相邻边频之间的频率间隔为 f_m，所以调频波的有效带宽为

$$B_{FM} = 2(m_f +1)f_m = 2(\Delta f + f_m)　（6-3-11）$$

上式被称为卡森（Carson）公式。

当 $m_f \ll 1$ 时，上式可以近似为

$$B_{FM} \approx 2f_m　（6-3-12）$$

这就是窄带调频的带宽。

当 $m_f \gg 1$ 时，上式可以近似为

$$B_{FM} \approx 2\Delta f　（6-3-13）$$

这就是宽带调频的带宽。

以上讨论的是单音调制的频谱和带宽。当任意限带信号调制时，式（6-3-11）中 f_m 是调制信号的最高频率，m_f 是最大频偏 Δf 与 f_m 之比。

例如，调频广播中规定的最大频偏 Δf 为 75 kHz，最高调制频率 f_m 为 15 kHz，故调频指数 m_f =5，由式（6-3-11）可计算出此 FM 信号的频带宽度为 180 kHz。

2．窄带调频（NBFM）

（1）定义

如果 FM 信号的最大瞬时相位偏移满足下式条件，则称为窄带调频；反之，称为宽带调频。

$$\left| K_f \int_{-\infty}^{t} m(\tau) d\tau \right| \ll \frac{\pi}{6} \text{（或 0.5）}　（6-3-14）$$

（2）时域表示式

将 FM 信号一般表示式展开得到

$$s_{FM}(t) = A\cos\left[\omega_c t + K_f \int_{-\infty}^{t} m(\tau) d\tau \right]$$

$$= A\cos\omega_c t \cos\left[K_f \int_{-\infty}^{t} m(\tau) d\tau \right] - A\sin\omega_c t \sin\left[K_f \int_{-\infty}^{t} m(\tau) d\tau \right]　（6-3-15）$$

当满足窄带调频条件时，

$$\cos\left[K_f \int_{-\infty}^{t} m(\tau) d\tau \right] \approx 1$$

$$\sin\left[K_{\mathrm f}\int_{-\infty}^{t}m(\tau)\mathrm d\tau\right]\approx K_{\mathrm f}\int_{-\infty}^{t}m(\tau)\mathrm d\tau$$

上式可简化为

$$s_{\mathrm{NBFM}}(t)\approx A\cos\omega_{\mathrm c}t-\left[AK_{\mathrm f}\int_{-\infty}^{t}m(\tau)\mathrm d\tau\right]\sin\omega_{\mathrm c}t \qquad (6\text{-}3\text{-}16)$$

（3）频域表示式

利用傅里叶变换对可得

$$s_{\mathrm{NBFM}}(\omega)=\pi A[\delta(\omega+\omega_{\mathrm c})+\delta(\omega-\omega_{\mathrm c})]+\frac{AK_{\mathrm f}}{2}\left[\frac{M(\omega-\omega_{\mathrm c})}{\omega-\omega_{\mathrm c}}-\frac{M(\omega+\omega_{\mathrm c})}{\omega+\omega_{\mathrm c}}\right] \qquad (6\text{-}3\text{-}17)$$

和 AM 信号频谱 $s_{\mathrm{AM}}(\omega)=\pi A[\delta(\omega+\omega_{\mathrm c})+\delta(\omega-\omega_{\mathrm c})]+\frac{1}{2}[M(\omega+\omega_{\mathrm c})+M(\omega-\omega_{\mathrm c})]$ 比较，两者都含有一个载波和位于此处的两个边带，所以它们的带宽相同。不同的是，NBFM 的两个边频分别乘了因式$[1/(\omega-\omega_{\mathrm c})]$和$[1/(\omega+\omega_{\mathrm c})]$，由于因式是频率的函数，所以这种加权是频率加权，加权的结果引起调制信号频谱的失真。另外，NBFM 的一个边带和 AM 反相。

NBFM 和 AM 的频谱图如图 6.22 所示，矢量图如图 6.23 所示。

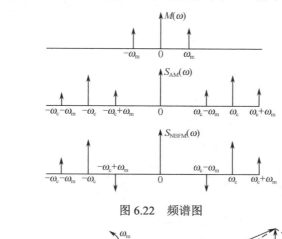

图 6.22　频谱图

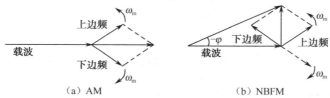

（a）AM　　　　（b）NBFM

图 6.23　矢量图

两个边频的合成矢量与载波同相，所以只有幅度的变化，无相位的变化；而在 NBFM 中，由于下边频为负，两个边频的合成矢量与载波则是正交相加，所以 NBFM 不仅有相位的变化，幅度也有很小的变化。这正是两者的本质区别。由于 NBFM 信号最大频率偏移较小，占据的带宽较窄，但是其抗干扰性能比 AM 系统要好得多，因此得到了较广泛的应用。

3．调频信号的产生

调频信号的产生有直接方法和间接方法。

（1）直接调频

直接的方法就是用调制信号直接去控制一个高频振荡器的电抗元件的参数，使振荡器输出的瞬时频率正比于调制信号的幅度。通常使用的这种振荡器就是压控振荡器（VCO）。而改变振荡频率的电抗元件是变容二极管。每个压控振荡器自身就是一个 FM 调制器，因为它的振荡频率正比于输入控制电压，即

$$\omega_{\mathrm{i}}(t) = \omega_0 + K_{\mathrm{f}} m(t) \qquad\qquad (6\text{-}3\text{-}18)$$

根据式（6-3-18），可得到直接调频实现电路，如图 6.24 所示。

压控振荡器的优点是可以直接获得大的频偏。但由于 $V_{\mathrm{out}} \backsim V_{\mathrm{in}}$ 特性的非线性，频偏受到一定的限制；另外调制信号直接作用到振荡器的振荡回路也容易产生中心（载波）频率的漂移。

直接调频法的主要优点是可以获得较大的频偏，但频率稳定度不高。可采用如下锁相环（PLL）调制器进行改进，如图 6.25 所示。

图 6.24　直接调频实现电路　　　　　图 6.25　直接调频锁相环改善电路

（2）间接调频

间接调频的原理图如图 6.26 所示。调制信号经过积分后，用窄带调相器产生窄带调频信号，最后经过 N 倍频，使最大频偏达到要求。这是间接调频的方法。间接法产生的窄带调频信号可看成是由正交分量与同相分量合成的。

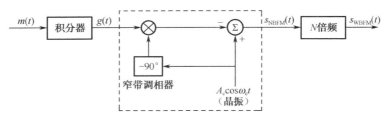

图 6.26　间接调频原理图

图 6.26 中，N 倍频模块的目的是为提高调频指数，从而获得宽带调频，可以用非线性器件来实现。如调频广播发射机，载频 f_1=200 kHz，调制信号最高频率 f_{m}=15 kHz，间接法产生的最大频偏 Δf_1=25 Hz，调频广播要求的最终频偏 Δf=75 kHz，发射载频在 88～108 MHz 频段内，所以要经过 $n = \Delta f / \Delta f_1 = 75 \times 10^3 / 25 = 3\,000$ 次的倍频，以满足最终频偏为 75 kHz 的要求。但是，倍频器在提高相位偏移的同时，也使倍频后新的载波频率提高了，因此需用混频器进行下变频来解决这个问题。

上述方法的调制过程没有直接在振荡器中进行，而是在振荡器后面的电路中完成调频。振荡器的参数不受影响，因此所得到的调频信号的载波频率精准度和稳定度都很高，被广泛用在调频广播上。

6.3.3　FM 的解调

调频信号的解调有相干解调和非相干解调两种。

（1）非相干解调

调频信号的解调也称作频率检波，或简称鉴频。这一过程就须要使用鉴频器。鉴频器的作用就是要从调频信号中捡出反映频率变化的信号，完成频率–电压的变换。因此，鉴频器的特性应当是输出的电压和输入信号的瞬时频偏成正比，即

$$s_d(t) = K_D \cdot \frac{\mathrm{d}\varphi(t)}{\mathrm{d}t} = K_D \cdot \Delta\omega(t) \tag{6-3-19}$$

式中 K_D 是鉴频器的灵敏度。理想的鉴频特性是一条直线，如图 6.27 所示。

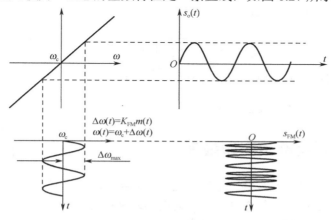

图 6.27　理想鉴频特性

实际鉴频的方法都是首先对调频波进行波形的变换，然后从变换的波形中恢复调制信号。根据变换的波形不同，鉴频器的种类有多种，如斜率鉴频、相位鉴频、脉冲计数鉴频和锁相环鉴频等。无论哪一种鉴频器，其鉴频特性都应当满足式（6-3-19）。这里只介绍最普通的斜率鉴频器。它的方法是把调频波变为调频–调幅波，然后用包络检波器把调制信号恢复出来。这种波形变换是由微分器来完成的，如图 6.28 所示。

图 6.28　斜率鉴频原理

图 6.28 中，微分电路和包络检波器构成了具有近似理想鉴频特性的鉴频器。限幅器的作用是消除信道中噪声等引起的调频波的幅度起伏。斜率鉴频是一种非相干解调方法。这种鉴频器结构简单，价格便宜，因此应用广泛。

（2）相干解调

相干解调仅适用于 NBFM 信号。

由于 NBFM 信号可分解成同相分量与正交分量之和，因而可以采用线性调制中的相干解调法来进行解调，如图 6.29 所示。

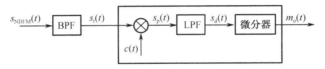

图 6.29　NBFM 相干解调

设窄带调频信号为

$$s_{\text{NBFM}}(t) = A\cos\omega_c t - A\left[K_f\int_{-\infty}^{t}m(\tau)\mathrm{d}\tau\right]\cdot\sin\omega_c t \qquad (6\text{-}3\text{-}20)$$

并设相干载波信号为 $c(t) = -\sin\omega_c t$，则相乘器的输出为

$$s_p(t) = -\frac{A}{2}\sin 2\omega_c t + \frac{A}{2}\left[K_f\int_{-\infty}^{t}m(\tau)\mathrm{d}\tau\right]\cdot(1-\cos 2\omega_c t) \qquad (6\text{-}3\text{-}21)$$

经低通滤波器取出其低频分量

$$s_d(t) = \frac{A}{2}K_f\int_{-\infty}^{t}m(\tau)\mathrm{d}\tau \qquad (6\text{-}3\text{-}22)$$

再经微分器，即得解调输出 $\qquad m_o(t) = \dfrac{AK_f}{2}m(t) \qquad (6\text{-}3\text{-}23)$

可见，相干解调可以恢复原调制信号。

6.4　模拟调制系统的抗噪声性能

前面几节的分析都是在没有噪声条件下进行的。实际当中，任何通信系统都避免不了噪声的影响，从有关信道和噪声的内容可知，通信系统是把信道加性噪声中的起伏噪声作为研究对象的，而起伏噪声又可视为高斯白噪声。因此，我们有必要知道信道存在加性高斯白噪声时各种线性系统的抗噪声性能。

6.4.1　AM 系统的抗噪声性能

常规的调幅 AM 信号可以用包络检波器解调。这种解调方法不需要相干载波，是一种非相干解调方法。它最大的优点是实现起来简单，特别适合于普通广播接收机。由于包络检波器在正常工作时，输出的电压与输入的信号包络基本上呈线性关系，因此只适合 AM 信号的解调。

包络检波的解调性能分析模型如图 6.30 所示。信号叠加上噪声后输入接收机的带通滤波器 BPF，其中频率等于信号的载波频率 ω_c，带宽等于信号的带宽，即 $B=2W$。

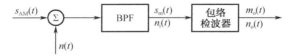

图 6.30　包络检波解调性能分析模型

1．输入信噪比

设解调器输入信号为

$$s_{\text{AM}}(t) = [A_0 + m(t)]\cos\omega_c t \qquad (6\text{-}4\text{-}1)$$

假设调制信号 $m(t)$ 的均值为零，且 $|m(t)|_{\max} < A_0$，则解调器输入噪声为

$$n_i(t) = n_c(t)\cos\omega_c t - n_s(t)\sin\omega_c t \qquad (6\text{-}4\text{-}2)$$

则解调器输入的信号功率和噪声功率分别为

$$S_i = \overline{s_m^2(t)} = \frac{A_0^2}{2} + \frac{\overline{m^2(t)}}{2} \qquad (6\text{-}4\text{-}3)$$

$$N_i = \overline{n_i^2(t)} = n_o B \qquad (6\text{-}4\text{-}4)$$

输入信噪比为

$$\frac{S_i}{N_i} = \frac{A_0^2 + \overline{m^2(t)}}{2n_o B} \qquad (6\text{-}4\text{-}5)$$

2. 输出信噪比

包络检波器输出的是输入信号的包络。现在检波器输入的信号是信号和窄带噪声的叠加，即

$$\begin{aligned}
s_{AM}(t) + n_i(t) &= [A_0 + m(t) + n_c(t)]\cos\omega_c t - n_s(t)\sin\omega_c t \\
&= E(t)\cos[\omega_c t + \psi(t)] \qquad (6\text{-}4\text{-}6)
\end{aligned}$$

式中

$$E(t) = \sqrt{[A_0 + m(t) + n_c(t)]^2 + n_s^2(t)} \qquad (6\text{-}4\text{-}7)$$

$$\psi(t) = \arctan\left[\frac{n_s(t)}{A_0 + m(t) + n_c(t)}\right] \qquad (6\text{-}4\text{-}8)$$

显然，包络 $E(t)$ 与 $m(t)$ 不再是简单的线性关系，不能从 $E(t)$ 完全分离出 $m(t)$。但在工程上，可以对两种情况分别考虑。

（1）大信噪比情况下

输入信号幅度远大于噪声幅度，即

$$[A_0 + m(t)] \gg \sqrt{n_c^2(t) + n_s^2(t)}$$

因而式（6-4-7）可以简化为

$$\begin{aligned}
E(t) &= \sqrt{[A_0 + m(t)]^2 + 2[A_0 + m(t)]n_c(t) + n_c^2(t) + n_s^2(t)} \\
&\approx \sqrt{[A_0 + m(t)]^2 + 2[A_0 + m(t)]n_c(t)} \\
&\approx [A_0 + m(t)]\left[1 + \frac{2n_c(t)}{A_0 + m(t)}\right]^{1/2} \\
&\approx [A_0 + m(t)]\left[1 + \frac{n_c(t)}{A_0 + m(t)}\right] \\
&= A_0 + m(t) + n_c(t) \qquad (6\text{-}4\text{-}9)
\end{aligned}$$

这里利用了近似公式 $(1+x)^{\frac{1}{2}} \approx 1 + \dfrac{x}{2}$，当 $|x| \ll 1$ 时，由式（6-4-9）可见，有用信号与噪声独立地分成两项，因而可分别计算它们的功率。

输出信号功率为

$$S_o = \overline{m^2(t)} \qquad (6\text{-}4\text{-}10)$$

输出噪声功率为

$$N_o = \overline{n_c^2(t)} = \overline{n_i^2(t)} = n_o B \tag{6-4-11}$$

故输出信噪比为

$$\frac{S_o}{N_o} = \frac{\overline{m^2(t)}}{n_o B} \tag{6-4-12}$$

由式（6-4-5）和（6-4-12）可得调制制度增益为

$$G_{AM} = \frac{S_o/N_o}{S_i/N_i} = \frac{2\overline{m^2(t)}}{A_0^2 + \overline{m^2(t)}} \tag{6-4-13}$$

（2）小噪声比情况下

此时，输入信号幅度远小于噪声幅度，即

$$[A_0 + m(t)] \ll \sqrt{n_c^2(t) + n_s^2(t)}$$

式（6-4-6）变成

$$\begin{aligned}
E(t) &= \sqrt{[A_0 + m(t)]^2 + n_c^2(t) + n_s^2(t) + 2n_c(t)[A_0 + m(t)]} \\
&\approx \sqrt{n_c^2(t) + n_s^2(t) + 2n_c(t)[A_0 + m(t)]} \\
&= \sqrt{[n_c^2(t) + n_s^2(t)]\left\{1 + \frac{2n_c(t)[A_0 + m(t)]}{n_c^2(t) + n_s^2(t)}\right\}} \\
&= R(t)\sqrt{1 + \frac{2[A_0 + m(t)]}{R(t)}\cos\theta(t)}
\end{aligned} \tag{6-4-14}$$

式中 $R(t)$ 和 $\theta(t)$ 代表噪声的包络及相位，即

$$R(t) = n_c^2(t) + n_s^2(t), \quad \theta(t) = \arctan\left[\frac{n_s(t)}{n_c(t)}\right], \quad \cos\theta(t) = \frac{n_c(t)}{R(t)}$$

因为 $R(t) \gg [A_0 + m(t)]$，所以可以利用 $(1+x)^{\frac{1}{2}} \approx 1 + \frac{x}{2}(|x| \ll 1$时$)$ 把 $E(t)$ 进一步近似为

$$\begin{aligned}
E(t) &= R(t)\sqrt{1 + \frac{2[A_0 + m(t)]}{R(t)}\cos\theta(t)} \\
&\approx R(t)\left[1 + \frac{A + m(t)}{R(t)}\cos\theta(t)\right] \\
&= R(t) + [A + m(t)]\cos\theta(t)
\end{aligned} \tag{6-4-15}$$

此时，$E(t)$ 中没有单独的信号项，有用信号 $m(t)$ 被噪声扰乱，只能看作是噪声。这时，输出信噪比不是按比例地随着输入信噪比下降，而是急剧恶化，通常把这种现象称为解调器的门限效应。开始出现门限效应的输入信噪比称为门限值。

6.4.2 FM 系统的抗噪声性能

调频信号的解调有相干解调和非相干解调两种。相干解调仅适用于窄带调频信号，且需要同步信号，故应用范围受限；而非相干解调不需要同步信号，且对于 NBFM 信号和 WBFM 信号均适用，因此是 FM 系统的主要解调方式。下面我们将重点讨论 FM 非相干解调时的抗噪声性能，其分析模型如图 6.31 所示。图中 $n(t)$ 是均值为零，单边功率谱密度为 n_0 的高斯白

噪声；BPF 的作用是抑制调频信号带宽以外的噪声；限幅器的作用是消除信道中噪声和其他原因引起的调频波的幅度起伏。

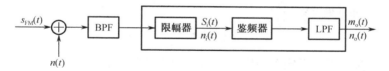

图 6.31　FM 非相干解调抗噪声性能分析模型

1. 输入信噪比

设输入调频信号为

$$S_{\mathrm{FM}}(t) = A\cos\left[\omega_{\mathrm{c}} + K_{\mathrm{F}}\int_{-\infty}^{t} m(\tau)\mathrm{d}\tau\right] \tag{6-4-16}$$

故其输入信号功率为

$$S_{\mathrm{i}} = A^2 / 2 \tag{6-4-17}$$

输入噪声功率为

$$N_{\mathrm{i}} = n_{\mathrm{o}} B_{\mathrm{FM}} \tag{6-4-18}$$

式中 B_{FM} 为调频信号的带宽，即带通滤波器的带宽。

因此，输入信噪比为

$$\frac{S_{\mathrm{i}}}{N_{\mathrm{i}}} = \frac{A^2}{2n_{\mathrm{o}} B_{\mathrm{FM}}} \tag{6-4-19}$$

2. 输出信噪比

（1）大信噪比情况下

在输入信噪比足够大的条件下，信号和噪声的相互作用可以忽略，这时可以把信号和噪声分开来计算。

输入噪声为 0 时，解调输出信号为

$$m_{\mathrm{o}}(t) = K_{\mathrm{d}} K_{\mathrm{f}} m(t) \tag{6-4-20}$$

故输出信号平均功率为

$$S_{\mathrm{o}} = \overline{m_{\mathrm{o}}^2(t)} = (K_{\mathrm{d}} K_{\mathrm{f}})^2 \overline{m^2(t)} \tag{6-4-21}$$

式中 K_{d} 为鉴频器灵敏度。

现在来计算输出噪声平均功率。假设调制信号 $m(t)=0$，则加到解调器输入端的是未调载波与窄带高斯噪声之和，即

$$\begin{aligned}
A\cos\omega_{\mathrm{c}}t + n_{\mathrm{i}}(t) &= A\cos\omega_{\mathrm{c}}t + n_{\mathrm{c}}(t)\cos\omega_{\mathrm{c}}t - n_{\mathrm{s}}(t)\sin\omega_{\mathrm{c}}t \\
&= [A + n_{\mathrm{c}}(t)]\cos\omega_{\mathrm{c}}t - n_{\mathrm{s}}(t)\sin\omega_{\mathrm{c}}t \\
&= A(t)\cos[\omega_{\mathrm{c}}t + \psi(t)]
\end{aligned} \tag{6-4-22}$$

式中，包络

$$A(t) = \sqrt{[A + n_{\mathrm{c}}(t)]^2 + n_{\mathrm{s}}^2(t)} \tag{6-4-23}$$

相位偏移

$$\psi(t) = \arctan\frac{n_{\mathrm{s}}(t)}{A + n_{\mathrm{c}}(t)} \tag{6-4-24}$$

在大信噪比时，即 $A \gg n_{\mathrm{c}}(t)$ 和 $A \gg n_{\mathrm{s}}(t)$ 时，相位偏移可近似为

$$\psi(t) = \arctan \frac{n_s(t)}{A + n_c(t)} \approx \arctan \frac{n_s(t)}{A} \tag{6-4-25}$$

当 $x \ll 1$ 时，有 $\arctan x \approx x$，故

$$\psi(t) \approx \frac{n_s(t)}{A} \tag{6-4-26}$$

由于鉴频器的输出正比于输入的频率偏移，故鉴频器的输出噪声（在假设调制信号为 0 时，解调结果只有噪声）为

$$n_d(t) = K_d \frac{d\psi(t)}{dt} = \frac{K_d}{A} \frac{dn_s(t)}{dt} \tag{6-4-27}$$

式中 $n_s(t)$ 是窄带高斯噪声 $n_i(t)$ 的正交分量。

由于 $dn_s(t)/dt$ 实际上就是 $n_s(t)$ 通过理想微分电路的输出，故它的功率谱密度应等于 $n_s(t)$ 的功率谱密度乘以理想微分电路的功率传输函数。

设 $n_s(t)$ 的功率谱密度为 $P_i(f) = n_o$，理想微分电路的功率传输函数为

$$|H(f)|^2 = |j2\pi f|^2 = (2\pi)^2 f^2 \tag{6-4-28}$$

则鉴频器输出噪声 $n_d(t)$ 的功率谱密度为

$$P_d(f) = \left(\frac{K_d}{A}\right)^2 |H(f)|^2 P_i(f) = \left(\frac{K_d}{A}\right)^2 (2\pi)^2 f^2 n_o, \quad |f| < \frac{B_{FM}}{2} \tag{6-4-29}$$

鉴频器前后的噪声功率谱密度如图 6.32 所示。

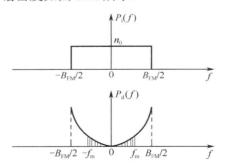

图 6.32　鉴频器前后的噪声功率谱密度

由图 6.32 可见，鉴频器输出噪声的功率谱密度已不再是均匀分布，而是与 f^2 成正比。该噪声再经过低通滤波器的滤波，滤除调制信号带宽 f_m 以外的频率分量，故最终解调器输出（LPF 输出）的噪声功率（图中阴影部分）为

$$N_o = \int_{-f_m}^{f_m} P_d(f)df = \int_{-f_m}^{f_m} \frac{4\pi^2 K_d^2 n_o}{A^2} f^2 df = \frac{8\pi^2 K_d^2 n_o f_m^3}{3A^2} \tag{6-4-30}$$

于是，FM 非相干解调器输出端的输出信噪比为

$$\frac{S_o}{N_o} = \frac{3A^2 K_f^2 \overline{m^2(t)}}{8\pi^2 n_o f_m^3} \tag{6-4-31}$$

（2）小信噪比情况下

当 (S_i/N_i) 低于一定数值时，解调器的输出信噪比 (S_o/N_o) 急剧恶化，这种现象称为调频信号解调的门限效应。出现门限效应时所对应的输入信噪比值称为门限值，记为 $(S_i/N_i)_b$。

如图 6.33 所示，画出了单音调制时在不同调制指数下，调频解调器的输出信噪比与输入信噪比的关系曲线。

由图可见，门限值与调制指数 m_f 有关。m_f 越大，门限值越高。不过不同 m_f 时，门限值的变化不大，大约在 8～11 dB 的范围内变化，一般认为门限值为 10 dB 左右。

门限效应是 FM 系统存在的一个实际问题。尤其在采用调频制的远距离通信和卫星通信等领域中，对调频接收机的门限效应十分关注，希望门限点向低输入信噪比方向扩展。

降低门限值（也称门限扩展）的方法有很多，例如可以采用锁相环解调器和负反馈解调器，它们的门限比一般鉴频器的门限电平低 6～10 dB。

另外还可以采用"预加重"和"去加重"技术来进一步改善调频解调器的输出信噪比。这也相当于改善了门限。

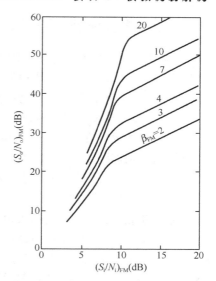

图 6.33 调频解调器的输出信噪比与输入信噪比的关系曲线

6.4.3 AM 与 FM 系统性能比较

在大信噪比情况下，AM 信号包络检波器的输出信噪比为

$$\frac{S_o}{N_o} = \frac{\overline{m^2(t)}}{n_o B} \tag{6-4-32}$$

若设 AM 信号为 100%调制，且 $m(t)$ 为单频余弦波信号，则 $m(t)$ 的平均功率为 $\overline{m^2(t)} = \dfrac{A^2}{2}$，因而

$$\frac{S_o}{N_o} = \frac{A^2/2}{n_o B} \tag{6-4-33}$$

式中，B 为 AM 信号的带宽，它是基带信号带宽的两倍，即 $B = 2f_m$，故有

$$\frac{S_o}{N_o} = \frac{A^2/2}{2n_o f_m} \tag{6-4-34}$$

将两者相比，得到

$$\frac{(S_o/N_o)_{FM}}{(S_o/N_o)_{AM}} = 3m_f^2 \tag{6-4-35}$$

结论：在大信噪比情况下，调频系统的抗噪声性能将比调幅系统优越，且其优越程度将随传输带宽的增加而提高。

但是，FM 系统以带宽换取输出信噪比改善并不是无止境的。随着传输带宽的增加，输入噪声功率增大，在输入信号功率不变的条件下，输入信噪比下降，当输入信噪比降到一定程度时就会出现门限效应，输出信噪比将急剧恶化。

6.4.4 各种模拟调制系统的比较

在各种模拟调制系统中，WBFM 抗噪声性能最好，DSB、SSB、VSB 抗噪声性能次之，AM 抗噪声性能最差。各种模拟调制系统的性能曲线如图 6.34 所示，其中图中的圆点表示门限值。

对于 AM 和 FM，随着传输带宽的增加，输入噪声功率增大，在输入信号功率不变的条件下，输入信噪比下降。当输入信噪比降到一定程度时，输出信噪比不是按比例地随着输入信噪比下降，而是急剧恶化，出现门限效应。开始出现门限效应的输入信噪比称为门限值。

门限值以下，曲线迅速下跌；门限点以上，DSB、SSB 的信噪比比 AM 高 4.7 dB 以上，而 FM（m_f =6）的信噪比比 AM 高 22 dB。当输入信噪比较高时，FM 的调频指数 m_f 越大，抗噪声性能越好。对于频带利用率，由于 SSB 的带宽最窄，其频带利用率最高；FM 占用的带宽随调频指数 m_f 的增大而增大，其频带利用率最低。可以说，FM 是以牺牲有效性来换取可靠性的。

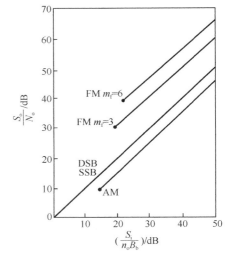

图 6.34　模拟调制系统性能曲线

因此，m_f 值的选择要从通信质量和带宽限制两方面考虑。对于高质量通信（高保真音乐广播，电视伴音、双向式固定或移动通信、卫星通信和蜂窝电话系统）采用 WBFM，m_f 值选大些。对于一般通信，要考虑接收微弱信号，带宽窄些，噪声影响小，常选用 m_f 较小的调频方式。

模拟调制解调技术中不同的调制方式具有不同的特点，其应用场景除了我们日常生活中常见的收音机之外，还被广泛应用到了我们的通信系统中。AM 接收设备简单，但功率利用率低，抗干扰能力差，主要用于中波和短波调幅广播。DSB 调制功率利用率高，且带宽与 AM 相同，但设备较复杂，应用较少，一般用于点对点专用通信。SSB 调制功率利用率和频带利用率都较高，抗干扰能力和抗选择性衰落能力均优于 AM，而带宽只有 AM 的一半，但发送和接收设备都复杂。SSB 常用于短波无线电广播、话音频分复用、载波通信、数据传输中。VSB 调制抗噪声性能和频带利用率与 SSB 相当，在电视广播等系统中得到了广泛应用。FM 的抗干扰能力强，但频带利用率低，存在门限效应，广泛应用于超短波小功率电台（窄带 FM）、调频立体声广播等长距离高质量的通信系统中。

案例分析6　光纤数据传输

光端机（见图 6.35）是光信号传输的终端设备。它主要是通过信号调制、光电转化等技术，利用光传输特性来达到远程传输的目的。光端机一般成对使用，分为光发射机和光接收机，光发射机完成电/光转换，并把光信号发射出去用于光纤传输；光接收机主要是把从光纤接收的光信号再还原为电信号，完成光/电转换。光

图 6.35　光端机

端机作用就是用于远程传输数据，可以将多个 E1（一种中继线路的数据传输标准，通常速率为 2.048 Mb/s，此标准为中国和欧洲采用）信号变成光信号并进行传输，分为模拟光端机和数字光端机。

从 20 世纪 80 年代末模拟光端机开始进入中国应用，到 2001 年数字光端机的出现，演绎了经济发展带动科学技术进步，科学技术推动经济发展的过程。

最早出现的模拟光端机主要是采用模拟调频、调幅、调相的方式将基带的视频、音频、数据等传输信号调制到某一载项，通过另一端的接收光端机进行解调，恢复成相应的基带视频、音频、数据信号。通常使用以下几种调制方式。

调幅或强度调制系统（AM）：全模拟系统，光学发射单元内发光二极管（LED）的亮度或强度随输入信号幅度线性变化。调幅的光信号通过光纤发送给光接收单元，由其将信号转换为模拟基带信号。

调频或频率调制系统（FM）：也是一个模拟系统，射频载波通过输入信号线性调节频率，经过调制的载波又用于光发射单元的 LED 或激光发射器，经过频率调制的信号通过光纤发送给光接收单元，由其将信号转换为模拟基带信号。

光纤的模拟传输系统是把光强进行模拟调制，其光源的调制功率随调制信号变化而变化。但由于光源的非线性较严重，因此其信噪比、传输距离和传输频率都十分有限。为了提高光纤的利用效率，降低成本，必须将各种信号在光端机进行复用，以便在一对或一根光纤上传。模拟光端机主要有单路、双路、四路、八路及带 PTZ 控制数据的光端机，但传输容量严重不足，对于具有足够传输容量的光纤造成了浪费，复杂、大容量、高路数的设备则需要多芯传输。同时，对调频、调幅、调相光端机来讲，将多路视频、音频或数据信号混合调频、调幅、调相在某一载波上必然会引起各种镜像、交调干扰，造成实现多级中继、级联比较困难，传输业务的单一。

数字光端机的出现解决了模拟光端机所出现的问题，并逐渐代替了模拟光端机。数字传输系统是把输入的信号变换成"1"，"0"表示的脉冲信号，并以它作为传输信号。在接收端再把它还原成原来的信息。这样光源的非线性对数字码流影响很小，再加上数字通信可以采用一些编码纠错的方法，且易于实现多路复用，因此数字传输系统具有很大的优势。数字光端机解决了模拟光端机的传输容量小、业务能力小、信号易衰减、易串扰等缺点，优势明显。其传输容量大，传输的业务也多样化，包括视频、音频、数据、以太网、电话信号等各种信号，提高了光纤带宽的利用率，提高了信号质量以及性价比，因此得到了广泛应用。

思考题：

早期模拟光端机使用了哪种调制技术？其基本原理是怎样的？这种调制技术如何解调还原基带信号？系统性能如何？

习题6

一、填空题

1. 相干解调适用于_____线性调制信号的解调。

2. 在模拟通信系统中，常用_____来衡量通信质量的好坏。

3. AM 信号的解调方法有两种：_____和_____。

4．角度调制可分为 _____ 和_____。

5．残留边带滤波器的传输特性应满足_____。

二、选择题

1．在模拟调制当中，属于非线性调制的是（   ）。

A．DSB   B．AM   C．FM   D．SSB

2．设调制信号的最高截止频率为 f_H，进行 AM 调制，要使已调信号无失真地传输，AM 调制系统的传输带宽至少为（   ）。

A．f_H B．$2f_H$ C．$3f_H$ D．$4f_H$

3．模拟调制系统中抗噪声性能最好的是（   ）。

A．DSB   B．AM   C．PM   D．FM

4．模拟调制系统中频谱利用率最高的是（   ）。

A．SSB   B．AM   C．VSB   D．FM

5．模拟调制系统中功率利用率最高的是（   ）。

A．DSB   B．AM   C．VSB   D．FM

三、判断题

1．信噪比增益越高，则解调器的抗噪声性能越好。（   ）

2．幅度调制通常又称为线性调制。（   ）

3．单边带幅度调制缺点是占用频带宽度比较宽。（   ）

4．调频与调相并无本质区别，两者之间可以互换。（   ）

5．抑制载波的双边带幅度调制缺点是滤波器实现困难。（   ）

四、简答题

1．什么是调制？调制在通信系统中的作用是什么？

2．AM 信号的波形和频谱有哪些特点？

3．SSB 信号的产生方法有哪些？

4．比较调幅系统和调频系统的抗噪声性能。

五、计算题

1．设一个频率调制信号的载频等于 10 kHz，基带调制信号是频率为 2 kHz 的单一正弦波，调制频移等于 5 kHz。试求其调制指数和已调信号带宽。

2．根据图 6.36 所示的调制信号波形，试画出 AM 波形。

3．根据图 6.37 所示的调制信号波形，试画出 DSB 波形。简述信号通过 AM 和 DSB 调制后的不同。

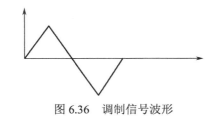

图 6.36　调制信号波形

图 6.37　调制信号波形

模块 7

数字调制解调

知识分布网络

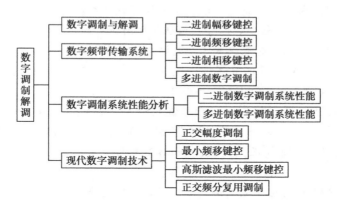

导入案例

随着数字通信技术的发展，加上人们对视听娱乐的要求不断提高，高清晰度数字电视（HDTV）已进入了人们的生活。HDTV 技术源之于 DTV（Digital Television，数字电视）技术，HDTV 技术和 DTV 技术都是采用数字信号，而 HDTV 技术则属于 DTV 的最高标准，分辨率最高可达 1 920×1 080，帧率高达 60 f/s，数字信号的传输速率为 19.39 Mb/s，如此大的数据流传输速度保证了数字电视的高清晰度，因而拥有最佳的视频、音频效果。但是要达到这样的效果，须要传输大量的数据，因此 HDTV 对信息传输速率要求很高，主要是通过压缩编码和有效的数字调制技术实现的。HDTV 系统结构框图如图 7.1 所示。

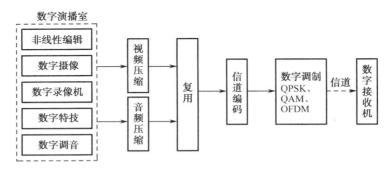

图 7.1　HDTV 系统结构框图

HDTV 采用压缩技术和复用提高了信号传输的有效性和信道的利用率。但经过信道编码的信号依然是基带信号，频率较低，信号频谱从零频附近开始，信号在传输的过程中衰减快，不适合长距离的传输。因此，要把基带信号通过调制变成高频信号，才能实现高速、高效、长距离的数据传输。HDTV 使用的数字调制技术主要有正交幅度调制（QAM）、正交相移键控（QPSK）和正交频分复用（OFDM）等技术。

QPSK 调制：QPSK 调制称为正交相移键控调制，Q 代表正交、PSK 代表相移键控。QPSK 调制器可以看成是由 2 个 PSK 调制器组合而成的。QPSK 调制器的载波发生器所产生的载波分成两路：一路是正弦载波;另一路是相位导前 90°的余弦载波，各自分别进行相位键控。

QAM 调制：QAM 称为正交幅度调制，它用数字信号既调载波幅度，也调制其相位，使载波的幅度和相位均受控于数字信号。常用的有 16QAM、32QAM、64QAM、258QAM 等。

OFDM：正交频分复用技术，实际上 OFDM 是 MCM（Multi Carrier Modulation，多载波调制）的一种。在 OFDM 传播过程中，高速信息数据流通过串并变换，分配到速率相对较低的若干子信道中传输，每个子信道中的符号周期相对增加，这样可减少因无线信道多径时延扩展所产生的时间弥散性对系统造成的码间干扰。另外，由于引入保护间隔，在保护间隔大于最大多径时延扩展的情况下，可以最大限度地消除多径带来的符号间干扰。如果用循环前缀作为保护间隔，还可避免多径带来的信道间干扰。

经过调制的信号可在信道中高速高效地传输，传送到数字接收机（如数字电视机），电视观众便可收看高清晰的数字电视节目。

思考：

HDTV 中为什么要对语音信号和数字信号进行压缩？为什么要采用数字调制技术？常见的数字调制技术有哪些？移动通信系统中用到了哪些调制技术？

学习目标

- ☞ 理解什么是数字调制与解调。
- ☞ 理解数字调制的目的、概念。
- ☞ 掌握数字频带传输系统各组成部分的功能。
- ☞ 了解数字调制方式的分类。
- ☞ 掌握 2ASK、2FSK、2PSK 解调原理、波形、频谱特点。
- ☞ 对于给定的数据，能够根据调制规则制作调制后的波形。
- ☞ 会观测并分析 2FSK、2PSK 调制系统的关键点波形。
- ☞ 理解不同数字调制系统的性能。

扫一扫看数字调制解调与数字频带传输系统教学课件

7.1　数字调制与解调

由于数字基带信号的频谱是从零频开始而且集中在低频段，存在两大问题。

一是普通导线对低频、低压信号的传输损耗较大，难以保证带内特性，容易产生传输失真，因此基带信号不适合在各种信道上进行长距离传输。最大传输距离为十几千米。

二是基带信号只适合在低通型信道中传输，比如双绞线。但是常见的通信信道是带通型的，如各个频段的无线信道、限定频率范围的同轴电缆等。带通型信道比低通型信道带宽大得多，可以采用频分复用技术传输多路信号，提高信道的利用率；另外，若要利用无线电信道，必须把低频信号"变"成高频信号。

为了进行长途传输，必须对数字信号进行载波调制，将信号频谱搬移到高频处才能在信道中传输。因此，大部分现代通信系统都使用数字调制技术。典型的数字频带传输系统有移动通信系统、数字光纤通信系统、数字微波系统。与其他调制方式相比较来看，调制方式的主要应用领域如表 7.1 所示。

表 7.1　调制方式的应用

调　制　方　式			用　　途
连续载波调制	线性调制	常规双边带调幅 AM	广播等
		抑制载波双边带调幅 DSB	立体声广播等
		单边带调幅 SSB	载波通信、无线电台、数传等
		残留边带调幅 VSB	电视广播、数传、传真等
	非线性调制	频率调制 FM	微波中继、卫星通信、广播等
		相位调制 PM	中间调制方式等
	数字调制	幅度键控 ASK	数据传输等
		频率键控 FSK	数据传输等

续表

调 制 方 式			用　途
连续载波调制	数字调制	相移键控 PSK、DPSK、QPSK 等	数据传输、数字微波、空间通信等
		其他高效数字调制 QAM、MSK 等	数字微波、空间通信等
脉冲调制	脉冲模拟调制	脉幅调制 PAM	中间调制方式、遥测等
		脉宽调制 PDM（PWM）	中间调制方式等
		脉位调制 PPM	遥测、光纤传输等
	脉冲数字调制	脉码调制 PCM	市话、卫星、空间通信等
		增量调制 DM	军用、民用电话等
		差分脉码调制 DPCM	电视电话、图像编码等
		其他语言编码方式 ADPCM、APC、LPC	中低数字电话等

　　数字调制是指用数字基带信号对载波的某些参量进行控制，使载波的这些参量随基带信号的变化而变化。根据控制的载波参量的不同，数字调制有调幅、调相和调频三种基本形式，并可以派生出多种其他形式。通过调制，使信号更适合于信道传输，可实现信道复用，提高通信系统的有效性。

　　正弦波信号简单，便于产生和接收，所以在大多数数字通信系统中，都选择正弦波作为载波。所以数字基带调制和模拟调制一样，都是正弦波调制。数字调制中用载波信号参数的某些离散状态来表征所传输的信息，在接收端只要对这有限个离散值进行判决，就可恢复出原始信号。

　　包括数字调制和解调环节的传输系统称为数字调制系统，又叫作数字频带传输系统，其基本结构如图 7.2 所示。

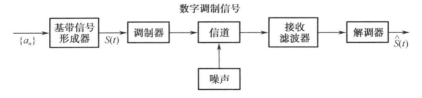

图 7.2　数字调制系统的基本结构

　　在数字频带传输系统中，原始信号经过基带信号形成器变成适合在信道中传输的基带信号，然后送往调制器，调制器的作用就是对数字基带信号进行某种变换，使其能在带通信道中传输。调制方式能在很大程度上影响数字频带传输系统的性能。调制的主要作用如下。

　　（1）便于实现信道复用；

　　（2）便于改善系统性能；

　　（3）把数字基带信号频谱搬移到高频处，便于以高频电磁波（电信号）形式发射出去；

　　（4）提高通信系统的抗干扰能力和通信系统的可靠性。

　　接收滤波器把叠加有干扰的信号提取出来，解调器从接收的带通信号中分离出数字基带信号和载波信号，即调制的逆过程。

7.2　数字频带传输系统

数字调制技术分一般分两种类型，一种是利用模拟方法实现数字调制，即把数字基带信号当作模拟信号的特例来处理；另一种是利用数字信号的离散取值特点去键控载波，从而实现数字调制，这种方法通常叫作"键控法"。"键控"就是把数字信号码元对应的脉冲序列看作"电键"对载波参数进行控制。如对载波的振幅、频率及相位进行键控，便可获得幅移键控（ASK）、频移键控（FSK）以及相移键控（PSK）三种调制方式。键控法一般都由数字电路来实现，它具有调制变换速率快、调整测试方便、体积小和设备可靠性高等特点。

在数字通信系统中，信号只取两种形式（或状态）的系统称为二元或二进制系统。数字信号多于两种状态的系统称为多进制系统。我们首先来了解一下二进制调制方式。

7.2.1　二进制幅移键控

以基带数字信号控制载波的幅度变化的调制方式称为幅移键控（ASK），又称数字调幅。数字调制信号的每一特征状态都用正弦振荡幅度的一个特定值来表示。幅移键控是通过改变载波信号的振幅大小来表示数字信号"1"和"0"的，通过乘法器和开关电路来实现。载波在数字信号 1 或 0 的控制下通或断，在信号为 1 的状态下载波接通，此时传输信道上有载波出现；在信号为 0 的状态下载波被关断，此时传输信道上无载波传送。那么在接收端我们就可以根据载波的有无还原出数字信号的 1 和 0。ASK 最简单的形式是载波在二进制调制信号控制下通断。

1．二进制幅移键控原理

幅移键控（Amplitude Shift Keying，ASK），也称开关键控（通断键控），记作 OOK（On Off Keying）。二进制数字幅移键控通常记作 2ASK。

幅移键控是一种线性调制。2ASK 是利用代表数字信息"0"或"1"的基带矩形脉冲去键控一个连续的载波，使载波时断时续地输出，有载波输出时表示发送"1"，无载波输出时表示发送"0"。根据线性调制的原理，一个二进制的幅移键控信号可以表示成一个单极性矩形脉冲序列与一个正弦型载波的乘积，即

$$e(t) = \sum_n a_n g(t - nT_s) \cos \omega_c t \qquad (7\text{-}2\text{-}1)$$

式中，$g(t)$ 是持续时间为 T_s 的单个矩形脉冲；ω_c 为载波频率，a_n 为二进制数字。

$$a_n = \begin{cases} 1, & P \\ 0, & 1-P \end{cases} \qquad (7\text{-}2\text{-}2)$$

若令

$$s(t) = \sum_n a_n g(t - nT_s) \qquad (7\text{-}2\text{-}3)$$

则变为

$$e(t) = s(t) \cos \omega_c t \qquad (7\text{-}2\text{-}4)$$

由此可以得出实现幅移键控的一般原理图，如图 7.3 所示。

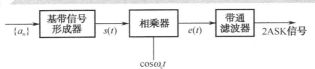

图 7.3　数字线性调制方框图

在图 7.3 中，基带信号形成器把数字序列 $\{a_n\}$ 转换成所需的单极性基带矩形脉冲序列 $s(t)$，与载波相乘即把 $s(t)$ 的频谱搬移到 $\pm f_c$ 附近，实现 2ASK。带通滤波器滤出所需的已调信号，防止带外辐射产生影响。其基带信号、载波信号和调制信号波形示意图如图 7.4 所示。

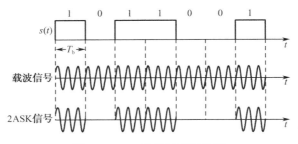

图 7.4　ASK 信号波形示意图

2ASK 信号之所以称为 OOK 信号，是由于幅移键控的实现可以用开关电路来完成，开关电路是以数字基带信号为门脉冲来选通载波信号的，从而在开关电路输出端得到 2ASK 信号。

产生 2ASK 信号的方框图如图 7.5 所示，它利用二进制信号 $s(t)$ 来控制开关的通断。当二进制数字信号为"1"码时，开关接通，输出高频正弦载波；当二进制数字信号为"0"码时，开关断开，输出为零。

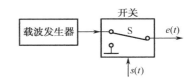

接收端可以通过抽取接收信号的样值幅度取值的大小来判定接收到的是数字信号"1"还是"0"。

图 7.5　2ASK 信号的产生及波形模型

2．2ASK 信号的功率谱及带宽

若用 $G(f)$ 表示二进制序列中一个宽度为 T_b、高度为 l 的门函数 $g(t)$ 所对应的频谱函数，$P_s(f)$ 为 $s(t)$ 的功率谱密度，$P_e(f)$ 为已调信号 $e(t)$ 的功率谱密度，则有

$$P_e(f) = \frac{1}{4}[P_s(f + f_c) + P_s(f - f_c)] \qquad (7\text{-}2\text{-}5)$$

2ASK 信号功率谱示意图如图 7.6 所示。

由图 7.6 可知，幅移键控信号的功率谱是基带信号功率谱的线性搬移，上述的 2ASK 信号相当于双边带调幅（DSB）信号，因此，其频带宽度是基带信号的两倍，即 2ASK 信号的带宽 $B_{2ASK} = 2f_B$，其中 f_B 是基带信号的带宽。而 f_B 在数值上等于 R_B，说明 2ASK 信号的传输带宽是码元速率的 2 倍，则其频带利用率为 $\frac{1}{2}$B/Hz，这意味着用 2ASK 方式传送码元速率为 R_B 时，要求该通信系统的带宽大于等于 $2R_B$ Hz。因而，2ASK 的频带利用率较低。

2ASK 的优点是易于实现，缺点是抗干扰能力不强，主要用于低速数据传送中，最初用于电报系统，目前在数字通信系统中较少使用。

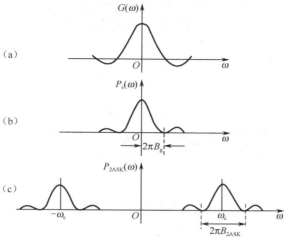

图 7.6　2ASK 信号的功率谱示意图

实例 7.1　已知某 2ASK 系统的码元传输速率为 1 000 B，所用的载波信号频率为 2×10^6 Hz。

（1）设所传送的数字信息为 01101，请画出相应的 2ASK 信号波形示意图。

（2）求 2ASK 信号的带宽。

解：因该系统 $R_B=1\,000\,B$，所以一个码元周期 $T_s=\dfrac{1}{1\,000}$。

因为载波频率 $f_c=2\times10^6$ Hz，因此载波周期 $T_c=\dfrac{1}{2\times10^6}=\dfrac{T_s}{2\,000}$，也就是说，在一个码元周期内，存在 2 000 个载波周期。为了画图的方便，在 2ASK 信号波形示意下图中，我们用 2 个载波周期代表这 2 000 个周期。

数字序列　0　　　　1　　1　　1　　0　　0　　1　　0

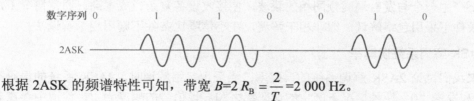

根据 2ASK 的频谱特性可知，带宽 $B=2\,R_B=\dfrac{2}{T_s}=2\,000$ Hz。

3．2ASK 信号的解调

2ASK 信号的解调主要有两种方法：包络解调法（非相干解调）和同步解调法（相干解调）。

① 包络解调法的原理如图 7.7 所示。带通滤波器的作用是防止带外辐射，消除信号中的干扰，让有用的 2ASK 信号能完整地通过得到信号 $y(t)$。$y(t)$ 经包络检测器后，系统输出其包络 $s(t)$。低通滤波器的作用是滤除高频杂波，使基带包络信号通过。抽样判决器包括抽样、判决及码元形成三部分，有时又称为译码器。定时脉冲是很窄的脉冲，通常位于每个码元的中央位置，其重复周期等于码元的宽度。不计噪声影响时，带通滤波器输出为 2ASK 信号，即 $y(t)=s(t)\cos\omega_c t$ 包络检波器的输出 $s(t)$ 经抽样、判决后将码元再生，即可恢复出数字序列 $\{a_n\}$。

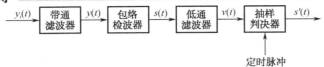

图 7.7 2ASK 信号的包络解调

② 同步解调，又叫相干解调法，其原理如图 7.8 所示。

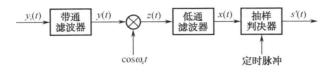

图 7.8 2ASK 信号的同步解调

同步解调时，接收机要产生一个与发送载波同频同相的本地载波信号，称为同步载波或相干载波，利用此载波与收到的已调波相乘，有

$$z(t) = y(t) \cdot \cos \omega_c t = s(t) \cdot \cos^2 \omega_c t$$
$$= s(t) \cdot \frac{1}{2}[1 + \cos 2\omega_c t] = \frac{1}{2}s(t) + \frac{1}{2}s(t)\cos 2\omega_c t \qquad (7\text{-}2\text{-}6)$$

式（7-2-3）中，第一项是基带信号，第二项是以 $2\omega_c$ 为载波的成分，两者频谱相差很远。经过低通滤波后，即可输出 $s(t)/2$。由于噪声的影响，加上传输特性不理想，低通滤波器输出波形有失真，经抽样判决、整形后再生数字基带脉冲。低通滤波器的截止频率与基带数字信号的最高频率相等。

相干解调的特点为：一是相干解调的抗噪声性能优于非相干解调系统，这是由于相干解调利用了相干载波与信号的相关性，起到了增强信号与抑制载波噪声的作用。二是相干解调需接收端要产生一个与发射端同频同相的载波，使接收设备复杂，成本高。通常情况下，在大信噪比条件下采用包络解调，即非相干解调，在小信噪比条件下则用相干解调法。

4．2ASK 解调系统误码率

接下来我们讨论 2ASK 解调系统的误码率：当采用包络解调时，2ASK 系统的误码率是发送"1"和发送"0"两种情况下产生的误码率之和。设信号的幅度为 A，信道中存在着高斯白噪声，在带通滤波器恰好让 2ASK 信号通过的情况下，发"1"时包络的一维概率密度函数为莱斯分布，其主要能量集中在"1"附近，而发"0"时包络的一维概率密度函数为瑞利分布，信号能量主要集中在"0"附近，但是这两种分布在 $A/2$ 附近产生重叠。假定发"1"的概率为 $P(1)$，发"0"的概率为 $P(0)$，并且当 $P(0)=P(1)=1/2$ 时，取样判决器的判决门限电平取为 $A/2$；当包络的抽样值>$A/2$ 时，判为"1"；抽样值≤$A/2$ 时，判为"0"。发"1"错判为"0"的概率为 $P(0/1)$，发"0"错判为"1"的概率为 $P(1/0)$，则系统的总误码率为

$$P_e = P(1)P(0/1) + P(0)P(1/0) = \frac{1}{2}[P(0/1) + P(1/0)] \qquad (7\text{-}2\text{-}7)$$

实际上 P_e 就是图 7.9 中两块阴影面积之和的一半。$x = A/2$ 直线左边的阴影面积等于 P_{e1}，其值的一半表示漏报概率；$x = A/2$ 直线右边的阴影面积等于 P_{e0}，其值的一半表示虚报概率。

采用包络检波的接收系统，通常是工作在大信噪比情况下，这时可近似地得出系统误码率为

$$P_e \approx \frac{1}{2}\mathrm{e}^{-\frac{r}{4}} \tag{7-2-8}$$

式中 $r = A^2/(2\sigma_n^2)$ 为输入信噪比。

由此可见，2ASK 包络解调系统的误码率随输入信噪比 r 的增大，近似地按指数规律下降（见图 7.9）。

当采用同步解调时，2ASK 系统的误码率是考虑经过带通滤波器、乘法器以及低通滤波器以后，输入抽样判决器的是信号和低频噪声，无论是发送"1"还是"0"，判决器输入信号与低频噪声的混合物，其瞬时值的

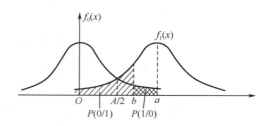

图 7.9　2ASK 信号概率分布曲线

概率密度都是正态分布的，只是均值不同而已。当 $P(0)=P(1)=1/2$ 时，假设判决门限电平为 $A/2$，则 $x>A/2$ 判为"1"；$x<A/2$ 判为"0"，发"1"判为"0"的概率为 $P(0/1)$，发"0"判为"1"的概率为 $P(1/0)$，这时，同步解调 2ASK 系统的误码率为

$$P_e = P(1)P(0/1) + P(0)P(1/0) = \frac{1}{2}\mathrm{erfc}\left(\frac{\sqrt{r}}{2}\right) \tag{7-2-9}$$

当信噪比非常大时，系统的误码率可进一步近似为

$$P_e \approx \frac{1}{\sqrt{\pi r}}\mathrm{e}^{-\frac{r}{4}} \tag{7-2-10}$$

上式表明，随着输入信噪比的增加，系统的误码率将迅速地按指数规律下降。

7.2.2　二进制频移键控

1. 二进制频移键控原理

频移键控又称数字频率调制，记作 FSK（Frequency Shift Keying），二进制频移键控记作 2FSK。数字频移键控是用载波的不同频率来传送数字消息，即用所传送的数字消息控制载波的频率。由于数字消息只有有限个取值，相应地，已调 FSK 信号的频率也只能有有限个取值。那么，2FSK 信号便是符号"1"对应于载频 ω_1，而符号"0"对应于载频 ω_2（与 ω_1 不同的另一载频）的已调波形，而且 ω_1 与 ω_2 之间的改变是瞬间完成的。

从原理上讲，数字调频可用模拟调频法来实现，也可用键控法来实现，后者较为方便。2FSK 键控法就是利用受矩形脉冲序列控制的开关电路对两个不同的独立频率源进行选通。图 7.10 是 2FSK 信号的原理方框图及波形图。图中 $s(t)$ 为代表信息的二进制矩形脉冲序列，$e_0(t)$ 即是 2FSK 信号。

注意到相邻两个振荡波形的相位可能是连续的，也可能是不连续的。因此，有相位连续的 FSK 及相位不连续的 FSK 之分。并分别记作 CPFSK（Continuous Phase FSK）及 DPFSK（Discrete Phase FSK）。相位不连续的频移键控是由单极性不归零码对两个独立的载频振荡器进行键控，产生相位不连续的 FSK 信号。相位连续的频移键控信号是利用基带信号对一个压控振荡器（VCO）进行频率调制，在二元码 {ak} 时，可以产生相位连续的频移键控信号。这

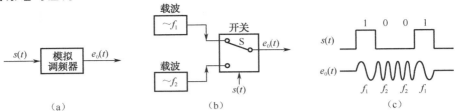

图 7.10   2FSK 信号的原理方框图及波形图

种调制方式在码元转换时，相位变化是连续的，而且保持恒定的包络，因此，称为相位连续的频移键控。

根据以上对 2FSK 信号产生原理的分析，已调信号的数字表达式可以表示为

$$e_0(t) = [\sum_n a_n g(t - nT_s)]\cos(\omega_1 t + \varphi_n)$$
$$+ [\sum_n \overline{a}_n g(t - nT_s)]\cos(\omega_2 t + \theta_n) \tag{7-2-11}$$

式中，$g(t)$ 是单个矩形脉冲，脉冲宽度为 T_s；φ_n、θ_n 是第 n 个信号码元的初相位；$\overline{a}_n$ 为 a_n 的反码，等价于

$$a_n = \begin{cases} 0, & 概率为P \\ 1, & 概率为(1-P) \end{cases} \tag{7-2-12}$$

$$\overline{a}_n = \begin{cases} 0, & 概率为(1-P) \\ 1, & 概率为P \end{cases} \tag{7-2-13}$$

一般说来，键控法得到的两种已调信号相位与序号 n 无关，反映在 $e_0(t)$ 上，仅表现出当 ω_1 与 ω_2 改变时其相位是不连续的；而用模拟调频法时，由于 ω_1 与 ω_2 改变时 $e_0(t)$ 的相位是连续的，故两种已调信号相位不仅与第 n 个信号码元有关，而且之间也有一定的关系。

电脑通信在数据线路（电话线、网络电缆、光纤或者无线媒介）上进行传输，就是用 FSK 调制信号进行的，即把二进制数据转换成 FSK 信号传输，反过来又将接收到的 FSK 信号解调成二进制数据，并将其转换为用高低电平表示的二进制语言，这是计算机能够直接识别的语言。

2．2FSK 信号的功率谱及带宽

2FSK 信号的功率谱和带宽也分两种情况讨论：相位不连续的 2FSK 信号和相位连续的 2FSK 信号。

（1）相位不连续的 2FSK 信号

由前面对相位不连续的 2FSK 信号产生原理的分析，可视其为两个载频不同的 2ASK 信号的叠加，其中一个载频为 f_1，另一个载频为 f_2。因此，对相位不连续的 2FSK 信号的功率谱就可像 2ASK 信号那样，同样由离散谱和连续谱两部分组成，分别在频率轴上搬移然后再进行叠加。

2FSK 信号的功率谱为

$$P_e(f) = \frac{T_b}{16} \{ Sa^2[\pi(f+f_1)T_b] + Sa^2[\pi(f-f_1)T_b]$$
$$+ Sa^2[\pi(f+f_2)T_b] + Sa^2[\pi(f-f_2)T_b] \} \tag{7-2-14}$$
$$+ \frac{1}{16}[\delta(f+f_1) + \delta(f-f_1) + \delta(f+f_2) + \delta(f-f_2)]$$

式中 Sa 函数的表达式为 $Sa(x) = \dfrac{\sin x}{x}$，其功率谱曲线如图 7.11 所示。

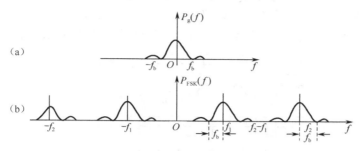

图 7.11　相位不连续 2FSK 信号的功率谱

这表明 2FSK 信号中含有载波 f_1、f_2 的分量，另外，须要说明的是，当 f_1、f_2 差距不大时，功率谱出现单峰；当 f_1、f_2 差距较大时，功率谱出现双峰。

为了方便接收端解调，要求 2FSK 信号的两个频率 f_1、f_2 之间要有足够的间隔。对于采用带通滤波器来分路的解调方法，通常取 $|f_2 - f_1| = 3R_B \sim 5R_B$。于是，2FSK 信号的带宽为

$$B = |f_1 - f_2| + 2f_B \qquad (7\text{-}2\text{-}15)$$

所以 2FSK 信号的带宽约为 $(5\sim7)f_B$。

当用普通带通滤波器作为分路滤波器时，2FSK 信号的带宽约为 2ASK 信号带宽的 3 倍，系统频带利用率只有 2ASK 系统的 1/3 左右，因而 2FSK 对频带的利用率非常低。

（2）相位连续的 2FSK 信号

直接调频法是一种非线性调制，它不可直接通过基带信号频谱在频率轴上搬移，也不能用这种搬移后频谱的线性叠加来描绘。图 7.12 给出了几种相位连续的 2FSK 信号的功率谱密度曲线，它们对应不同的调制指数。图中 $f_c = (f_1 + f_2)/2$ 称为频偏，$h = |f_2 - f_1|/R_B$ 称为偏移率（或调制指数），$R_B = f_b$ 是基带信号的带宽。

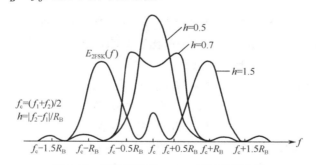

图 7.12　相位连续的 2FSK 信号的功率谱

3．2FSK 信号的解调

数字调频信号的解调方法很多，可以分为两大类：线性鉴频法和分离滤波法。线性鉴频法有模拟鉴频法、过零检测法和差分检测法等。分离滤波法又包括相干检测法、非相干检测法以及动态滤波法等，非相干检测的具体解调电路是包络检波法，相干检测的具体解调电路是同步检波法。下面介绍过零检测法、包络检波法及同步检波法。

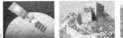

（1）过零检测法

单位时间内信号经过零点的次数多少，可以用来衡量频率的高低。数字调频波的过零点数随不同载频而异，故检出过零点数可以得到关于频率的差异，这就是过零检测法的基本思想。过零检测法又称为零交点法、计数法。过零检测法方框图及各点波形如图 7.13 所示。

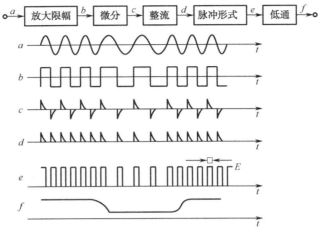

图 7.13　过零检测法方框图及各点波形

图 7.13 中，a 为一相位连续的 2FSK 信号，经放大限幅电路后输出一矩形方波 b，b 经微分电路得到双向微分脉冲 c，经全波整流得单向尖脉冲 d，单向尖脉冲的疏密程度反映了信号过零点的数目，用单向尖脉冲去触发一脉冲信号发生器，产生一串矩形归零脉冲 e，归零脉冲 e 的直流分量代表信号的频率，脉冲越密，直流分量越大，即说明输入的信号频率越高。经低通滤波就可得到直流分量 f，完成频幅转换，进而可据直流分量幅度的差异还原出原数字信号。

（2）包络检波法

2FSK 信号包络检波方框图及波形如图 7.14 所示。用两个窄带的分路滤波器分别滤出频率为 f_1 和 f_2 的高频脉冲，经包络检波后分别取出它们的包络，把两路输出同时送到抽样判决器进行比较，从而判决输出基带数字信号。

设频率 f_1 代表数字信号 "1"；f_2 代表数字信号 "0"，则抽样判决器的判决准则应为

$$\begin{cases} V_1 > V_2 & 即 V_1 - V_2 > 0, 判 1 \\ V_1 < V_2 & 即 V_1 - V_2 < 0, 判 0 \end{cases} \tag{7-2-16}$$

式中，V_1、V_2 分别为抽样时刻两个包络检波器的输出值。这里的抽样判决器，要比较 V_1、V_2 的大小，或者说把差值 $V_1 - V_2$ 与零电平比较。因此，有时称这种比较判决器的判决门限为零电平。

包络检测法电路较为复杂，但包络检测无须相干载波。通常，大信噪比时常用包络检波法，小信噪比时采用相干解调法。

（3）同步解调法（相干检测法）

同步解调法原理方框图如图 7.15 所示。图中两个带通滤波器的作用同上，起分路作用。它们的输出分别与相应的同步相干载波相乘，再分别经低通滤波器取出含基带数字信息的低频信号，滤掉二倍频部分，抽样判决器在抽样脉冲到来时对两个低频信号进行比较判决，即

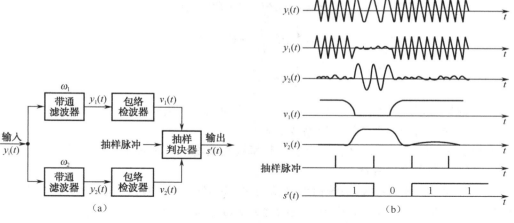

图 7.14　2FSK 信号包络检波方框图及波形

可还原出基带数字信号。通常，当 2FSK 信号的频偏 $|f_2 - f_1|$ 较大时，多采用分离滤波法；而在 $|f_2 - f_1|$ 较小时，多采用鉴频法。

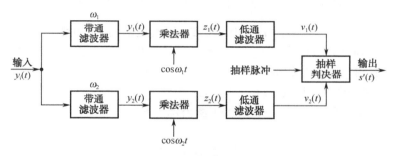

图 7.15　同步解调法原理方框图

4．2FSK 解调系统误码率

在采用包络检波法的情况下，考虑 2FSK 系统的误码率时可认为信道噪声为高斯白噪声，两路带通信号分别经过各自的包络解调器已经检出了带有噪声的信号包络 $v_1(t)$ 和 $v_2(t)$。$v_1(t)$ 服从广义瑞利分布，$v_2(t)$ 服从瑞利分布，在判决时对两路包络的抽样值进行比较。结合上面的分析我们知道，错误情况有两种：发送信号是 "0"，但 $v_1(t)$ 的抽样值大于 $v_2(t)$ 的抽样值，判定接收信号为 "1"，为虚报；发送信号是 "1"，但 $v_2(t)$ 的抽样值大于 $v_1(t)$ 的抽样值，判定接收信号为 "0"，为漏报。因此系统误码率为

$$P_e = P(1)P(0/1) + P(0)P(1/0) = \frac{1}{2}e^{-\frac{r}{2}}[P(1) + P(0)] = \frac{1}{2}e^{-\frac{r}{2}} \qquad (7\text{-}2\text{-}17)$$

由以上公式可见，包络解调时 2FSK 系统的误码率将随输入信噪比的增加而成指数规律下降。

相干解调时的系统误码率与包络解调时的情形有所不同，主要体现在：带通滤波器后接有乘法器和低通滤波器，低通滤波器输出的就是带有噪声的有用信号，它们的概率密度函数均属于高斯分布。经过计算，系统的误码率为

$$P_e = P(1)P(0/1) + P(0)P(1/0)$$
$$= \frac{1}{2}\text{erfc}\sqrt{\frac{r}{2}}[P(1) + P(0)] \qquad (7\text{-}2\text{-}18)$$
$$= \frac{1}{2}\text{erfc}\sqrt{\frac{r}{2}}$$

理论分析可知：在输入信噪比一定时，相干解调的误码率小于非相干解调的误码率。相干解调需要插入两个相干载波，电路较复杂。

2FSK 调制的优点是：转换速度快，频率稳定度高，电路较简单，抗干扰能力强，应用广泛。其缺点是占用频带宽。

实例 7.2 已知 2FSK 系统信道带宽为 4 800 Hz，两个载波频率分别为 $f_1 = 1\ 200$ Hz，$f_2 = 2\ 100$ Hz，$R_B = 400$ B，接收端输入信噪比为 8 dB。求：FSK 信号的带宽。

解：由于码元速率为 $R_B = 400$ B，可知上下两个支路的带通滤波器的带宽近似为 $B = 2R_B = 800$ Hz。

FSK 信号带宽：
$$B_{2FSK} = |f_1 - f_2 + 2B| = 2\ 100 - 1\ 200 + 1\ 600 = 2\ 500\ \text{Hz}$$

实例 7.3 设发送数字信息序列为 11010011，码元速率为 1 000 B，现采用 2FSK 进行调制，并设频率为 2 000 Hz 的正弦波对 "1"，频率为 3 000 Hz 的正弦波对应 "0"。

(1) 请画出 2FSK 信号的波形；

(2) 计算 2FSK 信号的带宽和频谱利用率。

解：(1) 根据编码规则，2FSK 波形如下图所示。

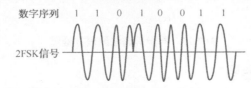

(2) 2FSK 信号的带宽 $B_{2FSK} = |f_1 - f_2 + 2B| = 3\ 000 - 2\ 000 + 2 \times 1\ 000 = 3\ 000\ \text{Hz}$

频带利用率 $\eta = \dfrac{R_B}{B} = \dfrac{1\ 000}{3\ 000} = 0.33$ B/Hz

7.2.3 二进制相移键控

相移键控（Phase Shift Keying，PSK）是用数字信号控制载波的相位，使载波的相位随数字信号的变化而变化的一种数字调制方式。相移键控可分为绝对相移键控（PSK）和相对相移键控（DPSK）两种，根据数字基带信号进制的不同又可分为二进制相移键控和多进制相移键控。

1. 绝对码和相对码

绝对码和相对码是相移键控的基础。绝对码是以基带信号码元的电平直接表示数字信息。假设高电平为 "1"，低电平为 "0"，如图 7.16 中 $\{a_n\}$ 所示。相对码（又称差分码）是用基带信号码元的电平相对前一码元的电平有无变化来表示数字信息。

差分码又分 1 差分码和 0 差分码。1 差分码表示：相对电平有跳变为 "1"，无跳变为 "0"；

0 差分码表示：电平跳变时为"0"，无跳变时为"1"。在此我们只讨论 1 差分码。由于初始参考电平有两种情况，因此相对码也有两种波形。如图 7.16 的 2DPSK$_1$、2DPSK$_2$ 波形所示，显而易见，2DPSK$_1$、2DPSK$_2$ 相位相反。当用二进制数码表示波形时，它们互为反码。

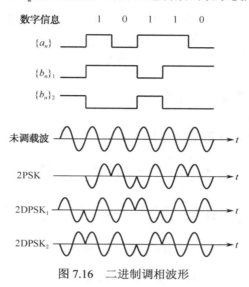

图 7.16　二进制调相波形

绝对码和相对码可以互相转换。实现的方法是使用模二加法器和延迟器（延迟一个码元宽度 T_b），如图 7.17 所示。图 7.17（a）是把绝对码转化为相对码的过程，叫作差分编码器，其实现表达式是 $b_n = a_n \oplus b_{n-1}$（$n-1$ 表示 n 的前一个码）。图 7.17（b）是把相对码转化为绝对码的过程，叫作差分译码器，其实现表达式是 $a_n = b_n \oplus b_{n-1}$。

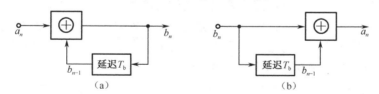

图 7.17　绝对码与相对码的互相转换

2．二进制绝对相移键控（2PSK）

（1）2PSK 基本原理

二进制绝对相移键控是利用载波的相位偏移（指某一码元所对应的已调波与参考载波的初相差）直接表示数据信号的相移方式。若规定，已调载波与未调载波同相表示数字信号"0"，与未调载波反相表示数字信号"1"，如图 7.16 所示的 2PSK 波形。

此时的 2PSK 已调信号的表达式为

$$e(t) = s(t)\cos\omega_c t \qquad (7\text{-}2\text{-}19)$$

式中 $s(t)$ 为双极性数字基带信号，表达式为

$$s(t) = \sum_n a_n g(t - nT_b) \qquad (7\text{-}2\text{-}20)$$

式中 $g(t)$ 是高度为 1、宽度为 T_b 的门函数，且

$$a_n = \begin{cases} +1, & 概率P \\ -1, & 概率(1-P) \end{cases} \qquad (7\text{-}2\text{-}21)$$

2PSK 各码元波形的初相相位与载波初相相位的差值直接表示着数字信息，即相位差为 0 表示数字"0"，相位差为 π 表示数字"1"。在相移键控中往往用矢（向）量偏移（指一码元初相与前一码元的末相差）表示相位信号。

2PSK 信号产生原理框图如图 7.18 所示。

（2）2PSK 信号的解调

2PSK 信号相干信号解调方框图如图 7.19 所示。

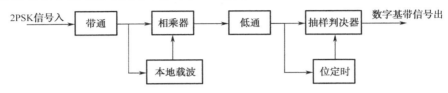

图 7.18　2PSK 信号产生原理框图

图 7.19　2PSK 相干信号解调方框图

图 7.19 中，带通滤波器的作用是对输入的 2PSK 信号进行选通，滤除干扰。再将 2PSK 信号与本地载波相乘以实现解调。低通滤波器的作用是滤除无用成分。最后将有用信号送入抽样判决器进行判决，从而得到数字基带信号。

在 2PSK 信号中，相位变化是以一个固定周期初相的未调载波信号作为参考基准的。解调时必须有与此载波同频同相的同步载波。由于在恢复载波时通常要采用二分频电路，它可能会造成相位模糊，即用二分频电路恢复出的载波可能与发送端载波同相（见图 7.20（a）），也可能反相（见图 7.20（b）），而且会随机跳变。如果本地载波与发端载波反相，则判决出的数字信号全错，即与发送数码完全相反（见图 7.20（b））。为了克服 2PSK 存在的相位模糊问题，通常采用相对相移键控（DPSK）来解决。

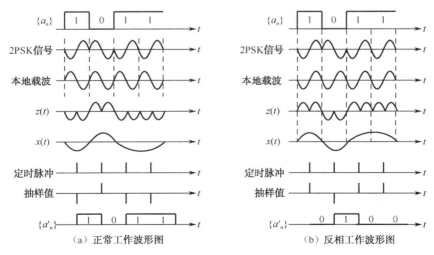

（a）正常工作波形图　　　　　　（b）反相工作波形图

图 7.20　2PSK 信号解调波形

3．二进制相对相移键控（2DPSK）

（1）2DPSK 基本原理

二进制相对相移键控是利用前后相邻码元的相对载波的相位值来表示数字信号的相移方式。所谓相对相位是指本码元初相与前一码元末相的相位差（即向量偏移）。有时为了简化问题，也可用相位偏移来描述。一般用前后相邻码元的相位差 $\Delta\varphi = \pi$ 表示数字信号"1"，用前后相邻码元的相位差 $\Delta\varphi = 0$ 表示数字信号"0"。

二进制相对相移键控信号产生的方框图如图 7.21 所示。

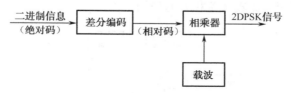

图 7.21　2DPSK 信号产生的方框图

（2）2DPSK 信号的解调

2DPSK 信号的解调有两种实现方法，即相干解调法和差分相干解调法。

① 相干解调法（又叫有极性比较法）。其实现方框图如图 7.22 所示。

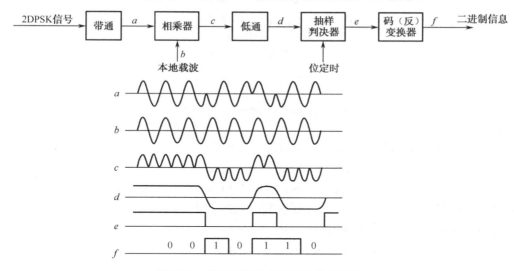

图 7.22　相干解调法方框图及各点框图

输入的 2DPSK 信号经带通滤波器滤除干扰，送入相乘器与本地载波相乘，经低通滤波器取其包络，再经抽样判决器得到规则脉冲波形，因其为相对码，所以还须经码变换器变换为原数字信号。

由于极性比较——码变换法解调 2DPSK 信号是先对 2DPSK 信号用相干检测进行 2PSK 解调，得到相对码 e，然后将相对码通过码变换器转换为绝对码 f，显然，此时的系统误码率可从两部分来考虑。首先，码变换器输入端的误码率可用相干解调 2PSK 系统的误码率来表示；其次，最终的系统误码率也就是在此基础上再考虑差分译码误码率即可。设 2DPSK 系统的误码率为 P'_e，经过计算可得

$$P'_e = 2(1 - P_e)P_e = \frac{1}{2}[1 - (\text{erf}\sqrt{r})^2] \qquad (7\text{-}2\text{-}22)$$

在信噪比很大时，P_e 很小，上式可近似写为

$$P'_e \approx 2P_e = \text{erfc}\sqrt{r} \qquad (7\text{-}2\text{-}23)$$

由此可见，差分译码器总是使系统误码率增加，通常认为增加一倍。

② 差分相干解调法，又叫相位比较法差分检测法。这种方法不需要码变换器，也不需要专门的相干载波发生器，因此设备比较简单、实用。图 7.23 中延时电路的输出起着参考载波的作用，乘法器起着相位比较（鉴相）的作用。

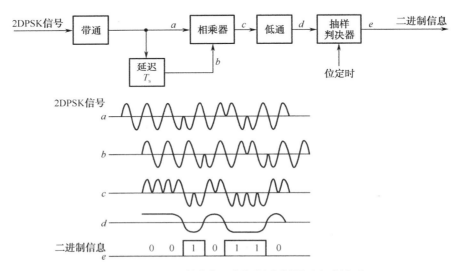

图 7.23　2DPSK 差分相干解调法方框图及各点波形

若不考虑噪声，则带通滤波器及延时器输出分别为

$$y_1(t) = \cos(\omega_c t + \varphi_n)$$
$$y_2(t) = \cos[(\omega_c(t - T_b) + \varphi_{n-1}] \qquad (7\text{-}2\text{-}24)$$

式中，φ_n 表示本载波码元的初相；φ_{n-1} 表示前一载波码元的初相。

可令 $\Delta\varphi_n = \varphi_n - \varphi_{n-1}$，乘法器输出为

$$z(t) = \cos(\omega_c t + \varphi_n)\cos(\omega_c t - \omega_c T_b + \varphi_{n-1})$$
$$= \frac{1}{2}\cos(\Delta\varphi_n + \omega_c T_b) + \frac{1}{2}\cos(2\omega_c t - \omega_c T_b + \varphi_n + \varphi_{n-1}) \qquad (7\text{-}2\text{-}25)$$

低通滤波器输出为

$$x(t) = \frac{1}{2}\cos(\Delta\varphi_n + \omega_c T_b)$$
$$= \frac{1}{2}\cos(\Delta\varphi_n)\cos(\omega_c T_b) - \frac{1}{2}\sin(\Delta\varphi_n)\sin(\omega_c T_b) \qquad (7\text{-}2\text{-}26)$$

通常取 $\dfrac{T_b}{T_c} = k$（正整数），有 $\omega_c T_b = 2\pi\dfrac{T_b}{T_c} = 2\pi k$，此时

$$x(t) = \frac{1}{2}\cos\Delta\varphi_n = \begin{cases} \dfrac{1}{2}, & \Delta\varphi_n = 0 \\[2mm] -\dfrac{1}{2}, & \Delta\varphi_n = \pi \end{cases} \tag{7-2-27}$$

可见，当码元宽度是载波周期的整数倍时，$\Delta\varphi_n = \varphi_n - \varphi_{n-1} = \varphi_n - \varphi'_{n-1}$（以 2π 为模，φ'_{n-1} 为前一载波码元的末相），相位比较法比较了本码元的初相与前一码元的末相。

与发送端产生 2DPSK 信号"1 变 0 不变"的规则相对应，接收端抽样判决器的判决准则应该是：抽样值 $x>0$，判为 0；$x<0$，判为 1。

对于差分检测 2DPSK 的误码率，由于有带通滤波器输出信号和延迟信号相乘的步骤，因此要同时考虑两个相邻的码元。经过低通滤波器后可以得到混有窄带高斯噪声的有用信号，判决器对这一信号进行抽样判决，判决准则为

$$\begin{cases} x>0 \ , \ 判为 0 \\ x<0 \ , \ 判为 1 \end{cases} \tag{7-2-28}$$

且判决电平定为 0 是最佳判决电平，系统发送 0 和 1 的概率相等。

差分检测时 2DPSK 系统的误码率为

$$P_e = P(1)P(0/1) + P(0)P(1/0) = \frac{1}{2}e^{-r} \tag{7-2-29}$$

此式表明，差分检测时 2DPSK 系统的误码率随输入信噪比的增加成指数规律下降。

4．二进制相移键控信号的功率谱及带宽

2PSK 和 2DPSK 信号就波形本身而言，都可以等效成双极性基带信号作用下的调幅信号，无非是一对倒相信号的序列。因此，2PSK 和 2DPSK 信号具有相同形式的表达式，不同的是，2PSK 表达式中的 $s(t)$ 是数字基带信号，而 2DPSK 表达式中的 $s(t)$ 是由数字基带信号变换而来的差分码数字信号。它们的功率谱密度应是相同的，功率谱为

$$P_e(f) = \frac{T_b}{4}\{Sa^2[\pi(f+f_c)T_b] + Sa^2[\pi(f-f_c)T_b]\} \tag{7-2-30}$$

2PSK（或 2DPSK）信号的功率谱如图 7.24 所示。

可见，二进制相移键控信号的频谱成分与 2ASK 信号相同。当基带脉冲幅度相同时，其连续谱的幅度是 2ASK 连续谱幅度的 4 倍。当 $P=1/2$ 时，无离散分量，此时二相相移键控信号实际上相当于抑制载波的双边带信号。信号带宽为 $B_{2DPSK}^{2PSK} = 2B_b = 2f_b$，可以看出，2PSK 信号和 2DPSK 信号的带宽是码元速率的两倍，这一点与 2ASK 信号相同。

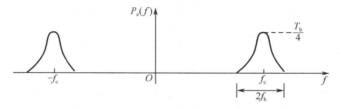

图 7.24 2PSK（或 2DPSK）信号的功率谱

实例 7.4 已知数字信号 1011010，码元速率为 1 200 B，载波频率为 1 200 Hz，画出二相 PSK、DPSK 及相对码的波形（假定起码参考码元为 1）。

解：本题解题的关键在于厘清码元速率和载波频率之间的关系，一个码元周期包含 $\dfrac{f_c}{R_B}$ 个载波周期。数字序列对应的波形如下。

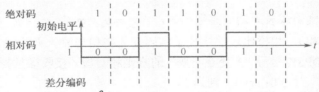

$R_B = 1\,200\ \text{B}$，$f_c = 1\,200\ \text{Hz}$，$\dfrac{f_c}{R_B} = 1$，所以在一个码元周期画一个载波周期，见下图。

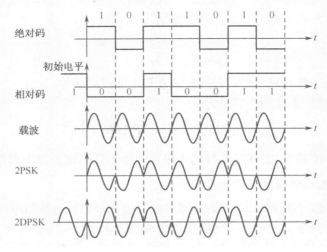

7.2.4　多进制数字调制

所谓多进制数字调制，就是利用多进制数字基带信号去调制高频载波的某个参量，如幅度、频率或相位的过程。多进制数字调制基于二进制调制，通过采用多进制调制的方式，使得每个码元传送多个比特的信息，从而在信息传送速率不变的情况下提高频带利用率。根据被调参量的不同，多进制数字调制可分为多进制幅移键控（MASK）、多进制频移键控（MFSK）以及多进制相移键控（MPSK 或 MDPSK）。

1．多进制幅移键控

MASK 调制方式是一种比较高效的传输方式，但由于它的抗噪声能力较差，尤其是抗衰落的能力不强，因而一般只适宜在恒参信道下采用。

在多进制数字调制中，每个符号间隔 T_b 内可能发送 M 种符号，在实际应用中，通常取 $M=2n$，n 为大于 1 的正整数，也就是说，M 是一个大于 2 的整数。我们将这种状态数目大于 2 的调制信号称为多进制信号。将多进制数字信号（也可由基带二进制信号变换而成）对载波进行调制，在接收端进行相反的变换，这个过程就叫作多进制数字调制与解调，或简称为多进制数字调制。其中，多进制幅移键控（MASK）就是用有 M 个离散电平值的基带信号来调制一个正弦载波的幅度。

（1）MASK 信号的原理

多进制幅移键控又称为多电平调制。在 M 进制幅移键控信号中，载波振幅有 M 种取值，每个符号间隔 T_b' 内发送一种幅度的载波信号，其结果由多电平的随机基带矩形脉冲序列对余弦载波进行振幅调制而成。已调波的表示式为

$$e(t) = s(t) \cdot \cos \omega_c t = \left[\sum_{n=-\infty}^{\infty} a_n g(t - nT_b') \right] \cos \omega_c t \qquad （7\text{-}2\text{-}31）$$

其中

$$a_n = \begin{cases} 0 & P \\ 1 & P_1 \\ 2 & P_2 \\ \vdots & \vdots \\ m-1 & P_{m-1} \end{cases} \qquad （7\text{-}2\text{-}32）$$

且

$$P_0 + P_1 + P_2 + \cdots + P_{m-1} = 1$$

$g(t)$ 是高度为 1、宽度为 T_b' 的门函数。

例如，在 4ASK 中，载波的幅度只有两种变化状态，分别对应四进制信息"0"、"1"、"2"、"3"，图 7.25（a）、（b）分别为四进制数字序列 $s(t)$ 和已调信号 $e(t)$ 的波形。如图 7.25（b）波形可以等效为 7.25（c）诸波形的叠加。

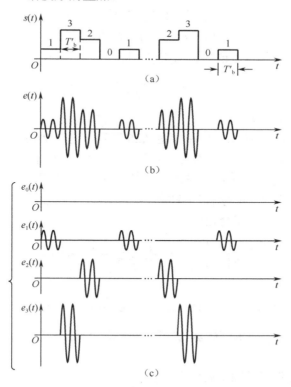

图 7.25　多电平调制波形

显然，图 7.25（c）的各个波形可表示为

$$\begin{cases} e_0(t) = \sum_n c_0 g(t - nT'_b)\cos\omega_c t \\ e_1(t) = \sum_n c_1 g(t - nT'_b)\cos\omega_c t \\ e_2(t) = \sum_n c_2 g(t - nT'_b)\cos\omega_c t \\ \quad\vdots \\ e_{m-1}(t) = \sum_n c_{m-1} g(t - nT'_b)\cos\omega_c t \end{cases} \qquad (7\text{-}2\text{-}33)$$

其中

$$\begin{cases} c_0 = 0 \qquad\qquad \text{概率是 } 1 \\ c_1 = \begin{cases} 1 \quad \text{概率是} P_1 \\ 0 \quad \text{概率是} (1-P_1) \end{cases} \\ c_2 = \begin{cases} 2 \quad \text{概率是} P_2 \\ 0 \quad \text{概率是} (1-P_2) \end{cases} \\ \quad\vdots \qquad\qquad \vdots \\ c_{m-1} = \begin{cases} m-1 \quad \text{概率是} P_{m-1} \\ 0 \qquad\;\; \text{概率是} (1-P_{m-1}) \end{cases} \end{cases} \qquad (7\text{-}2\text{-}34)$$

$e_1(t)$，…，$e_{m-1}(t)$ 均为 2ASK 信号，但它们振幅互不相等，时间上互不重叠，$e_0(t)=0$ 时调制信号为 0，可以不考虑。因此，m 电平的 MASK 信号 $e(t)$ 可以看成由振幅互不相等、时间上互不相容的 $m-1$ 个 2ASK 信号叠加而成，即

$$e(t) = \sum_{i=1}^{m-1} e_i(t) \qquad (7\text{-}2\text{-}35)$$

（2）MASK 的调制解调方法

实现 M 进制幅度调制系统原理框图如图 7.26 所示，它与 2ASK 系统非常相似。不同的只是基带信号由二电平变为多电平。为此，发送端增加了 2-M 电平变换器，将二进制序列每 k 个分为一组（$k = \log M_2$）变换为 M 电平基带信号，再送入调制器。相应地，在接收端增加了 M-2 电平变换器。多进制数字幅度调制信号的解调可以采用相干解调方式，也可采用包络解调方式。其原理与 2ASK 完全相同。

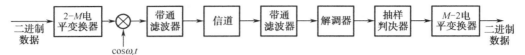

图 7.26　M 进制幅度调制系统原理框图

由于采用多电平，因而要求调制器为线性调制器，即已调信号幅度应与输入基带信号幅度成正比。

（3）MASK 信号的带宽及频带利用率

由式（7-2-35）可知，MASK 的功率谱是 M-1 个 2ASK 信号的功率谱之和，因而具有与 2ASK 谱相似的形式。显然，就 MASK 信号的带宽而言，与其分解的任意一个 2ASK 信号

的带宽是相同的，可以表示为

$$B_{\text{MASK}} = 2f_{\text{b}}' \qquad (7\text{-}2\text{-}36)$$

式中 $f_{\text{b}}' = 1/T_{\text{b}}$，即多进制码元速率，它与信息速率 R_{b} 之间有如下关系

$$f_{\text{b}}' = \frac{R_{\text{b}}}{\log_2 M}(\text{B}) \qquad (7\text{-}2\text{-}37)$$

若二进制码元速率为 f_{b}。当多进制码元速率和二进制码元速率相等时，也就是 $f_{\text{b}}' = f_{\text{b}}$，则两者带宽相等，即

$$B_{\text{MASK}} = B_{2\text{ASK}} \qquad (7\text{-}2\text{-}38)$$

当两者的信息速率相等时，令 $k = \log_2 M$，则码元速率的关系为

$$kf_{\text{b}}' = f_{\text{b}} = R_{\text{b}} \qquad (7\text{-}2\text{-}39)$$

此时

$$B_{\text{MASK}} = \frac{1}{\log_2 M} B_{2\text{ASK}} \quad (B_{2\text{ASK}} = 2f_{\text{b}}) \qquad (7\text{-}2\text{-}40)$$

可见，当 MASK 信号和 2ASK 信号的信息速率相等时，前者的带宽是后者的 $\dfrac{1}{k}$ 倍。当以码元速率考虑频带利用率 r 时，有

$$r = \frac{f_{\text{b}}'}{B_{\text{MASK}}} = \frac{f_{\text{b}}'}{2f_{\text{b}}'} = \frac{1}{2}(\text{B/Hz}) \qquad (7\text{-}2\text{-}41)$$

这与 2ASK 系统相同。但通常是以信息速率来考虑频带利用率的，因此有

$$r = \frac{kf_{\text{b}}'}{B_{\text{MASK}}} = \frac{kf_{\text{b}}'}{2f_{\text{b}}'} = \frac{k}{2}(\text{b/s} \cdot \text{Hz}) \qquad (7\text{-}2\text{-}42)$$

它是 2ASK 系统的 k 倍。这说明在信息速率相等的情况下，MASK 系统的频带利用率比 2ASK 系统的频带利用率要高。

（4）MASK 信号的特点

① MASK 信号的调制方法与 2ASK 相同，不同的只是基带信号由二电平变为多电平。

② MASK 信号的信息传输速率是 2ASK 信号的 $\log_2 M$ 倍，因此 MASK 在高信息速率的传输系统中得到应用。

③ 在接收机输入平均信噪比相等的情况下，MASK 系统的误码率比 2ASK 系统要高。

④ 电平数 M 越大，设备越复杂。

⑤ 传输效率高。

⑥ 抗衰落能力差。MASK 信号只在恒参信道（如有线信道）中使用。

2. 多进制频移键控

（1）MFSK 的原理

多进制数字频率调制简称多频制，是 2FSK 方式的推广。它用多个频率的正弦信号分别代表不同的数字信息。多频制系统的组成如图 7.27 所示。调制器是用频率选择法实现的。解调器是用非相干检测——包络检测法实现的，属于非线性调制系统。

MFSK 的调制是串/并变换器和逻辑电路（发）将一组组输入的二进制码（每 k 个码元为一组）对应地转换成有 M 种状态的一个个多进制码。这 M 个状态分别对应 M 个不同的载波

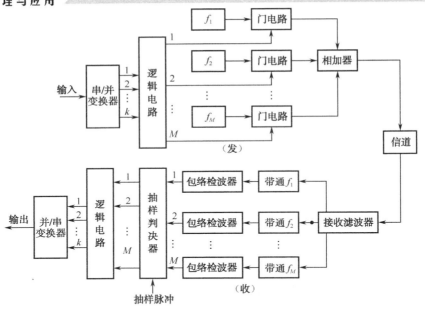

图 7.27　多频制系统的组成

频率。当某组 k 位二进制码到来时，逻辑电路（发）的输出一方面接通某个门电路，让相应的载频发送出去，另一方面同时关闭其余所有的门电路。于是当一组组二进制码元输入时，经相加器组合输出的便是一个 M 进制调频波形。

M 频制的解调部分由 M 个带通滤波器、包络检波器及一个抽样判决器、逻辑电路（收）组成。各带通滤波器的中心频率分别对应发送端各个载频。因而，当某一已调载频信号到来时，在任意码元持续时间内，只有与发送端频率相应的一个带通滤波器能收到信号，其他带通滤波器只有噪声通过。抽样判决器的任务是比较所有包络检波器输出的电压，并选出最大者作为输出，这个输出是一位与发端载频相应的 M 进制数。逻辑电路把这个 M 进制数译成 k 位二进制并行码，并进一步做并/串变换恢复二进制信息输出，从而完成数字信号的传输。

（2）MFSK 信号的带宽及频带利用率

键控法产生的 MFSK 信号，其相位是不连续的，可用 DPMFSK 表示。它可以看成是由 M 个振幅相同、载频不同、时间上互不相容的 2ASK 信号叠加的结果。设 MFSK 信号码元的宽度为 T_b，即传输速率 $f_b' = 1/T_b$（B），则 M 制进信号的带宽为

$$B_{\mathrm{MFSK}} = f_{\mathrm{M}} - f_1 + 2f_b' \qquad (7\text{-}2\text{-}43)$$

式中，f_{M} 为最高频率；f_1 为最低频率。

设 $f_{\mathrm{D}} = (f_{\mathrm{M}} - f_1)/2$ 为最大频偏，则上式可表示为

$$B_{\mathrm{MFSK}} = 2(f_{\mathrm{D}} + f_b') \qquad (7\text{-}2\text{-}44)$$

MFSK 信号功率谱 $P(f)$ 与 f 的关系曲线如图 7.28 所示。

若相邻载频之差等于 $2f_b'$，即相邻频率的功率谱主瓣刚好互不重叠，且令 $k = \log_2 M$，这时的 MFSK 信号的带宽及频带利用率分别为

$$B_{\mathrm{MFSK}} = 2Mf_b'$$

$$r_{\text{MFSK}} = \frac{kf_b'}{B_{\text{MFSK}}} = \frac{k}{2M} = \frac{\log_2 M}{2M} \tag{7-2-45}$$

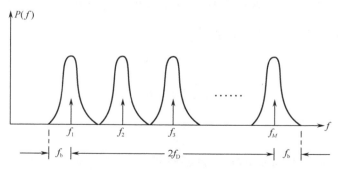

图 7.28　DMFSK 信号的功频谱

上面所讨论的 MFSK 调制系统，就信息速率而言，与二进制的信息速率是相等的。二进制的码元速率为 f_b，也就是说，它的信息速率也是 f_b，因此多进制的码元速率 f_b' 与二进制码元速率之关系为 $f_b' = f_b/k$，此时两者带宽的关系为

$$B_{\text{MFSK}} = 2M\frac{f_b}{k} = \frac{M}{2k}B_{\text{2FSK}} = \frac{M}{2\log_2 M}B_{\text{2FSK}} \tag{7-2-46}$$

频带利用率的关系为

$$\frac{r_{\text{MFSK}}}{r_{\text{2FSK}}} = \frac{k/2M}{f_b/4f_b} = \frac{2k}{M} = \frac{2\log_2 M}{M} \tag{7-2-47}$$

2FSK 信号的两个载频之差为 $2f_b$，带宽 $B_{\text{2FSK}} = 4f_b$。当频率数大于 4 以后，MFSK 的频带利用率低于 2FSK 系统的频带利用率。与 MASK 的频带利用率比较，其关系为

$$\frac{r_{\text{MFSK}}}{r_{\text{MASK}}} = \frac{k/2M}{k/2} = \frac{1}{M} \tag{7-2-48}$$

这说明，MFSK 的频带利用率总是低于 MASK 的频带利用率。

可见，MFSK 信号的带宽随频率数 M 的增大而线性增宽，而频带利用率则明显下降。

（3）MFSK 信号的特点

① 在码元速率一定时，由于采用多进制，每个码元包含的信息量增加，码元宽度加宽，因而在信号电平一定时每个码元的能量增加。

② 一个频率对应一个二进制码元组合，因此，总的判决数可以减少。

③ 码元加宽后可有效地减少由于多径效应造成的码间串扰的影响，从而提高衰落信道下的抗干扰能力。

④ MFSK 信号的主要缺点是信号频带宽，频带利用率低。因此，MFSK 多用于调制速率较低及多径延时比较严重的信道，如无线短波信道、衰落信道上的数字通信。

3．多进制相移键控

多进制数字相位调制又称为多相制，是利用载波的多种不同相位状态来表征数字信息的调制方式。它用多个相位状态的正弦振荡分别代表不同的数字信息。

设调制载波为 $\cos\omega_c t$，相对于参考相位的相移为 φ_n，则 m 相制调制波形可表示为

$$e(t) = \sum_n g(t - nT_b') \cdot \cos(\omega_c t + \varphi_n)$$

$$= \cos \omega_c t \cdot \sum_n \cos \varphi_n \cdot g(t - nT_b') - \sin \omega_c t \cdot \sum_n \sin \varphi_n \cdot g(t - nT_b') \qquad (7\text{-}2\text{-}49)$$

式中，$g(t)$ 是高度为 1，宽度为 T_b' 的门函数。

$$\varphi_n = \begin{cases} \theta_1 & P_1 \\ \theta_2 & P_2 \\ \theta_3 & P_3 \\ \vdots & \vdots \\ \theta_m & P_m \end{cases} \qquad (7\text{-}2\text{-}50)$$

由于相位一般都是在 $0 \sim 2\pi$ 范围内等间隔划分，因此相邻相移的差值为

$$\Delta\theta = \frac{2\pi}{m} \qquad (7\text{-}2\text{-}51)$$

令

$$a_n = \cos\varphi_n \begin{cases} \cos\theta_1 & P_1 \\ \cos\theta_2 & P_2 \\ \cos\theta_3 & P_3 \\ \vdots & \vdots \\ \cos\theta_m & P_m \end{cases}$$

$$b_n = \sin\varphi_n \begin{cases} \sin\theta_1 & P_1 \\ \sin\theta_2 & P_2 \\ \sin\theta_3 & P_3 \\ \vdots & \vdots \\ \sin\theta_m & P_m \end{cases}$$

且有 $P_1 + P_2 + \cdots + P_m = 1$，则已调波的表达式变为

$$e(t) = [\sum_n a_n \cdot g(t - nT_b')]\cos\omega_c t - [\sum_n b_n \cdot g(t - nT_b')]\sin\omega_c t \qquad (7\text{-}2\text{-}52)$$

可见，多相制信号可等效为两个正交载波进行多电平双边带调制所得信号之和。这样，就把数字调制和线性调制联系起来，给 m 相制波形的产生提供了依据。

与 MASK 一样，相位数 $m = 2^k$，例如 $k = 2,3,4$ 时，m 分别为 4,8,16，有 m 种相位分别与 k 位二进制码元的不同组合（简称 k 比特码元）相对应。我们知道相邻两个相移信号其矢量偏移为 $2\pi/m$。但是，用矢量表示各相移信号时，其相位偏移有两种形式，如图 7.29 所示，图中注明了各相位状态所代表的 k 比特码元，虚线为基准位（参考相位）。就绝对相移而言，参考相位为载波的初相；就差分相移而言，参考相位为前一已调载波码元的末相（当载波频率是码元速率的整数倍时，也可认为是初相）。各相位值都是对参考相位而言的，正表示超前，负表示滞后。两种相位配置形式都采用等间隔的相位差来区分相位状态，即 m 进制的相位间隔为 $2\pi/m$。这样造成的平均差错概率将最小。图 7.29 的形式一称为 $\pi/2$ 体系，形式二称为 $\pi/4$ 体系。两种形式均分别有 2 相、4 相和 8 相制的相位配置。

多进制数字相位调制也有绝对相位调制（MPSK）和相对相位调制（MDPSK）两种，多

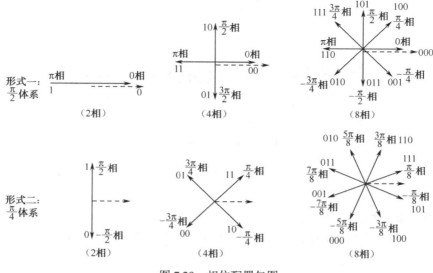

图 7.29　相位配置矢图

相制信号可以看成是 m 个振幅及频率相同、初相不同的 2ASK 信号之和，当已调信号码元速率不变时，其带宽与 2ASK、MASK 和 2PSK 信号是相同的。此时信息速率与 MASK 相同，是 2ASK 及 2PSK 的 $\log_2 m$ 倍。可见，多相制是一种频带利用率较高的高效率传输方式。再加之有较好的抗噪声性能，因而得到广泛应用，而 MDPSK 比 MPSK 应用更广泛。在 M 进制数字相位调制中，四进制绝对移相键控（4PSK，又称 QPSK）和四进制差分相位键控（4DPSK，又称 QDPSK）用的最为广泛。

QPSK 也叫正交相移键控，分为绝对相移和相对相移两种，是目前微波和卫星数字通信中最常用的一种载波传输方式。它具有较高的频谱利用率、较强的抗干扰性能等优点。QPSK 在星状图中使用四个点，平均分布在一个圆周上。在这四个相位上，QPSK 每个符号能够进行两位编码，以格雷编码的方式显示在图形上以最小化误码率（BER）。

（1）QPSK 调制

四相相移调制是利用载波的四种不同相位差来表征输入的数字信息，是四进制移相键控。QPSK 是在 $M=4$ 时的调相技术，它规定了四种载波相位，分别为45°、135°、225°、15°，调制器输入的数据是二进制数字序列，为了能和四进制的载波相位配合起来，则须要把二进制数据变换为四进制数据，这就是说须要把二进制数字序列中每两个比特分成一组，共有四种组合，即 00、01、10、11，其中每一组称为双比特码元。每一个双比特码元由两位二进制信息比特组成，它们分别代表四进制四个符号中的一个符号。QPSK 中每次调制可传输 2 个信息比特，这些信息比特是通过载波的四种相位来传递的。解调器根据星座图及接收到的载波信号的相位来判断发送端发送的信息比特。QPSK 调制框图如图 7.30 所示。

因为要有四种不同的输出相位，所以使用 4PSK 时必须有四种不同的输入条件。由于输入 4PSK 调制器的数据是二进制信号，要产生四种不同的输入条件，就要用双比特输入，即有四种情况：00，01，10 和 11，双比特进入比特分离器后并行输出，一个比特加入 I 信道，一个比特加入 Q 信道。I 信道的载波与 Q 信道的载波相位正交。每个信道的工作原理与 2PSK 相同，从本质上讲，4PSK 调制器是两个 2PSK 调制器的并行组合。

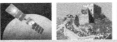

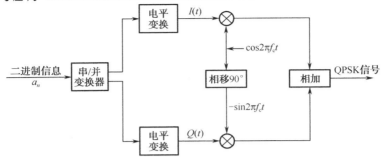

图 7.30　QPSK 调制框图

（2）QPSK 解调

QPSK 解调器方框图如图 7.31 所示。信号分离器将 QPSK 信号送到 I、Q 检测器和载波恢复电路再生原载波信号，恢复的载波必须和传输载波同频同相。QPSK 信号在 I、Q 解调器中解调。

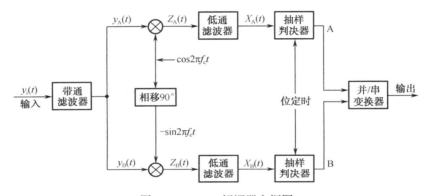

图 7.31　QPSK 解调器方框图

经低通滤波后 $Q = \frac{1}{2}$ V，表示逻辑 1，解调后的 Q、I 比较（1、0）符合 QPSK 调制器的相位真值表。

理论上，相移键控调制方式中不同相位差的载波越多，传输速率越高，并能够减小由于信道特性引起的码间串扰的影响，从而提高数字通信的有效性和频谱利用率。例如，QPSK 在发端一个码元周期内（双比特）传送了 2 位码，信息传输速率是 2PSK 的 2 倍，以此类推，8PSK 的信息传输速率是 2PSK 的 3 倍。但相邻载波间的相位差越小，对接收端的要求就越高，将使误码率增加，传输的可靠性将随之降低。为了实现两者的统一，各通信系统纷纷采用改进的 PSK 调制方式，而实际上各类改进型都是在最基本的 2PSK 和 QPSK 基础上发展起来的。在实际应用中，北美的 IS-54TDMA、我国的 PHS 系统均采用了 π/4 DQPSK 方式。π/4 DQPSK 是一种正交差分相移键控调制，实际是 OQPSK 和 QPSK 的折中，一方面保持了信号包络基本不变的特性，克服了接收端的相位模糊，降低了对于射频器件的工艺要求；另一方面它可采用相干检测，从而大大简化了接收机的结构。但采用差分检测方法，其性能比相干 QPSK 有较大的损失。在 CDMA 系统中，通过扩频调制的巧妙结合，力图实现在抗干扰性即误码率达到最优的 2PSK 性能，在频谱有效性上达到 QPSK 性能。同时为了减少设备的复杂度，降低已调信号的峰平比,采用各种 BPSK 和 QPSK 的改进方式,引入了 OQPSK、π/4-DQPSK、正交复四相移键控 CDQPSK 以及混合相移键控 HPSK 等。可见,PSK 数字调制技术灵活多样,更适应于高速数据传输和快速衰落的信道。在 2G 向 3G 演进的过程中,它已成为各移动通信系统主要的调制方式。

扫一扫看实验7 FSK/ASK 调制解调原理与电路测试教学指导

扫一扫看实验8 PSK/DPSK 调制解调原理与电路测试教学指导

7.3　数字调制系统性能分析

7.3.1　二进制数字调制系统性能

1. 误码率

扫一扫看数字调制系统性能分析教学课件

与基带传输方式相似,数字载波调制系统的传输性能也可以用误码率来衡量。对于各种调制方式及不同的解调方法,系统性能总结如表 7.2 所示。

表 7.2　系统性能

调制方式		误码率公式	带宽
2ASK	相干	$P_e = \dfrac{1}{2}\text{erfc}\left(\sqrt{\dfrac{r}{4}}\right)$	$B = 2R_B$
	非相干	$P_e \approx \dfrac{1}{2}\exp\left(-\dfrac{r}{4}\right)$	$B = 2R_B$
相干 2PSK		$P_e = \dfrac{1}{2}\text{erfc}(\sqrt{r})$	$B = 2R_B$
2DPSK	相位比较	$P_e = \dfrac{1}{2}\exp(-r)$	$B = 2R_B$
	极性比较	$P_e \approx \text{erfc}(\sqrt{r})$	$B = 2R_B$
2FSK	相干	$P_e = \dfrac{1}{2}\text{erfc}\left(\sqrt{\dfrac{r}{2}}\right)$	$B = 2R_B + \lvert f_2 - f_1\rvert$
	非相干	$P_e = \dfrac{1}{2}\exp\left(-\dfrac{r}{2}\right)$	$B = 2R_B + \lvert f_2 - f_1\rvert$

表 7.2 中的公式是在下列条件下得到的。

(1)二进制数字信号“1”和“0”是独立且等概率出现的。

(2)信道加性噪声 $n(t)$ 是零均值高斯白噪声,功率谱密度为 n_0(单边)。

(3)通过接收滤波器 $H_R(\omega)$ 后的噪声为窄带高斯噪声,其均值为零,方差为 σ_n,则

$$\sigma_n^2 = \frac{1}{2\pi}\int_{-\infty}^{\infty}\frac{n_0}{2}\lvert H_R(\omega)\rvert^2\,d\omega \qquad (7\text{-}3\text{-}1)$$

(4)由接收滤波器引起的码间串扰很小,可以忽略不计。

(5)接收端产生的相干载波的相位误差为零。

这样,解调器输入端的功率信噪比定义为

$$r = \frac{\left(\dfrac{A}{\sqrt{2}}\right)^2}{\sigma_n^2} = \frac{A^2}{2\sigma_n^2} \qquad (7\text{-}3\text{-}2)$$

式中，A 代表输入信号的振幅；$\left(\dfrac{A}{\sqrt{2}}\right)^2$ 代表输入信号功率；σ_n^2 代表输入噪声功率；r 是输入信噪比。

图 7.32 中列举了二进制调制及解调方式对误码性能的影响。其中 P_e 为误码率，E_b 为二进制每位码元的能量，n_0 为噪声功率谱密度。从图中可得出结论。对于同种调制方式，相干解调比非相干解调的误码性能更好。二相绝对调相（2PSK）相干解调误码率指标最好，其次是二进制相对调相（2DPSK）、2FSK 和 2ASK。二进制幅度调制包络检波误码率指标最差。

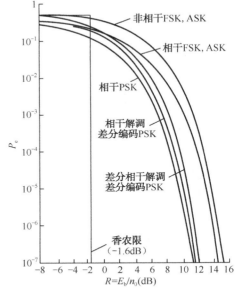

从横向来比较，对同一种数字调制信号，采用相干解调方式的误码率低于采用非相干解调方式的误码率。从纵向来看，在误码率 P_e 一定的情况下，2PSK、2FSK、2ASK 系统所需要的信噪比关系为：$r_{2ASK} = 2r_{2FSK} = 4r_{2PSK}$，反过来，若信噪比 r 一定，2PSK 系统的误码率低于 2FSK 系统，2FSK 系统的误码率低于 2ASK 系统。

图 7.32　二进制调制的误码率曲线

2．带宽

若传输的时间码元宽度为 T_s，数字键控系统的带宽如下

$$B_{2ASK} = B_{2PSK} = \frac{2}{T_S} \tag{7-3-3}$$

$$B_{2FSK} = |f_2 - f_1| + \frac{2}{T_S} \tag{7-3-4}$$

从上面两个等式可以看出，2FSK 系统的带宽最大，其频带利用率最低。因此如果信道带宽紧张就不应考虑使用 2FSK 方式。

3．频带利用率

频带利用率是数字传输系统的有效性指标，它被定义为

$$\eta = \frac{R_B}{B} \text{ B/Hz} \tag{7-3-5}$$

式中，传码率 R_B 在数值上与 f_s 相同；B 表示传输带宽。频带利用率 η 越高，说明系统的有效性越好，三种键控方式的频带利用率如下。

2ASK/2PSK 和 2DPSK：$\eta = \dfrac{f_s}{2f_s} = \dfrac{1}{2}$ B/Hz $\tag{7-3-6}$

当收、发基带滤波器合成响应为升余弦滚降特性时，有

$$\eta = \frac{1}{1+a} \text{ B/Hz} \tag{7-3-7}$$

对于相位离散的 2FSK，有

$$\eta = \frac{f_s}{|f_2 - f_1| + f_s} \text{B/Hz} \tag{7-3-8}$$

可见 2PSK 和 2ASK 的频带利用率高，系统有效性好；相位离散的 2FSK 的频带利用率比其他的低，故系统有效性低。

总的说来，二进制数字传输系统的误码率与下列因素有关：信号形式（调制方式）、噪声的统计特性、解调及译码判决方式。无论采用何种方法，其共同点是输入信噪比增大时，系统的误码率降低；反之，误码率增大。

由表 7.2 和图 7.32 可知，2PSK 相干解调的抗噪声能力优于 2ASK 和 2FSK 相干解调。在相同误码率条件下，2PSK 相干解调要求的信噪比 r 比 2ASK 和 2FSK 要低 3dB，这意味着发送的能量可以减少一半。

4. 对信道的适应能力

在选择数字调制方式时，还应考虑系统对信道特性的变化是否敏感。在 2FSK 系统中，判决器是根据上下两个支路解调输出样值的大小来作出判决的，对信道的变化不敏感。在 2PSK 系统中，当发送符号概率相等时，判决器的最佳判决门限为零，判决门限不随信道特性的变化而变化。2ASK 系统，判决器的最佳判决门限为 $a/2$（当 $P(1)=P(0)$ 时），它与接收机输入信号的幅度有关。当信道特性发生变化时，接收机输入信号的幅度将随着发生变化，从而导致最佳判决门限也将随之而变。这时，接收机不容易保持在最佳判决门限状态，因此，2ASK 对信道特性变化敏感，性能最差。

当信道存在严重的衰落时，由于难以得到与发送端相同的本地载波，通常采用非相干解调。但是在远距离通信中，当发射机有着严格的功率限制时，则选择相干解调，因为在保证同样误码率的条件下，相干解调所需的信噪比比非相干解调小。

通过从几个方面对各种二进制数字调制系统进行比较可以得出如下几点结论。

（1）在调制方式相同的情况下，相干解调的抗噪声性能优于非相干解调。但是，随着信噪比 r 的增大，相干与非相干的误码性能相对差别越不明显，误码率曲线越靠拢。另外，相干解调的设备比非相干的要复杂。

（2）相干解调时，在相同误码率的条件下，对信噪比 r 的要求是，2PSK 比 2FSK 小 3 dB，2FSK 比 2ASK 小 3 dB。在非相干解调时，在相同误码率的条件下，对信噪比 r 的要求是：2DPSK 比 2FSK 小 3 dB，2FSK 比 2ASK 小 3 dB。也就是说，2DPSK 的抗噪性能最优越。

（3）当码元速率均为 R_B 时，2ASK、2PSK、2DPSK 的带宽是码元速率的两倍，2FSK 带宽是两个载频之差加上两倍码元速率，因此从频带利用率上来看，2FSK 系统最不可取。在传输相同码率的条件下，2FSK 的传输带宽比 2ASK、2PSK、2DPSK 宽，所以它的频带利用率最低。

（4）误码率相干 2PSK<2DPSK<2FSK<2ASK，因此在抗加性白噪声方面，相干 2PSK 性能最好，2ASK 最差。

（5）在设备复杂度上，相干解调的设备比非相干解调设备复杂，同时为非相干解调时，2DPSK 最复杂，2FSK 次之，2ASK 最简单。

（6）由于 2FSK 不需要人为设置判决门限，2PSK、2FSK、2DPSK 最佳系统判决门限为 0，与接收机输入信号的幅度无关，容易设置，都有很强的抗振幅衰落性能。而 2ASK 要严格工作在最佳判决门限，但这一点却很难做到，与接收机输入信号幅度有关，因此 2ASK 对信道最敏感。

7.3.2　多进制数字调制系统性能

1. 误码特性

图 7.33 是多进制调制误码特性，从图中可看出，随着进制数的增大，虽然频谱利用率提高，但是误码率也增大，同样是十六进制调制系统，十六进制正交调幅（将在后面介绍）误码率低于十六进制移相调制系统。

2. 系统性能

多进制数字调制系统的误码率是平均信噪比 ρ 及进制数 M 的函数。移频、移相制系统的 ρ 等于 r，幅度调制系统的 ρ 是各电平等概率出现时的信号平均功率与噪声平均功率之比。当 M 一定，ρ 增大时，P_e 减小，反之增大；当 ρ 一定，M 增

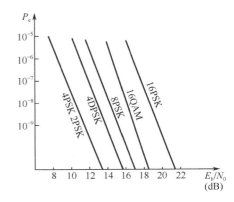

图 7.33　多进制调制误码特性

大时，P_e 增大。可见，随着进制数的增大，抗干扰性能降低。

（1）对多电平幅移调制系统而言，在对误码率 P_e 要求相同的条件下，多电平幅移调制的电平数越多，则需要信号的有效信噪比就越高；反之，对有效信噪比的要求就可能下降。在 M 相同的情况下，双极性相干检测的抗噪声性能最好，单极性相干检测次之，单极性非相干检测性能最差。虽然 MASK 系统的抗噪声性能比 2ASK 差，但其频带利用率高，是一种高效传输方式。

（2）多频调制系统中，采用相干检测和非相干检测解调时的误码率 P_e 均与信噪比 ρ 及进制数 M 有关。在一定的进制数 M 条件下，信噪比 ρ 越大，误码率越小；在一定的信噪比条件下，M 值越大，误码率也越大。MFSK 与 MASK、MPSK 相比，随着 M 的增大，其误码率增大得不多，但其频带占用宽度将会增大，频带利用率降低。另外，相干检测与非相干检测性能之间相比，在 M 相同的条件下，相干检测的抗噪声性能优于非相干检测。但是，随着 M 的增大，两者之间的差距将会有所减小，而且在 M 相同的条件下，随着信噪比增加，两者性能将会趋于同一极限值。由于非相干检测易于实现，因此实际应用中非相干 MFSK 多于相干 MFSK。

（3）在多相调制系统中，M 相同时，相干检测 MPSK 系统的抗噪声性能优于差分检测 MDPSK 系统。在相同误码率条件下，M 值越大，差分移相比相干移相在信噪比上损失得越多，M 很大时，这种损失达到约 3 dB。但是，由于 MDSKP 系统无反相工作（即相位模糊）问题，接收端设备没有 MPSK 复杂，因而实际应用比 MPSK 多。多相制的频带利用率高，是一种高效传输方式。

（4）多进制数字调制系统主要采用非相干检测的 MFSK、MDPSK 和 MASK。一般在信号功率受限，而带宽不受限的场合多用 MFSK；而功率不受限制的场合用 MDPSK；在信道带宽受限，而功率不受限的恒参信道常用 MASK。

扫一扫看现代
数字调制技术
教学课件

7.4　现代数字调制技术

基于 ASK、FSK、PSK 三种基本的调制方法之外，随着大容量和远距离数字通信技术的发展，出现了一些新的问题，主要是信道的带宽限制和非线性对传输信号的影响。在这种情况下，传统的数字调制方式已不能满足应用的需求，须要采用新的数字调制方式以减小信道对所传信号的影响，以便在有限的带宽资源条件下获得更高的传输速率。这些技术的研究，主要是围绕充分节省频谱和高效率的利用频带展开的。多进制调制，是提高频谱利用率的有效方法，恒包络技术能适应信道的非线性，并且保持较小的频谱占用率。从传统数字调制技术扩展的技术有正交幅度调制（QAM）、最小频移键控（MSK）、高斯滤波最小频移键控（GMSK）、正交频分复用调制（OFDM）等。

7.4.1　正交幅度调制

随着现代通信技术的发展，特别是移动通信技术高速发展，频带利用率问题越来越被人们关注。在频谱资源非常有限的今天，传统通信系统的容量已经不能满足当前用户的要求。正交幅度调制（Quadrature Amplitude Modulation，QAM）以其高频谱利用率、高功率谱密度等优势，成为宽带无线接入和无线视频通信的重要技术方案。QAM 在中、大容量数字微波通信系统、有线电视网络高速数据传输、卫星通信系统等领域得到了广泛应用。在移动通信中，随着微蜂窝和微微蜂窝的出现，使得信道传输特性发生了很大变化。作为国际上移动通信技术专家十分重视的一种信号调制方式之一，QAM 在移动通信中频谱利用率一直是人们关注的焦点之一。

1. QAM 的调制解调

正交幅度调制（QAM）是一种矢量调制，它是将输入比特先映射（一般采用格雷码）到一个复平面（星座）上，形成复数调制符号。QAM 信号有两个相同频率的载波，但是相位相差 90°（四分之一周期，来自积分术语）。一个信号叫 I 信号，另一个信号叫 Q 信号。从数学角度将一个信号可以表示成正弦，另一个表示成余弦。两种被调制的载波在发射时已被混合。到达目的地后，载波被分离，数据被分别提取然后和原始调制信息相加。这样与之作幅度调制（AM）相比，其频谱利用率高出一倍。

QAM 调制和相干解调的原理如图 7.34 所示。在发送端调制器中串/并变换使得信息速率为 R_b 的输入二进制信号分成两个速率为 $R_b/2$ 的二进制信号，形成 A_m 和 B_m。为了抑制已调信号的带外辐射，要通过预调制低通滤波器，再分别与相互正交的两路载波相乘，形成两路 ASK 调制信号。最后将两路信号相加就可以得到不同的幅度和相位的已调 QAM 输出信号 $y(t)$。

在解调器中，输入信号分成两路分别与本地恢复的两个正交载波相乘，经过低通滤波器、多电平判决和 L 电平到 2 电平转换，再经过并串变换就得到了输出数据序列。

图 7.35 给出了四电平 QAM 调制解调原理框图中各点的基本波形。

从 4QAM 的调制解调过程可以看出，系统可在一路 ASK 信号频率带宽的信道内完成两路信号的同时传输。所以，利用正交载波调制技术传输 ASK 信号，可使频带利用率提高一

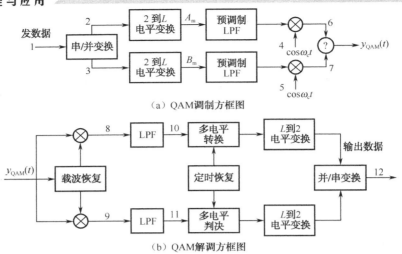

（a）QAM调制方框图

（b）QAM解调方框图

图 7.34　QAM 调制解调原理方框图

倍，达到 2 b/s·Hz。如果将其与多进制或其他技术结合起来，还可进一步提高频带利用率。在实际应用中，除了二进制 QAM（简称 4QAM）以外，常采用 16QAM（四进制）、64QAM（八进制）、256QAM（十六进制）等方式。

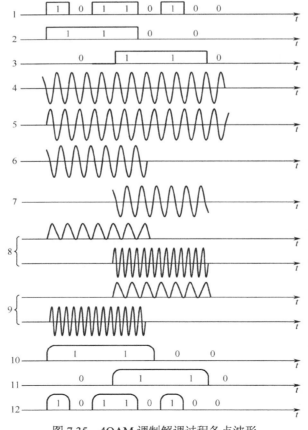

图 7.35　4QAM 调制解调过程各点波形

采用 QAM 调制技术，信道带宽至少要等于码元速率，为了定时恢复，还需要另外的带宽，要增加 15%左右。与其他调制技术相比，QAM 编码具有能充分利用带宽、抗噪声能力强等优点。但 QAM 调制技术用于 ADSL 的主要问题是如何适应不同电话线路之间较大的性能差异。要取得较为理想的工作特性，QAM 接收器需要一个和发送端具有相同的频谱和相应特性的输入信号用于解码，QAM 接收器利用自适应均衡器来补偿传输过程中信号产生的失真，因此采用 QAM 的 ADSL 系统的复杂性来自于它的自适应均衡器。

2. MQAM 星座云图

MQAM 的调制方式通常有二进制 QAM（4QAM）、四进制 QAM（16QAM）、八进制 QAM（64QAM）……对应的空间信号矢量端点分布图称为星座图，分别有 4、16、64……个矢量端点。目前 QAM 最高已达到 1 024QAM。样点数目越多，其传输效率越高。但并不是样点数目越多越好，随着样点数目的增加，QAM 系统的误码率会逐渐增大，所以在对可靠性要求较高的环境，不能使用较多样点数目的 QAM。对于 4QAM，当两路信号幅度相等时，其产生、解调、性能及相位矢量均与 4PSK 相同。

以 16 进制调制为例，采用 16PSK 时，其星座图如图 7.36（a）所示。若采用振幅与相位相结合的 16 个信号点的调制，两种可能的星座如图 7.36（b）、图 7.36（c）所示，其中图 7.36（b）为正交振幅调制，记作 16QAM，图 7.36（c）是话路频带（300～3 400 Hz）内以 9 600 b/s 速率传输信息的一种国际标准星座图，常记作 16APK。

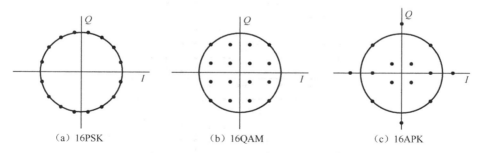

（a）16PSK　　　　（b）16QAM　　　　（c）16APK

图 7.36　16PSK、16QAM 和 16APK 星座图

目前，正交振幅调制正得到日益广泛的应用。它的星座图常为矩形或十字形，如图 7.36 所示。其中 $M=4,16,64,256$ 时星座图为矩形，而 $M=32,128$ 时则为十字形。前者 M 为 2 的偶数次方，即每个符号携带偶数个比特信息；后者为 2 的奇数次方，每个符号携带奇数个比特信息。

假设已调信号的最大幅度为 1，不难算出采用 MPSK 调制时星座图上信号点的最小距离为

$$d_{\text{MPSK}} = 2\sin\left(\frac{\pi}{M}\right) \tag{7-4-1}$$

而在 MQAM 中，若星座为矩形，则最小距离为

$$d_{\text{MQAM}} = \frac{\sqrt{2}}{L-1} = \frac{\sqrt{2}}{\sqrt{M}-1} \tag{7-4-2}$$

这里，$M = L^2$，L 为星座图上信号在水平轴或垂直轴上投影的电平数。

由上可知，当 $M=4$ 时，$d_{4PSK}=d_{4QAM}$。事实上，4PSK 与 4QAM 的星座图相同。但当 $M>4$ 时，例如 $M=16$，则可算出 $d_{16PSK}=0.39$，$d_{16QAM}=0.47$，$d_{16QAM}>d_{16PSK}$，这说明 16QAM 的抗干扰能力优于 16PSK。

当信号的平均功率受限时，MQAM 的优点更为显著，因为 MQAM 信号的峰值功率与平均功率之比为

$$k = \frac{L(L-1)^2}{2\sum_{i=1}^{L/2}(2i-1)^2} \tag{7-4-3}$$

对 16QAM 来说，$L=4$，所以 $k_{16QAM}=1.8$。至于 16PSK 信号的平均功率就等于它的最大功率（恒定包络），因而 $k_{16PSK}=1$，转换成分贝，则 k_{16QAM} 比 k_{16PSK} 大 2.55 dB。这样，以平均功率相等为条件，16QAM 的相邻信号距离超过 16PSK 约 4.19 dB。

由图 7.37 所示星座图可知，MQAM 如同 MPSK 一样，也可以用正交调制的方法产生。不同的是：MPSK 在 $M>4$ 时，同相与正交两路基带信号的电平不是互相独立的，而是互相关联的，以保证合成矢量端点落在圆上。而 MQAM 的同相和正交两路基带信号的电平则是互相独立的。

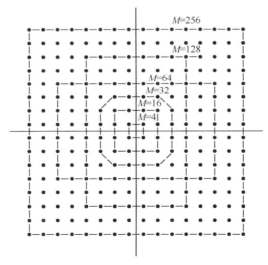

图 7.37　MQAM 星座图

MQAM 调制器的一般方框图如图 7.38（a）所示。图中串/并变换器将速率为 R_b 的输入二进制序列变换成速率为 $R_b/2$ 的两个子序列，2 到 L 电平变换器将每个速率为 $R_b/2$ 的两电平序列变成速率为 $R_b/\log_2 M$ 的 L 电平信号，然后两列信号分别与两个正交的载波相乘，相乘的结果相加即产生 MQAM 信号。

MQAM 信号的解调同样可以采用正交的相干解调方法，图 7.38（b）便是其方框图。同相路和正交路的 L 电平基带信号用有（$L-1$）个门限的判决器判决后，分别恢复出速率等于 $R_b/2$ 的二进制序列，最后经并/串变换器将两路二进制序列合成一个速率为 R_b 的二进制序列，即解调出原信息。

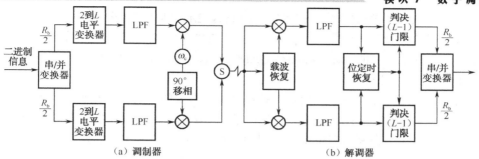

图 7.38   MQAM 调制器与解调器方框图

上述调制过程表明：MQAM 信号可以看成是两个正交的抑制载波双边带调幅信号的相加。因此，MQAM 与 MPSK 信号一样，其功率谱都取决于同相路和正交基带信号的功率谱。MQAM 与 MPSK 在信号点数相同时，功率谱相同，带宽均为基带信号带宽的两倍。

其实，QAM 信号的结构不是唯一的。例如，在给定信号空间中的信号点数目为 $M=8$ 时，要求这些信号点仅取两种振幅值，信号点之间的最小距离为 $2A$ 的情况下，几何可能的信号空间如图 7.39 所示。

在所在信号点等概率出现的情况下，平均发射信号功率为

$$P_{\mathrm{av}} = \frac{A^2}{M} \sum_{m=1}^{M} (d_m^2 + e_m^2) \qquad (7\text{-}4\text{-}4)$$

图 7.39（a）、图 7.39（b）、图 7.39（c）和图 7.39 中（d）的平均功率分别为 $6A^2$、$6A^2$、$6.83A^2$ 和 $4.73A^2$。因此，在信号功率相等的条件下，图 7.39（d）中的最小信号距离最大，其次为图 7.39（a）和（b），图 7.39（c）中的最小信号距离最小。图 7.39（d）比图 7.39（a）和图 7.39（b）大 1 dB，比图 7.39（c）大 1.6 dB。

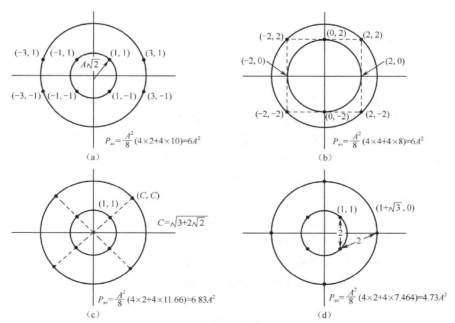

图 7.39   8QAM 的信号空间

对于 $M=16$ 来说，若要求最小信号空间距离为 $2A$，则有多种分布形式的信号空间。两种具有代表意义的信号空间如图 7.40 所示。在图 7.40（a）中，信号点的分布成方型，故称之为方型 QAM 星座，它也被称为标准型 QAM。在图 7.40（b）中，信号点的分布成星型，故称之为星型 QAM 星座。

尽管两者功率相差 1.4 dB，但两者的星座结构有重要的差别。一是星型 QAM 只有两种振幅值，而方型 QAM 有三种振幅值。二是星型 QAM 仅有 8 种相位值，而方型 QAM 有 12 种相位值。这两点使得在衰落信道中，星型 QAM 比标准方型 QAM 更具有吸引力。

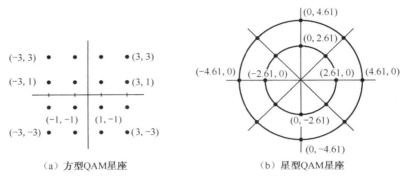

（a）方型QAM星座　　　　　　　（b）星型QAM星座

图 7.40　16QAM 的信号空间

当对数据传输速率的要求高过 8PSK 能提供的上限时，采用 QAM 的调制方式。因为 QAM 的星座点比 PSK 的星座点更分散，星座点之间的距离因此更大，所以能提供更好的传输性能。但是 QAM 星座点的幅度不是完全相同的，所以它的解调器需要能同时正确检测相位和幅度，不像 PSK 解调只需要检测相位，这增加了 QAM 解调器的复杂性。

7.4.2　最小频移键控

当信道中存在非线性的问题和带宽限制时，幅度变化的数字信号通过信道会使已滤除的带外频率分量恢复，发生频谱扩展现象，同时还要满足频率资源限制的要求。因此，对已调信号有两点要求，一是要求包络恒定；二是具有最小功率谱占用率。因此，现代数字调制技术的发展方向是最小功率谱占有率的恒包络数字调制技术。现代数字调制技术的关键在于相位变化的连续性，从而减少频率占用。近年来新发展起来的技术主要分两大类：一是连续相位调制技术（CPFSK），在码元转换期间无相位突变，如 MSK、GMSK 等；二是相关相移键控技术（COR-PSK），利用部分响应技术，对传输数据先进行相位编码，再进行调相（或调频）。最小频移键控（MSK）是频移键控（FSK）的一种改进型。在 FSK 方式中，相邻码元的频率不变或者跳变一个固定值。在两个相邻的频率跳变的码元之间，其相位通常是不连续的。如果使用相位连续变化的调制方式就能从根本上解决包络起伏问题，这种方式称为连续相位调制。MSK 是对 FSK 信号作某种改进，使其相位始终保持连续不变的一种调制。最小频移键控又称快速频移键控（FFSK）。这里"最小"指的是能以最小的调制指数（即 0.5）获得正交信号；而"快速"指的是对于给定的频带，它能比 PSK 传送更高的比特速率。下面对 MSK 信号进行简要分析。

在一个码元周期 T_b 内，CPFSK 信号可表示为

$$S_{\text{CPFSK}}(t) = A\cos[\omega_c t + \theta(t)] \tag{7-4-5}$$

当 $\theta(t)$ 为时间连续函数时，已调波在所有时间上是连续的，若传 0 码时载频为 ω_1，传 1 码时载频为 ω_2，它们相对于未调载频 ω_c 的偏移为 $\Delta\omega$，上式又可写为

$$S_{\text{CPFSK}}(t) = A\cos[\omega_c t \pm \Delta\omega t + \theta(0)] \tag{7-4-6}$$

式中

$$\left.\begin{array}{l} \omega_c = \dfrac{\omega_1 + \omega_2}{2} \\[2mm] \Delta\omega = \dfrac{|\omega_1 - \omega_2|}{2} \end{array}\right\} \tag{7-4-7}$$

比较上式可以看出，在一个码元时间内，相角 $\theta(t)$ 为时间的线性函数，即

$$\theta(t) = \pm\Delta\omega t + \theta(0) \tag{7-4-8}$$

式中 $\theta(0)$ 为初相角，取决于过去码元调制的结果。它的选择要防止相位的任何不连续性。

对于 FSK 信号，当 $2\Delta\omega T_b = n\pi$（n 为整数）时，就认为它是正交的。为了提高频带利用率，$\Delta\omega$ 要尽可能小，当 $n=1$ 时，$\Delta\omega$ 达最小值，有

$$\Delta\omega T_b = \frac{\pi}{2} \tag{7-4-9}$$

或者

$$2\Delta f T_b = \frac{1}{2} = h \tag{7-4-10}$$

h 称为调制指数。由上式看出，频偏 $\Delta f = 1/(4T_b)$，频差 $2\Delta f = 1/(2T_b)$，它等于码元速率的一半，这是最小频差。所谓的最小频移键控（MSK），正是取调制指数 $h=0.5$，在满足信号正交的条件下，使频移 Δf 最小。

利用上式又可写为

$$\theta(t) = \pm\frac{\pi}{2T_b}t + \theta(0) \tag{7-4-11}$$

为了方便，假定 $\theta(0)=0$，同时，假定"+"号对应于 1 码，"–"号对应于 0 码。传 1 码时，相位增加 $\pi/2$，传 0 码时，相位减少 $\pi/2$。

因此，图 7.41 中正斜率直线表示传 1 码时的相位轨迹，负斜率直线表示传 0 码时的相位轨迹。这种由所有可能的相位轨迹构成的图形称为相位网格图。在每一码元时间内，载波相位相对于前一码元不是增加 $\pi/2$，就是减少 $\pi/2$。在 T_b 的奇数倍上取 $\pm\pi/2$ 两个值，偶数倍上取 0、π 两个值。例如，图中粗线路径所对应的信息序列为 11010100。若扩展到多个码元时间上可写为

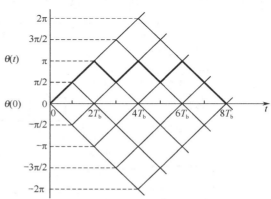

图 7.41　MSK 的相位网格图

$$\theta(t) = \frac{\pi t}{2T_b}P_k + \theta_k \tag{7-4-12}$$

式中 P_k 为二进制双极性码元，取值为±1。这表明，MSK 信号的相位是分段线性变化的，同时在码元转换时刻相位仍是连续的，所以有

$$\theta_{k-1}(kT_b) = \theta_k(kT_b) \text{ 或者 } \theta_k = \theta_{k-1} + (P_{k-1} - P_k)k \cdot \frac{\pi}{2} \tag{7-4-13}$$

现在，可写出 MSK 波形的表达式为

$$S_{\text{MSK}}(t) = A\cos\left[\omega_c t + \frac{\pi t}{2T_b}P_k + \theta_k\right] \tag{7-4-14}$$

可以看出，θ_k 为截矩，其值为 π 的整数倍，即 $\theta_k = n\pi$。利用三角等式并注意到 $\sin\theta_k = 0$，有

$$S_{\text{MSK}}(t) = A\left[a_1(t)\cos\left(\frac{\pi t}{2T_b}\right)\cos\omega_c t - a_Q(t)\sin\left(\frac{\pi t}{2T_b}\right)\sin\omega_c t\right] \tag{7-4-15}$$

$$= A[I(t)\cos\omega_c t - Q(t)\sin\omega_c t]$$

式中，$I(t) = a_1(t)\cos\left(\frac{\pi t}{2T_b}\right)$；$Q(t) = a_Q(t)\sin\left(\frac{\pi t}{2T_b}\right)$；$a_1(t) = \cos\theta_k$；$a_Q(t) = P_k\cos\theta_k$。

根据以上的分析，我们可以画出 MSK 调制器的方框图如图 7.42 所示。

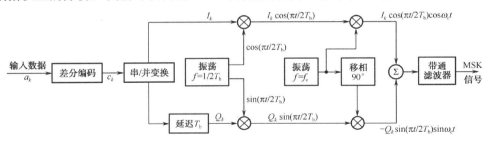

图 7.42　MSK 调制器方框图

假如给定一组输入数据序列 111010011110100010011 共 21 位码，那么 MSK 信号的变换关系及相应的波形图分别如图 7.43 和图 7.44 所示。

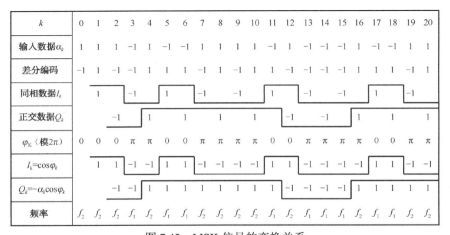

图 7.43　MSK 信号的变换关系

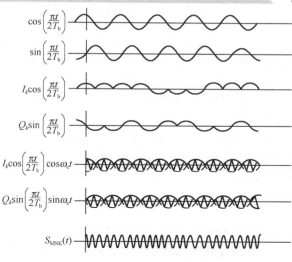

图 7.44　MSK 的信号波形

MSK 调制先将输入的基带信号进行差分编码，然后将其分成 I、Q 两路，并互相交错一个码元宽度，再用加权函数 $\cos(\pi t/2T_b)$ 和 $\sin(\pi t/2T_b)$ 分别对 I、Q 两路数据加权，最后将两路数据分别用正交载波调制。MSK 使用相干载波最佳接收机解调。

对于 FSK，频带利用率低，所占频带宽度比 2PSK 大；存在包络起伏，用开关法产生的 2FSK 信号其相邻码元的载波波形的相位可能不连续，会出现包络的起伏，且信号的两种波形不一定保证严格正交。MSK 是对 FSK 的改进，具有以下特点。

（1）MSK 信号的包络恒定不变。

（2）具有相对较窄的带宽。

（3）MSK 是调制指数为 0.5 的正交信号，频率偏移等于（$\pm 1/4T_s$）Hz。

（4）在一个码元周期内，信号应包括四分之一载波周期的整数倍。

（5）MSK 波形的相位在码元转换时刻是连续的，也就是信号的波形没有跳变。

（6）MSK 波形的附加相位在一个码元持续时间内线性地变化 $\pm\pi/2$。

（7）MSK 调制方式的突出优点是信号具有恒定的振幅以及信号的功率谱在主瓣之外衰减较快。

（8）MSK 的缺陷是不能满足诸如移动通信中对带外辐射的严格要求，MSK 还须进一步改进。

7.4.3　高斯滤波最小频移键控

高斯滤波最小频移键控（Gaussian Filtered Minimum Shift Keying），简称 GMSK。数字调制解调技术是数字蜂窝移动通信系统空中接口的重要组成部分，这是 GSM 系统采用的调制方式。因移动通信等场合对信号带外辐射功率的限制是十分严格的，MSK 信号仍不能满足这样的要求，于是提出了高斯滤波最小频移键控（GMSK）。GMSK 就是在 MSK 调制器之前，用高斯型低通滤波器对输入数据进行处理。如果恰当地选择此滤波器的带宽，能使信号的带外辐射功率足够小，以满足一些通信场合的要求。GMSK 提高了数字移动通信的频谱利用率和通信质量。

高斯最小频移键控由于其良好的频谱特性以及误码性能，目前已广泛地应用于包括 GSM 在内的众多无线通信系统中。在 GSM 系统中，为了满足移动通信对相邻信道干扰的严格要求，采用高斯滤波最小频移键控调制方式，该调制方式的调制速率为 270 833 Kb/s，每个时分多址 TDMA 帧占用一个时隙来发送脉冲簇，其脉冲簇的速率为 33.86 Kb/s。它使调制后的频谱主瓣窄、旁瓣衰落快，从而满足 GSM 系统要求，节省频率资源。

图 7.45 为 GMSK 调制的原理框图。

图 7.45　GMSK 调制的原理框图

为了有效地抑制 MSK 的带外辐射并保证经过预调制滤波后的已调信号能采用简单的 MSK 相干检测电路，预调滤波器是将全响应信号（即每个基带符号占据一个比特周期 T）转换成部分响应信号，每一发送符号占据几个比特周期，预调制滤波器必须具有以下特点。

（1）带宽窄且是锐截止的（抑制高频分量）。

（2）具有较低的过冲脉冲响应（防止瞬时频偏过大）。

（3）滤波器输出脉冲面积为一常量，该常量对应的一个码元内的载波相移为 $\pi/2$（保证调制指数为 0.5）。

GMSK 中，基带信号首先成形为高斯型脉冲，然后再进行 MSK 调制。由于成形后的高斯脉冲包络无陡峭沿，亦无拐点，因此相位路径得以进一步平滑，如图 7.46 所示。GMSK 信号的频谱特性也优于 MSK。GMSK 是当前数字调制方式的一个研究热点。

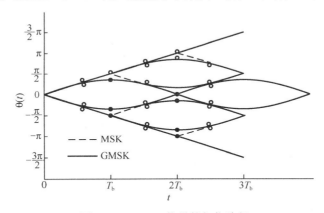

图 7.46　GMSK 信号的相位路径

由于 GMSK 不仅保留了 MSK 的优点，而且频谱在主瓣以外衰减更快，且邻路干扰小，因此在要求信号带外辐射功率限制严格的移动通信中有着广泛的应用。

7.4.4　正交频分复用调制

正交频分复用调制（OFDM）是一种多载波数字通信调制技术，属于复用方式。它并不是刚发展起来的新技术，而是由多载波调制（MCM）技术发展而来，应用已有近 40 年的历史。它开始主要用于军用的无线高频通信系统。这种多载波传输技术在无线数据传输方面的应用是近十年来的新发展。目前，已被广泛应用于广播式的音频和视频领域以及宽带通信系统中。由于其具有频谱利用率高、抗噪性能好等特点，适合高速数据传输，已被普遍认为是第四代移动通信系统最热门的技术之一。

OFDM 是多载波调制（MCM）或离散多分频（DMT）的一种特殊形式，是一种带宽有效性较高的调制技术，并可以对抗多径引起的时延扩展和脉冲噪声等信道干扰。

OFDM 的基本思想是：将高速串行的数据流变换成多路相对低速的并行数据流，并分别对不同的载波进行调制。这种并行传输体制大大扩展了符号的脉冲宽度，提高了抗多径衰落的性能。传统的频分复用方法中各子载波的频谱是互不重叠的，须要使用大量的发送滤波器和接收滤波器，这样就大大增加了系统的复杂度和成本。同时，为了减小各子载波间的相互串扰，各子载波间必须保持足够的频率间隔，这样会降低频谱利用率。而现代 OFDM 系统采用数字信号处理技术，各子载波的产生和接收都由数字信号处理算法完成，极大地简化了系统的结构。同时为了提高频谱利用率，使各子载波上的频谱相互重叠（见图 7.47），但这些频谱在整个符号周期内满足正交性，从而能够保证接收端不失真地复原信号。当传输信道中出现多径传播时，接收子载波间的正交性就会受到破坏，使得每个子载波上的前后传输符号间以及各子载波间发生相互干扰。为了解决这个问

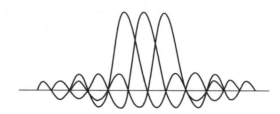

图 7.47　正交频分复用信号的频谱示意图

题，在每个 OFDM 传输信号前面插入一个保护间隔，它由 OFDM 信号进行周期扩展而得到。只要多径时延不超过保护间隔，子载波间的正交性就不会被破坏。

由上面的分析可知，若要实现 OFDM，就要利用一组正交的信号作为子载波。我们再以码元周期为 T 的不归零方波作为基带码型，经调制器调制后送入信道传输。

OFDM 调制器如图 7.48 所示。要发送的串行二进制数据经过数据编码器形成了 M 个复数序列，此复数序列经过串并变换器变换后得到码元周期为 T 的 M 路并行码，码型选用不归零方波。用这 M 路并行码调制 M 个子载波来实现频分复用。

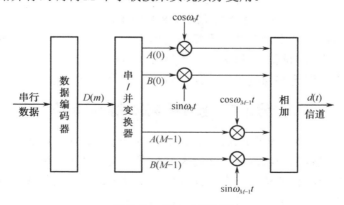

图 7.48　OFDM 调制器

在接收端也是由这样一组正交信号在一个码元周期内分别与发送信号进行相关运算实现解调，恢复出原始信号。OFDM 解调器如图 7.49 所示。

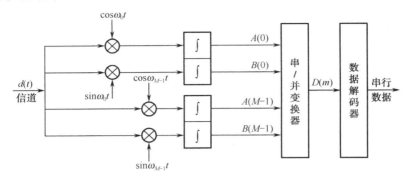

图 7.49　OFDM 解调器

正交频分复用调制将信道分成若干正交子信道，将高速数据信号转换成并行的低速子数据流，调制到在每个子信道上进行传输。正交信号可以通过在接收端采用相关技术来分开，这样可以减少子信道之间的相互干扰。每个子信道上的信号带宽小于信道的相关带宽，因此每个子信道上可以看成是平坦性衰落，从而可以消除符号间干扰。而且由于每个子信道的带宽仅仅是原信道带宽的一小部分，信道均衡变得相对容易。在向 3G/4G 演进的过程中，OFDM 是关键的技术之一，可以结合分集、时空编码、干扰和信道间干扰抑制以及智能天线技术，最大限度地提高了系统性能。

现代 OFDM 系统采用数字信号处理技术，各子载波的产生和接收都由数字信号处理算法完成，极大地简化了系统的结构，且每个载波所使用的调制方法可以不同。各个载波能够根据信道状况的不同选择不同的调制方式，比如 BPSK、QPSK、8PSK、16QAM、64QAM 等，实现频谱利用率和误码率之间的最佳平衡为原则。例如，为了保证系统的可靠性，很多通信系统都倾向于选择 BPSK 或 QPSK 调制，以确保在信道最坏条件下的信噪比要求，但是这两种调制方式的频谱效率很低。OFDM 技术由于使用了自适应调制，可根据信道条件选择不同的调制方式。比如在信道质量差的情况下，采用 BPSK 等低阶调制技术；而在终端靠近基站时，信道条件一般会比较好，调制方式就可以由 BPSK（频谱效率 1(b/s)/Hz）转化成 16～64QAM（频谱效率 4～6(b/s)/Hz），整个系统的频谱利用率就会得到大幅度地提高。目前 OFDM 也有许多问题亟待解决。其不足之处在于峰均功率比大，导致射频放大器的功率效率较低；对系统中的非线性、定时和频率偏移敏感，容易带来损耗，发射机和接收机的复杂度相对较高等。近年来，业内已对这些问题进行了积极研究，取得了一定进展。

案例分析 7　数字蜂窝移动通信系统

数字蜂窝移动通信系统（digital cellular mobile communication system）是基于数字通信技术的以蜂窝结构小区覆盖范围组成服务区的大容量移动通信系统（见图 7.50）。早期的模拟蜂窝系统容量小，不能提供非语音业务，语音传输质量不高，保密性差，难以和 ISDN 相连接，而且设备不能实现小型化，制式不统一，因此已逐渐被数字系统所取代。数字蜂窝移动通信系统是在模拟蜂窝移动通信的基础上发展而来的，两者在网络组成、设备配置、网络功能等方面都有共同之处。

数字蜂窝网与模拟移动通信系统相比，采用全数字传输，技术更先进，功能更完备，通信更可靠，具有容量大、频谱利用率高、通信质量好、业务种类多、易于保密、用户设备小巧轻便、成本较低以及便于与 ISDN、

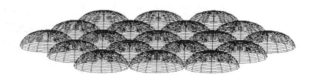

图 7.50　数字蜂窝移动通信系统

PSTN（公共电话交换网）、PDN（分组数据网）等网络互连等优点。它对数字调制技术有以下几个方面的要求。

（1）必须在规定频带约束内提供高的传输效率。

（2）移动通信要求采用恒定包络数字调制技术。

（3）要求调制方式具有最小的功率谱占用率，即已调波具有快速调频滚降特性，或者说已调波除主瓣以外，只有很小的旁瓣，甚至几乎没有旁瓣。

（4）应使用高效率的功率放大器，而带外辐射又必须降到所需要求（-60～-70 dB）。

基于以上的要求，人们对基本的数字调制方式进行了改良，广泛应用于数字蜂窝移动通信网中有正交幅度调制 QAM、最小高斯频移键控 GMSK、四相相移键控 QPSK 等数字调制方式。

GSM 系统采用的是 GMSK 调制方式。GMSK 在二进制调制中具有最优综合性能。其基本原理是让基带信号先经过高斯滤波器滤波，使基带信号形成高斯脉冲，之后进行 MSK 调制，属于恒包络调制方案。它的优点是能在保持谱效率的同时维持相应的同波道和邻波道干扰，且包络恒定，实现起来较为容易。目前，常选用锁相环（PLL）型 GMSK 调制器。从其调制原理可看出，这种相位调制方法选用 90° 相移，每次相移只传送一个比特，这样的好处是虽然在信号的传输过程中会发生相当大的相位和幅度误差，但不会扰乱接收机，即不会生成误码，对抗相位误差的能力非常强。如果发生相位解码误差，那么也只会丢失一个数据比特。这就为数字化语音创建了一个非常稳定的传输系统，这也是此调制方式在第二代移动通信系统中得以广泛使用的重要原因。但其唯一的缺点是数据传输速率相对较低，其频谱效率不如 QPSK，并不太适合数据会话和高速传输。因此，为提高传输效率，在 GPRS 系统中的增强蜂窝技术（EDGE）则运用了 3π/8-8PSK 的调制方式，弥补了 GMSK 的不足，为 GSM 向 3G 的过渡做了好的铺垫。

思考：

为什么在数字通信系统中要用到数字调制技术？调制技术的实现方法是什么？经过调制的信号有什么特点？判定一个调制技术好坏的指标有哪些？光纤通信系统中常用的数字调制技术有哪些？

习题 7

扫一扫
看习题 7
及答案

一、选择题

1. 关于 2PSK 和 2DPSK 调制信号的带宽，下列说法正确的是（　　）。

A．相同 B．不同 C．2PSK 的带宽小 D．2DPSK 的带宽小

2．在二进制数字调制系统中，抗噪声性能最好的是（ ）。

A．2DPSK B．2FSK C．2ASK D．2PSK

3．相同传码率条件下，下面四种方式中，频带利用率最低的是（ ）。

A．2DPSK B．2FSK C．2ASK D．2PSK

4．当"0"、"1"等概时，下列调制方式中，对信道特性变化最为敏感的是（ ）。

A．2DPSK B．2FSK C．2ASK D．2PSK

5．对于 2PSK 和 2DPSK 信号，码元速率相同，信道噪声为加性高斯白噪声，若要求误码率相同，所需的信号功率（ ）。

A．2PSK 比 2DPSK 高 B．2DPSK 比 2PSK 高

C．2DPSK 和 2PSK 一样高 D．不确定

6．下列解调过程中存在反相工作的数字调制类型是（ ）。

A．2ASK B．2FSK C．2PSK D．2DPSK

7．二进制振幅键控 ASK 信号的带宽 B 和调制信号频率 f_s、码元间隔 T_s 之间的关系为（ ）。

A．$B=f_s=1/T_s$ B．$B=2f_s=2/T_s$ C．$B=0.5f_s=1/2T_s$ D．$B=4f_s=4/T_s$

8．2DPSK 方式是利用前后相邻两个码元载波相位的变化来表示所传送的数字信息，能够唯一确定其波形所代表的数字信息符号的是（ ）。

A．前后码元各自的相位 B．前后码元的相位之和

C．前后码元之间的相位之差 D．前后码元之间的相位之和

9．对于 2FSK 调制来讲，当两个载波的差值增加时，2FSK 信号的带宽将（ ）。

A．减少 B．增加 C．不变 D．减半

10．线性多进制数字调制系统的优点是（ ），缺点是（ ）。

A．频带利用率高，抗干扰能力差 B．频带利用率高，抗干扰能力强

C．频带利用率低，抗干扰能力差 D．频带利用率低，抗干扰能力强

二、填空题

1．2ASK、2FSK 和 2DPSK 若采用相干解调方式，误码率从小到大排列为_____、_____和_____。

2．数字调制的三种基本方法为_____、数字调相和数字调频。

3．对于 2PSK、2FSK、2ASK 信号而言，其频带利用率最低的为_____，有效性最差为_____。采用相干解调，误码率从大到小排列为_____。

4．2FSK 信号的解调方法有_____、_____、_____。

5．某 2FSK 系统的传码率为 300 B，"1"和"0"码对应的频率分别为 $f_1=1\,200\,Hz$，$f_2=2\,400\,Hz$，在频率转换点上相位不连续，该 2FSK 信号的频带宽度应为_____。

6．2ASK 信号传输系统的码元速率为 $R_B=1\times10^6\,B$，则其传输所需的带宽为_____Hz。

7．解决 2PSK 采用相干解调时可能出现"反相工作"现象的方案是_____。

8．2PSK 信号是用载波的_____表示数字信号。2DPSK 信号是用载波的_____表示数字信号。

9．在二进制数字调制系统 2ASK、2PSK、2FSK 中，当信号的输出信噪比相同时，误比特率从小到大的信号排序为＿＿＿＿＿＿＿、＿＿＿＿＿＿＿、＿＿＿＿＿＿＿。

10．过零检测法的基本思想是数字调频波的过零点数随载频＿＿＿＿＿＿＿。故检出过零点数可以得到关于频率的＿＿＿＿＿＿＿。相位不连续的 FSK 信号可看成是两个＿＿＿＿＿信号的叠加。

三、计算题

1．已知载波频率为 f_c，基带信号 $s(t)$ 是码元周期为 T 的单极性不归零随机信号，若 $f_c = \dfrac{2}{T}$，采用 2ASK 调制，求已调信号带宽。

2．若传码率为 200 B 的八进制 ASK 系统发生故障，改由二进制 ASK 系统传输，欲保持传信率不变，求 2ASK 系统的带宽和传码率。

3．已知数字信号 1011010，分别以下列两种情况画出二相 PSK、DPSK 及相对码的波形（假定起码参考码元为 1）：

（1）码元速率为 1 200 B，载波频率为 2 400 Hz。

（2）码元速率为 1 200 B，载波频率为 1 800 Hz。

模块 8

定时与同步

知识分布网络

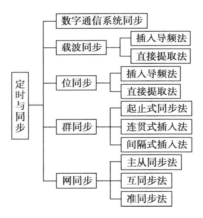

导入案例

如图 8.1 所示为点-点两路 PCM/2DPSK 数字电话系统框图，图中，$sl_1(t)$、$sl_2(t)$分别为$m_1(t)$和$m_2(t)$的抽样信号，$cl(t)$为编码器的时钟信号，$f(t)$为帧同步码。$cl(t)$、$sl_1(t)$、$sl_2(t)$及发载波$\cos\omega_c t$由发同步器提供。收同步器包括载波同步器、位同步器及帧同步器，它们分别为接收机提供载波同步信号、位同步信号和帧同步信号。载波同步信号（相干载波）用于相干解调，位同步信号（位定时信号）$cp(t)$在抽样判决器、码反变换器、帧同步器、延时电路以及 PCM 译码器中作为时钟信号。帧同步信号$f_s(t)$提供一帧的起止时刻，以便对时分复用的各路信号进行分接。发同步器可由时序逻辑电路构成，比较容易实现。收同步器须从接收到的受噪声污染的信号中提取各种同步信号，比较难以实现。

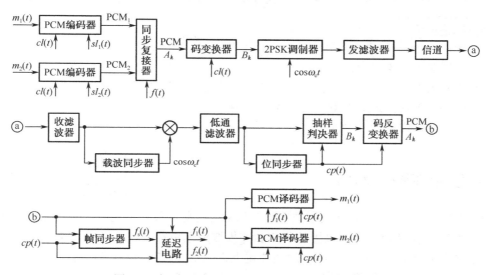

图 8.1 点-点两路 PCM/2DPSK 数字电话系统框图

设 $cl(t)$的频率为 192 kHz，$sl_1(t)$、$sl_2(t)$的频率为 8 kHz，则框图中的有关信号波形示意图如图 8.2 所示。图中，D_{11}、D_{12}分别为$m_1(t)$的第 1 个和第 2 个抽样值的 8 位 PCM 码，D_{21}、D_{22}分别为$m_2(t)$的第 1 个和第 2 个抽样值的 8 位 PCM 码，1110010 为帧同步码。在数字通信网中，为了保证通信网中各用户之间可靠地进行数据交换，还必须实现网同步。

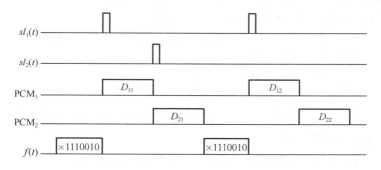

图 8.2 有关信号波形示意图

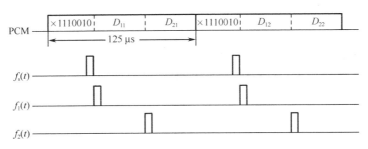

图 8.2　有关信号波形示意图（续）

思考：

数字通信系统为何要采用同步技术？同步有哪些方式？分别具有什么作用和特点？

学习目标

☞ 理解同步的基本概念。

☞ 知道载波同步、位同步、帧同步、网同步的基本原理和实现方法。

☞ 掌握不同的同步方式在数字通信系统中的作用。

☞ 知道同步的性能指标含义。

扫一扫看数字通信系统同步及载波同步、位同步教学课件

8.1　数字通信系统同步

在数字通信系统中，发端在发送数字脉冲信号时将脉冲放在特定时间位置上（即特定的时隙中），而收端在特定的时间位置处将该脉冲提取解读以保证收发两端的正常通信，而这种保证收/发两端能正确地在某一特定时间位置上提取/发送信息的功能则是由收/发两端的定时时钟来实现的。但仅仅发端和收端分别有自身的定时时钟还不够，为使整个通信系统有序、准确、可靠地工作，收发必须有一个统一的时间标准，即定时系统。依靠定时系统去完成收发双方时间的一致性，即同步。同步是系统正常工作的前提，同步系统性能的降低会直接导致通信系统性能的降低，甚至使通信系统不能工作。因此，在数字通信系统中，要求同步系统具有比信息信号传输具有更高的可靠性。

数字通信系统同步按获取和传输同步信息方式的不同，可分为外同步法和自同步法；按功能的不同分为载波同步、位同步、群同步和网同步。

① 载波同步：是指在相干检测中，接收端获得与接收信号中的调制载波同频同相的相干载波。载波同步是实现相干解调的基础。

② 位同步：在接收端产生与接收码元同频同相的定时脉冲序列。位同步是抽样判决的基础。

③ 群同步（帧同步）：在接收端产生与“码字”、“句”每帧起始时刻一致的定时脉冲序列。帧同步是分组及译码的基础。

④ 网同步：为使数字通信网有统一的时间基准而进行的同步。网同步是交换及复接的基础。

8.2　载波同步

载波同步也称为载波提取，即在接收设备中产生一个和接收信号的载波同频同相的本地振荡，供给解调器作相干解调用。当接收信号中包含离散的载频分量时，在接收端须从信号中分离出信号载波作为本地相干载波；这样分离出的本地相干载波频率必然与接收信号载波频率相同，但为了使相位也相同，可能须要对分离出的载波相位作适当的调整。若接收信号中没有离散载波分量，例如在 2PSK 信号中（"1"和"0"以等概率出现时），则接收端须用较复杂的方法从信号中提取载波。因此，在这些接收设备中需要载波同步电路，以提供相干解调所需的相干载波；相干载波必须与接收信号的载波严格地同频同相。载波同步就是要解决在接收端如何提取与发送端调制载波同频同相的载波信号问题。

载波提取的方法主要包括两类：插入导频法和直接提取法。

（1）插入导频法是在发送端发送有用信码的同时发送一个载波或包含载波的导频信号，主要应用在发送信号中不含有载波分量的情况下。

（2）直接提取法是从接收到的有用信号中直接或经变换提取相干载波，而不用单独传送载波或其他导频信号，主要应用在发送信号中含有载波分量的情况下。

为了获得载波信号，要求载波同步系统的主要性能指标包括高效率、高精度、同步建立时间短和同步保持时间长等。

（1）效率：提取载波所用的发送功率与总信号功率的比值。

（2）精度：提取载波信号与接收信号标准载波的频率差和相位差。所提取的载波应是相位误差尽量小的相干载波。载波相位误差包括稳态相差和随机相差。稳态相差即载波信号通过同步信号提取电路后，在稳态下所引起的相差。随机相差即由于随机噪声影响而引起的同步信号的相差。随着同步信号提取电路的不同，信号与噪声的形式不同，载波相位误差的计算方法也不同。

（3）同步建立时间：系统启动到实现同步或从失步状态所经历的时间。

（4）同步保持时间：同步状态下，若同步信号消失，系统还能维持同步的时间。

8.2.1　插入导频法

不含有载波分量的发送信号有：①抑制载波的双边带信号。②残留边带信号，虽含有载波分量，但很难从已调信号中提取。③当二进制数字取值概率 $p=1/2$ 时的 2PSK 信号。④单边带信号。对于上述信号的载波提取一般都采用插入导频法。

插入导频法用在已调制的数字信号中没有载波分量以及虽然有载波分量，但难以分出载波的情况。插入导频的方法有几种，这里只介绍频域插入，以在抑制载波的双边带信号（见图 8.3）中插入导频为例。

在抑制载波双边带信号的已调信号的载频处插入一个与该信号频谱正交的载波信号。插入导频法的发送端方框图如图 8.4 所示。

输出信号为：
$$u_o(t) = a_c m(t)\sin\omega_c t - a_c\cos\omega_c t \qquad (8\text{-}2\text{-}1)$$

插入导频系统的接收端方框图如图 8.5 所示。

由于接收端收到 $u_o(t)$ 后，利用窄带滤波器就可提取导频信号 $-a_c\cos\omega_c t$，经 90° 移相可

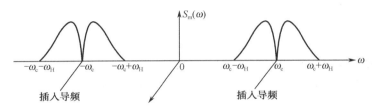

图 8.3　抑制载波双边带信号频谱

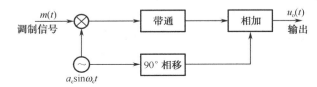

图 8.4　插入导频法的发送端方框图

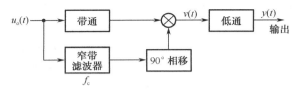

图 8.5　插入导频系统的接收端方框图

得到与调制载波同频同相的信号 $\sin \omega_c t$，则乘法器输出：

$$v(t) = u_o(t)\sin \omega_c t = a_c m(t)\sin^2 \omega_c t - a_c \sin \omega_c t \cos \omega_c t$$

$$= \frac{a_c}{2}m(t) - \frac{a_c}{2}m(t)\cos 2\omega_c t - \frac{a_c}{2}\sin 2\omega_c t \qquad (8\text{-}2\text{-}2)$$

低通滤波器输出：
$$y(t) = \frac{a_c}{2}m(t) \qquad (8\text{-}2\text{-}3)$$

若导频不是正交载波，则

$$u_o(t) = a_c m(t)\sin \omega_c t + a_c \sin \omega_c t \qquad (8\text{-}2\text{-}4)$$

$$v(t) = u_o(t)\sin \omega_c t = a_c m(t)\sin^2 \omega_c t - a_c \sin^2 \omega_c t$$

$$= \frac{a_c}{2}m(t) - \frac{a_c}{2}m(t)\cos 2\omega_c t + \frac{a_c}{2} - \frac{a_c}{2}\cos 2\omega_c t \qquad (8\text{-}2\text{-}5)$$

低通滤波器输出：

$$y(t) = \frac{a_c}{2}m(t) + \frac{a_c}{2} = \frac{a_c}{2}[1 + m(t)] \qquad (8\text{-}2\text{-}6)$$

即，输出除了调制信号 $m(t)$ 外，还有一直流分量。该直流分量将对数字信号产生影响。由此可见，发送端导频须正交插入。

8.2.2　直接提取法

直接提取载波的方法可分为两类：（1）如果接收的已调信号中包含载波分量，则可用带通滤波器或锁相环直接提取；（2）若已调信号中没有载波分量，例如抑制载波的双边带信号及二相数字调制信号等，就要对所有接收的已调信号进行非线性变换或采用特殊的锁相环来提取相干载波。第一种方法和插入导频法类似，只是用窄带滤波器提取导频后，不必经过相移，就可进行相干解调。第二种方法是有些已调信号中虽然不包含单独的载波信号，但采用某种非线性变换后，从已调信号中提取载波信号，包括平方变换法、同相正交环法等。

1．平方变换法

设调制信号为 $m(t)$，则抑制载波双边带信号为

$$s(t) = m(t)\cos \omega_c t \tag{8-2-7}$$

平方变换法提取载波框图如图 8.6 所示。

图 8.6　平方变换法提取载波框图

其中

$$e(t) = m^2(t)\cos^2 \omega_c t = \frac{1}{2}m^2(t) + \frac{1}{2}m^2(t)\cos 2\omega_c t \tag{8-2-8}$$

窄带滤波器输出为 $\frac{1}{2}m^2(t)\cos 2\omega_c t$。

二分频器输出，可得载波信号为 $a\cos \omega_c t$。

注意：对于相移键控（PSK）信号来说，由于该方法中存在二分频器，故载波存在 180° 的相位含糊问题，可以用差分码的 DPSK 来解决这个问题。

平方变换法中的 $2f_c$ 窄带滤波器若采用锁相环代替，则称其为平方环法，如图 8.7 所示。由于锁相环具有良好的跟踪、窄带滤波器和记忆性能，在提取载波中得到了广泛应用。不过，锁相环中的压控振荡器的频率工作在 $2f_c$ 上，当载频很高时，实现 $2f_c$ 振荡有一定的困难。

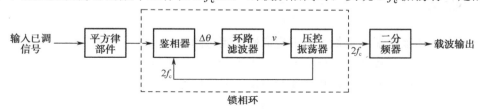

图 8.7　平方环法提取载波框图

2．同相正交环法

同相正交环法或称为科斯塔斯（Costas）环法，它的压控振荡器（VCO）工作在 f_c 频率上。由于加在两个乘法器相乘的本地载波分别为 VCO 的输出信号 $\cos(\omega_c t + \theta)$ 和它的正交信号 $\sin(\omega_c t + \theta)$，因此被称为同相正交环。电路框图如图 8.8 所示。

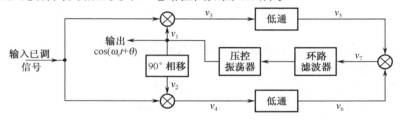

图 8.8　同相正交环法提取载波框图

设抑制载波双边带信号为 $s(t) = m(t)\cos \omega_c t$，则

$$v_3 = m(t)\cos\omega_c t\cos(\omega_c t+\theta) = \frac{1}{2}m(t)[\cos\theta+\cos(2\omega_c t+\theta)] \qquad (8\text{-}2\text{-}9)$$

$$v_4 = m(t)\cos\omega_c t\sin(\omega_c t+\theta) = \frac{1}{2}m(t)[\sin\theta+\sin(2\omega_c t+\theta)] \qquad (8\text{-}2\text{-}10)$$

经低通滤波器后，有

$$v_5 = \frac{1}{2}m(t)\cos\theta \qquad (8\text{-}2\text{-}11)$$

$$v_6 = \frac{1}{2}m(t)\sin\theta \qquad (8\text{-}2\text{-}12)$$

乘法器输出：

$$v_7 = \frac{1}{8}m^2(t)\sin 2\theta \qquad (8\text{-}2\text{-}13)$$

其中，θ 为压控振荡器输出信号与输入已调信号载波之间的相位误差。若相位差 θ 很小，则 $v_7 \approx \frac{1}{4}m^2(t)\theta$，与压控振荡器输出信号的相位差 θ 成正比，故经环路滤波器即可转换为压控振荡器的控制电压，以产生与载波同频的振荡信号。

同相正交环法的优点：由于平方环法的工作频率为 $2f_c$，而同相正交环法的工作频率为 f_c，由此可见，若载波频率很高时，同相正交环法较易实现；当环路正常锁定后，同相鉴相器的输出 v_5 就是所需要解调的原始数字序列，所以，这种电路具有提取载波和相干解调的双重功能。同相正交环法的缺点是电路比较复杂。

8.3　位同步

位同步是指在接收端的基带信号中提取码元定时的过程，它是正确取样判决的基础。位同步也有插入导频法和直接提取法两种，有时也分别称为外同步法和自同步法。其思想方法与载波同步基本相同，区别在于其处理的对象是数字信号，所要提取的是数字信号的码元周期信息。

对位同步信号的要求有两点：（1）码元的重复频率要求与发送端码元速率相同。（2）码元的相位要对准最佳接收时刻，即最佳抽样判决时刻。

对位同步系统性能要求相位误差小、同步建立时间快以及同步保持时间长等。

8.3.1　插入导频法

以双极性不归零码基带信号为例，设其码元速率为 R_B，码元宽度为 T，其频谱在 $1/T$ 处为零。

（1）一种方法是在基带信号频谱的零点处插入所需要的导频信号。在 $1/T$ 处插入位定时导频信号的功率谱密度如图 8.9 所示。

如果将基带信号首先进行相关编码，此时其谱的第一个零点为 $1/2T$，插入导频应在 $1/2T$ 处，此时其功率谱密度如图 8.10 所示。

在接收端，对图 8.9 的情况，经中心频率为 $1/T$ 的窄带滤波器，就可从解调后的基带信号中提取出位同步所需的信号；对图 8.10 的情况，窄带滤波器的中心频率应为 $1/2T$，所提取

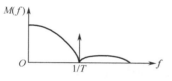

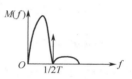

图 8.9 在 1/T 处插入位定时导频信号的 功率谱密度　　图 8.10 在 1/2T 处插入位定时导频信号的 功率谱密度

的导频须经倍频后，才得所需的位同步脉冲。

图 8.11 画出了插入位定时导频的系统框图，它对应于图 8.10 所示谱的情况。发送端插入的导频为 1/2T，接收端在解调后设置了 1/2T 窄带滤波器，其作用是取出位定时导频。移相、倒相和相加电路是为了从信号中消去插入导频，使进入抽样判决器的基带信号没有插入导频。这样做是为了避免插入导频对抽样判决的影响。

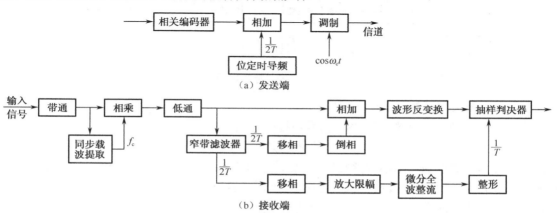

图 8.11 在 1/2T 处插入位定时导频的系统框图

此外，由于窄带滤波器取出的导频为 1/2T，图中微分全波整流起到了倍频的作用，产生与码元速率相同的位定时信号 1/T。

（2）插入导频的另一种方法是包络调制法。这种方法是用位同步信号的某种波形对相移键控或频移键控这样的恒包络数字已调信号进行附加的幅度调制，使其包络随着位同步信号波形变化；在接收端只要进行包络检波，就可以形成位同步信号。

设相移信号的表达式为

$$s_1(t) = \cos[\omega_c t + \varphi(t)] \qquad (8\text{-}3\text{-}1)$$

若用含有位同步信号的升余弦波形 $m(t) = \dfrac{1}{2}(1 + \cos\Omega t)$ 对 $s_1(t)$ 信号的幅度进行调制，则调制后的信号为

$$s_2(t) = \frac{1}{2}(1 + \cos\Omega t)\cos[\omega_c t + \varphi(t)] \qquad (8\text{-}3\text{-}2)$$

式中 $\Omega = 2\pi / T$，T 为码元周期。接收端对 $s_2(t)$ 进行包络检测，并去除直流分量后，即可得到位同步信号 $\dfrac{1}{2}\cos\Omega t$。

（3）除了以上两种在频域内插入位同步导频之外，还可以在时域内插入，其原理与载波

时域插入方法类似，这里就不详细叙述了。

8.3.2 直接提取法

直接提取法是指在发送端不专门发送导频信号，而直接从所接收的数字信号中提取同步信号。典型的有滤波法和锁相法。

1．滤波法

（1）波形变换滤波法

不归零的随机二进制序列，不论是单极性的还是双极性的，先将非归零码变换成归零码，再用窄带滤波器把归零码中含有的同步分量滤出，经移相器调整相位后，即可形成位同步信号。图 8.12 中的波形变换可由微分、整流电路构成，其变换如图 8.12 所示。

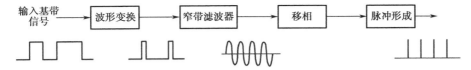

图 8.12　滤波法原理框图

（2）包络检波滤波法

这是一种从频带受限的中频 PSK 信号中提取位同步信息的方法，其波形图如图 8.13（a）所示。当接收端带通滤波器的带宽小于信号带宽时，使频带受限的 2PSK 信号在相邻码元相位反转点处形成幅度的"陷落"。经包络检波后得到图 8.13（b）所示的波形，它可看成是一直流与图 8.13（c）所示的波形相减，而图 8.12（c）波形是具有一定脉冲形状的归零脉冲序列，含有位同步的线谱分量，可用窄带滤波器取出。

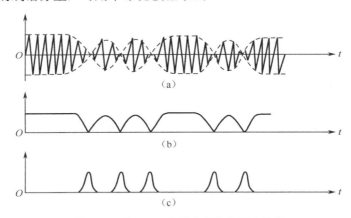

图 8.13　从 2PSK 信号中提取位同步信息

2．锁相法

我们把采用锁相环来提取位同步信号的方法称为锁相法。采用高稳定度的振荡器（信号钟），从鉴相器所获得的与同步误差成比例的误差信号不是直接用于调整振荡器，而是通过一个控制器在信号钟输出的脉冲序列中附加或扣除一个或几个脉冲，这样同样可以调整减相器上的位同步脉冲序列的相位，达到同步的目的。这种电路可以完全用数字电路构成全数字

锁相环路。

用于位同步的全数字锁相环的原理框图如图 8.14 所示，它由信号钟、控制器、分频器、相位比较器等组成。其中，信号钟由一个高稳定度的振荡器（晶体）和整形电路组成。若接收码元的速率为 $F=1/T$，那么振荡器频率设定在 n_F，经整形电路后，输出周期性脉冲序列，其周期 $T_0=1/n_F=T/n$。控制器包括扣除门（常开）、附加门（常闭）和"或门"，它根据比相器输出的控制脉冲（"超前脉冲"或"滞后脉冲"）对信号钟输出的序列实施扣除（或添加）脉冲。分频器是一个计数器，每当控制器输出 n 个脉冲时，它就输出一个脉冲。控制器与分频器共同作用的结果就调整了加至相位比较器的位同步信号的相位。相位比较器将接收脉冲序列与位同步信号进行相位比较，以判别位同步信号究竟是超前还是滞后，若超前就输出超前脉冲，若滞后就输出滞后脉冲。

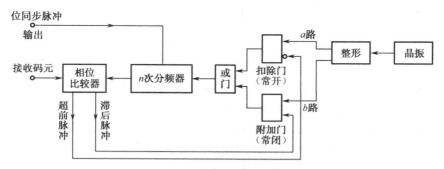

图 8.14　全数字锁相环原理框图

位同步数字环的工作过程简述如下：由高稳定晶体振荡器产生的信号，经整形后得到周期为 T_0 和相位差 $T_0/2$ 的两个脉冲序列如图 8.15（a）、（b）所示。脉冲序列图 8.15（a）通过

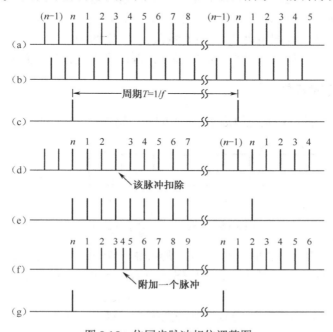

图 8.15　位同步脉冲相位调整图

常开门、或门并经 n 次分频后，输出本地位同步信号如图 8.15（c）。为了与发端时钟同步，分频器输出与接收到的码元序列同时加到相位比较器进行比相。如果两者完全同步，此时相位比较器没有误差信号，本地位同步信号作为同步时钟；如果本地位同步信号相位超前于接收码元序列时，相位比较器输出一个超前脉冲加到常开门（扣除门）的禁止端将其关闭，扣除一个图 8.15（a）路脉冲后如图 8.15（d）所示，使分频器输出脉冲的相位滞后 $1/n$ 周期（ $360°/n$ ），如图 8.15（e）所示；如果本地同步脉冲相位滞后于接收码元脉冲时，相位比较器输出一个滞后脉冲去打开"常闭门（附加门）"，使脉冲序列图 8.15（b）中的一个脉冲能通过此门及或门，正因为两脉冲序列图 8.15（a）、（b）相差半个周期，所以脉冲序列图 8.15（b）中的一个脉冲能插到"常开门"中，如图 8.15（f）所示，使分频器输入端附加了一个脉冲，于是分频器的输出相位就提前 $1/n$ 周期，如图 8.15（g）所示。经过若干次调整后，使分频器输出的脉冲序列与接收码元序列达到同步的目的，即实现了位同步。

8.4 群同步

扫一扫看群
同步及网同
步教学课件

群同步也即帧同步，其信号的频率可由位同步信号分频后得到，目的是解决数字通信系统在接收端如何产生与"码字"、"句"起止时刻一致的定时脉冲序列。

群同步的实现方法通常有两类：①在数字信息流中插入一些特殊码组作为帧同步信号起止时刻的标志。这种插入特殊码组实现群同步的方法有两种：连贯式插入法和间隔式插入法。②不外加特殊码组，直接利用数据码组本身彼此不同的特性实现自同步，如起止式同步法。

数字通信系统中的各种干扰可能导致同步码组中的一些码元发生错码，从而出现识别器漏识已到达的同步码组的现象，形成漏同步。由于消息码元中出现与同步码组相同的码序列而被识别器误认为同步码组，导致假同步的现象。这些都会降低群同步系统性能。因此对群同步系统性能要求漏同步概率、假同步概率低，抗干扰能力强，要求群同步平均建立时间短、群同步稳定可靠。另外，群同步码在每一帧中都占用一定的长度，同步码越长，传送有用信息的效率就越低，所以在保证同步性能的前提下，群同步码应该越短越好。

8.4.1 起止式同步法

起止式同步法典型的应用是电报通信。电报的一个码字由 7.5 个码元组成，如图 8.16 所示。

图 8.16 电传机一个码字的波形

其中，"起"脉冲为一个负值码元，"止"脉冲由一个 1.5 码元宽度的正值码元构成。接收端根据 1.5 码元宽度的正值码元转到负值码元作为群同步"起始"这一特殊规律，即可实现群同步。

该方法的缺点：①"止"脉冲与数据脉冲宽度不一致，给同步数字传输带来不便；②7.5 个码元中只有 5 个码元用于传递消息，故系统效率较低。

8.4.2 连贯式插入法

连贯式插入法就是在每群的开头集中（连贯式地）插入群同步码组的方法。作为特殊码组的群同步码组应满足：①具有尖锐单峰特性的局部自相关函数；②使同步码组识别器尽可能地简单。

（1）局部自相关函数

若对于一个非周期序列或有限序列 $\{x_1, x_2, \cdots, x_n\}$，在求它的自相关函数时，除了在时延 $j = 0$ 的情况下，序列中的全部元素都参加相关运算外，在 $j \neq 0$ 的情况下，序列中只有部分元素参加相关运算，其表达式为

$$R(j) = \sum_{i=1}^{n-j} x_i x_{i+j} \tag{8-4-1}$$

则称这种非周期序列的自相关函数为局部自相关函数。

（2）巴克码

目前常用的群同步码组是巴克码，其为一种非周期序列。表 8.1 为目前已找到的巴克码组。

设一个 n 位的巴克码组为 $\{x_1, x_2, \cdots, x_n\}$，且 $x_i \in \pm 1$，其局部自相关函数为

$$R(j) = \sum_{i=1}^{n-j} x_i x_{i+j} = \begin{cases} n, & j = 0 \\ 0 \text{或} \pm 1, & 0 < |j| < n \\ 0, & |j| \geqslant n \end{cases} \tag{8-4-2}$$

（3）利用巴克码组实现群同步的连贯式插入法

以七位巴克码组 $\{+++--+-\}$ 为例。其自相关函数为

$$R(j) = \sum_{i=1}^{7-j} x_i x_{i+j} = \begin{cases} 7, & j = 0 \\ 0, & j = 1,3,5,7 \\ -1, & j = 2,4,6 \end{cases} \tag{8-4-3}$$

由对偶性可求得 j 为负值时的自相关函数，如图 8.17 所示。

由图可见局部自相关函数具有尖锐单峰特性。

（4）七位巴克码组识别器原理

当输入数据的"1"存入移位寄存器时，移位寄存器"1"端的输出电平为+1，而"0"端的输出电平为−1，否则输出相反的电平，如图 8.18 所示。

表 8.1 巴克码组

n	巴克码组
2	++
3	++−
4	+++−； ++−+
5	+++−+
7	+++−−+−
11	+++−−−+−−+−
13	+++++−−++−+−+

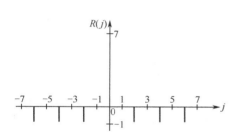

图 8.17 七位巴克码自相关函数

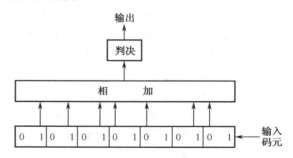

图 8.18 七位巴克码组识别器原理

各移位寄存器输出端的接法和巴克码一致，这样识别器实际上就是对输入的巴克码进行相关运算。

当巴克码在 t_1 时刻正好已全部进入 7 级移位寄存器时，7 个移位寄存器都输出+1，相加后输出为+7。若判决器的判决门限电平定为+6，则在 7 位巴克码的最后一位"0"进入识别器时，识别器输出一群同步开始脉冲，如图 8.19 所示。

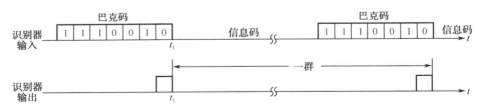

图 8.19　巴克码识别器输出

作为帧同步码，需要特别码组，要求码长适当以保证传输效率且具有尖锐的自相关特性，便于与信息码区别，比如说有全 1 码、全 0 码、01 交替码、巴克码等。若随便定义一个码型的话，很可能就不满足上述特征了。当通信过程受到了干扰，恰恰这个干扰发生在同步序列的某一位，很可能搜索发现不了同步序列，那么这一帧数据就会丢失。

8.4.3　间隔式插入法

间隔式插入法是将群同步码组以分散的方式插入信息码流的方法，即每隔一定数量的信息码元，插入一个群同步码元，如图 8.20 所示。该方法主要用于多路电话的数字通信系统中，如 24 路 PCM 系统。

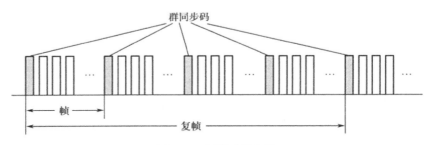

图 8.20　间隔式插入法

每帧 24 路电话，每路信号 8 bit，每帧加 1 bit 同步信号，即每帧 $24 \times 8 + 1 = 193\,\text{bit}$。一个群同步码组构成一个复帧。接收端由群同步码组的信息获得分路定时信息。

间隔式插入法中，群同步码的码型选择的主要原则是：具有特定的规律性，便于接收端识别；尽可能地与信息码有所区别。

接收端在确定群同步码位置时，一般可采用搜索检测法，常用的有逐码移位法（串行检测法）和 RAM 帧码检测法（并行检测法）。逐码移位法即接收端对输入码元进行串行逐位比较检测，直到发现准确的同步码。RAM 帧码检测法是由 RAM 保存一个复帧长度内的所有码元。当一个新的码元到来时，把 RAM 中存放的彼此相隔一帧的前（$n-1$）个码元读出，连同新到的码元一起进行同步码组识别。

8.5　网同步

　　在数字通信系统中需对信息进行复接、分接和交换，必须调整各个方向送来的信码的速率和相位，使之步调一致，这种调整过程称为网同步。网同步技术主要致力于使通信网中各转接点的时钟频率和相位保持协调统一。实现网同步的方法主要有两大类：一类是同步复接，另一类是异步复接。同步复接是指各低速率支路的数据的速率完全相等，则通信网需对各支路用户提供同步时钟即建立一个同步网。异步复接是指各支路数据速率的标称值相等但实际值存在一定误差，复接时对各支路数据速率进行调整或其他处理。同步复接的主要方法有主从同步法和互同步法两种。实现异步复接的方法有码速调整法和水库法。

　　网同步系统性能包括误码性能、抖动和漂移性能等，对整个通信网的通信质量起着至关重要的作用。

　　（1）误码是指经接收、判决、再生后，数字码流中的某些比特发生了差错，使传输的信息质量产生损伤。轻则使系统稳定性下降，重则导致信息中断（10^{-3} 以上）。因此必须减少误码，使系统满足一定的可用性。

　　（2）抖动和漂移与系统的定时特性有关。定时抖动（抖动）是指数字信号的特定时刻（如最佳抽样时刻）相对其理想时间位置的短时间偏离。所谓短时间偏离是指变化频率高于 10 Hz 的相位变化。而漂移指数字信号的特定时刻相对其理想时间位置的长时间的偏离，所谓长时间是指变化频率低于 10 Hz 的相位变化。抖动和漂移会使收端出现信号溢出或取空，从而导致信号滑动损伤。

8.5.1　主从同步法

　　通信网中某一站（主站）设置一个高稳定的主时钟，并将该时钟信息传送至各站点，各站点根据主时钟的传输距离不同所引入的时延，经时延调整后，以使各站点能获得同频同相的同步信息。将一个时钟作为主（基准）时钟，网中其他时钟（从时钟）同步于主时钟。主从同步分为直接主从同步方式和等级主从同步方式。

　　（1）直接主从同步方式

　　基准时钟通过链路直接传至从节点，如图 8.21 所示。

　　这种方法简单，时钟稳定度高，经济。缺点是过分依赖于主时钟，一旦主时钟发生故障，将使整个通信网工作陷于停顿。当前对主从同步方式的主要研究课题是备用时钟的快速切换，使时钟的切换不至于影响全网的正常工作。

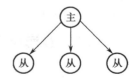

图 8.21　直接主从同步方式

　　（2）等级主从同步方式

　　适用于较大规模通信网的同步。它把网内各交换局划分为不同等级的节点，级别越高，其时钟的准确度和稳定度也越高。在这种同步方式中，基准时钟通过树状的时钟分配网路逐级向下传递。在正常运行时，通过各级时钟的逐级控制就可以达到网内各节点时钟都直接或间接地锁定于基准时钟，从而达到全网时钟统一，即同步。网络中有些节点与拥有基准时钟的主节点之间无直接传输链路，这时必须采用逐级传递的方式，传输线路呈树状结构，如图 8.22 所示。

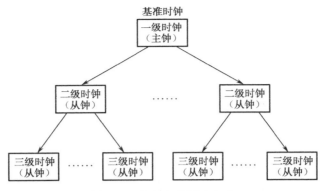

图 8.22　等级主从同步方式

最高的一级时钟为符合 ITU 建议的 G.811 性能规定的时钟，也就是基准时钟（主钟），一般放置在主节点的中心交换局内；二级时钟是它的从钟，通过相连的定时链路提取定时，并滤除由于传输带来的损伤，然后将基准定时信号向下级节点时钟传递；三级时钟从二级时钟提取定时。用锁相技术使主时钟和从时钟之间的相位差保持不变或接近于零。

等级主从同步的主要优点是：第一，各同步节点和设备的时钟都直接或间接地受控于主时钟源的基准时钟，在正常情况下能保持全网的时钟统一，不会产生滑动。第二，除作为基准时钟的主时钟源的性能要求较高之外，对其他的从时钟的性能要求都比较低，因而建设成本低。我国的数字同步网就是采用这种同步方式。

等级主从同步也有其缺点：第一，在传送基准时钟信号的链路和设备中，若有任何故障或干扰，都将影响同步信号的传送，而且产生的扰动会沿着传输途径逐级积累，产生时钟偏差。第二，为避免网络中形成时钟传送闭合环，同步网的规划和设计将变得更复杂。

我国在国内电话网中采用的同步方法就是等级主从同步。它把网内各交换局分成不同等级，级别越高，振荡器的稳定度就越高。其连接方式如相互同步法，每个交换局只与附近局有连线，在连线上互送时钟信号，并送出时钟信号的等级和转接次数。一个交换局收到附近各局来的时钟信号后，就选择一个等级最高的、转接次数最少的信号去锁定本局振荡器。这样使全网以网中最高级的时钟为准。一旦该时钟出现故障，就以次一级时钟为标准，不影响全网通信。

8.5.2　互同步法

通信网采用互同步方式实现网同步时，网内不单独设置主基准时钟，各交换局都是受控时钟。网内各局的交换设备互联时，其时钟设备也是互连的，无主从之分，相互控制、相互影响。各局设置多输入端加权控制的锁相环路，使本局时钟在各局时钟的控制下，锁定在所有输入时钟频率的平均值（该值称为网频率）上。如果网络各参数选择适当，则各局的时钟频率可以达到一个统一的稳定频率，实现全网的时钟同步，如图 8.23 所示。

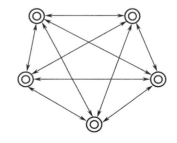

图 8.23　互同步法示意图

互同步法的优点在于当某一站出故障时，网频率将平滑地过渡到新的网频率，以确保网络的正常工作。且对时钟频率稳定度要求低，从而降低了设备费用。但由于系统稳态频率取决于起始条件、时延、增益和加权系数等参数，容易引起扰动等，也很难与其他同步方法兼容。

8.5.3　准同步法

又称为独立时钟法。在准同步方式下，通信网中各同步节点都设置相互独立、互不控制、标称速率相同、频率精度和稳定度相同的时钟。为使节点之间的滑动率低到可接受的程度，要求各节点之间都采用高精度和高稳定的原子钟。由于时钟精度高，网内各局的时钟虽不完全相同（频率和相位），但误差很小，接近同步，也称之为伪同步。准同步方式目前主要用于国际数字网的同步。由于没有时钟间的控制问题，所以网络简单、灵活，但对时钟的性能要求高，导致设备费用高。

从本质上来说，准同步是一种异步的方式。由于各局时钟的频率相近，但并不完全相等，因此这些差异通过积累可能导致信息码元的丢失或增加假信息码元。如果各信息码元是独立表达信息的，某些信息码元的增加或丢失只不过引入了一些噪声。但是对于时分复用信号来讲，就有可能引起帧失步，从而造成信号分路、交换的混乱，产生不能容忍的后果。这一问题可用塞入脉冲法来解决。这种方法使传输的码率略大于信息所需的码率，因此在传输的码元中有一部分不是信息码元，是所谓的"塞入脉冲"，通过调节塞入脉冲的数量来补偿频率不稳定带来的码率的变化。准同步法主要包括码速调整法和水库法。

1. 码速调整法

码速调整法有正码速调整、负码速调整、正负码速调整和正/零/负码速调整四大类。在 PDH 系列中最常用的是正码速调整。其原理如图 8.24 所示。

图 8.24　码速调整原理

支路信号码速率为 f_L，读出时钟频率 $f_m>f_L$。对缓冲器进行慢写快读。当需要在支路复接信号中插入业务脉冲或当缓冲器将要被读空时，将读出时钟扣除一个脉冲，停读一次，在这个被扣除的时钟脉冲对应的码元内不传输信息。支路复接信号的码速率等于 f_m。

2. 水库法

在各局设置稳定度极高的振荡器和容量足够大的缓存器，容量大到在足够长的时间内，即使码率有所波动也不会发生缓存器内信息码元被"取空"或"溢出"，因此不必调整，就可实现网同步。这时缓存器相当于一个"水库"，输入的信息码元先存在"水库"里，再按本局时钟频率读出，即使输入的速率有所变化，水既不会放干，也不会溢出。不过水库的容量总是有限的，所以每隔一定时间仍须对同步系统校准一次。

一般准同步方式用于国际数字网中，也就是一个国家与另一个国家的数字网之间采取这样的同步方式，避免国家间的从属关系，例如中国和美国的国际局均各有一个铯时钟，两者采用准同步方式。主从同步方式一般用于一个国家、地区内部的数字网，它的特点是国家或地区只有一个主局时钟，网上其他网元均以此主局时钟为基准来进行本网元的定时，主从同步和准同步的原理如图 8.25 所示。

为了增加主从定时系统的可靠性，可在网内设一个副时钟，采用等级主从控制方式。两个时钟均采用铯时钟，在正常时主时钟起网络定时基准作用，副时钟亦以主时钟的时钟为基

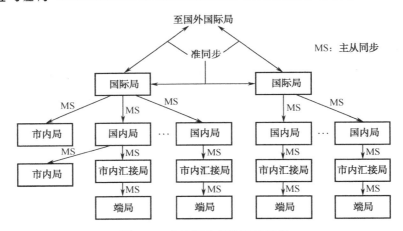

图 8.25　主从同步和准同步原理

准。当主时钟发生故障时，改由副时钟给网络提供定时基准，当主时钟恢复后，再切换回由主时钟提供网络基准定时。

我国采用的同步方式是等级主从同步方式，其中主时钟在北京，副时钟在武汉。在采用主从同步时，上一级网元的定时信号通过一定的路由——同步链路或附在线路信号上从线路传输到下一级网元。该级网元提取此时钟信号，通过本身的锁相振荡器跟踪锁定此时钟，并产生以此时钟为基准的本网元所用的本地时钟信号，同时通过同步链路或通过传输线路（即将时钟信息附在线路信号中传输）向下级网元传输，供其跟踪、锁定。若本站收不到从上一级网元传来的基准时钟，那么本网元通过本身的内置锁相振荡器提供本网元使用的本地时钟并向下一级网元传送时钟信号。

案例分析 8　分组传送网 PTN

PTN（分组传送网，Packet Transport Network），是在 IP 业务和底层光传输媒质之间设置了一个层面，它针对分组业务流量的突发性和统计复用传送的要求而设计，以分组业务为核心并支持多业务提供，具有更低的总体使用成本（TCO），同时秉承光传输的传统优势，包括高可用性和可靠性、高效的带宽管理机制和流量工程、便捷的 OAM 和网管、可扩展、较高的安全性以及精确的时钟同步方案等。

同步包括频率同步和时间同步两个概念。频率同步，就是所谓时钟同步，是指信号之间的频率或相位上保持某种严格的特定关系，其相对应的有效瞬间以同一平均速率出现，以维持通信网络中所有的设备以相同的速率运行。时间同步中所说的"时间"有两种含义：时刻和时间间隔。前者指连续流逝的时间的某一瞬间，后者是指两个瞬间之间的间隔长。时间同步有两个主要的功能：授时和守时。用通俗的描述，授时就是"对表"。通过不定期的对表动作，将本地时刻与标准时刻相位同步（中国的授时中心是陕西蒲城）；守时就是前面提到的频率同步，保证在对表的间隙里，本地时刻与标准时刻偏差不要太大。

PTN 网络内的时钟质量等级信息可以通过专门的 SSM 帧进行传送。其相关标准为 G.8261 层串行比特流提取时钟，实现网络时钟（频率）同步。同步以太网时钟精度由物理层保证，与以太网链路层负载和包转发时延无关。采用类 SDH 的时钟同步方案，通过物理层链路主

从实现。

PTN 网络中，时间同步主要有两种方式：BC（边界时钟）模式（见图 8.26）和 TC（透明时钟）模式（见图 8.27）。

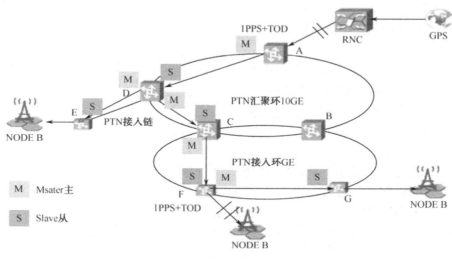

图 8.26　BC 模式

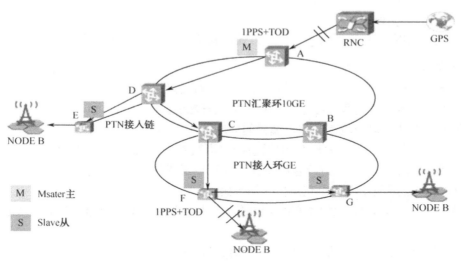

图 8.27　TC 模式

BC 模式特点：逐级同步，最终 PTN 全网同步；PTN 网络中主 M、从 S 端口数量一样，即有一个主 M 就有一个从 S；每条链路上的 PTP 包流量与网络节点数无关；无须 NODE B。

TC 模式特点：仅仅每个同步链的首末两个节点运行主从时钟模式，中间节点运行 TC 模式；增加了设备的复杂度，对 CPU 处理能力要求非常高，否则，将造成丢包或延时；需要 NODE B。

思考题：

PTN 网络中可以采用哪种同步方式？分别具有特点？哪种同步方式更优？

扫一扫
看习题8
及答案

习题8

一、填空题

1. 数字通信系统同步按获取和传输同步信息方式的不同，可分为_____和_____。按功能的不同分为_____、_____、_____和_____，载波同步是实现_____的基础。位同步是_____的基础。帧同步是_____的基础。网同步是_____的基础。

2. 载波提取的方法主要包括两类：_____和_____。

3. 直接提取载波的方法包括_____、_____等。

4. 对位同步信号的要求有两点：（1）_____。
（2）_____。

5. 位同步_____是指在发送端不专门发送导频信号，而直接从所接收的数字信号中提取同步信号。典型的有_____和_____。

6. 群同步的实现方法有：_____、_____和_____。

7. 实现网同步的方法主要有两大类：一类是_____，另一类是_____。

8. 同步复接的主要方法有_____和_____两种。实现异步复接的方法有_____法和_____法。

9. 为了获得载波信号，要求载波同步系统的主要性能指标包括_____、_____、_____和_____等。

10. 国际数字网的同步采用_____方式，我国采用的同步方式是_____。

二、判断题

1. 在保证同步性能的前提下，群同步码应该越长越好。（   ）

2. 对于单边带信号的载波提取一般采用插入导频法。（   ）

3. 平方变换法提取载波存在相位模糊的问题。（   ）

4. 用位同步信号的某种波形对相移键控或频移键控这样的恒包络数字已调信号进行附加的幅度调制，在接收端只要进行包络检波，就可以形成位同步信号。（   ）

5. PCM30/32采用了七位巴克码作为同步码。（   ）

6. 通信网采用准同步方式实现网同步时，网内不单独设置主基准时钟，各交换局都是受控时钟。（   ）

7. 主从同步法在整个通信网中只有一个时钟源。（   ）

三、问答题

1. 什么是载波同步？主要有哪几种实现方法？

2. 什么是位同步？主要有哪几种实现方法？

3. 什么是群同步？主要有哪几种实现方法？

4. 什么是网同步？主要有哪几种实现方法？

模块 9

数字信号的最佳接收

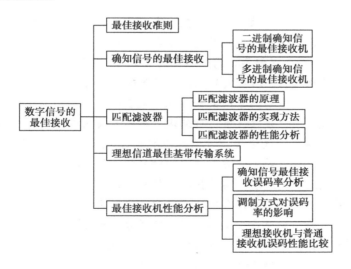

数字通信原理与应用

导入案例

雷达（radar）一词来源于缩略语（RADAR），表示"radio detection and ranging"（无线电检测与测距）。现如今，由于它已经成为一项非常广泛实用的技术，"radar"一词也变成一个标准的英文名词。它是利用目标对电磁波的散射来发现、探测、识别各种目标，测定目标坐标和其他情报的装置。在现代军事和生产中，雷达的作用越来越显示其重要性，特别是第二次世界大战中，英国空军和纳粹德国空军的"不列颠"空战，使雷达的重要性显露得非常清楚。

雷达（见图 9.1）作为无线探测距离和速度的工具，不仅在军事上十分重要，而且已经被广泛应用于气象预测、环境监测、资源探测和天体研究等领域。它不受天气、时间的影响，能够全天候探测目标，并有一定的穿透能力。

图 9.1　雷达

雷达所起的作用和眼睛和耳朵相似，当然，它不再是大自然的杰作，同时，它的信息载体是无线电波。事实上，不论是可见光或是无线电波，在本质上都是电磁波，在真空中传播的速度都是光速 c，差别在于它们各自的频率和波长不同。雷达的主要组成部分包括发射机、发射天线、接收机、接收天线、数据处理系统及其他辅助部分。雷达的原理就是雷达设备的发射机通过天线把电磁波能量射向空间某一方向，处在此方向上的物体反射碰到的电磁波；雷达天线接收此反射波，送至接收设备进行处理，提取有关该物体的某些信息（目标物体至雷达的距离，距离变化率或径向速度、方位、高度等）。雷达根据发射脉冲与回波脉冲之间的时间差测量距离，利用天线的尖锐方位波束测量目标方位，根据自身和目标之间有相对运动产生的频率多普勒效应测量速度。雷达接收到的目标回波频率与雷达发射频率不同，两者的差值称为多普勒频率。从多普勒频率中可提取的主要信息之一是雷达与目标之间的距离变化率。当目标与干扰杂波同时存在于雷达的同一空间分辨单元内时，雷达利用它们之间多普勒频率的不同能从干扰杂波中检测和跟踪目标。为了有效提取所需的无线电波，这就需要先进的接收技术。一个通信系统的质量优势在很大程度上取决于接收系统的性能。从接收角度来看，达到信号接收最佳化是保证通信质量的基本要求。雷达所使用的匹配滤波器正是数字接收技术的体现。匹配滤波器在数字通信理论、信号最佳接收理论以及雷达信号的检测理论等方面均有重要意义。

思考：

数字通信系统为何要采用数字接收技术？普通数字接收与最佳数字接收有何区别？思考如何实现数字最佳接收？其中的匹配滤波器有何作用？

学习目标

☞ 理解最佳接收的概念。

☞ 了解最大似然准则。

☞ 了解确知信号与随相信号的最佳接收。

☞ 掌握匹配滤波器的原理和实现方法。

☞ 知道理想接收机模型。

☞ 了解最佳接收机的概念和其性能分析方法。

9.1　最佳接收准则

扫一扫看最佳接收
准则与确知信号的
最佳接收教学课件

基带数字信号经过调制器以后，必须通过信道（传输介质）才能到达接收端。而实际信道特性并不理想，因此信号在传输过程中不可避免地要受到噪声干扰，使接收到的数字信号不能准确地还原。那么在随机干扰存在的情况下采取什么样的接收技术，使接收信号最佳呢？研究和解决该问题的理论称为最佳接收理论。它是把近代数学概率论和数理统计应用到信号的接收领域，从而实现理论上达到信号接收最佳化，为通信系统更加完善开辟道路。

最佳接收理论是研究在随机干扰存在时，在一定的准则下，经过系统和定量的推导给出最佳接收机的结构，并证明最佳接收机性能的极限。显而易见，这种所谓最佳是相对的而不是绝对的，是在一定的准则下的最佳。在某一准则下为最佳接收机，而在另一准则下可能不是最佳。所以，在最佳接收机理论中选择什么准则是十分重要的。

在数字通信中，信道的特性和传输过程中引入的噪声干扰是影响通信系统性能的两个主要因素。在发送端，考虑的是如何设计信号，使之适合在信道中传输，并尽量抑制各种噪声干扰；而在接收端，考虑的是如何从噪声干扰中正确地接收信号，即最佳接收。

最佳接收理论（信号检测理论）就是研究在噪声干扰的情况下如何有效地检测信号。信号检测理论是利用概率论和数理统计的方法来研究信号检测问题：①假设检验问题，即在噪声干扰中如何判决有用信号是否出现；②参数估值问题，即在噪声干扰下如何对信号的参量进行估计；③信号滤波问题，即在噪声干扰下，如何有效地提取有用信号。最佳接收涉及假设检验和信号滤波。

最佳接收，都是在某一意义上或某一准则下去衡量的。对不同的准则，最佳接收的性能不同。那么，在数字通信中，应该选择什么样的准则呢？

由于噪声的干扰，所以在发送 x_1 时，接收端不一定判为 y_1，而可能判为其他符号。当然，发送 x_2 时，同样可能出现错误的判决。我们希望差错概率最小，在数字通信中最直观和最合理的准则是"最小差错概率"准则，还包括"最大输出信噪比"准则、"最大后验概率"准则、"最小均方误差"准则等。所谓最小差错概率接收准则，就是指使得在接收端判决恢复原始发送信码时的误判概率达到最小。最小均方误差准则是指在输出信号与各个可能发送信号的均方差值中，与实际发送信号的均方差值最小。最大后验概率准则就是指根据各个后验概率的大小，判决其中最大概率所对应的发送码元为发端的发送信码。实际上，在高斯白噪声信道中，最小差错概率准则、最大输出信噪比准则、最大后验概率准则与最大似然比准则是等价的。

那么，在存在噪声的情况下，接收信号的差错概率如何计算？什么样的判决方法才能获得最小差错概率？为方便起见，现讨论数字信号接收的简单情况——二进制数字信号的接收。

其判决规则如下：设在一个二进制通信系统中发送码元"1"的概率为 $P(1)$，发送码元"0"的概率为 $P(0)$，则总误码率 P_e 等于

$$P_e = P(1)P_{e1} + P(0)P_{e0} \tag{9-1-1}$$

式中，$P_{e1}=p(0/1)$ 表示发送"1"时，收到"0"的条件概率；$P_{e0}=p(1/0)$ 表示发送"0"时，收到"1"的条件概率。

上面这两个条件概率称为错误转移概率。按照以上分析，接收端收到的每个码元持续时间内的电压可以用一个 k 维矢量表示。接收设备需要对每个接收矢量作判决，判定它的发送码元是"0"还是"1"。

由接收矢量决定的两个联合概率密度函数 $f_0(r)$ 和 $f_1(r)$ 的曲线，如图 9.2（在图中把 r 当作一维矢量画出）所示。

可以将此空间划分为两个区域 A_0 和 A_1，其边界是 r_0'，并将判决规则定为：

若接收矢量落在区域 A_0 内，则判定发送码元是"0"；若接收矢量落在区域 A_1 内，则判定发送码元是"1"。

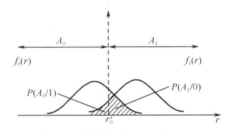

图 9.2　概率密度 $f_0(r)$ 和 $f_1(r)$

显然，区域 A_0 和区域 A_1 是两个互不相容的区域。当这两个区域的边界 r_0' 确定后，错误概率也随之确定了。这样，总误码率可以写为

$$P_e = P(1)P(A_0/1) + P(0)P(A_1/1) \tag{9-1-2}$$

式中，$P(A_0/1)$ 表示发送"1"时，矢量 r 落在区域 A_0 的条件概率；$P(A_1/0)$ 表示发送"0"时，矢量 r 落在区域 A_1 的条件概率。

这两个条件概率可以写为

$$P(A_0/1) = \int_{A_0} f_1(r)\,\mathrm{d}r \ , \quad P(A_0/0) = \int_{A_1} f_0(r)\,\mathrm{d}r \tag{9-1-3}$$

这两个概率在图中分别由两块阴影面积表示。

将式（9-1-3）代入

$$P_e = P(1)P(A_0/1) + P(0)P(A_1/0) \tag{9-1-4}$$

得到

$$P_e = P(1)\int_{A_0} f_1(r)\,\mathrm{d}r + P(0)\int_{A_1} f_0(r)\,\mathrm{d}r \tag{9-1-5}$$

参考图 9.2 可知，上式可以写为

$$P_e = P(1)\int_{-\infty}^{r_0} f_1(r)\,\mathrm{d}r + P(0)\int_{r_0}^{\infty} f_0(r)\,\mathrm{d}r \tag{9-1-6}$$

由此看出 P_e 是 r_0' 的函数。为了求出使 P_e 最小的判决分界点 r_0'，将上式对 r_0' 求导

$$\frac{\partial P_e}{\partial r_0'} = P(1)f_1(r_0') - P(0)f_0(r_0') \tag{9-1-7}$$

令导函数等于 0，得出最佳分界点 r_0' 的所满足条件：

$$P(1)f_1(r_0') - P(0)f_0(r_0') = 0$$

即

$$\frac{P(1)}{P(0)} = \frac{f_0(r_0')}{f_1(r_0')} \tag{9-1-8}$$

当先验概率相等，即 $P(1)=P(0)$ 时，$f_0(r_0)=f_1(r_0)$，所以最佳分界点位于图中两条曲线交点处的 r 值上。

在判决边界确定之后，按照接收矢量 r 落在区域 A_0 时判为 "0" 的准则，有

$$\text{若} \frac{P(1)}{P(0)} < \frac{f_0(r)}{f_1(r)}，\text{则判为 "0"}$$

$$\text{若} \frac{P(1)}{P(0)} > \frac{f_0(r)}{f_1(r)}，\text{则判为 "1"} \tag{9-1-9}$$

在发送 "0" 和发送 "1" 的先验概率相等时，式（9-1-9）的条件简化为

$$\text{若} f_0(r) > f_1(r)，\text{则判为 "0"}$$

$$\text{若} f_0(r) < f_1(r)，\text{则判为 "1"}$$

这个判决准则称为最大似然准则。按照这个准则判决就可以得到理论上的最佳接收，即使误码率达到理论上的最小值。

以上对于二进制最佳接收准则的分析，可以推广到多进制信号的场合。设在一个 M 进制数字通信系统中，一个发送码元是 $s_1, s_2, \cdots, s_i, \cdots, s_M$ 其中之一，它们的先验概率相等，能量相等。当发送码元是 s_i 时，接收信号的 k 维联合概率密度函数为

$$f_i(r) = \frac{1}{\left(\sqrt{2\pi}\sigma_n\right)^k} \exp\left\{-\frac{1}{n_0}\int_0^{T_s}\left[r(t)-s_i(t)\right]^2 \mathrm{d}t\right\} \tag{9-1-10}$$

于是，若 $f_i(r) > f_j(r)$，则判为 $s_i(t)$，其中 $\left.\begin{array}{l} j \neq i \\ j = 1,2,\cdots,M \end{array}\right\}$。

9.2　确知信号的最佳接收

经过恒参信道或变参信道到达接收机输入端的信号大致可分为两类：一类是确知信号；一类是随参信号。因此在信道存在噪声干扰的情况下，对信号的最佳接收可分为三个问题来讨论：①确知信号的接收。所谓确知信号（如数字信号），它经过恒参信道后的参数（幅度、频率、相位、到达时间等）都是确知的。从检测的观点来看，未知的仅是信号的出现与否。②随机相位信号的接收。随机相位信号简称随相信号，是一种典型且简单的随参信号。这种信号除了信号的相位 φ 之外，其余参数都是确知的，即信号的相位 φ 是唯一随机变化的参数。它的随机相位在数字信号的持续时间（T）区间内为某一值，而在另一个时间间隔（T）内为另一值。这种变化是随机的。随机相位信号在实际中常见，例如具有随机相位的 FSK 信号和 ASK 信号、随机窄带信号经限幅后的信号及常见的雷达接收信号等。对这种信号的相位分布，一般认为 φ 服从 $[0,2\pi]$ 区间的均匀分布。③随机幅度和随机相位信号（简称起伏信号）的接收。起伏信号（振幅服从瑞利分布、相位服从均匀分布）则可看成是数字信号通过瑞利衰落（快衰落）信道后的信号形式。例如在衰落信道中接收到的信号就是起伏信号。

对于随相信号和起伏信号的最佳接收问题的分析，与确知信号最佳接收的分析思路在原

理和方法上是一致的。但是，由于随相信号具有随机相位，起伏信号幅度和相位均随机，使得问题的分析显得更复杂一些，最佳接收机结构形式也比确知信号最佳接收机结构复杂，这里就不详细叙述了。

在接收确知信号时，由于相位是已知的，所以可以借助于物理学中光的干涉概念。利用相位信息来进行确知信号的接收称为"相干接收"。与此相比，随相信号不能利用相位（因相位在随机变化）信息进行接收，这种接收方法为"非相干接收"，它只能利用信号的幅度信息进行接收。

9.2.1 二进制确知信号的最佳接收机

设到达接收机输入端的一个信号有两种可能：$s_0(t)$ 和 $s_1(t)$，其持续时间为[0，T]，且两种码元信号的能量相等。假定接收机输入端的噪声为高斯噪声，且其均值为零，单边功率谱密度为 n_0。要求在有噪声干扰时，使判决差错概率最小。在这个原则下得到的接收机称为最佳接收机。

判决规则：

当发送码元为"0"，波形为 $s_0(t)$ 时，接收电压的概率密度为

$$f_0(r) = \frac{1}{\left(\sqrt{2\pi}\sigma_n\right)^k} \exp\left\{-\frac{1}{n_0}\int_0^{T_s}[r(t)-s_0(t)]^2\mathrm{d}t\right\} \tag{9-2-1}$$

当发送码元为"1"，波形为 $s_1(t)$ 时，接收电压的概率密度为

$$f_1(r) = \frac{1}{\left(\sqrt{2\pi}\sigma_n\right)^k} \exp\left\{-\frac{1}{n_0}\int_0^{T_s}[r(t)-s_1(t)]^2\mathrm{d}t\right\} \tag{9-2-2}$$

因此，将式（9-2-1）和式（9-2-2）代入判决准则式，经过简化，得

若　　$$P(1)\exp\left\{-\frac{1}{n_0}\int_0^{T_s}[r(t)-s_1(t)]^2\mathrm{d}t\right\} < P(0)\exp\left\{-\frac{1}{n_0}\int_0^{T_s}[r(t)-s_0(t)]^2\mathrm{d}t\right\} \tag{9-2-3}$$

则判定发送码元是 $s_0(t)$；

若　　$$P(1)\exp\left\{-\frac{1}{n_0}\int_0^{T_s}[r(t)-s_1(t)]^2\mathrm{d}t\right\} > P(0)\exp\left\{-\frac{1}{n_0}\int_0^{T_s}[r(t)-s_0(t)]^2\mathrm{d}t\right\} \tag{9-2-4}$$

则判定发送码元是 $s_1(t)$。

将式（9-2-3）和式（9-2-4）的两端分别取对数，若

$$n_0\ln\frac{1}{P(1)} + \int_0^{T_s}[r(t)-s_1(t)]^2\mathrm{d}t > n_0\ln\frac{1}{P(0)} + \int_0^{T_s}[r(t)-s_0(t)]^2\mathrm{d}t \tag{9-2-5}$$

则判定发送码元是 $s_0(t)$；反之则判为发送码元是 $s_1(t)$。由于已经假设两个码元的能量相同，即

$$\int_0^{T_s}s_0^2(t)\mathrm{d}t = \int_0^{T_s}s_1^2(t)\,\mathrm{d}t \tag{9-2-6}$$

所以式（9-2-6）还可以进一步简化。若

$$W_1 + \int_0^{T_s}r(t)s_1(t)\mathrm{d}t < W_0 + \int_0^{T_s}r(t)s_0(t)\,\mathrm{d}t \tag{9-2-7}$$

式中，$W_0 = \dfrac{n_0}{2}\ln P(0)$，$W_1 = \dfrac{n_0}{2}\ln P(1)$，则判定发送码元是 $s_0(t)$；反之，则判定发送码元是 $s_1(t)$。W_0 和 W_1 可以看作是由先验概率决定的加权因子。

按照上式画出的最佳接收机原理方框图如图 9.3 所示。

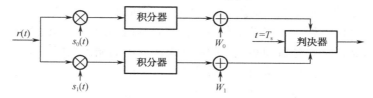

图 9.3　二进制确知信号的最佳接收机原理方框图

由图 9.4 可以看出，这种最佳接收机的结构就是按比较接收信号 $r(t)$ 与发送信号 $s_0(t)$ 和 $s_1(t)$ 的相关性构成的。所以，此种接收机又称为"相关检测器"。若先验概率相等，则有 $W_0 = W_1$，图 9.3 中的加法器可以省去，成为更简化的原理方框图，如图 9.4 所示。由于积分上限为 T_s，也就是说比较器在 $t = T_s$ 时刻进行比较，因此可以用采样判决器实现。

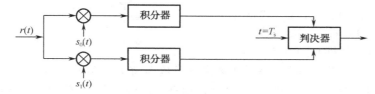

图 9.4　先验概率相等时确知信号的最佳接收机原理方框图

从图 9.4 的最佳接收机可以看出，相关运算由乘法器和积分器完成，这是最佳接收机的关键组成部分——相关器。

9.2.2　多进制确知信号的最佳接收机

由上一节的讨论不难推出 M 进制通信系统的最佳接收机结构如图 9.5 所示。最佳接收机的核心是由相乘和积分构成的相关运算，所以常称这种算法为相关接收法。由最佳接收机得到的误码率理论上可能达到最小值。

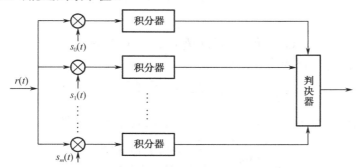

图 9.5　M 进制最佳接收机结构

9.3　匹配滤波器

扫一扫看匹配滤波器及理想最佳传输系统教学课件

滤波器在信号处理过程中应用十分普遍，它的作用体现在：（1）抑制带外噪声，最大限度地减小滤波器的输出噪声，减小噪声对信号判决的影响；（2）提取有用信号，最大限度增

数字通信原理与应用

强滤波器输出有用信号成分。通常对最佳线性滤波器的设计有两种准则：一种是使滤波器输出的信号波形与发送信号波形之间的均方误差最小，由此而导出的最佳线性滤波器称为维纳滤波器；另一种是使滤波器输出信噪比在某一特定时刻达到最大，由此而导出的最佳线性滤波器称为匹配滤波器。理论分析和实践表明，如果滤波器的输出端能够获得最大信噪比，则我们就能最佳判断信号的出现，从而提高系统的检测性能。匹配滤波器在数字通信理论、信号最佳接收理论以及雷达信号的检测理论等方面均有重要意义。下面介绍匹配滤波器的基本原理和主要性质。

9.3.1 匹配滤波器的原理

匹配滤波器最佳接收原理方框图如图 9.6 所示。

那么，当滤波器具有何种特性时才能使输出信噪比达到最大呢？假设接收滤波器的传输函数为 $H(f)$，冲激响应为 $h(t)$，滤波器输入码元 $s(t)$ 的持续时间为 T_s，信号和

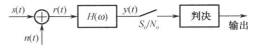

图 9.6　匹配滤波器最佳接收原理方框图

噪声之和为 $r(t)$，并设信号码元 $s(t)$ 的频谱密度函数为 $S(f)$，噪声 $n(t)$ 的双边功率谱密度为 $P_n(f) = n_0 / 2$，即 n_0 为噪声单边功率谱密度。根据上述假设条件有匹配滤波器输入 $r(t)$ 的表达式为

$$r(t) = s(t) + n(t) \tag{9-3-1}$$

假定滤波器是线性的，根据线性电路叠加定理，当滤波器输入电压 $r(t)$ 中包括信号和噪声两部分时，滤波器的输出电压 $y(t)$ 中也包含相应的输出信号 $s_o(t)$ 和输出噪声 $n_o(t)$ 两部分，即匹配滤波器输出 $y(t)$ 为

$$y(t) = s_o(t) + n_o(t) \tag{9-3-2}$$

其中输出的信号分量为

$$s_o(t) = \int_{-\infty}^{\infty} H(f)S(f)e^{j2\pi ft}\,df \tag{9-3-3}$$

输出信号功率为

$$P_Y(f) = H^*(f)H(f)P_R(f) = |H(f)|^2 P_R(f) \tag{9-3-4}$$

这时的输出噪声功率 N_o 为

$$N_o = \int_{-\infty}^{\infty} |H(f)|^2 \cdot \frac{n_0}{2}\,df = \frac{n_0}{2}\int_{-\infty}^{\infty} |H(f)|^2\,df \tag{9-3-5}$$

输出信噪比是指在抽样时刻 t_0 上，输出信号瞬时功率与噪声平均功率之比，表达式为

$$r_o = \frac{|s_o(t_0)|^2}{N_o} = \frac{\left|\int_{-\infty}^{\infty} H(f)S(f)e^{j2\pi ft_0}\,df\right|^2}{\dfrac{n_0}{2}\displaystyle\int_{-\infty}^{\infty} |H(f)|^2\,df} \tag{9-3-6}$$

1. 匹配滤波器的传输特性

利用施瓦兹不等式求 r_o 的最大值，公式为

$$\left|\int_{-\infty}^{\infty} f_1(x)f_2(x)\,dx\right|^2 \leqslant \int_{-\infty}^{\infty} |f_1(x)|^2\,dx \int_{-\infty}^{\infty} |f_2(x)|^2\,dx \tag{9-3-7}$$

若 $f_1(x) = kf_2^*(x)$，其中 k 为任意常数，则式（9-3-7）的等号成立。

将式（9-3-6）信噪比右端的分子看成是式（9-3-7）的左端，并令 $f_1(x) = H(f)$，

其中
$$f_2(x) = S(f)\mathrm{e}^{\mathrm{j}2\pi f t_0} \tag{9-3-8}$$

则有

$$r_0 \leqslant \frac{\int_{-\infty}^{\infty} |H(f)|^2\, \mathrm{d}f \int_{-\infty}^{\infty} |S(f)|^2\, \mathrm{d}f}{\dfrac{n_0}{2} \int_{-\infty}^{\infty} |H(f)|^2\, \mathrm{d}f} = \frac{\int_{-\infty}^{\infty} |S(f)|^2\, \mathrm{d}f}{\dfrac{n_0}{2}} = \frac{2E}{n_0} \tag{9-3-9}$$

式中，$E = \int_{-\infty}^{\infty} |S(f)|^2\, \mathrm{d}f$，而且当 $H(f) = kS^*(f)\mathrm{e}^{-\mathrm{j}2\pi f t_0}$ 时，上式的等号成立，即得到最大输出信噪比 $2E/n_0$。上式表明，$H(f)$ 就是我们要找的最佳接收滤波器传输特性。它等于信号码元频谱的复共轭（除了常数因子外）。故称此滤波器为匹配滤波器。

2. 匹配滤波器的冲激响应函数

$$
\begin{aligned}
h(t) &= \int_{-\infty}^{\infty} H(f)\mathrm{e}^{\mathrm{j}2\pi f t}\mathrm{d}f = \int_{-\infty}^{\infty} kS^*(f)\mathrm{e}^{-\mathrm{j}2\pi f t_0}\mathrm{e}^{\mathrm{j}2\pi f t}\mathrm{d}f \\
&= k\int_{-\infty}^{\infty} \left[\int_{-\infty}^{\infty} s(\tau)\mathrm{e}^{-\mathrm{j}2\pi f \tau}\mathrm{d}\tau\right]^* \mathrm{e}^{-\mathrm{j}2\pi f(t_0 - t)}\mathrm{d}f \\
&= k\int_{-\infty}^{\infty} \left[\int_{-\infty}^{\infty} \mathrm{e}^{\mathrm{j}2\pi f(\tau - t_0 + t)}\mathrm{d}f\right]s(\tau)\mathrm{d}\tau \\
&= k\int_{-\infty}^{\infty} s(\tau)\delta(\tau - t_0 + t)\mathrm{d}\tau = ks(t_0 - t)
\end{aligned} \tag{9-3-10}
$$

由式（9-3-10）可见，匹配滤波器的冲激响应 $h(t)$ 就是信号 $s(t)$ 的镜像 $s(-t)$ 在时间轴上向右平移了 t_0。图解如图 9.9 所示。

从匹配滤波器的传输函数以及单位冲激响应表达式可以看出，匹配滤波器的频率响应是输入信号频率响应的共轭。从物理上直观解释匹配滤波器为：

一方面，从幅频特性来看，匹配滤波器和输入信号的幅频特性完全一样。也就是说，在信号越强的频率点，滤波器的放大倍数也越大；在信号越弱的频率点，滤波器的放大倍数也越小。这就是信号处理中的"马太效应"。也就是说，匹配滤波器是让信号尽可能通过，而不管噪声的特性。因为匹配滤波器的一个前提是白噪声，也即噪声的功率谱是平坦的，在各个频率点都一样。因此，这种情况下，让信号尽可能通过，实际上也隐含着尽量减少噪声的通过。这正是使得输出的信噪比最大的原因。

另外一方面，从相频特性上看，匹配滤波器的相频特性和输入信号的相频特性完全相反。这样，通过匹配滤波器后，信号的相位为 0，正好能实现信号时域上的相干叠加。而噪声的相位是随机的，只能实现非相干叠加。这样在时域上保证了输出信噪比的最大。

在信号与系统的幅频特性与相频特性中，幅频特性更多地表征了频率特性，而相频特性更多地表征了时间特性。匹配滤波器无论是从时域还是从频域上，都充分保证了信号尽可能大地通过，噪声尽可能小地通过，因此能获得最大信噪比的输出。

实际上，匹配滤波器由其命名即可知道其鲜明的特点，即滤波器是匹配输入信号的。一旦输入信号发生了变化，原来的匹配滤波器就再不能成为匹配滤波器了。由此，很容易联想到相关这个概念，相关的物理意义就是比较两个信号的相似程度。如果两个信号完全一样，就是匹配。事实上，匹配滤波器的另外一个名字就是相关接收，两者表征的意义是完全一样

的。只是匹配滤波器着重在频域的表征，而相关接收则着重在时域的表述。

因此，理解匹配滤波器的概念应注意以下三个问题。

（1）白噪声背景是推导匹配滤波器的前提，但在实际应用中，白噪声背景不是应用匹配滤波器的前提。实际 Ixtapa 的噪声都不完全是白噪声，但也能使用匹配滤波器，因为实际系统的噪声中白噪声所占比例很大，一般达到90%以上，可以近似当作白噪声来处理。匹配滤波器应用的前提条件是输入信号的形式已知。

（2）匹配滤波器关心的是如何在含有噪声的信号中发现目标回波，而不关心信号波形是否失真。因此，匹配滤波器不能用于波形估计的场合，波形估计要用维纳滤波或 Kalman 滤波等一类方法。

（3）匹配滤波器是一种线性滤波器，它的输出信噪比不是在所有类型（包括线性和非线性）滤波器中最大的，而是在线性滤波器中能够得到最大的输出信噪比。某些情况下，非线性滤波能够得到比匹配滤波器更大的输出信噪比。

3．实际的匹配滤波器

一个实际的匹配滤波器应该是物理可实现的，其冲激响应必须符合因果关系，在输入冲激脉冲前不应该有冲激响应出现，即必须有 $h(t)=0$（$t<0$），也就是要求满足条件 $s(t_0-t)=0$（$t<0$），或满足条件 $s(t)=0$（$t>t_0$）。

上述条件说明，接收滤波器输入端的信号码元 $s(t)$ 在抽样时刻 t_0 之后必须为零。一般不希望在码元结束之后很久才抽样，故通常选择在码元末尾抽样，即选 $t_0=T_s$。故匹配滤波器的冲激响应可以写为

$$h(t)=ks(T_s-t) \qquad (9\text{-}3\text{-}11)$$

匹配滤波器工作原理曲线图如图 9.7 所示。

由于 t_0 是取样时刻，所以从提高传输速率考虑，t_0 应尽可能小。但是 $h(t)$ 是匹配滤波器的冲激响应，从物理可实现性考虑，当 $t<0$ 时，应有 $h(t)=0$。因此 $t_0<t_2$ 时的匹配滤波器是物理不可实现的，必须要求 $t_0 \geq t_2$。综合上述两个方面考虑，应取 $t_0=t_2$。

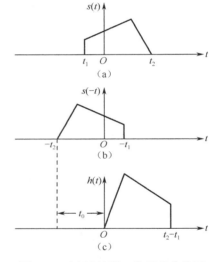

图 9.7　匹配滤波器工作原理曲线图

t_2 是信号 $s(t)$ 的结束时间，也就是说在输入信号刚刚结束时立即取样，这样对接收信号能及时地作出判决，同时它对应的 $h(t)$ 是物理可实现的。若取样时间先于信号结束时间，即 $t_0<t_2$，显然是不正确的，因为输入信号还未结束，怎么可能获取输入信号的全部能量而使输出信噪比最大呢？

若匹配滤波器的输入电压为 $s(t)$，则输出信号码元的波形为

$$\begin{aligned}s_o(t)&=\int_{-\infty}^{\infty}s(t-\tau)h(\tau)\mathrm{d}\tau=k\int_{-\infty}^{\infty}s(t-\tau)s(T_s-\tau)\mathrm{d}\tau\\&=k\int_{-\infty}^{\infty}s(-\tau')s(t-T_s-\tau')\mathrm{d}\tau'=kR(t-T_s)\end{aligned} \qquad (9\text{-}3\text{-}12)$$

式（9-3-12）表明，匹配滤波器输出信号码元波形是输入信号码元波形的自相关函数的 k 倍。k 是一个任意常数，它与 r_0 的最大值无关，通常取 $k=1$。

实例 9.1 若信号 $s(t)$ 的表示式为 $s(t)=\begin{cases}1, & 0\leqslant t\leqslant T_{s} \\ 0, & \text{其他}\end{cases}$，试求其匹配滤波器的特性，并画出输出信号的波形图。

解 （1）根据 $s(t)$ 的表达式可知，其波形是一个矩形脉冲，如图 9.8 所示。

$s(t)$ 的频谱为 $S(f)=\int_{-\infty}^{\infty}s(t)\mathrm{e}^{-\mathrm{j}2\pi ft}\mathrm{d}t=\dfrac{1}{\mathrm{j}2\pi f}\left(1-\mathrm{e}^{-\mathrm{j}2\pi fT_{s}}\right)$

根据匹配滤波器的冲激响应函数 $h(t)=ks(t_{0}-t)$，令 $k=1$，得

$$h(t)=s(T_{s}-t),\ 0\leqslant t\leqslant T_{s}$$

利用傅里叶变换，有

$$H(f)=kS^{*}(f)\mathrm{e}^{-\mathrm{j}2\pi ftT_{s}}$$

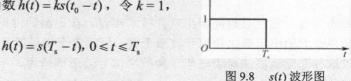

图 9.8 $s(t)$ 波形图

可得其匹配滤波器的传输函数为

$$H(f)=\frac{1}{\mathrm{j}2\pi f}\left(\mathrm{e}^{-\mathrm{j}2\pi fT_{s}}-1\right)\mathrm{e}^{-\mathrm{j}2\pi fT_{s}}$$

由于 $\dfrac{1}{\mathrm{j}2\pi f}$ 是理想积分器的传输函数，而 $\mathrm{e}^{-\mathrm{j}2\pi fT_{s}}$ 是延迟时间为 T_{s} 的延迟电路的传输函数，可画出此匹配滤波器的方框图如 9.9 所示。

（2）由于输出信号 $s_{o}(t)=s(t)*h(t)$，根据卷积计算得到 s_{o} 的波形如图 9.10 所示。

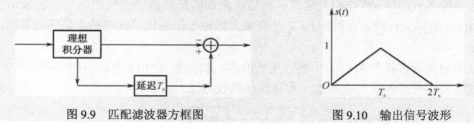

图 9.9   匹配滤波器方框图

图 9.10   输出信号波形

9.3.2 匹配滤波器的实现方法

对各种可能信号相匹配的滤波器的综合是一个非常复杂的问题，这里只介绍对矩形包络信号相匹配的滤波器的实现。

单个矩形包络信号的匹配滤波器有以下几种实现方法。

（1）LC 谐振式动态滤波器。

（2）模拟计算式动态滤波器。

（3）数字式动态滤波器。

（4）声表面波滤波器。

对于二进制确知信号，使用匹配滤波器构成的接收电路方框图，如图 9.11 所示。

图中有两个匹配滤波器，分别匹配于两种信号码元。在抽样时刻对抽样值进行比较判决。哪个匹配滤波器的输出抽样值更大，就判决它为输出。若此二进制信号的先验概率相等，则此方框图能给出最小的总误码率。

匹配滤波器可以用不同的硬件电路实现，也可以用软件实现。目前，由于软件无线电技

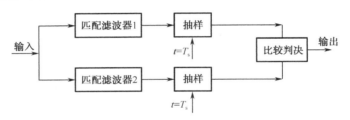

图 9.11　匹配滤波器构成的接收电路方框图

术的发展，它日益趋向于用软件技术实现。在上面的讨论中对于信号波形从未涉及，也就是说最大输出信噪比和信号波形无关，只决定于信号能量 E 与噪声功率谱密度 n_0 之比，所以这种匹配滤波法对于任何一种数字信号波形都适用，不论是基带数字信号还是已调数字信号。

9.3.3　匹配滤波器的性能分析

用上述匹配滤波器得到的最大输出信噪比就等于最佳接收时理论上能达到的最高输出信噪比。匹配滤波器输出电压的波形 $y(t)$ 可以写成

$$y(t) = k \int_{t-T_s}^{t} r(u)s(T_s - t + u)\mathrm{d}u \tag{9-3-13}$$

在抽样时刻 T_s，输出电压等于 $y(T_s) = k \int_0^{T_s} r(u)s(u)\mathrm{d}u$，可以看出，上式中的积分是相关运算，即将输入 $r(t)$ 与 $s(t)$ 作相关运算，而后者是和匹配滤波器匹配的信号。它表示只有输入电压 $r(t) = s(t) + n(t)$ 时，在时刻 $t = T_s$ 才有最大的输出信噪比。式中的 k 是任意常数，通常令 $k = 1$。

用上述相关运算代替图 9.11 中的匹配滤波器，得到如图 9.12 所示的相关接收法方框图。匹配滤波法和相关接收法完全等效，都是最佳接收方法。

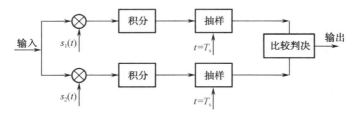

图 9.12　相关接收法方框图

9.4　理想信道最佳基带传输系统

通常，最佳接收机的性能不仅与接收机结构有关，而且与发送端所选择的信号形式有关。因此，仅仅从接收机考虑使得接收机最佳，并不一定能够达到使整个通信系统最佳。这一节我们将发送、信道和接收作为一个整体，从系统的角度出发来讨论通信系统最佳化的问题。为了使问题简化，我们以基带传输系统为例进行分析。

所谓理想信道特性，是指 $C(\omega) = 1$ 或常数的情况。通常当信道的通频带比信号频谱宽得多以及信道经过精细均衡时就接近具有"理想信道特性"。"非理想信道特性"即不完善信道特性。

此时，信号通过信道一方面要遭受噪声的干扰，另一方面还将引起码间干扰，系统错误概率增加，$C(\omega) \neq$ 常数。非理想信道下的最佳基带系统即确知或已测量得到的信道特性 $C(\omega)$，并假设 $G_T(\omega)$ 为已给定，由此设计的既能消除接收滤波器输出端在抽样时刻上的码间干扰，又使噪声引起的差错达到最小的基带系统。在此，我们仅讨论理想信道最佳基带传输系统。

在加性高斯白噪声信道下的基带传输系统模型如图 9.13 所示。图中，$G_T(\omega)$ 为发送滤波器传输函数；$G_R(\omega)$ 为接收滤波器传输函数；$C(\omega)$ 为信道传输特性，在理想信道条件下 $C(\omega) = 1$；$n(t)$ 为高斯白噪声，其双边功率谱密度为 n_0。

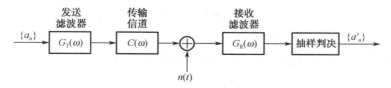

图 9.13　最佳基带传输系统模型

最佳基带传输系统的准则是：判决器输出差错概率最小。由基带传输系统与最佳接收原理可知，影响系统误码率性能的因素有两个：一是码间干扰；二是噪声。码间干扰的影响，可以通过系统传输函数的设计，使得抽样时刻样值的码间干扰为零。

设基带数字信号传输系统由发送滤波器、信道和接收滤波器组成：其传输函数分别为 $G_T(f)$、$C(f)$ 和 $G_R(f)$。将这三个滤波器集中用一个基带总传输函数 $H(f)$ 表示为

$$H(f) = G_T(f) \cdot C(f) \cdot G_R(f) \tag{9-4-1}$$

为了消除码间串扰，要求 $H(f)$ 必须满足奈奎斯特第一准则。当时忽略了噪声的影响，只考虑码间串扰。现在，我们将分析在 $H(f)$ 满足消除码间串扰的条件之后，如何设计 $G_T(f)$、$C(f)$ 和 $G_R(f)$，以使系统在加性白色高斯噪声条件下误码率最小。我们将消除了码间串扰并且噪声最小的基带传输系统称为最佳基带传输系统。

假设信道传输函数 $C(f) = 1$。于是，基带系统的传输特性变为 $H(f) = G_T(f) \cdot G_R(f)$，式中 $G_T(f)$ 虽然表示发送滤波器的特性，但是若传输系统的输入为冲激脉冲，则 $G_T(f)$ 还兼有决定发送信号波形的功能，即它就是信号码元的频谱。

现在，将分析在 $H(f)$ 按照消除码间串扰的条件确定之后，如何设计 $G_T(f)$ 和 $G_R(f)$，以使系统在加性白色高斯噪声条件下误码率最小。由对匹配滤波器频率特性的要求可知，接收匹配滤波器的传输函数 $G_R(f)$ 应当是信号频谱 $S(f)$ 的复共轭。现在，信号的频谱就是发送滤波器的传输函数 $G_T(f)$，所以要求接收匹配滤波器的传输函数为

$$H_{eq}(\omega) = \begin{cases} \displaystyle\sum_i H\left(\omega + \dfrac{2\pi i}{T_s}\right), & |\omega| \leqslant \dfrac{\pi}{T_s} \\[3mm] 0, & |\omega| > \dfrac{\pi}{T_s} \end{cases} \tag{9-4-2}$$

式中　i——常数；

　　　T_s——码元时间间隔。

由 $H(f) = G_T(f) \cdot G_R(f)$，有

$$G_T^*(f) = H^*(f) / G_R^*(f) \tag{9-4-3}$$

将上式代入所要求的接收匹配滤波器的传输函数为

$$G_R(f) = G_T^*(f)e^{-j2\pi f t_0} \qquad (9\text{-}4\text{-}4)$$

即

$$|G_R(f)|^2 = H^*(f)e^{-j2\pi f t_0} \qquad (9\text{-}4\text{-}5)$$

上式左端是一个实数，所以上式右端也必须是实数。因此，上式可以写为

$$|G_R(f)|^2 = |H(f)| \qquad (9\text{-}4\text{-}6)$$

所以得到接收匹配滤波器应满足的条件为

$$|G_R(f)| = |H(f)|^{1/2} \qquad (9\text{-}4\text{-}7)$$

由于上式条件没有限定对接收滤波器的相位要求，所以可以选用

$$G_R(f) = H^{1/2}(f) \qquad (9\text{-}4\text{-}8)$$

这样，由 $H(f) = G_T(f) \cdot G_R(f)$，得到发送滤波器的传输特性为

$$G_T(f) = H^{1/2}(f) \qquad (9\text{-}4\text{-}9)$$

以上两式就是最佳基带传输系统对于收发滤波器传输函数的要求。

9.5 最佳接收机性能分析

 扫一扫看实验9 通信系统误码测试教学指导

扫一扫看最佳接收机性能分析教学课件

9.5.1 确知信号最佳接收误码率分析

1. 总误码率

在最佳接收机中，若

$$n_0 \ln \frac{1}{P(1)} + \int_0^{T_s}[r(t)-s_1(t)]^2 dt > n_0 \ln \frac{1}{P(0)} + \int_0^{T_s}[r(t)-s_0(t)]^2 dt \qquad (9\text{-}5\text{-}1)$$

则判为发送码元是 $s_0(t)$。

因此，在发送码元为 $s_1(t)$ 时，若上式成立，则将发生错误判决。所以若将 $r(t) = s_1(t) + n(t)$ 代入上式，则上式成立的概率就是在发送码元"1"的条件下收到"0"的概率，即发生错误的条件概率 $P(0/1)$。此条件概率的计算结果如下：

$$P(0/1) = P(\xi < a) = \frac{1}{\sqrt{2\pi}\sigma_\xi}\int_{-\infty}^{a} e^{-\frac{x^2}{2\sigma_\xi^2}} dx \qquad (9\text{-}5\text{-}2)$$

式中，$a = \frac{n_0}{2}\ln\frac{P(0)}{P(1)} - \frac{1}{2}\int_0^{T_s}[s_1(t)-s_0(t)]^2 dt$；$\sigma_\xi^2 = D(\xi) = \frac{n_0}{2}\int_0^{T_s}[s_1(t)-s_0(t)]^2 dt$。

同理，可以求出发送 $s_0(t)$ 时，判决为收到 $s_1(t)$ 的条件错误概率为

$$P(1/0) = P(\xi < b) = \frac{1}{\sqrt{2\pi}\sigma_\xi}\int_{-\infty}^{b} e^{-\frac{x^2}{2\sigma_\xi^2}} dx \qquad (9\text{-}5\text{-}3)$$

式中 $b = \frac{n_0}{2}\ln\frac{P(1)}{P(0)} - \frac{1}{2}\int_0^{T_s}[s_0(t)-s_1(t)]^2 dt$。

因此，总误码率为

$$P_e = P(1)P(0/1) + P(0)P(1/0) = P(1)\left[\frac{1}{\sqrt{2\pi}\sigma_\xi}\int_{-\infty}^{a} e^{-\frac{x^2}{2\sigma_\xi^2}} dx\right] + P(0)\left[\frac{1}{\sqrt{2\pi}\sigma_\xi}\int_{-\infty}^{b} e^{-\frac{x^2}{2\sigma_\xi^2}} dx\right] \qquad (9\text{-}5\text{-}4)$$

2. 先验概率对误码率的影响

当先验概率 $P(0)=0$ 及 $P(1)=1$ 时，$a=-\infty$ 及 $b=\infty$，因此由上式计算出总误码率 $P_e=0$。在物理意义上，这时由于发送码元只有一种可能性，即是确定的"1"，因此不会发生错误。同理，若 $P(0)=1$ 及 $P(1)=0$，总误码率也为零。

（1）当先验概率相等时

$P(0)=P(1)=1/2$，$a=b$。这样，上式可以化简为

$$P_e = \frac{1}{\sqrt{2\pi}\sigma_\xi} \int_{-\infty}^{c} e^{-\frac{x^2}{2\sigma_\xi^2}} dx \tag{9-5-5}$$

式中 $c=-\dfrac{1}{2}\displaystyle\int_0^{T_s}[s_0(t)-s_1(t)]^2 dt$。

上式表明，当先验概率相等时，对于给定的噪声功率 σ_ξ^2，误码率仅和两种码元波形之差 $[s_0(t)-s_1(t)]$ 的能量有关，而与波形本身无关。差别越大，c 值越小，误码率 P_e 也越小。

（2）当先验概率不等时

由计算表明，先验概率不等时的误码率将略小于先验概率相等时的误码率。就误码率而言，先验概率相等是最坏的情况。

（3）先验概率相等时误码率计算

在噪声强度给定的条件下，误码率完全决定于信号码元的区别。现在给出定量地描述码元区别的一个参量，即码元的相关系数 ρ，其定义如下：

$$\rho = \frac{\int_0^{T_s} s_0(t)s_1(t)dt}{\sqrt{\left[\int_0^{T_s} s_0^2(t)dt\right]\left[\int_0^{T_s} s_1^2(t)dt\right]}} = \frac{\int_0^{T_s} s_0(t)s_1(t)dt}{\sqrt{E_0 E_1}} \tag{9-5-6}$$

式中，$E_0=\displaystyle\int_0^{T_s} s_0^2(t)dt$；$E_1=\displaystyle\int_0^{T_s} s_1^2(t)dt$；$E_0$、$E_1$ 为信号码元的能量。

当 $s_0(t)=s_1(t)$ 时，$\rho=1$，为最大值；当 $s_0(t)=-s_1(t)$ 时，$\rho=-1$，为最小值。所以 ρ 的取值范围在 $-1\leqslant s(t)\leqslant 1$。当两码元的能量相等时，令 $E_0=E_1=E_b$，则上式可以写为

$$\rho = \frac{\int_0^{T_s} s_0(t)s_1(t)dt}{E_b} \tag{9-5-7}$$

并且

$$c = -\frac{1}{2}\int_0^{T_s}[s_0(t)-s_1(t)]^2 dt = -E_b(1-\rho) \tag{9-5-8}$$

将上式代入误码率公式，得到

$$P_e = \frac{1}{\sqrt{2\pi}\sigma_\xi}\int_{-\infty}^{c} e^{-\frac{x^2}{2\sigma_\xi^2}} dx = \frac{1}{\sqrt{2\pi}\sigma_\xi}\int_{-\infty}^{-E_b(1-\rho)} e^{-\frac{x^2}{2\sigma_\xi^2}} dx \tag{9-5-9}$$

为了将上式变成实用的形式，作如下的代数变换：

令 $z=x/\sqrt{2}\sigma_\xi$，则有 $z^2=x^2/2\sigma_\xi^2$　$dz=dx/\sqrt{2}\sigma_\xi$

于是上式变为

$$P_e = \frac{1}{\sqrt{2\pi}\sigma_\xi} \int_{-\infty}^{-E_b(1-\rho)/\sqrt{2}\sigma_\xi} e^{-z^2} \sqrt{2}\sigma_\xi dz = \frac{1}{\sqrt{\pi}} \int_{-\infty}^{-E_b(1-\rho)/\sqrt{2}\sigma_\xi} e^{-z^2} dz$$

$$= \frac{1}{\sqrt{\pi}} \int_{E_b(1-\rho)/\sqrt{2}\sigma_\xi}^{\infty} e^{-z^2} dz = \frac{1}{2}\left[\frac{2}{\sqrt{\pi}} \int_{E_b(1-\rho)/\sqrt{2}\sigma_\xi}^{\infty} e^{-z^2} dz \right] = \frac{1}{2}\left\{ 1 - \mathrm{erf}\left[\frac{E_b(1-\rho)}{\sqrt{2}\sigma_\xi} \right] \right\} \quad (9\text{-}5\text{-}10)$$

式中 $\mathrm{erf}(x) = \dfrac{2}{\sqrt{\pi}} \int_0^x e^{-z^2} dz$

利用 σ_ξ^2 和 n_0 关系 $\sigma_\xi^2 = D(\xi) = \dfrac{n_0}{2} \int_0^{T_s} [s_1(t) - s_0(t)]^2 dt = n_0 E_b(1-\rho)$

代入式（9-5-10），得到误码率最终表示式为

$$P_e = \frac{1}{2}\left[1 - \mathrm{erf}\left(\sqrt{\frac{E_b(1-\rho)}{2n_0}} \right) \right] = \frac{1}{2}\mathrm{erfc}\left(\sqrt{\frac{E_b(1-\rho)}{2n_0}} \right) \quad (9\text{-}5\text{-}11)$$

式中　　$\mathrm{erf}(x) = \dfrac{2}{\sqrt{\pi}} \int_0^x e^{-z^2} dz$ ——误差函数；

$\mathrm{erfc}(x) = 1 - \mathrm{erf}(x)$ ——补误差函数；

E_b——码元能量；

ρ ——码元相关系数；

n_0——噪声功率谱密度。

式（9-5-11）是一个非常重要的理论公式，它给出了理论上二进制等能量数字信号误码率的最佳（最小可能）值。实际通信系统中得到的误码率只可能比它差，但是绝对不可能超过它。

9.5.2　调制方式对误码率的影响

误码率仅和 E_b/n_0 以及相关系数 ρ 有关，与信号波形及噪声功率无直接关系。码元能量 E_b 与噪声功率谱密度 n_0 之比，实际上相当于信号噪声功率比 P_s/P_n。因为若系统带宽 B 等于 $1/T_s$，则有

$$\frac{E_b}{n_0} = \frac{P_s T_s}{n_0} = \frac{P_s}{n_0(1/T_s)} = \frac{P_s}{n_0 B} = \frac{P_s}{P_n} \quad (9\text{-}5\text{-}12)$$

按照能消除码间串扰的奈奎斯特速率传输基带信号时，所需的最小带宽为（$1/2T_s$）Hz。对于已调信号，若采用的是 2PSK 或 2ASK 信号，则其占用带宽应当是基带信号带宽的两倍，即恰好是（$1/T_s$）Hz。所以，在工程上，通常把（E_b/n_0）当作信号噪声功率比看待。

相关系数 ρ 对于误码率的影响很大。当两种码元的波形相同，相关系数最大，即 $\rho = 1$ 时，误码率最大。这时的误码率 $P_e = 1/2$。因为这时两种码元波形没有区别，接收端是在没有根据地乱猜。当两种码元的波形相反，相关系数最小，即 $\rho = -1$ 时，误码率最小。这时的最小误码率为

$$P_e = \frac{1}{2}\left[1 - \mathrm{erf}\left(\sqrt{\frac{E_b}{n_0}} \right) \right] = \frac{1}{2}\mathrm{erfc}\left(\sqrt{\frac{E_b}{n_0}} \right) \quad (9\text{-}5\text{-}13)$$

例如，2PSK 信号的相关系数就等于-1。

当两种码元正交，即相关系数 $\rho=0$ 时，误码率为

$$P_e = \frac{1}{2}\left[1-\text{erf}\left(\sqrt{\frac{E_b}{2n_0}}\right)\right] = \frac{1}{2}\text{erfc}\left[\sqrt{\frac{E_b}{2n_0}}\right] \qquad (9-5-14)$$

例如，2FSK 信号的相关系数就等于或近似等于零。

若两种码元中有一种能量等于零，例如 2ASK 信号，则

$$c = -\frac{1}{2}\int_0^{T_s}[s_0(t)]^2\,\mathrm{d}t \qquad (9-5-15)$$

误码率为

$$P_e = \frac{1}{2}\left(1-\text{erf}\sqrt{\frac{E_b}{4n_0}}\right) = \frac{1}{2}\text{erfc}\left(\sqrt{\frac{E_b}{4n_0}}\right) \qquad (9-5-16)$$

比较以上三式可见，它们之间的性能差 3 dB，即 2ASK 信号的性能比 2FSK 信号的性能差 3 dB，而 2FSK 信号的性能又比 2PSK 信号的性能差 3 dB。

由上述分析可以看出，对于给定的误码率，当 k 增大时，需要的信噪比 E_b/n_0 减小。当 k 增大时，误码率曲线变成一条垂直线。这时只要 E_b/n_0 等于 0.693（-1.6 dB），就能得到无误码的传输。

9.5.3　理想接收机与普通接收机误码性能比较

表 9.1 给出了普通接收机与最佳接收机误码率性能的比较。可见，两种机构形式的接收机误码率具有相同的数字表达形式。其中，r 是实际接收机的信号噪声功率比，E_b/n_0 是最佳接收机的能量噪声功率谱密度之比。须要指出的是，当系统带宽满足奈奎斯特准则时，E_b/n_0 就等于信号噪声功率比。但是由于奈奎斯特带宽是理论上的极限，而普通接收机的带宽通常不能达到该极限，因此，普通接收机的性能总是比最佳接收机的性能差。

表 9.1　普通接收机与最佳接收机误码率性能的比较

接收方式	普通接收机的误码率 P_e	最佳接收机的误码率 P_e
相干 2ASK 信号	$\frac{1}{2}\text{erfc}\sqrt{r/4}$	$\frac{1}{2}\text{erfc}\sqrt{E_b/4n_0}$
非相干 2ASK 信号	$\frac{1}{2}\exp(-r/4)$	$\frac{1}{2}\exp(-E_b/4n_0)$
相干 2FSK 信号	$\frac{1}{2}\text{erfc}\sqrt{r/2}$	$\frac{1}{2}\text{erfc}\sqrt{E_b/2n_0}$
非相干 2FSK 信号	$\frac{1}{2}\exp(-r/2)$	$\frac{1}{2}\exp(-E_b/2n_0)$
相干 2PSK 信号	$\frac{1}{2}\text{erfc}\sqrt{r}$	$\frac{1}{2}\text{erfc}\sqrt{E_b/n_0}$
差分相干 2DPSK 信号	$\frac{1}{2}\exp(-r)$	$\frac{1}{2}\exp(-E_b/n_0)$
同步检测 2DPSK 信号	$\text{erfc}\sqrt{r}\left(1-\frac{1}{2}\text{erfc}\sqrt{r}\right)$	$\text{erfc}\sqrt{\frac{E_b}{n_0}}\left(1-\frac{1}{2}\text{erfc}\sqrt{\frac{E_b}{n_0}}\right)$

最佳接收机与普通接收机两者之间的差别在于普通接收机并没有充分利用码元时间内的信号，而只是取了其中的一个点作为判决，而最佳接收机充分利用了整个码元时间内的信号（信息）。

263

在理想情况下（即信道是无限宽的），两者是等价的。但是在实际应用中，最佳接收机比普通接收机性能好，非最佳接收机的性能由 $r = \dfrac{S}{N}$ 信噪比来体现。其中，$r = \dfrac{a^2}{2\sigma_n^2} = \dfrac{a^2/2}{N_0 B}$（是信号经过带通后的信噪比）。

例如，2PSK 普通接收系统的误码率为 $P_e = \dfrac{1}{2}\mathrm{erfc}(\sqrt{r})$，而 2PSK 最佳接收系统的误码率 $P_e = \dfrac{1}{2}\mathrm{erfc}\left(\dfrac{E_s}{N_0}\right)$，其中 $\dfrac{E_s}{N_0} = \dfrac{ST}{N_0} = \dfrac{S}{N_0 B_T} = \dfrac{S}{N}$ 而非最佳系统的 $N = N_0 B$，这里 B 是带通的带宽。

因此，只有当带通带宽 $B = \dfrac{1}{T}$ 时，普通接收机才与最佳接收机性能一样。然而，实际系统中，带通滤波器的带宽要求信号完全通过（即对信号不造成失真）。假设基带信号波形为矩形的话，则 $1/T$ 是基带信号频谱的第一个零点，如果带通滤波器带宽为 $B = \dfrac{1}{T}$，则信号的失真太大，达不到实际接收系统的带通要求。因此，普通接收系统的性能肯定要比最佳接收系统的性能差。

最佳接收系统相当于是最小带通带宽的接收机，因此进入判决的噪声也小。接收系统为了让信号尽可能通过，因此将接收机前端的带通滤波器带宽适当放大，而相关接收机相当于将信号全部通过，噪声进行再次滤波，因此性能自然得到了改善。

案例分析 9　数字接收机

数字接收机是一种通过模拟数字转换器对信号进行数字化后使用数字信号处理技术实现变频、滤波、解调等的数字信号接收设备。

由于现代电子接收设备正处于越来越恶劣的电磁环境中，对接收系统的抗干扰性能提出了更高的要求，所以对于抗干扰能力和灵活性较差的模拟接收系统来说已变得越来越不能适应。20 世纪 80 年代后，为充分利用可靠性高、抗干扰能力和灵活性强的数字处理技术，模拟接收系统逐渐向数字化方向发展。随着数字信号处理理论和大规模集成电路技术的进步，衍生出了以高速模数转换器以及数字信号处理电路为主要特征的数字接收机。而从 90 年代开始，更提出了软件无线电概念。但由于受到模数转换器（ADC）和数字信号处理（DSP）等技术发展水平的限制，研究数字接收机成了一种折中的方案。因此，研制高效的宽带数字接收机对于完成宽带通信接收系统的数字化改造，提高雷达、遥测等通信接收系统的性能，实现最终的软件无线电接收系统具有重要的意义。目前数字接收机方面的研究主要集中于扩展数字接收机的动态范围、高效的宽带数字下变频（DDC）技术、实时高效的数字相干解调技术等。

数字接收机在通信、雷达、导航系统、电子对抗系统、敌我识别系统、民用的收音机和电视机中都得到广泛的应用。机顶盒是民用数字接收机的一种。随着经济的发展和生活水平的提高使数字电视的普及程度越来越高，人们在家就能享受家庭影院的乐趣。数字电视趋于高清化发展，其发展过程中一个重要的组成部分便是数字接收机。目前常用的是数字卫星接收机（DVB-S）（见图 9.14），它的基本功能是接收数字广播节目，它集中体现了多媒体、计算机、数字压缩编码、解扰算法、加解密算法、通信技术和网络技术发展的水平。数字接收机所采用的接收技术、工艺品质关系到电视信号的稳定性和可靠性，现在技术已经十分成熟。

图 9.14　数字卫星接收机

思考题：

什么是数字信号的最佳接收？采用什么样的接收准则？其中的匹配滤波器是如何实现最佳接收的？

习题 9

 扫一扫
看习题 9
及答案

 扫一扫看综合实验　通信
系统组成、信号传输与电
路测试教学指导

一、填空题

1. 最小均方误差原则指在输出信号与各个可能发送信号的均方差值中，与_____的均方差值最小。最大后验概率准则就是指根据各接收符号的后验概率大小，判决其中_____所对应的码元为发端的发送信号。实际上，对于高斯白噪声而言，按最大输出信噪比准则、_____准则、_____准则以及最大后验概率准则构成的接收机是_____的。

2. 数字信号传输过程中，在有噪声干扰的情况下，接收端能否正确地进行判决主要取决于_____的大小。_____越高，正确判决译码的概率就越大，系统的误码率也越低。

3. 匹配滤波器的传递函数完全由_____确定，也就是说，对于不同的信号，其相应的匹配滤波器是_____的。

4. 信号通过匹配滤波器后的输出信号波形将出现_____，它的输出可获得_____，常将其用于_____的接收滤波。_____信号幅度和_____信号作用时间都能提高信号的能量，从而提高_____。

二、单选题

1. 根据线性网络的特性，滤波器输出信号 $s_0(t)$、输入信号 $s(t)$、冲激响应 $h(t)$ 之间的关系可表示为（　　）。

A. $s(t)=s_0(t)^*h(t)$　　　　B. $s_0(t)=s(t)^*h(t)$　　　　C. $h(t)=s(t)^*s_0(t)$　　　　D. $s_0(t)=s(t)\cdot h(t)$

2. 最小均方误差原则就是指在输出信号与各个可能发送信号的均方差值中，与实际发送信号的均方差值（　　）。

A. 最小　　　　　　B. 相等　　　　　　C. 最大　　　　　　D. 与此无关

三、多选题

1. 数字通信系统中，为提高接收机性能，在相同输入信噪比的条件下，使接收机实现特定准则的最佳接收方式有（　　）。

A. 最大输出信噪比准则　　　　　　　　　　B. 最小均方误差准则

C. 最小差错概率准则　　　　　　　　　　　D. 最大后验概率准则

2. 下列关于匹配滤波器冲激响应的说法正确的是（　　）。

A. 冲击响应就是输入信号的镜像在时间上延迟一个取样时刻 t_0

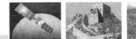

B．冲击响应就是输入信号的镜像在时间上延迟任意时刻 t_i

C．若某滤波器的冲激响应是波形 $s(t)$ 在时间上对于固定时刻 t_0 的镜像，则该滤波器一定是 $s(t)$ 的匹配滤波器

D．若某滤波器的冲激响应 $h(t)$ 是波形 $s(t)$ 在时间上对于固定时刻 t_0 的反转，则该滤波器一定是 $s(t)$ 的匹配滤波器

3．在二元数字传输系统中，设收到信息为 x，发送端发出的码元是 s_1、s_2，其相应的后验概率就是 $f(s_1/x)$ 和 $f(s_2/x)$，则最大后验概率准则可表示为（　　　）。

A． $\begin{cases} 若 f(s_1/x) > f(s_2/x)，则判为 s_2 \\ 若 f(s_1/x) < f(s_2/x)，则判为 s_1 \end{cases}$

B． $\begin{cases} 若 f(s_1/x) > f(s_2/x)，则判为 s_1 \\ 若 f(s_1/x) < f(s_2/x)，则判为 s_2 \end{cases}$

C． $\begin{cases} 若 \lambda(x) = \dfrac{f(x/s_1)}{f(x/s_2)} > \dfrac{f(s_2)}{f(s_1)} = \dfrac{P(s_2)}{P(s_1)} = \lambda_B，则判为 s_1 \\ 若 \lambda(x) = \dfrac{f(x/s_1)}{f(x/s_2)} < \dfrac{f(s_2)}{f(s_1)} = \dfrac{P(s_2)}{P(s_1)} = \lambda_B，则判为 s_2 \end{cases}$

D． $\begin{cases} 若 \lambda(x) = \dfrac{f(x/s_1)}{f(x/s_2)} > \dfrac{f(s_2)}{f(s_1)} = \dfrac{P(s_2)}{P(s_1)} = \lambda_B，则判为 s_1 \\ 若 \lambda(x) = \dfrac{f(x/s_1)}{f(x/s_2)} < \dfrac{f(s_2)}{f(s_1)} = \dfrac{P(s_2)}{P(s_1)} = \lambda_B，则判为 s_1 \end{cases}$

4．对于高斯白噪声而言，按照如下（　　　）构成的最佳接收机实质是彼此等效的。

A．最大输出信噪比准则　　　　　　　　B．最小均方误差准则

C．最小差错概率准则　　　　　　　　　D．最大后验概率准则

四、判断题

1．采用输入匹配滤波的接收机就是最大输出信噪比条件下的最佳接收机。该匹配滤波器的传递函数与输入信号波形无关，即一个匹配滤波器可以适应多个不同的输入信号。（　　　）

2．高斯白噪声干扰时，匹配滤波器可以使输出信噪比达到最大。因此，采用匹配滤波器进行滤波的接收机就是最大输出信噪比条件下的最佳接收机。（　　　）

3．只要某一滤波器是某信号 $s(t)$ 的匹配滤波器，则它将可以匹配于所有的信号。（　　　）

4．信号通过匹配滤波器后的输出信号波形将出现失真，故匹配滤波器只是相对某种程度上的最佳接收滤波，由它构成的接收机实际上也只是最大输出信噪比条件下的次最佳接收机。（　　　）

五、问答题

1．为什么最大输出信噪比接收准则下的最佳接收机一般由匹配滤波器构成？

2．为什么最佳接收机一般情况下就是相关接收机？

3．二进制确知信号的最佳接收机结构如何？它是怎样得到的？

4．简述匹配滤波器的工作原理。

模块 10

典型数字通信技术

知识分布网络

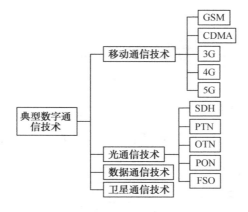

学习目标

☞ 了解当前典型的数字通信技术和特点。

☞ 了解移动通信技术、光通信技术、卫星通信技术等的基本原理。

扫一扫看
移动通信
教学课件

10.1 移动通信技术

在过去的 10 年中，世界电信发生了巨大的变化（见图 10.1），移动通信特别是蜂窝小区的迅速发展，使用户彻底摆脱终端设备的束缚，实现了通信的个人移动。进入 21 世纪，移动通信将逐渐演变成社会发展和进步的必不可少的工具。

第一代移动通信系统（1G）是在 20 世纪 80 年代初提出的，它完成于 20 世纪 90 年代初，如 NMT 和 AMPS，NMT 于 1981 年投入运营。第一代移动通信系统是基于模拟传输的，如图 10.2 所示，其特点是业务量小、质量差、安全性差、没有加密和速度低。1G 主要基于蜂窝结构组网，直接使用模拟语音调制技术，传输速率约 2.4 Kb/s。不同国家采用不同的工作系统。

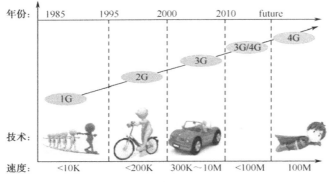

图 10.1 移动通信的发展过程

图 10.2 1G 终端设备

第二代移动通信系统（2G）起源于 90 年代初期，以数字语音传输技术为核心，如图 10.3 所示。

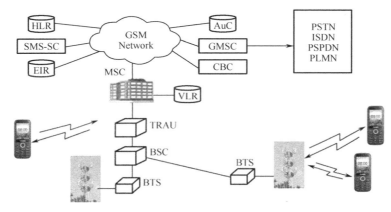

图 10.3 2G

与第一代模拟蜂窝移动通信相比，第二代移动通信系统采用了数字化，具有保密性强、频谱利用率高、能提供丰富的业务、标准化程度高等特点，使得移动通信得到了空前的发展，从过去的补充地位跃居通信的主导地位。我国目前应用的第二代蜂窝系统为欧洲的 GSM 系统以及北美的窄带 CDMA 系统。

然而随着用户规模和网络规模的不断扩大，频率资源已接近枯竭，采用 2G 语音质量不能达到用户满意的标准，数据通信速率太低，无法在真正意义上满足移动多媒体业务的需求。

第三代移动通信技术，简称 3G，全称为 3rd Generation，如图 10.4 所示，与前两代的主要区别是在传输声音和数据速度上的提升，它能够在全球范围内更好地实现无缝漫游，并处理图像、音乐、视频流等多种媒体形式，提供包括网页浏览、电话会议、电子商务等多种信息服务，同时也要考虑与已有第二代系统的良好兼容性。

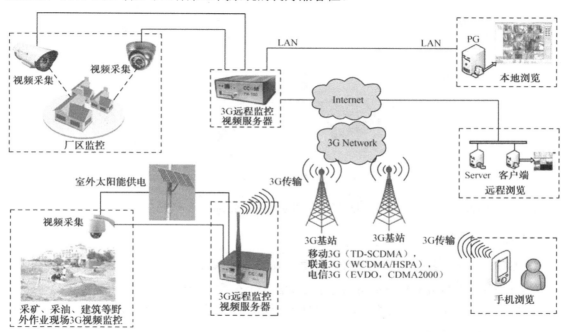

图 10.4　3G

第三代移动通信系统（IMT-2000）是在第二代移动通信技术基础上进一步演进的，它以宽带 CDMA 技术为主，并能同时提供话音和数据业务的移动通信系统，亦即未来移动通信系统，是一代有能力彻底解决第一、二代移动通信系统主要弊端的最先进的移动通信系统。第三代移动通信系统一个突出特色就是，要在未来移动通信系统中实现个人终端用户能够在全球范围内的任何时间、任何地点、与任何人、用任意方式、高质量地完成任何信息之间的移动通信与传输。可见，第三代移动通信十分重视个人在通信系统中的自主因素，突出了个人在通信系统中的主要地位。

4G 通信技术是继第三代以后的又一次无线通信技术演进，其开发更加具有明确的目标性：提高移动装置无线访问互联网的速度。4G 移动通信技术的信息传输级数要比 3G 移动通信技术的信息传输级数高一个等级。对无线频率的使用效率比第二代和第三代系统都高得多，且抗信号衰落性能更好。除了高速信息传输技术外，它还包括高速移动无线信息存取系统、移动平台的拉技术、安全密码技术以及终端间通信技术等，具有极高的安全性，4G 终端还可用作诸如定位、告警等。第四代移动电话不仅音质清晰，而且能进行高清晰度的图像传输，用途十分广泛。在容量方面，可在 FDMA、TDMA、CDMA 的基础上引入空分多址（SDMA），容量达到 3G 的 5～10 倍。典型的 4G 网络拓扑如图 10.5 所示。

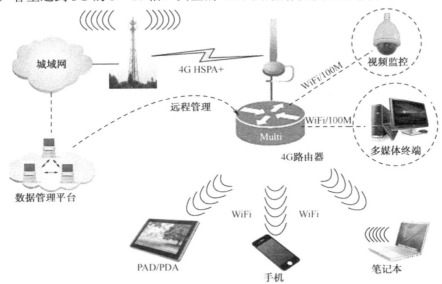

图 10.5　典型 4G 网络拓扑

第五代移动通信技术（5G），是 4G 之后的延伸，目前正在研究中。

10.1.1　GSM

1．GSM 数字蜂窝通信系统的网络结构

GSM（Global System for Mobile Communication）全球移动通信系统，主要由移动台子系统、基站子系统和网络子系统组成，如图 10.6 所示。基站子系统（简称基站 BS）由基站收

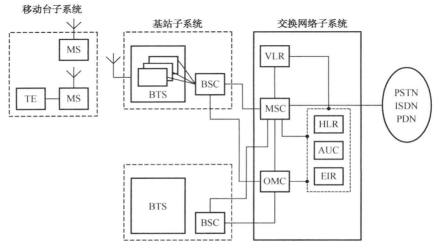

图 10.6　GSM 蜂窝通信系统的网络结构

发台（BTS）和基站控制器（BSC）组成；网络子系统由移动交换中心（MSC）和操作维护中心（OMC）以及原籍位置寄存器（HLR）、访问位置寄存器（VLR）、鉴别中心（AUC）和设备标志寄存器（EIR）等组成。

（1）移动台（MS）即便携台（手机）或车载台。它们可以配有终端设备（TE）或终端适配器（TA）。

（2）基站收发台（BTS）包括无线传输所需的各种硬件和软件，如发射机、接收机、支持各种小区结构（如全向、扇形、星状或链状）所需要的天线、连接基站控制器的接口电路以及收发台本身所需要的检测和控制装置等。

（3）基站控制器（BSC）是基站收发台和移动交换中心之间的连接点，也为基站收发台和操作维护中心之间交换信息提供接口。一个基站控制器通常控制几个基站收发台，其主要功能是进行无线信道管理，实施呼叫和通信链路的建立和拆除，并为本控制区移动台的过区切换进行控制等。

（4）移动交换中心（MSC）是蜂窝通信网络的核心，其主要功能是对位于本 MSC 控制区域内的移动用户进行通信控制和管理，如信道的管理和分配、呼叫的处理和控制、过区切换和漫游的控制等。MSC 保证用户在转移或漫游的过程中实现无间隙服务。

（5）原籍位置寄存器（HLR）是一种用来存储本地用户位置信息的数据库。在蜂窝通信网中，通常设置若干个 HLR，每个用户都必须在某个 HLR（相当于该用户的原籍）中登记。目的是保证当呼叫任意一个不知处于哪一个地区的移动用户时，均可由该移动用户的原籍位置寄存器获知它当时处于哪一个地区，进而建立起通信链路。

（6）访问位置寄存器（VLR）是一个用于存储来访用户位置信息的数据库。一个 VLR 通常为一个 MSC 控制区服务，也可为几个相邻 MSC 控制区服务。当移动用户漫游到新的 MSC 控制区时，它必须向该地区的 VLR 申请登记。VLR 要从该用户的 HLR 查询其有关的参数，要给该用户分配一个新的漫游号码（MSRN），并通知其 HLR 修改该用户的位置信息，准备为其他用户呼叫此移动用户时提供路由信息。当移动用户由一个 VLR 服务区移动到另一个 VLR 服务区时，HLR 在修改该用户的位置信息后，还要通知原来的 VLR，删除此移动用户的位置信息。

（7）鉴别中心（AUC）的作用是可靠地识别用户的身份，只允许有权用户接入网络并获得服务。

（8）设备标志寄存器（EIR）是存储移动台设备参数的数据库，用于对移动设备的鉴别和监视，并拒绝非法移动台入网。

（9）操作维护中心（OMC）的任务是对全网进行监控和操作，例如系统的自检、报警与备用设备的激活，系统的故障诊断与处理，话务量的统计和计费数据的记录与传递，以及各种资料的收集、分析与显示等。

以上概括地介绍了数字蜂窝系统中各个部分的主要功能。在实际的通信网络中，由于网络规模、运营环境和设备生产厂家的不同，以上各个部分可以有不同的配置方法，比如把 MSC 和 VLR 合并在一起，或者把 HLR、EIR 和 AUC 合并在一起。不过，为了使各个厂家所生产的设备可以通用，上述各个组成部分的连接都必须严格地符合规定的接口标准。GSM 系统遵循 CCITT 建议的公用陆地移动通信网（PLMN）接口标准，采用 7 号信令支持 PLMN 接口进行所需的数据传输，如图 10.7 所示。

① 移动台与基站之间的接口（U_m）；

② 基站与移动交换中心之间的接口（A）；

③ 基站收发台与基站控制器之间的接口（Abis）（基站收发台与基站控制器不配置在一起，使用此接口）；

④ 移动交换中心与访问位置寄存器之间的接口（B）；

⑤ 移动交换中心与原籍位置寄存器之间的接口（C）；

⑥ 原籍位置寄存器与访问位置寄存器之间的接口（D）；

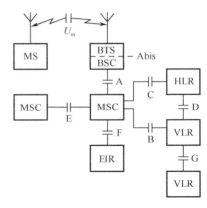

图 10.7　接口图

⑦ 移动交换中心之间的接口（E）；

⑧ 移动交换中心与设备标志寄存器之间的接口（F）；

⑨ 访问位置寄存器之间的接口（G）。

2．GSM 蜂窝系统的信道分类

（1）业务信道（TCH）传输话音和数据。话音业务信道按速率的不同，可分为全速率话音业务信道（TCH/FS）和半速率话音业务信道（TCH/HS）。

同样，数据业务信道按速率的不同，也分为全速率数据业务信道（如 TCH/F9.6、TCH/F4.8、TCH/F2.4）和半速率数据业务信道（如 TCH/H4.8、TCH/H2.4），其中数字 9.6、4.8 和 2.4 表示数据速率，单位为 Kb/s。

（2）控制信道（CCH）传输各种信令信息。控制信道分为三类。

① 广播信道（BCH）。一种"一点对多点"的单方向控制信道，用于基站向所有移动台广播公用的信息。

② 公用控制信道（CCCH）。一种"一点对多点"的双向控制信道，其用途是在呼叫接续阶段，传输链路连接所需要的控制信令与信息。

③ 专用控制信道（DCCH）。一种"点对点"的双向控制信道，其用途是在呼叫接续阶段和在通信进行中，在移动台和基站之间传输必需的控制信息。

上述各种信道分类如图 10.8 所示。

3．GSM 蜂窝系统的多址方式

GSM 蜂窝系统采用时分多址、频分多址和频分双工（TDMA/FDMA/FDD）制式。在 25 MHz 的频段中共分 125 个频道，频道间隔 200 kHz。每载波含 8 个（以后可扩展为 16 个）时隙，时隙宽为 0.577 ms。8 个时隙构成一个 TDMA 帧，帧长为 4.615 ms。一对双工载波各用一个时隙构成一个双向物理信道，这种物理信道共有 125×8=1 000 个，根据需要分配给不同的用户使用。移动台在特定的频率上和特定的时隙内，以猝发方式向基站传输信息，基站在相应的频率上和相应的时隙内，以时分复用的方式向各个移动台传输信息。

各用户在通信时所占用的频道和时隙是在呼叫建立阶段由网络动态分配的。各小区要在其分配的频道当中，指配一个专门的频道作为所有移动用户的公用信道，用于基站广播通用（控制）信息和移动台发送入网申请，其余频道用于各类业务信息的传输。移动台除了在指

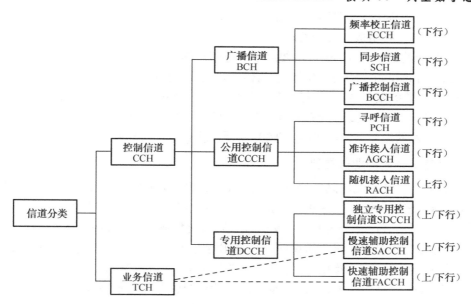

图 10.8　通信系统信道分类示意图

配的频道和时隙中发送和接收与自己有关的信息外，还可以在其他时隙检测或接收周围基站发送的广播信息，因而移动台可随时了解网络的运行状态和周围基站的信号强度，以判断何时需要进行过境切换和应该向哪一个基站进行过境切换。

为了提高通信系统的抗干扰能力和减少多径衰落对传输的影响，GSM 系统可以在整个网络或部分网络使用跳频技术。这种跳频是按照预定的规律，每帧改变频率，但保持使用的时隙不改变。跳频速率为 1/4.615 ms=217 跳，图 10.9 是这种跳频的示意图。

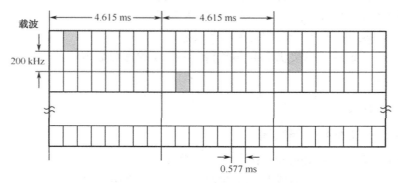

图 10.9　GSM 通信系统跳频示意图

4．GSM 蜂窝系统的帧格式

在 GSM 蜂窝系统中，每帧含 8 个时隙，时隙宽度为 0.577 ms，其中含 156.25 bit。相应的比特速率为 156.25/0.576=270.8 Kb/s。根据所传信息的不同，时隙所含的具体内容和其组成格式也不相同。概括地说，时隙分为两类：一类是传输话音和数据（含 SACCH 和 FACCH 的信息）的，简称业务时隙；另一类是传输控制信令（不包括 FACCH 信息）的，简称控制时隙。GSM 通信的帧格式主要有以下几个特点。

（1）每帧含 8 个时隙，帧长 4.615 ms。

（2）复帧由若干帧组成，分为两种：

由 26 帧组成的复帧长 12 ms，主要用于业务信息的传输，也称为业务复帧；由 51 帧组成的复帧长 235.4 ms，主要用于控制信息的传输，也称为控制复帧。

（3）由 51 个业务复帧或 26 个控制复帧均可组成一个超帧。超帧长 51×26×4.615=6.12 s。

（4）由 2 048 个超帧组成一个超高帧。超高帧包括 26×51×2 048=2 715 648 个帧，长 3 时 28 分 53.76 秒。帧的编号（FN）以超高帧为周期，从 0 到 2 715 647。

5．GSM 蜂窝系统的业务类型

（1）话音业务。话音编码采用"规则脉冲激励长期预测编码（RPE-LTP）"。其中，话音比特占 13 Kb/s，差错保护比特占 9.8 Kb/s，二者总共为 22.8 Kb/s。纠错的办法是在 20 ms 的话音编码帧中，把话音比特分为两类：第一类是对差错敏感的（这类比特发生错误将明显影响话音质量）；第二类是对差错不敏感的。一类比特为 182 个，加上 3 个奇偶校验比特和 4 个尾比特，进行码率为 1/2 和约束长度为 5 的卷积编码，共得 378 bit。它和不加差错保护的 78 个二类比特合在一起共有 456 bit。因此，编码话音的速率为 456/20=22.8 Kb/s，如图 10.10 所示。

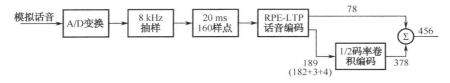

图 10.10　GSM 通信系统的话音编码示意图

为了抗突发性错误，编码的话音比特在传输前还要进行交织，即把 40 ms 中的话音比特（2×456=912 bit）组成 8×114 的矩阵，按水平写入和垂直读出的顺序，从而获得 8 个 114 bit 的信息段。此信息段要占用一个时隙逐帧进行传输。

（2）数据业务。该业务可提供 2.4、4.8 和 9.6 Kb/s 的透明数据业务，还可提供 120 Kb/s 的非透明数据业务。

10.1.2　CDMA

1．码分多址（CDMA）扩频通信

CDMA（Code Division Multiple Access），码分多址。它是在数字技术的分支——扩频通信技术上发展起来的一种崭新而成熟的无线通信技术。CDMA 技术的原理基于扩频技术，即将需传送的具有一定信号带宽信息数据，用一个带宽远大于信号带宽的高速伪随机码进行调制，使原数据信号的带宽被扩展，再经载波调制并发送出去。接收端使用完全相同的伪随机码，与接收的带宽信号作相关处理，把宽带信号换成原信息数据的窄带信号即解扩，以实现信息通信。

多址系统是指多个用户通过一个共同的信道交换消息的通信系统。传统的信号划分方式有频分和时分，相应地可构成频分多址系统和时分多址系统。一种新的多址方式是码分多址系统，它给每个用户分配一个多址码。要求这些码的自相关特性尖锐，而互相关特性的峰值

尽量小，以便准确识别和提取有用信息。同时各个用户间的干扰可减小到最低限度。

码分多址扩频通信系统模型如图 10.11 所示，同时工作的通信用户共有 k 个，各自使用不同的伪随机码 $PN_i(t)$（i =1, 2, …, k），发射的信息数据分别是 $d_i(t)$（i=1, 2, …, k）。对于扩频通信系统中的某一接收机，尽管想接收第 i 个通信用户发送来的信息数据 $d_i(t)$，实际进入接收机的信号除第 i 个发来的信号外，也有其他（k-1）个用户发射出来的信号。由于伪随机码的相关特性，该接收机可以识别和提取有用信息，而把其他用户的干扰减小到最低。

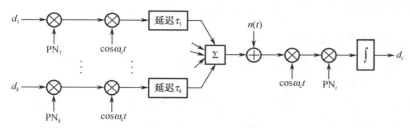

图 10.11　码分多址扩频通信系统模型

码分多址通信是一种以扩频通信为基础的调制和多址连接技术。扩频通信技术在信号发信端用一个高速伪随机码与数字信号相乘，由于伪随机码的速率比数字信号的速度大得多，因而扩展了信息传输带宽。在收信端，用相同的伪随机序列与接收信号相乘，进行相关运算，将扩频信号解扩。扩频通信具有隐蔽性、保密性及抗干扰等优点。CDMA 扩频通信系统的原理框图如图 10.12 所示。

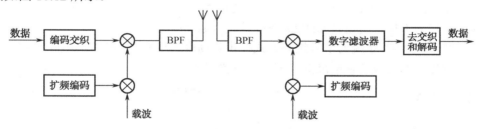

图 10.12　CDMA 扩频通信系统原理框图

扩频通信中用的伪随机码常常采用 m 序列，这是因为它具有容易产生和自相关特性优良的优点。码分多址技术就是利用这一特点，采用不同相位的相同 m 序列作为多址通信的地址码。由于 m 序列的自相关特性与长度有关，作为地址码，其长度应尽可能长，以供更多用户使用。同时，可以获得更高的处理增益和保密性，但是又不能太长，否则不仅使电路复杂，也不利于快速捕获与跟踪。

2. 码分多址通信系统的传输方式

码分多址方式区分不同地址信号的方法是：利用自相关性非常强而互相关性比较低的周期性码序列作为地址信息（称地址码），对被用户信息调制过的已调波进行再次调制，使得频谱更为展宽，这就是扩频调制。在接收端以本地产生的已知的地址码为参考，根据相关性的差异对收到的所有信号进行鉴别，从中将地址码与本地地址码完全一致的宽带信号还原为窄带而选出，其他与本地地址码无关的信号则仍保持或扩展为宽带信号而滤去，称为相关检测或扩频解调，这就是码分多址的基本原理。因此要实现码分多址，必须具备下列三个条件。

（1）有足够多的强相关性的地址码，使系统中每个站都能分配到所需的地址码。

（2）必须用地址码对待发信号进行扩频调制，使传输信号所占频带极大地扩展（一般应达到几百倍以上）。把地址码与信号传输带宽的扩展联系起来，是为接收端区分信号完成实质性的准备。

（3）在码分多址通信系统中的各接收端，必须有本地地址码。该地址码应与对端发来的地址码完全一致，用来对收到的全部信号进行相关检测，将地址码之间不同的相关性转化为频谱宽窄的差异，然后用窄带滤波器从中选出所需的信号，这是完成码分多址最主要的环节。

3．码分多址通信系统的性能

（1）大容量。根据上述理论计算以及现场试验表明，CDMA 系统的信道容量是模拟系统的 10～20 倍，是 TDMA 系统的 4 倍。

（2）软容量。在 CDMA 系统中，用户数目和服务质量之间可以相互折中，灵活确定。体现软容量的另一种形式是小区呼吸功能。

（3）软切换。所谓软切换，是指当移动台需要切换时，先与新的基站连通，再与原基站切断联系，而不是先切断与原基站的联系再与新的基站连通。

（4）高话音质量和低发射功率。CDMA 将信号带宽扩展，从而降低了对信号功率的要求。还采用有效的功率控制技术，强纠错能力的信道编码，以及多种形式的分集技术，可使基站和移动台以非常节约的功率发射信号，延长手机电池使用时间，也使手机享有"绿色"手机的美誉。

（5）话音激活。CDMA 系统因为使用了可变速率声码器，在不讲话时传输速率降低，减轻了对其他用户的干扰，这就是 CDMA 系统的话音激活技术。

（6）保密。CDMA 系统的信号扰码方式提供了高度的保密性。CDMA 的数字话音信道还可以将数据加密标准或其他标准的加密技术直接引入。

10.1.3　3G

1．3G 的概念

3G（Third-generation），第三代移动通信技术。早在 1985 年 ITU-T 就提出了第三代移动通信系统的概念，最初命名为 FPLMTS（未来公共陆地移动通信系统），后来考虑到该系统将于 2000 年左右进入商用市场，工作的频段在 2 000 MHz，且最高业务速率为 2 000 Kb/s，故于 1996 年正式更名为 IMT-2000（International Mobile Telecommunication-2000）。

IMT-2000 能提供至少 144 Kb/s 的高速大范围的覆盖（希望能达到 384 Kb/s），同时也能对慢速小范围提供 2 Mb/s 的速率。3G 可提供多种新的应用，如 Internet，一种非对称和非实时的服务；可视电话则是一种对称和实时的服务；移动办公室能提供 E-mail、WWW 接入、Fax 和文件传递服务等。3G 系统能提供不同的数据率，将更有效地利用频谱。3G 不仅能提供 2G 已经存在的服务，而且还引入新的服务，使其对用户有很大的吸引力。

第三代移动通信系统的目标是能提供多种类型、高质量的多媒体业务；能实现全球无缝覆盖，具有全球漫游能力；与固定网络的各种业务相互兼容，具有高服务质量；与全球范围内使用的小型便携式终端在任何时候、任何地点进行任何种类的通信。为了实现上述目标，对第三代无线传输技术（RTT）提出了支持高速多媒体业务（高速移动环境：144 Kb/s，室

外步行环境：384 Kb/s，室内环境：2 Mb/s）的要求。

2. 3G 的系统结构

图 10.13 为 ITU 定义的 IMT-2000 的功能子系统和接口。从图中可以看到，IMT-2000 系统由终端（UIM+MT）、无线接入网（RAN）和核心网（CN）三部分构成。

图 10.13　IMT-2000 的功能子系统和接口

终端部分完成终端功能，包括用户智能卡 UIM 和移动台 MT。UIM 的作用相当于 GSM 中的 SIM 卡。无线接入网完成用户接入业务的全部功能，包括所有与空中接口相关的功能，以使核心网受无线接口影响很小。核心网由交换网和业务网组成，交换网完成呼叫及承载控制所有功能，业务网完成支撑业务所需功能，包括位置管理。

UNI 为移动台与基站之间的无线接口。RAN-CN 为无线接入网与核心网（即交换系统）之间的接口。NNI 为核心网与其他 IMT-2000 家族核心网之间的接口。

无线接口的标准化和核心网络的标准化工作对 IMT-2000 整个系统和网络来说，将是非常重要的。

3. 3G 的标准

国际电信联盟（ITU）在 2000 年 5 月确定 W-CDMA、CDMA2000、TD-SCDMA 以及 WiMAX 四大主流无线接口标准，写入 3G 技术指导性文件《2000 年国际移动通信计划》（简称 IMT-2000）。CDMA 是 Code Division Multiple Access（码分多址）的缩写，是第三代移动通信系统的技术基础。第一代移动通信系统采用频分多址（FDMA）的模拟调制方式，这种系统的主要缺点是频谱利用率低，信令干扰话音业务。第二代移动通信系统主要采用时分多址（TDMA）的数字调制方式，提高了系统容量，并采用独立信道传送信令，使系统性能大为改善，但 TDMA 的系统容量仍然有限，越区切换性能仍不完善。CDMA 系统以其频率规划简单、系统容量大、频率复用系数高、抗多径能力强、通信质量好、软容量、软切换等特点显示出巨大的发展潜力。下面分别介绍一下 3G 的几种标准。

（1）W-CDMA

也称为 WCDMA，全称为 Wideband CDMA，也称为 CDMA Direct Spread，意为宽频分码多重存取，这是基于 GSM 网发展出来的 3G 技术规范，是欧洲提出的宽带 CDMA 技术，它与日本提出的宽带 CDMA 技术基本相同，目前正在进一步融合。其支持者主要是以 GSM 系统为主的欧洲厂商，日本公司也或多或少参与其中，包括欧美的爱立信、阿尔卡特、诺基亚、朗讯、北电，以及日本的 NTT、富士通、夏普等厂商。这套系统能够架设在现有的 GSM 网络上，对于系统提供商而言可以较轻易地过渡，而 GSM 系统相当普及的亚洲对这套新技术的接受度预料会相当高。因此 W-CDMA 具有先天的市场优势。该标准提出了 GSM（2G）-GPRS-EDGE-WCDMA（3G）的演进策略。GPRS 是 General Packet Radio Service（通用分组无线业务）的简称，EDGE 是 Enhanced Data rate for GSM Evolution（增强数据速率的 GSM 演进）的简称，这两种技术被称为 2.5 代移动通信技术。

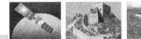

（2）CDMA2000

CDMA2000 是由窄带 CDMA（CDMA IS95）技术发展而来的宽带 CDMA 技术，也称为 CDMA Multi-Carrier，由美国高通北美公司为主导提出，摩托罗拉、Lucent 和后来加入的韩国三星都有参与，韩国成为该标准的主导者。这套系统是从窄频 CDMAOne 数字标准衍生出来的，可以从原有的 CDMAOne 结构直接升级到 3G，建设成本低廉。但目前使用 CDMA 的地区只有日、韩和北美，所以 CDMA2000 的支持者不如 W-CDMA 多。该标准提出了从 CDMA IS95（2G）-CDMA20001x-CDMA20003x（3G）的演进策略。CDMA20001x 被称为 2.5 代移动通信技术。CDMA20003x 与 CDMA20001x 的主要区别在于应用了多路载波技术，通过采用三载波使带宽提高。

（3）TD-SCDMA

全称为 Time Division-Synchronous CDMA（时分同步 CDMA），该标准是由中国大陆独自制定的 3G 标准，1998 年 6 月 29 日，中国原邮电部电信科学技术研究院（大唐电信）向 ITU 提出。该标准将智能无线、同步 CDMA 和软件无线电等当今国际领先技术融于其中，在频谱利用率、对业务支持频率灵活性及成本等方面具有独特优势。另外，由于中国国内的庞大市场，该标准受到各大主要电信设备厂商的重视，全球一半以上的设备厂商都宣布可以支持 TD-SCDMA 标准。该标准提出不经过 2.5 代的中间环节，直接向 3G 过渡，非常适用于 GSM 系统向 3G 升级。

（4）WiMAX

WiMAX 的全名是微波存取全球互通（Worldwide Interoperability for Microwave Access），又称为 802·16 无线城域网，是又一种为企业和家庭用户提供"最后一英里"的宽带无线连接方案。将此技术与需要授权或免授权的微波设备相结合之后，由于成本较低，将扩大宽带无线市场，改善企业与服务供应商的认知度。2007 年 10 月 19 日，在国际电信联盟于日内瓦举行的无线通信全体会议上，经过多数国家投票通过，WiMAX 正式被批准成为继 WCDMA、CDMA2000 和 TD-SCDMA 之后的第四个全球 3G 标准。

4．3G 的关键技术

（1）初始同步与 Rake 接收技术

CDMA 通信系统接收机的初始同步包括 PN 码同步、符号同步、帧同步和扰码同步等。通过对导频信道的捕获建立 PN 码同步和符号同步，通过同步信道的接收建立帧同步和扰码同步。WCDMA 系统的初始同步则须要通过"三步捕获法"进行，即通过对基本同步信道的捕获建立 PN 码同步和符号同步，通过对辅助同步信道的不同扩频码的非相干接收，确定扰码组号等，最后通过对可能的扰码进行穷举搜索，建立扰码同步。

3G 中 Rake 接收技术也是一项关键技术。为实现相干形式的 Rake 接收，须发送未经调制的导频信号，以使接收端能在确知已发数据的条件下估计出多径信号的相位，并在此基础上实现相干方式的最大信噪比合并。WCDMA 系统采用用户专用的导频信号，而 CDMA2000 下行链路采用公用导频信号，用户专用的导频信号仅作为备选方案用于使用智能天线的系统，上行信道则采用用户专用的导频信道。

（2）高效信道编码技术

采用高效信道编码技术是为了进一步改进通信质量。在第三代移动通信系统主要提案中

（包括 WCDMA 和 CDMA2000 等），除采用与 IS-95 CDMA 系统相类似的卷积编码技术和交织技术之外，还建议采用 TURBO 编码技术及 RS-卷积级联码技术。

（3）智能天线技术

智能天线包括两个重要组成部分：一是对来自移动台发射的多径电波方向进行入射角（DOA）估计，并进行空间滤波，抑制其他移动台的干扰；二是对基站发送信号进行波束形成，使基站发送信号能够沿着移动台电波的到达方向发送回移动台，从而降低发射功率，减少对其他移动台的干扰。智能天线技术能够起到在较大程度上抑制多用户干扰，从而提高系统容量的作用。其困难在于由于存在多径效应，每个天线均需一个 Rake 接收机，从而使基带处理单元复杂度明显提高。

（4）多用户检测技术

多用户检测就是把所有用户的信号都当成有用信号而不是干扰信号来处理，消除多用户之间的相互干扰。使用多用户检测技术能够在很大程度上改善系统容量。

（5）功率控制技术和软切换

功率控制技术和软切换已经在窄带 CDMA 中详细介绍过了，这里不再赘述。

10.1.4　4G

1．4G 的概念

4G（Fourth-generation），第四代移动通信，该系统能够满足几乎所有用户对于无线服务的要求。与传统的通信技术相比，4G 通信技术最明显的优势在于通话质量及数据通信速度。第三代移动通信系统数据传输速率最高 2 Mb/s，而第四代移动通信系统可以达到 100～150 Mb/s。

4G 通信能满足第三代移动通信尚不能达到的在覆盖范围、通信质量、造价上支持的高速数据和高分辨率多媒体服务的需要，第四代移动通信系统提供的无线多媒体通信服务包括语音、数据、影像等大量信息通过宽频的信道传送出去，为此第四代移动通信系统也称为"多媒体移动通信"。

4G 移动通信对加速增长的宽带无线连接的要求提供技术上的回应，对跨越公众的和专用的、室内的和室外的多种无线系统和网络保证提供无缝的服务。通过对最适合的可用网络提供用户所需求的最佳服务，能应付基于因特网通信所期望的增长，增添新的频段，使频谱资源大扩展，提供不同类型的通信接口，运用路由技术为主的网络架构，以傅里叶变换来发展硬件架构实现第四代网络架构。移动通信会向数据化、高速化、宽带化、频段更高化方向发展，移动数据、移动 IP 预计会成为未来移动网的主流业务。

2．4G 的系统结构

4G 移动系统网络结构可分为三层：物理网络层、中间环境层、应用网络层。物理网络层提供接入和路由选择功能，它们由无线和核心网的结合格式完成。中间环境层的功能有QoS 映射、地址变换和完全性管理等。物理网络层与中间环境层及其应用环境之间的接口是开放的，它使发展和提供新的应用及服务变得更为容易，提供无缝高数据率的无线服务，并运行于多个频带。这一服务能自适应多个无线标准及多模终端能力，跨越多个运营者和服务，提供大范围服务。

3. 4G 的标准

（1）LTE

LTE（Long Term Evolution，长期演进）项目是 3G 的演进，它改进并增强了 3G 的空中接入技术，采用 OFDM 和 MIMO 作为其无线网络演进的唯一标准。LTE 的主要特点是在 20 MHz 频谱带宽下能够提供下行 100 Mb/s、上行 50 Mb/s 的峰值速率。相对于 3G 网络，LTE 的小区容量大大提高了，网络延迟也大大降低：内部单向传输时延低于 5 ms，控制平面从睡眠状态到激活状态迁移时间低于 50 ms，从驻留状态到激活状态的迁移时间小于 100 ms。这一标准也是近几年来 3GPP 启动的最大的新技术研发项目。

由于 WCDMA 网络的升级版 HSPA 和 HSPA+ 均能够演化到 FDD-LTE 这一状态，所以这一 4G 标准获得了最大的支持，也将是未来 4G 标准的主流。TD-LTE 与 TD-SCDMA 实际上没有关系，TD-SCDMA 不能直接向 TD-LTE 演进。该网络提供媲美固定宽带的网速和移动网络的切换速度，网络浏览速度大大提升。

2013 年，黎巴嫩移动运营商 Touch 已与华为合作，完成了一项 FDD-LTE800 MHz/1800 MHz 载波聚合（CA）技术现场试验，实现了最高达 250 Mb/s 的下载吞吐量。

LTE 终端设备当前有耗电太大和价格昂贵的缺点，按照摩尔定律测算，估计至少还要 6 年后，才能达到当前 3G 终端的量产成本。

（2）LTE-Advanced

LTE-Advanced 的正式名称为 Further Advancements for E-UTRA，它满足 ITU-R 的 IMT-Advanced 技术征集的需求，是 3GPP 形成欧洲 IMT-Advanced 技术提案的一个重要来源。LTE-Advanced 是一个后向兼容的技术，完全兼容 LTE，是演进而不是革命，相当于 HSPA 和 WCDMA 这样的关系。LTE-Advanced 的主要特性有：带宽——100 MHz；峰值速率——下行 1 Gb/s，上行 500 Mb/s；峰值频谱效率——下行 30 b/s/Hz，上行 15 b/s/Hz。严格地说，LTE 作为 3.9G 移动互联网技术，LTE-Advanced 作为 4G 标准更加确切一些。LTE-Advanced 的入围，包含 TDD 和 FDD 两种制式，其中 TD-SCDMA 将能够进化到 TDD 制式，而 WCDMA 网络能够进化到 FDD 制式。

（3）WiMAX

WiMAX 同时也是 4G 通信标准，大约出现于 2000 年。WiMAX 所能提供的最高接入速度是 70 M，这个速度是 3G 所能提供的宽带速度的 30 倍。对无线网络来说，这的确是一个惊人的进步。WiMAX 逐步实现宽带业务的移动化，而 3G 则实现移动业务的宽带化，两种网络的融合程度会越来越高，这也是未来移动世界和固定网络的融合趋势。

802.16 工作的频段采用无须授权频段，范围为 2～66 GHz，而 802.16a 则是一种采用 2～11 GHz 无须授权频段的宽带无线接入系统，其频道带宽可根据需求在 1.5～20 MHz 进行调整，具有更好高速移动下无缝切换的 IEEE 802.16m 的技术正在研发。因此，802.16 所使用的频谱可能比其他任何无线技术更丰富，WiMax 具有以下优点。

① 对于已知的干扰，窄的信道带宽有利于避开干扰，而且有利于节省频谱资源；

② 灵活的带宽调整能力，有利于运营商或用户协调频谱资源；

③ WiMax 所能实现的 50 km 的无线信号传输距离是无线局域网所不能比拟的，网络覆盖面积是 3G 发射塔的 10 倍，只要少数基站建设就能实现全城覆盖，能够使无线网络的覆盖

面积大大提升。

虽然 WiMax 网络在覆盖面积和带宽上优势巨大，但是其移动性却有着先天的缺陷，无法满足高速（≥50 km/h）下的网络的无缝链接，从这个意义上讲，WiMax 还无法达到 3G 网络的水平，并不能算作移动通信技术，而仅仅是无线局域网的技术。但是 WiMax 的希望在于 IEEE 802.11m 技术上，它将能够有效解决这些问题，也正是因为有中国移动、因特尔、Sprint 各大厂商的积极参与，对 WiMax 的呼声仅次于 LTE 的 4G 网络手机。WiMAX 当前全球使用用户大约 800 万，其中 60%在美国。

（4）WirelessMAN-Advanced

WirelessMAN-Advanced 事实上就是 WiMax 的升级版，即 IEEE 802.16m 标准。其中，802.16 m 最高可以提供 1 Gb/s 无线传输速率，可兼容 4G 无线网络。802.16 m 可在"漫游"模式或高效率/强信号模式下提供 1 Gb/s 的下行速率。该标准还支持"高移动"模式，能够提供 1 Gb/s 速率。

WirelessMAN-Advanced 有五种网络数据规格，其中极低速率为 16 Kb/s，低速率数据及低速多媒体为 144 Kb/s，中速多媒体为 2 Mb/s，高速多媒体为 30 Mb/s，超高速多媒体则达到了 30 Mb/s～1 Gb/s。

4．4G 的关键技术

4G 通信并不是从 3G 通信的基础上经过简单的升级而演变过来的，它们的核心建设技术根本就是不同的，3G 移动通信系统主要是以 CDMA 为核心技术，而 4G 移动通信系统技术则以正交频分复用（OFDM）为核心技术。其他关键技术包括信道传输；抗干扰性强的高速接入技术、调制和信息传输技术；高性能、小型化和低成本的自适应阵列智能天线技术；大容量、低成本的无线接口和光接口技术；软件无线电、网络结构协议技术等。

（1）接入方式和多址方案

OFDM（正交频分复用）是一种无线环境下的高速传输技术，是在频域内将给定信道分成许多正交子信道，在每个子信道上使用一个子载波进行调制，各子载波并行传输。尽管总的信道是非平坦的，即具有频率选择性，但是每个子信道是相对平坦的，在每个子信道上进行的是窄带传输，信号带宽小于信道的相应带宽。OFDM 技术的优点是网络结构高度可扩展，具有良好的抗噪声性能和抗多信道干扰能力，可以消除或减小信号波形间的干扰，对多径衰落和多普勒频移不敏感，提高了频谱利用率，可以提供无线数据技术质量更高（速率高、时延小）的服务和更好的性能价格比，可实现低成本的单波段接收机，能为 4G 无线网提供更好的方案。例如无线区域环路（WLL）、数字音讯广播（DAB）等，都采用 OFDM 技术。OFDM 的主要缺点是功率效率不高。

（2）调制与编码技术

4G 移动通信系统采用新的调制技术，如多载波正交频分复用调制技术以及单载波自适应均衡技术等调制方式，以保证频谱利用率和延长用户终端电池的寿命。4G 移动通信系统采用更高级的信道编码方案（如 Turbo 码、级联码和 LDPC 等）、自动重发请求（ARQ）技术和分集接收技术等，从而在低 E_b/N_0 条件下保证系统足够的性能。

（3）高性能的接收机

4G 移动通信系统对接收机提出了很高的要求。Shannon 定理给出了在带宽为 B_W 的信道

中实现容量为 C 的可靠传输所需要的最小 SNR。按照 Shannon 定理，可以计算出，对于 3G 系统，如果信道带宽为 5 MHz，数据速率为 2 Mb/s，所需的 SNR 为 1.2 dB；而对于 4G 系统，要在 5 MHz 的带宽上传输 20 Mb/s 的数据，则所需要的 SNR 为 12 dB。可见对于 4G 系统，由于速率很高，对接收机的性能要求也要高得多。

（4）智能天线技术

智能天线具有抑制信号干扰、自动跟踪以及数字波束调节等智能功能，被认为是未来移动通信的关键技术。智能天线应用数字信号处理技术，产生空间定向波束，使天线主波束对准用户信号到达方向，旁瓣或零陷对准干扰信号到达方向，达到充分利用移动用户信号并消除或抑制干扰信号的目的。这种技术既能改善信号质量又能增加传输容量。

（5）MIMO 技术

MIMO（多输入多输出）技术是指利用多发射、多接收天线进行空间分集的技术，它采用的是分立式多天线，能够有效地将通信链路分解成为许多并行的子信道，从而大大提高了容量。信息论已经证明，当不同的接收天线和不同的发射天线之间互不相关时，MIMO 系统能够很好地提高系统的抗衰落和噪声性能，从而获得巨大的容量。例如，当接收天线和发送天线数目都为 8 根，且平均信噪比为 20 dB 时，链路容量可以高达 42（b/s）/Hz，这是单天线系统所能达到容量的 40 多倍。因此，在功率带宽受限的无线信道中，MIMO 技术是实现高数据速率、提高系统容量、提高传输质量的空间分集技术。在无线频谱资源相对匮乏的今天，MIMO 系统已经体现出其优越性，也会在 4G 移动通信系统中继续应用。

（6）软件无线电技术

软件无线电是将标准化、模块化的硬件功能单元经过一个通用硬件平台，利用软件加载方式来实现各种类型的无线电通信系统的一种具有开放式结构的新技术。软件无线电的核心思想是在尽可能靠近天线的地方使用宽带 A/D 和 D/A 变换器，并尽可能多地用软件来定义无线功能，各种功能和信号处理都尽可能用软件实现。其软件系统包括各类无线信令规则与处理软件、信号流变换软件、信源编码软件、信道纠错编码软件、调制解调算法软件等。软件无线电使得系统具有灵活性和适应性，能够适应不同的网络和空中接口。软件无线电技术能支持采用不同空中接口的多模式手机和基站，能实现各种应用的可变 QoS。

（7）基于 IP 的核心网

移动通信系统的核心网是一个基于全 IP 的网络，同已有的移动网络相比具有根本性的优点，即可以实现不同网络间的无缝互联。核心网独立于各种具体的无线接入方案，能提供端到端的 IP 业务，能同已有的核心网和 PSTN 兼容。核心网具有开放的结构，能允许各种空中接口接入核心网；同时核心网能把业务、控制和传输等分开。采用 IP 后，所采用的无线接入方式和协议与核心网络（CN）协议、链路层是分离独立的。IP 与多种无线接入协议相兼容，因此在设计核心网络时具有很大的灵活性，不须要考虑无线接入究竟采用何种方式和协议。

（8）多用户检测技术

多用户检测是宽带通信系统中抗干扰的关键技术。在实际的 CDMA 通信系统中，各个用户信号之间存在一定的相关性，这是多址干扰存在的根源。由个别用户产生的多址干扰固然很小，可是随着用户数的增加或信号功率的增大，多址干扰就成为宽带 CDMA 通信系统的一个主要干扰。传统的检测技术完全按照经典直接序列扩频理论对每个用户的信号分别进行扩频码匹配处理，因而抗多址干扰能力较差；多用户检测技术在传统检测技术的基础上，充分利用造成多址干扰的所有用户信号信息对单个用户的信号进行检测，从而具有优良的抗干扰性能，解决了远近效应问题，降低了系统对功率控制精度的要求，因此可以更加有效地利用链路频谱资源，显著提高系统容量。随着多用户检测技术的不断发展，各种高性能又不是特别复杂的多用户检测器算法不断提出，在 4G 实际系统中采用多用户检测技术将是切实可行的。

4G 具有通信速度快、网络频谱宽、通信灵活、智能性能高、兼容性好、质量通信高、频率效率高等特点。能自适应资源分配，处理变化的业务流、信道条件不同的环境，有很强的自组织性和灵活性。支持交互式多媒体业务，如视频会议、无线因特网等，网络服务趋于多样化，成为为社会多行业、多部门、多系统与人们沟通的桥梁。

10.1.5　5G

1. 5G 基本概念

5G（Fifth-generation），第五代移动通信技术，是第 4 代移动通信技术的发展和延伸，但 5G 并不会完全替代 4G、WiFi，而是将 4G、WiFi 等网络融入其中，为用户带来更为丰富的体验。目前 5G 技术尚处于技术研发、标准论证制定阶段，国际电联预计 2019 年将推出 5G 标准。

虽然国际上目前还没有任何标准，但是国内外已有许多研究团队在开展相关工作。我国 5G 技术研发试验将在 2016—2018 年进行，分为 5G 关键技术试验、5G 技术方案验证和 5G 系统验证三个阶段实施，研发目标必须能够满足人口稠密地区、人口稀疏地区以及主要的交通线等各种场景的需要，还要突破监管和牌照、组织机构、技术标准等一系列问题，任重道远。与此同时，计划在 2018 年建设 5G 试验网，2019 年完成 5G 互操作测试，并于 2020 年率先实现 5G 商用。

2. 5G 可能涉及的关键技术

与前 4 代移动通信技术一样，5G 标准也有其标志性"关键指标"和"关键技术"。关键指标是指 Gb/s 的用户体验速率。5G 关键技术创新主要来源于无线技术和网络技术两方面。在无线技术领域，包括大规模天线、超密集组网、新型多址技术、全频谱接入及新型网络架构等。此外，基于滤波的正交频分复用（F-OFDM）、滤波器组多载波（FBMC）、全双工、灵活双工、终端直通（D2D）、多元低密度奇偶检验（Q-ary LDPC）码、网络编码、极化码等也被认为是 5G 重要的潜在无线关键技术，实现以用户为中心的更灵活、智能、高效和开放的 5G 新型网络。在网络技术领域，5G 网络是基于 SDN、NFV 和云计算技术的更加灵活、智能、高效和开放的网络系统。

（1）大规模天线阵列

大规模天线阵列是提升系统频谱效率的最重要技术手段之一，在现有多天线基础上通过增加天线数可支持数十个独立的空间数据流，将数倍提升多用户系统的频谱效率，对满足 5G 系统容量与速率需求将起到重要的支撑作用。大规模天线阵列应用于 5G 须解决信道测量与反馈、参考信号设计、天线阵列设计、低成本实现等关键问题。

（2）超密集组网

超密集组网通过增加基站部署密度，可实现百倍量级的容量提升，是满足 5G 千倍容量增长需求的最主要手段之一。但考虑到频率干扰、站址资源和部署成本，超密集组网可在局部热点区域实现百倍量级的容量提升。干扰管理与抑制、小区虚拟化技术、接入与回传联合

设计等是超密集组网的重要研究方向。

（3）新型多址技术

新型多址技术通过发送信号在空/时/频/码域的叠加传输来实现多种场景下系统频谱效率和接入能力的显著提升，可有效支撑 5G 网络千亿设备连接需求。此外，新型多址技术可实现免调度传输，将显著降低信令开销，缩短接入时延，节省终端功耗。目前业界提出的技术方案主要包括基于多维调制和稀疏码扩频的稀疏码分多址（SCMA）技术、基于复数多元码及增强叠加编码的多用户共享接入（MUSA）技术、基于非正交特征图样的图样分割多址（PDMA）技术以及基于功率叠加的非正交多址（NOMA）技术。

（4）全频谱接入技术

全频谱接入通过有效利用各类移动通信频谱（包含高低频段、授权与非授权频谱、对称与非对称频谱、连续与非连续频谱等）资源来提升数据传输速率和系统容量，可有效缓解 5G 网络对频谱资源的巨大需求。6 GHz 以下频段因其较好的信道传播特性可作为 5G 的优选频段，6～100 GHz 高频段具有更加丰富的空闲频谱资源，可作为 5G 的辅助频段。信道测量与建模、低频和高频统一设计、高频接入回传一体化以及高频器件是全频谱接入技术面临的主要挑战。

（5）SDN 技术

软件定义网络（Software Defined Network，SDN），其核心技术 OpenFlow 通过将网络设备控制面与数据面分离开来，摆脱硬件对网络架构的限制，从而实现了网络流量可以像升级、安装软件一样的灵活控制，满足企业对整个网站架构进行调整、扩容或升级。而底层的交换机、路由器等硬件则无须替换，节省大量成本的同时，网络架构迭代周期将大大缩短，为核心网络及应用的创新提供了良好的平台。从路由器的设计上看，它由软件控制和硬件数据通道组成。软件控制包括管理（CLI、SNMP）以及路由协议（OSPF、ISIS、BGP）等。数据通道包括针对每个包的查询、交换和缓存。

SDN 利用分层的思想，将数据与控制相分离。在控制层，包括具有逻辑中心化和可编程的控制器，可掌握全局网络信息，方便运营商和科研人员管理配置网络和部署新协议等。在数据层，包括哑的（dumb）交换机（与传统的二层交换机不同，专指用于转发数据的设备）。交换机仅提供简单的数据转发功能，可以快速处理匹配的数据包，适应流量日益增长的需求。两层之间采用开放的统一接口（如 OpenFlow 等）进行交互。控制器通过标准接口向交换机下发统一标准规则，交换机仅须按照这些规则执行相应的动作即可。因此，SDN 技术能够有效降低设备负载，协助网络运营商更好地控制基础设施，降低整体运营成本。

（6）NFV 技术

网络功能虚拟化（Network Functions Virtualization，NFV），利用虚拟化技术，将网络节点阶层的功能分割成几个功能区块，分别以软件方式实作，不再局限于硬件架构。

网络功能虚拟化的核心是虚拟网络功能。它提供只能在硬件中找到的网络功能，包括很多应用，如路由、CPE、移动核心、IMS、CDN、安全性、策略等。但是，网络功能虚拟化需要把应用程序、业务流程和可以进行整合和调整的基础设施软件结合起来。虚拟化的网络功能可以帮助企业机构按需动态配置网络，而与底层架构无关。

（7）云计算

基于"三朵云"的新型 5G 网络架构是移动网络未来的发展方向。5G 网络架构包括接入

云、控制云和转发云三个域。接入云支持多种无线制式的接入，融合集中式和分布式两种无线接入网架构，适应各种类型的回传链路，实现更灵活的组网部署和更高效的无线资源管理。5G 的网络控制功能和数据转发功能将解耦，形成集中统一的控制云和灵活高效的转发云。控制云实现局部和全局的会话控制、移动性管理和服务质量保证，并构建面向业务的网络能力开放接口，从而满足业务的差异化需求并提升业务的部署效率。转发云基于通用的硬件平台，在控制云高效的网络控制和资源调度下，实现海量业务数据流的高可靠、低时延、均负载的高效传输。5G 网络架构在满足未来新业务和新场景需求的同时，也要充分考虑现有移动网络的演进途径。从局部变化到全网变革，通信技术与 IT 技术的融合会从核心网向无线接入网逐步延伸，最终形成网络架构的整体演变。

3．5G 技术场景

连续广域覆盖、热点高容量、低功耗大连接和低时延高可靠四个 5G 典型技术场景具有不同的挑战性指标需求，在考虑不同技术共存可能性的前提下，须要合理选择关键技术的组合来满足这些需求。

（1）连续广域覆盖场景

受限于站址和频谱资源，为了满足 100 Mb/s 用户体验速率需求，除了需要尽可能多的低频段资源外，还要大幅提升系统频谱效率。大规模天线阵列是其中最主要的关键技术之一，新型多址技术可与大规模天线阵列相结合，进一步提升系统频谱效率和多用户接入能力。在网络架构方面，综合多种无线接入能力以及集中的网络资源协同与 QoS 控制技术，为用户提供稳定的体验速率保证。

（2）热点高容量场景

极高的用户体验速率和极高的流量密度是该场景面临的主要挑战，超密集组网能够更有效地复用频率资源，极大提升单位面积内的频率复用效率；全频谱接入能够充分利用低频和高频的频率资源，实现更高的传输速率；大规模天线、新型多址等技术与前两种技术相结合，可实现频谱效率的进一步提升。

（3）低功耗大连接场景

海量的设备连接、超低的终端功耗与成本是该场景面临的主要挑战。新型多址技术通过多用户信息的叠加传输可成倍提升系统的设备连接能力，还可通过免调度传输有效降低信令开销和终端功耗，F-OFDM 和 FBMC 等新型多载波技术在灵活使用碎片频谱、支持窄带和小数据包、降低功耗与成本方面具有显著优势；此外，终端直接通信（D2D）可避免基站与终端间的长距离传输，可实现功耗的有效降低。

（4）低时延高可靠场景

尽可能降低空口传输时延、网络转发时延及重传概率，以满足极高的时延和可靠性要求。为此，须采用更短的帧结构和更优化的信令流程，引入支持免调度的新型多址和 D2D 等技术以减少信令交互和数据中转，并运用更先进的调制编码和重传机制以提升传输可靠性。此外，在网络架构方面，控制云通过优化数据传输路径，控制业务数据靠近转发云和接入云边缘，可有效降低网络传输时延。

面向 2020 年及未来的移动互联网和物联网业务需求，5G 将重点支持连续广域覆盖、热点高容量、低功耗大连接和低时延高可靠等四个主要技术场景，将采用大规模天线阵列、超密集组网、新型多址、全频谱接入和新型网络架构等核心技术，通过新空口和 4G 演进两条技术路线，实现 Gb/s 用户体验速率，并保证在多种场景下的一致性服务。

10.2　光通信技术

扫一扫看
光通信教
学课件

　　光通信是一种以光波为传输媒质的通信方式。光波和无线电波同属电磁波，但光波的频率比无线电波的频率高，波长比无线电波的波长短。因此，具有传输频带宽、通信容量大和抗电磁干扰能力强等优点。光通信按光源特性可分为激光通信和非激光通信，按传输媒介的不同可分为有线光通信和无线光通信（也叫大气光通信）。有线光通信即光纤通信，在过去的几年中，由于人们对传输速率的要求越来越高，使用高速率数据传输的用户数量每年都在递增，光纤通信因为能传输高速率的数据，已成为广域网、城域网的骨干网络之一，如今在广域通信网中更有 80% 以上的信息是通过光纤传输的。无线光通信又称自由空间光通信（Free Space Optical communication，FSO），其作为一种光通信技术，具有三十多年的研究历史。最初，由于光学器件制造成本较高，无线光通信的研究仅限于星际通信和国防通信领域。近年来，由于光通信器件制造技术的飞速发展，导致无线光通信设备的制造成本大幅下降，人们才又逐渐开始了无线光通信的民用研究。

　　光通信技术是构建光通信系统与网络的基础，高速光传输设备、长距离光传输设备和智能光网络的发展、升级以及推广应用，都取决于光通信器件技术进步和产品技术更新换代的支持。早期传统的传送网是基于语音业务而设计和优化的，主要是 2 M、155 M 业务的汇聚，具备分插复用、交叉连接、管理监视以及自动保护倒换等功能。数字传送网的演化从最初的基于 T1/E1 的 PDH 第一代数字传送网，经历了基于 SONET/SDH 的第二代数字传送网，发展到了目前以 OTN 为基础的第三代数字传送网。

　　PDH 是一种早期的通信传输制式，主要兴盛于 20 世纪 80 年代至 90 年代初。但 PDH 具有以下缺点：传输线路主要是点对点连接，缺乏网络拓扑的灵活性；没有统一的电接口和光接口规范；采用异步复用，需逐级码速调整来实现复用/解复用；调度性差，很难实现良好的自愈功能；没有网管功能，更没有统一的网管接口，不利于形成统一的电信管理网。正因为 PDH 的这些缺点，在 20 世纪 90 年代，PDH 逐渐被 SDH（同步数字系列）所取代。

　　SDH 技术自从 90 年代引入以来，至今已经是一种成熟、标准的技术，在骨干网中被广泛采用，且价格越来越低，具有标准化的接口、同步复用、强大的网管能力、灵活网络拓扑能力和高可靠性等优点。但 SDH 主要缺点在于是为传输 TDM 信息而设计的。该技术缺少处理基于 TDM 技术的传统语音信息以外的其他信息所需的功能，不适合传送 TDM 以外的 ATM 和以太网业务。

　　由于 WDM 的出现和发展，SDH 的作用和角色有了很大的转变。波分复用（WDM）是将两种或多种不同波长的光载波信号（携带各种信息）在发送端经复用器（亦称合波器，Multiplexer）汇合在一起，并耦合到光线路的同一根光纤中进行传输的技术；在接收端，经解复用器（亦称分波器或称去复用器，Demultiplexer）将各种波长的光载波分离，然后由光接收机作进一步处理以恢复原信号。这种在同一根光纤中同时传输两个或众多不同波长光信号的技术，称为波分复用。除了在核心网继续作为承载技术之外，SDH 的作用已经降低为 WDM 层的客户层，其角色正开始向网络边缘转移。鉴于网络边缘复杂的客户层信号特点，

SDH 必须从纯传送网转变为传送网和业务网一体化的多业务平台，即融合的多业务节点。其出发点是充分利用大家所熟悉和信任的 SDH 技术，特别是其保护恢复能力和确保的延时性能，加以改造以适应多业务应用，支持 2 层、3 层的数据智能。其基本思路是将多种不同业务通过 VC 级联等方式映射进不同的 SDH 时隙，而 SDH 设备与 2 层、3 层乃至 4 层分组设备在物理上集成为一个实体。即将传送节点与各种业务节点融合在一起，构成业务层和传送层一体化的下一代 SDH 节点，称为融合的网络节点或多业务节点，主要定位于网络边缘。MSTP 是 Multi-Service Transport Platform 的缩写，它可以将传统的 SDH 复用器、数字交叉链接器（DXC）、WDM 终端、2 层交换机和 IP 边缘路由器等多个独立的设备集成为一个网络设备——即基于 SDH 技术的多业务传送平台（MSTP），进行统一控制和管理。基于 SDH 的 MSTP 最适合作为网络边缘的融合节点支持混合型业务，特别是以 TDM 业务为主的混合业务。它不仅适合缺乏网络基础设施的新运营商，应用于局间或 POP 间，还适合于大型企事业用户驻地。而且即便对于已敷设了大量 SDH 网的运营公司，以 SDH 为基础的多业务平台可以更有效地支持分组数据业务，有助于实现从电路交换网向分组网的过渡，因此成为城域网的主流技术之一。

　　PTN 是一种能够很好处理 IP 和以太网等分组信号的新型传送网，继承了 SDH 系统的许多优点，例如强大的 OAM、保护和网管功能，另外也吸取了数据网络的优点，重要的一点就是差异化的处理和统计复用功能。对于用户种类繁多的业务，必须具备差异化的处理能力。在数据领域中所使用的 VLAN、CoS、MPLS EXP 和 DiffServ 等机制，都是在资源受限的情况下给予不同的业务不同的处理。PTN 设备应具有多业务处理能力，能够容纳不同业务，并且映射到具有 QoS 处理的处理单元。为了适应业务 IP 化和网络 IP 化的发展趋势，分组传送网（PTN）技术已成为城域传送网的主要发展方向。而光传送网（OTN）技术为客户信号提供在波长/子波长上进行传送、复用、交换、监控和保护恢复的技术。在提供丰富带宽的基础上，增强了节点汇聚和交叉能力、组网保护和 OAM 管理能力，可以为大量 GE、2.5 Gb/s、10 Gb/s 甚至 40Gb/s 等大颗粒业务提供传输通道。在接入网方面，业界一直认为无源光网络（PON）是未来发展的方向。这一方面是由于它提供的带宽可以满足现在和未来各种宽带业务的需要，所以在解决宽带接入问题上被普遍看好；另一方面，无论在设备成本还是运维管理开销方面，其费用都相对较低。综合经济技术分析表明，目前 PON 是实现 FTTB/FTTH 的主要技术。结合 PTN、OTN、MSTP、PON 技术优势，联合组网模式（见图 10.14）凭借其 IP 业务接入、汇聚及灵活调度能力，将有利于推动城域传输网向着统一、融合的扁平化网络演进，推进传送网向更加"睿智"的方向发展。

10.2.1　SDH

　　SDH（Synchronous Digital Hierarchy，同步数字体系）是一种将复接、线路传输及交换功能融为一体、并由统一网管系统操作的综合信息传送网络，是美国贝尔通信技术研究所提出的同步光网络（SONET）。国际电话电报咨询委员会（CCITT）（现 ITU-T）于 1988 年接受了 SONET 概念并重新命名为 SDH，使其成为不仅适用于光纤也适用于微波和卫星传输的通用技术体制。它可实现网络有效管理、实时业务监控、动态网络维护、不同厂商设备间的互通等多项功能，能大大提高网络资源利用率、降低管理及维护费用、实现灵活可靠和高效的网络运行与维护，因此是信息领域在传输技术方面发展和应用的热点，受到人们的广泛重视。

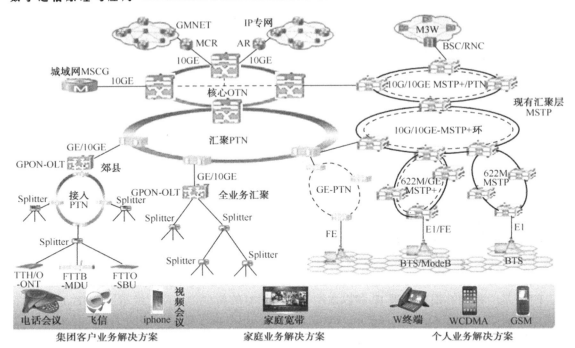

图 10.14　PTN、OTN、MSTP、PON 联合组网

SDH 技术的诞生有其必然性，随着通信的发展，要求传送的信息不仅是话音，还有文字、数据、图像和视频等。加之数字通信和计算机技术的发展，在 70 至 80 年代，陆续出现了 T1（DS1）/E1 载波系统（1.544/2.048 Mb/s）、X.25 帧中继、ISDN（综合业务数字网）和 FDDI（光纤分布式数据接口）等多种网络技术。随着信息社会的到来，人们希望现代信息传输网络能快速、经济、有效地提供各种电路和业务，而上述网络技术由于其业务的单调性、扩展的复杂性、带宽的局限性，仅在原有框架内修改或完善已无济于事。SDH 就是在这种背景下发展起来的。

为了方便地从高速 SDH 信号中直接上/下低速支路信号，ITU-T 规定了 STM-N 的帧是以字节（8 bit）为单位的矩形块状帧结构，如图 10.15 所示。

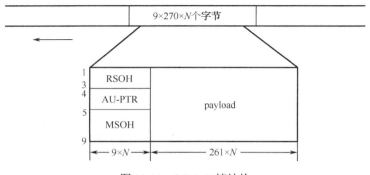

图 10.15　STM-N 帧结构

STM-N 的信号是 9×270×N 列的帧结构。此处的 N 与 STM-N 的 N 相一致，取值范围：

1，4，16，64，…表示此信号由 N 个 STM-1 信号通过字节间插复用而成。帧结构中的字节（8 bit）从左到右，从上到下一个字节一个字节（一个比特一个比特）地传输，传完一行再传下一行，传完一帧再传下一帧。帧频是 8 000 帧/秒，也就是帧长或帧周期为恒定的 125 μs。STM-N 的帧结构由三部分组成：段开销；管理单元指针（AU-PTR）；信息净负荷（payload）。信息净负荷（payload）是在 STM-N 帧结构中存放将由 STM-N 传送的各种信息码块的地方。通道开销（POH）负责对打包的货物（低速信号）进行通道性能监视、管理和控制。段开销（SOH）是为了保证信息净负荷正常、灵活传送所必须附加的供网络运行、管理和维护（OAM）使用的字节。段开销又分为再生段开销（RSOH）和复用段开销（MSOH），分别对相应的段层进行监控。AU-PTR 是用来指示信息净负荷的第一个字节在 STM-N 帧内的准确位置的指示符，以便收端能根据这个位置指示符的值（指针值）正确分离信息净负荷。

　　SDH 的复用包括两种情况：一种是低阶的 SDH 信号复用成高阶 SDH 信号；另一种是低速支路信号（如 2 Mb/s、34 Mb/s、140 Mb/s）复用成 SDH 信号 STM-N。第一种复用主要是通过字节间插复用方式来完成的，复用的个数是四合一，即 4×STM-1→STM-4，4×STM-4→STM-16。在复用过程中保持帧频不变（8 000 帧/秒），这就意味着高一级的 STM-N 信号速率是低一级的 STM-N 信号速率的 4 倍。在进行字节间插复用过程中，各帧的信息净负荷和指针字节按原值进行间插复用，而段开销则会有些取舍。第二种复用通过指针调整定位技术来取代 125 μs 缓存器用以校正支路信号频差和实现相位对准，各种业务信号复用进 STM-N 帧的过程都要经历映射（相当于信号打包）、定位（相当于指针调整）、复用（相当于字节间插复用）三个步骤，如图 10.16 所示。

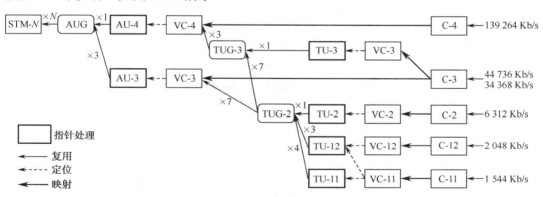

图 10.16　G.709 复用映射结构

　　SDH 在广域网领域和专用网领域得到了巨大的发展。电信、联通、广电等电信运营商都已经大规模建设了基于 SDH 的骨干光传输网络。利用大容量的 SDH 环路承载 IP 业务、ATM 业务或直接以租用电路的方式出租给企、事业单位。而一些大型的专用网络也采用了 SDH 技术，架设系统内部的 SDH 光环路，以承载各种业务。比如电力系统，就利用 SDH 环路承载内部的数据、远控、视频、语音等业务。典型 SDH 网络拓扑如图 10.17 所示。

10.2.2　PTN

　　PTN（Packet Transport Network，分组传送网）是指这样一种光传送网络架构和具体技术：在 IP 业务和底层光传输媒质之间设置了一个层面，它针对分组业务流量的突发性和统计复用

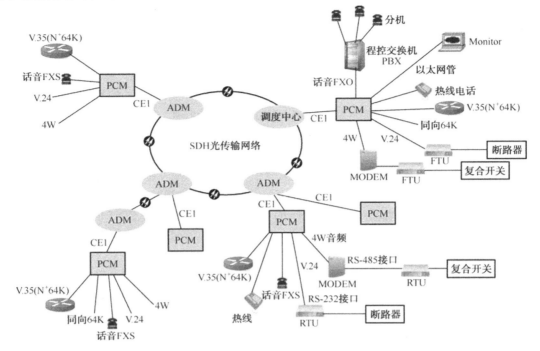

图 10.17　典型 SDH 网络拓扑

传送的要求而设计，以分组业务为核心并支持多业务提供，具有更低的总体使用成本（TCO），同时秉承光传输的传统优势，包括高可用性和可靠性、高效的带宽管理机制和流量工程、便捷的 OAM 和网管、可扩展、较高的安全性等。其系统架构如图 10.18 所示。

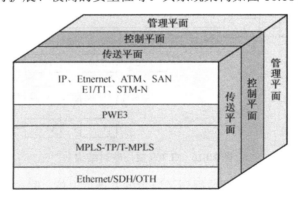

图 10.18　PTN 系统架构

　　基于分组的交换是 PTN 技术最本质的特点。PTN 适合多业务的承载和交换，满足灵活的组网调度和多业务传送，可以提供网络保护倒换功能，并且可对不同优先级业务设置不同保护方式。PTN 具有以下关键技术。

　　（1）端到端的伪线仿真（PWE3）

　　一种业务仿真机制，希望以尽量少的功能，按照给定业务的要求仿真线路，如图 10.19 所示。

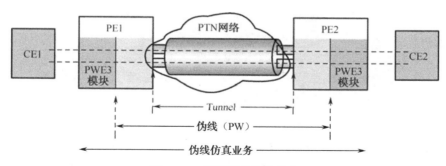

图 10.19　端到端的伪线仿真

伪线表示端到端的连接，PTN 内部网络不可见伪线，通过 Tunnel 隧道承载；本地数据报表现为伪线端业务（PWES），经封装为 PW PDU 之后传送；边缘设备 PE 执行端业务的封装/解封装；客户设备 CE 感觉不到核心网络的存在，认为处理的业务都是本地业务。

（2）多业务统一承载

TDM to PWE3：支持透传模式和净荷提取模式。在透传模式下，不感知 TDM 业务结构，将 TDM 业务视作速率恒定的比特流，以字节为单位进行 TDM 业务的透传；对于净荷提取模式，感知 TDM 业务的帧结构、定帧方式、时隙信息等，将 TDM 净荷取出后再顺序装入分组报文净荷传送。

ATM to PWE3：支持单/多信元封装，多信元封装会增加网络时延，应结合网络环境和业务要求综合考虑。

Ethernet to PWE3：支持无控制字的方式和有控制字的传送方式。

（3）端到端层次化 OAM

具备端到端层次化 OAM 功能，包括基于硬件处理的 OAM 功能，实现分层的网络故障自动检测、保护倒换、性能监控、故障定位信号的完整性等功能以及业务的端到端管理、级联监控支持连续和按需的 OAM。

（4）智能感知业务

业务感知有助于根据不同的业务优先级采用合适的调度方式。对于 ATM 业务，业务感知基于信元 VPI/VCI 标识映射到不同伪线进行处理，优先级（含丢弃优先级）可以映射到伪线的 EXP 字段；对于以太网业务，业务感知可基于外层 VLAN ID 或 IP DSCP；对时延敏感性较高的 TDM E1 实时业务按固定速率的快速转发处理。

（5）端到端 QoS 设计

在网络入口，用户侧通过 H-QoS 提供精细的差异化服务质量，识别用户业务，进行接入控制；在网络侧将业务的优先级映射到隧道的优先级；在转发节点，采用 PQ、PQ+WFQ 等方式，根据隧道优先级进行调度；在网络出口，弹出隧道层标签，还原业务自身携带的 QoS 信息。

（6）全程电信级保护机制

具有全程电信级保护机制，包括 UNI 侧保护功能、NNI 侧保护功能及设备级保护功能，如图 10.20 所示。

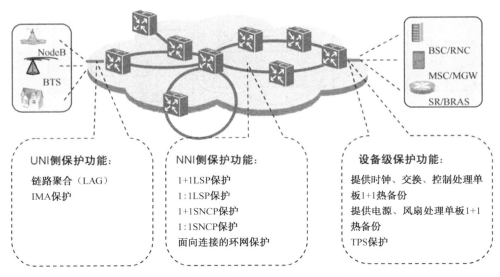

图 10.20　全程电信级保护机制

10.2.3　OTN

OTN（Optical Transport Network，光传送网），通常也称为 OTH（Optical Transport Hierarchy），是通过 G.872、G.709、G.798 等一系列 ITUT 的建议所规范的新一代"数字传送体系"和"光传送体系"，是以 WDM 为基础、在光层组织网络的传送网，是下一代骨干传送网。

光传送网分为电路（客户）层、光通道层、光复用段层、光传输段层和物理媒介层。电路（客户）层，将来自用户的电信业务信号，转换成为适合于在光传送网中传送的形式，反之亦然。光通道层为各种数字化的用户信号提供接口，它为透明的传送 SDH、PDH、ATM、IP 等业务信号提供点到点的以光通路为基础的组网功能，不修改来自电路层的信号，但在光传送网输入/输出处对电路层信号进行监测和维护。光复用段层为经 DWDM 复用的多波长信号提供组网功能。光传输段层经光接口与传输媒质（如 G.652、G.653 和 G.655 光纤）相连，它提供在光介质上传输光信号的功能。物理媒介层由光纤类型决定，是光传输段层的服务者。

OTN 保留了许多传统数字传送体系（SDH）行之有效的方面，也扩展了新的能力和领域，如提供对更大颗粒的 2.5G、10G、40G 业务的透明传送的支持，通过异步映射同时支持业务和定时的透明传送，对带外 FEC 的支持，对多层、多域网络连接监视的支持等。同时，OTN 第一次为波分复用系统提供了标准的物理接口，将光域划分成 OCH（光信道层）、OMS（光复用段层）、OTS（光传送段层）三个子层，为了解决客户信号的数字监视问题，光通道层又分为光通道传送单元（OTUk）和光通道数据单元（ODUk）两个子层，类似于 SDH 技术的段层和通道层。因此，从技术本质上而言，OTN 技术是对已有的 SDH 和 WDM 的传统优势进行了更为有效的继承和组合，同时扩展了与业务传送需求相适应的组网功能，而从设备类型上来看，OTN 设备相当于将 SDH 和 WDM 设备融合为一种设备，同时拓展了原有设备类型的优势功能。

同 SDH 传送网一样，光传送网也有线型、星型、树型、环型和网孔型五种网络类型，使用波分复用终端设备、光分插复用设备（OADM）和光交叉连接设备（OXC），适用于接入网、城域网和干线网，如图 10.21 所示为典型的 OTN 网络拓扑。

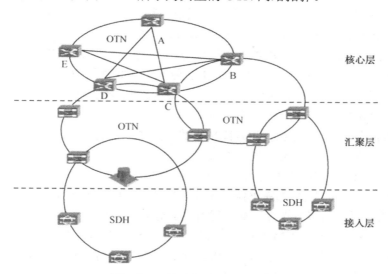

图 10.21　典型的 OTN 网络拓扑

OTN 核心设备和业务及其保护恢复的主要载体是光交叉连接设备 OXC 和光分插复用设备 OADM，与 SDH 的最大区别在于 SDH 是基于时分复用的对时隙进行操作的"数字网络"，而 OTN 处理的对象是光载波，也就是模拟的"频率时隙"或"光通道波长"，是一个"模拟传送网络"。

目前，在光传送网中，常用的映射方式有：SDH over OTN、ATM over OTN 和 ATM over SDH over OTN。对于 SDH over OTN 方式来讲，它具有 SDH 本身所具备的 OAM 功能，具有比较强的保护和恢复能力，可以在 SDH 的基础上实现各种业务的综合，可以按照波长根据发展需要进行扩容，缺点是各种业务信号在进入 SDH 后，缺乏像 ATM 那样的 QoS 保证。对于 ATM over OTN 方式来讲，虽然它具有 ATM 和 OTN 方式的优点，可以提供端到端 QoS 保证，但由于没有 SDH，加之 OTN 本身的限制，使得这种传送方式缺乏足够的保护和恢复能力及网管功能，从而限制了这种方式的应用。对于 ATM over SDH over OTN 方式来讲，这种方式在目前技术发展情况下，是技术性能最完善的，但也是最复杂、最昂贵的。此外，还可以将以太网（GE）信号直接映射到 OTN。在现有技术条件下，OTN 有两种方式来支持数据业务：一种为通过 GFP 适配数据业务，例如多个 GE 通过 GFP 封装后再封装到 OTN 净荷中，此方式适用于低速的 GE 业务；另一种为采用更高速率的 OTN 帧（Over Clock）将以太网直接作为净荷封装到 OTN 中，适用于高速以太网业务。例如 10GE LAN 速率为 10.312 5 Gb/s，可以将其映射到 11.1 Gb/s 的 OTU2 帧中实现完全透传。这种方式可以使广域网、城域网和局域网做到无缝连接，可大大简化设备、降低成本，在小范围内抖动与定时性能较好，但这种方式只有有限的故障检测和性能管理功能，没有保护倒换能力。

将来光传送网会采用 ITU-T G.709 建议所规范的数字包封（Digital Wrap-per）技术，解决各种信号的映射问题。这种技术不仅彻底解决了客户层信号透明传送及网络边缘处故障检测和性能管理问题，而且还解决了光路性能监视和光层保护和恢复指令传送问题。另外，结合使用带外 FEC，可以明显地改善系统的光信噪比。

对于光传送网，WDM 传输技术是比较合适的选择。目前，扩展 WDM 传输系统容量的方法主要侧重于以下三个方面：一是提高每个通道的基础速率，由 2.5 Gb/s、10 Gb/s 提高到 40 Gb/s；二是扩展使用波段，由 C 波段（1 530 nm～1 565 nm）扩展至 L 波段（1 565 nm～1 620 nm）；三是减少通道间隔，增加复用通道数，通道间隔由 200 GHz、100 GHz 减少到 50 GHz 乃至 25 GHz，复用通道数由 16、32 扩展至 80、100 甚至 200 个通道。与 10 Gb/s 速率相比，40 Gb/s 基础速率具有频谱效率高、降低设备成本、减少网管系统复杂性等优点，但在帧同步特别是 PMD 补偿方面的技术问题有待解决。

随着宽带数据业务的大力驱动和 OTN 技术的日益成熟，采用 OTN 技术构建更为高效和可靠的传送网是必然的发展结果。现有城域核心层及干线的 SDH 网络适合传送的主要为 TDM 业务，而目前迅猛增加的主要为具备统计特性的数据业务，因此在这些网络层面后续的网络建设不可能大规模新建 SDH 网络，但 WDM 网络的规模建设和扩容不可避免，可 IP 业务通过 POS 或者以太网接口直接上载到现有 WDM 网络将面临组网、保护和维护管理等方面的缺陷。因此，基于现有 WDM 系统的已有网络，条件具备时可根据需求逐步升级为支持 G.709 开销的维护管理功能，而对于现有 WDM 系统新建或扩容的传送网络，在省去 SDH 网络层面以后，至少应支持基于 G.709 开销的维护管理功能和基于光层的保护倒换功能，也就是说，OTN 网络替代了 SDH 网络相应的功能。WDM 网络则应逐渐升级过渡到 OTN 网络，而基于 OTN 技术的组网则应逐渐占据传送网主导地位。

10.2.4　PON

PON（Passive Optical Network，无源光纤网络）是指（光配线网中）不含有任何电子器件及电子电源，ODN（光分配网）全部由光分路器（Splitter）等无源器件组成，不需要贵重的有源电子设备。

PON 系统结构主要由中心局的光线路终端（Optical Line Terminal，OLT）、包含无源光器件的光分配网（Optical Distribution Network，ODN）、用户端的光网络单元/光网络终端（ONU/ONT Optical Network Unit / Optical Network Terminal）组成，通常采用点到多点的树型拓扑结构，如图 10.22 所示。

由于光纤是如此"便宜又好用"，因此 FTTx（Fiber To The X，光纤接入）作为新一代宽带解决方案被广泛应用，为用户提供高带宽、全业务的接入平台。而 FTTH（Fiber To The Home，光纤到户，将光纤直接接至用户家）更是被称为是最理想的业务透明网络，是接入网发展的最终方式。那么，FTTx 是如何实现的呢？在多种方案中，点到多点（P2MP）的光纤接入方式 PON 是最佳选择。

PON "无源"的关键在于 OLT 和 ONU 之间的 ODN 是没有任何有源电子设备的光接入网，正因为此"无源"特性，使得 PON 这种纯介质网络可以避免外部设备的电磁干扰和雷电影响，减少了线路和外部设备故障率，提高了系统可靠性，同时减少了维护成本。

PON 的复杂性在于信号处理技术。在下行方向上，交换机发出的信号采用广播式发给所有的用户。在上行方向上，各 ONU 必须采用某种多址接入协议如时分多路访问 TDMA（Time Division Multiple Access）协议才能完成共享传输通道信息访问。

PON 技术是从 20 世纪 90 年代开始发展的，ITU（国际电信联盟）从 APON（155 M）

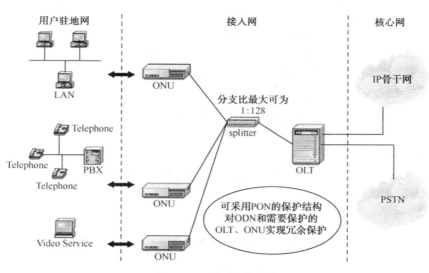

图 10.22　树型网络拓扑

开始，发展 BPON（622 M），以及到 GPON（2.5 G）；同时在 21 世纪初，由于以太网技术的广泛应用，IEEE 也在以太网技术上发展了 EPON 技术。目前用于宽带接入的 PON 技术主要有 EPON 和 GPON，两者采用不同标准。未来的发展是更高带宽，比如在 EPON/GPON 技术上发展了 10 G EPON/10G GPON，带宽得到更高的提升。

1．EPON

EPON（Ethernet Passive Optical Network，以太网无源光网络），顾名思义，是基于以太网的 PON 技术。它采用点到多点结构、无源光纤传输，在以太网之上提供多种业务，如图 10.23 所示。EPON 技术由 IEEE802.3 EFM 工作组进行标准化。2004 年 6 月，IEEE802.3EFM 工作组发布了 EPON 标准——IEEE802.3ah（2005 年并入 IEEE802.3-2005 标准）。在该标准中将以太网和 PON 技术结合，在物理层采用 PON 技术，在数据链路层使用以太网协议，利用 PON 的拓扑结构实现以太网接入。因此，它综合了 PON 技术和以太网技术的优点：低成本、高带宽、扩展性强、与现有以太网兼容、方便管理等。

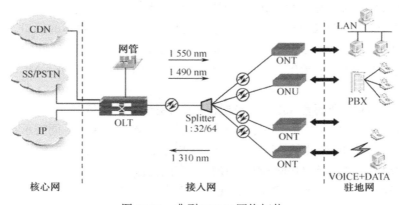

图 10.23　典型 EPON 网络拓扑

EPON 媒质的性质是共享媒质和点到点网络的结合。在下行方向，拥有共享媒质的连接性，而在上行方向其行为特性就如同点到点网络。下行方向：OLT 发出的以太网数据报经过一个 1：N 的无源光分路器或几级分路器传送到每一个 ONU。N 的典型取值为 4~64（由可用的光功率预算所限制）。这种行为特征与共享媒质网络相同。在下行方向，因为以太网具有广播特性，与 EPON 结构匹配，OLT 广播数据包，目的 ONU 进行有选择地提取。上行方向：由于无源光合路器的方向特性，任何一个 ONU 发出的数据包只能到达 OLT，而不能到达其他的 ONU。EPON 在上行方向上的行为特点与点到点网络相同。但是，不同于一个真正的点到点网络，在 EPON 中，所有的 ONU 都属于同一个冲突域——来自不同的 ONU 的数据包如果同时传输依然可能会冲突。因此在上行方向，EPON 须要采用某种仲裁机制来避免数据冲突。

2．GPON

GPON（Gigabit-Capable PON）技术是基于 ITU-TG.984.x 标准的最新一代宽带无源光综合接入标准，具有高带宽、高效率、大覆盖范围、用户接口丰富等众多优点，被大多数运营商视为实现接入网业务宽带化、综合化改造的理想技术。基于 GPON 技术的设备基本结构与已有的 PON 类似，也是由局端的 OLT（光线路终端）、用户端的 ONT/ONU（光网络终端或称作光网络单元）、连接前两种设备由单模光纤（SM fiber）和无源分光器（Splitter）组成的ODN（光分配网络）以及网管系统组成，如图 10.24 所示。

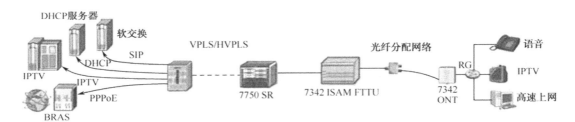

图 10.24　典型 GPON 网络拓扑

GPON 技术特征主要体现在传输汇聚层。GPON 协议参考模型中传输汇聚层又分为 PON 成帧子层和适配子层。GTC（GPON Transmission Convergence）的成帧子层完成 GTC 帧的封装、终结所要求的 ODN 传输功能，PON 的特定功能（如测距、带宽分配等）也在 PON 成帧子层终结，在适配子层看不到。GTC 的适配子层提供 PDU 与高层实体的接口。ATM 和 GEM 信息在各自的适配子层完成业务数据单元（SDU）与协议数据单元 PDU 的转换。OMCI 适配子层高于 ATM 和 GEM 适配子层，它识别 VPI/VCI 和 Port-ID，并完成 OMCI 通道数据与高层实体的交换。

对于其他的 PON 标准而言，GPON 标准提供了前所未有的高带宽，下行速率高达 2.5Gb/s，其非对称特性更能适应宽带数据业务市场。提供 QoS 的全业务保障，同时承载 ATM 信元和（或）GEM 帧，有很好的提供服务等级、支持 QoS 保证和全业务接入的能力。承载 GEM 帧时，可以将 TDM 业务映射到 GEM 帧中，使用标准的 8 kHz（125 μs）帧能够直接支持 TDM 业务。作为电信级的技术标准，GPON 还规定了在接入网层面上的保护机制和完整的 OAM 功能。

在 GPON 标准中，明确规定需要支持的业务类型包括数据业务（Ethernet 业务，包括 IP 业务和 MPEG 视频流）、PSTN 业务（POTS、ISDN 业务）、专用线（T1、E1、DS3、E3 和 ATM 业务）和视频业务（数字视频）。GPON 中的多业务映射到 ATM 信元或 GEM 帧中进行传送，对各种业务类型都能提供相应的 QoS 保证。

10.2.5　FSO

无线光通信也称自由空间光通信（Free Space Optics，FSO），是以大气作为传播媒质来进行光信号传递的，如图 10.25 所示。只要在收发两个端机之间存在无遮挡的光路和足够的光发射频率，就可以通信。一个无线光通信系统包括三个基本部分：发射机、信道和接收机。在点对点传输的情况下，每一端都设有光发射机和光接收机，可以实现全双工的通信。系统所用的基本技术是光电转换。光发射机的光源受到电信号的调制，通过作为天线的光学望远镜，将光信号通过大气信道传送到接收机望远镜；在接收机中，望远镜收集接收到的光信号并将它聚焦在光电检测器中，光电检测器将光信号转换成电信号。由于大气空间对不同光波长信号的透过率有较大的差别，可以选用透过率较好的波段窗口。对基于 FSO 的系统来说，最常用的光学波长是近红外光谱中的 850 nm；还有一些基于 FSO 的系统使用 1 500 nm 的波长，可以支持更大的系统功率。

图 10.25　无线光通信系统

无线光通信系统的特点和优势：

（1）频带宽，速率高。从理论上讲，FSO 的传输带宽与光纤通信的传输带宽相同，只是光纤通信中的光信号在光纤介质中传输，而 FSO 的光信号在空气介质中传输。FSO 产品目前最高速率可达 2.5 Gb/s，最远可传送 4 km。

（2）频谱资源丰富。与微波技术相比，FSO 设备多采用红外光传输，有相当丰富的频谱资源，不需要申请频率执照，也不需要交纳频率占用费，这是一般微波通信和无线通信无法比拟的。

（3）适用任何通信协议和任何环境。现在通信网络常用的 SDH、ATM、以太网、快速以太网等都能通过，并可支持 2.5 Gb/s 的传输速率，用于传输数据、声音和影像等各种信息。

（4）架设灵活便捷。FSO 可以直接架设在屋顶，以及在江河湖海上进行通信，可以完成地对空、空对空等多种光纤通信无法完成的通信任务，而且无须埋设光纤，可以在几小时内建立起通信链路，方便快捷，大大缩短了施工周期。

（5）安全可靠。无线光通信的安全性是非常显著的，由于光通信具有非常好的方向性和

非常窄的波束，因此窃听和人为干扰几乎是不可能的。

（6）经济。光纤网络的成本通常很高，铺设过程耗时，而且投资不可撤回，而无线光通信技术可以在城域光网之外提供高带宽连接，而成本只有在地下埋设光缆的五分之一。

但无线光通信系统也存在一定的问题。FSO是一种视距宽带通信技术，发射机与接收机之间需要严格的视线传播，当通信设备安装在高楼的顶部时，在风力的作用下建筑物会发生摆动，这样便会影响激光器的对准。由于大楼结构中某些部分的热胀或轻微的地震等原因，有时也会导致发射机和接收机无法对准。恶劣的天气情况，会对传播信号产生衰耗。空气中的散射粒子，会使光线在空间、时间和角度上产生偏差。大气中粒子还会吸收激光的能量，衰减信号的发射功率。传输距离与信号质量的矛盾非常突出，传输距离越大，光束就会越宽，接收的光信号质量越差。同时，激光的安全问题必须考虑，发射功率必须限制在保证眼睛安全的功率范围内。

无线光通信的主要应用可归纳为以下几个方面。

（1）在不具备有线接入条件或原带宽不足时提供高效的接入方案

无线光通信可以不必在城市内破路埋线而快速地在楼宇间实现宽带数字通信，也可在不便铺设光缆地区、没有桥梁的大河两岸之间实现宽带数据通信传输。1994年，加利福尼亚的ThermoTrex公司，成功地进行了在相距42 km、海拔高度为2 133 m的两座山峰之间的传输实验，传输数速率为1.2 Gb/s。

（2）有效解决"最后一公里"问题

无线光通信可以解决各种业务接入的"最后一公里"问题，提高用户接入端的传输容量和速度，能够较好地满足电信网、有线电视网和IP网三网合一对带宽的要求。

（3）力助局域网互联

FSO提供了临近局域网之间互联互通的选择方案，不仅可以解决局域网内用户接入的高速传输问题，还可方便地实现局域网之间的连接，形成更大范围的城域网和广域网。

（4）应急备用方案

无线光通信可以作为有线通信线路故障或紧急抢险时的应急备用链路，也可作为大型临时活动的通信解决方案。

（5）快速组建电信网络

对于新兴的电信网络运营商来说，无线光通信网络可以帮助其快速组建本地网，以较少的资金、人力和时间完成城域网建设；对于传统的电信网络运营商来讲，无线光通信网络系统可以作为其光缆传输系统的补充，用于不便铺设光缆的区域。建设周期短，所需费用少，无线光通信网络系统可以实现先组网再销售的商业模式。

此外，FSO在卫星间、卫星与地面站间有着重要的应用。如在1995年美国与日本所进行的联合试验中，实现了日本菊花-6卫星与美国大气观测卫星相距39 000 km的双向光通信。这是一种远距离通信应用，目前仍在研发之中，但卫星间光通信具有容量大、无须进行ITU国际协调等优势，将成为重要的卫星通信手段之一。

无线光通信作为一种新兴的技术，在社会的各个领域都具有很大的开发和发展潜力，其主要研究方向集中在增加传输容量、延长传输距离、自动方向对准、降低设备成本等方面。如果这些问题能得到有效解决，那么FSO将发挥巨大潜能和优势，成为无线通信领域的一个新亮点。

10.3　数据通信技术

扫一扫看数据通信教学课件

数据通信是通信技术和计算机技术相结合而产生的一种新的通信方式。要在两地间传输信息必须有传输信道，根据传输媒体的不同，分为有线数据通信与无线数据通信。但它们都是通过传输信道将数据终端与计算机联结起来，而使不同地点的数据终端实现软、硬件和信息资源的共享。

1. 数据通信系统的组成

一个完整的数据通信系统一般由以下几个部分组成：数据终端设备、通信控制器、通信信道（有噪声）、数据通信设备，如图 10.26 所示。

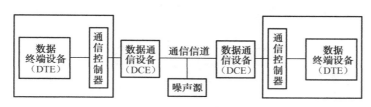

图 10.26　数据通信系统的模型

（1）数据终端设备

数据终端设备（Data Terminal Equipment，DTE），即数据的生成者和使用者，它根据协议控制通信的功能。最常用的数据终端设备就是网络中的微机。此外，数据终端设备还可以是网络中的专用数据输出设备，如打印机等。

（2）通信控制器

它的功能除进行通信状态的连接、监控和拆除等操作外，还可接收来自多个数据终端设备的信息，并转换信息格式，如微机内部的异步通信适配器（UART）、数字基带网中的网卡就是通信控制器。

（3）通信信道

通信信道是信息在数据通信设备之间传输的通道，如电话线路等模拟通信信道、专用数字通信信道、宽带电缆（CATV）和光纤等。

（4）数据通信设备

数据通信设备（Data Communication Equipment，DCE），它的功能是把通信控制器提供的数据转换成适合通信信道要求的信号形式，或把信道中传来的信号转换成可供数据终端设备使用的数据，最大限度地保证传输质量。

在计算机网络的数据通信系统中，最常用的数据通信设备是调制解调器和光纤通信网中的光电转换器，它为用户设备提供入网的连接点。

（5）噪声

所谓噪声是指与准备接收的信号混杂在一起而引起信号失真的不希望的信号。显然，噪声是针对有用信号而言的。一个信号在某种场合是有用信号，而在另一种场合有可能成为噪声。噪声是影响通信系统性能的主要因素，它可以来自通信系统的内部或者外部。

2. 数据通信的交换方式

对于计算机和终端之间的数据通信，交换是一个重要的问题。通常来说，从源节点到目的节点之间的数据通信须要经过若干中间节点的转接。这就涉及数据交换技术。若没有交换，只能采用点对点的通信。为避免建立多条点对点的信道，就必须使计算机和某种形式的交换设备相连，大大节省通信线路。交换技术可以使多个节点同时传输和接收数据，可以使数据沿不同路径进行传输。在当前的数据通信网中，有三种交换方式，那就是电路交换、报文交换和分组交换。这三种交换方式的原理、特点及适用范围都不相同。下面就对这三种交换方式简单了解一下。

1）电路交换

电路交换方式与电话交换方式的工作过程很相似。在线路交换中，两台计算机通过通信子网进行数据交换之前，首先要在通信子网中建立一个实际的物理线路连接，如图 10.27 所示。

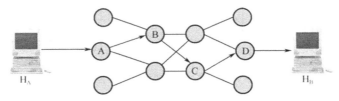

图 10.27 线路交换方式中建立的物理连接

利用电路交换进行通信需要以下三个阶段。

（1）线路建立：在数据传送之前，必须先建立一条利用中间节点构成的端到端的专用物理连接线路。

（2）数据传输：两端点沿着已建立好的线路传输数据。

（3）线路拆除：数据传送结束后，应拆除该物理连接，以释放该连接所占用的专用资源。

采用电路交换，线路建立后，所有数据直接传输。因此数据传输可靠、迅速、有序（按原来的次序）。但电路交换具有以下缺点：①线路接通后即为专用信道，因此线路利用率低。例如，线路空闲时，信道容量被浪费。②线路建立时间较长，造成有效时间的浪费。例如，只有少量数据要传送时，也要花不少时间用于建立和拆除电路。

电路交换方式通常应用于公用电话网、公用电报网及电路交换的公用数据网（CSPDN）等通信网络中。前两种电路交换方式系传统方式；后一种方式与公用电话网基本相似，但它是用四线或二线方式连接用户，适用于较高速率的数据交换。正由于它是专用的公用数据网，其接通率、工作速率、用户线距离、线路均衡条件等均优于公用电话网。其优点是实时性强、延迟很小、交换成本较低；其缺点是线路利用率低。电路交换适用于一次接续后长报文的通信。

2）报文交换

报文交换的工作原理是"存储-转发"，如图 10.28 所示。报文是站点一次性要发送的数据块，其长度不限且可变。发送端将一个目的地址附加在报文上发送出去；每个中间节点先接收整个报文，检查无误后暂存这个报文（存储）；然后根据报文的目的地址，选择一条合适的空闲输出线路将整个报文传送给下一节点（转发），直至目的节点。在报文交换方式中，当一个站点要发送数据给另一个站点时，不需要事先在两站之间建立专用通路。

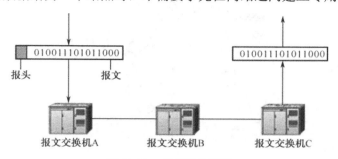

图 10.28　报文交换原理

报文交换具有以下优点：①线路利用率高。由于两站点之间的线路不是专用线路，因此许多报文可以分时共享这些线路。②可以进行速度和代码的转换，即可以实现不同类型计算机间的通信。③故障的影响小。如果两站点之间的某条线路发生故障，报文可以选择其他线路进行传送。④多目的报文。可以将一个报文发送到多个目的地。⑤不需要收发两端同时处于激活状态。

但报文交换也同时具有许多缺点：①延迟时间长且不定。不适合于对实时性要求强的传输，如会话或实时转播等。②报文长度不限。对中间节点的要求高，如存储能力或处理能力等。③通信不可靠。有时中间节点收到过多的数据而无空间存储或不能及时转发时，就不得不丢弃报文，而且发出的报文不按顺序到达目的地。

报文交换方式适用于实现不同速率、不同协议、不同代码终端的终端间或一点对多点的同文为单位进行存储转发的数据通信。由于这种方式网络传输时延大，并且占用了大量的内存与外存空间，因而不适用于要求系统安全性高、网络时延较小的数据通信。

3）分组交换

分组交换方式吸取了报文交换方式的优点，仍然采用"存储-转发"的方式，但不像报文交换方式那样以报文为交换单位，而是把报文"裁成"若干比较短的、规格化的"分组"或者称为包 Packet，如图 10.29 所示。

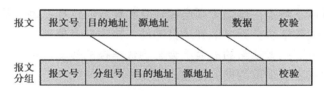

图 10.29　报文与报文分组的结构

报文交换方式发送数据时，无论发送数据长度是多少，都把它看成一个逻辑单元，在发送的数据上加上目的地址、源地址和控制信息，按一定的格式打包后就组成一个报文。而报文分组方式是，限制数据的最大长度（典型值为一千或几千比特），发送站将一个长报文分成多个报文分组，接收站再将多个报文分组按分组号顺序重新组织成一个长报文。如图 10.30所示为报文交换原理图。

分组交换适用于计算机网络，在实际应用中有两种类型：数据报方式和虚电路方式。

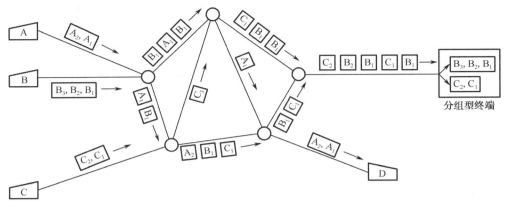

图 10.30　报文交换原理图

（1）数据报方式

数据报（Datagram，DG）是报文分组存储转发的一种形式。在数据报方式中，节点间不需要建立从源主机到目的主机的固定连接。源主机所发送的每一个分组都独立地选择一条传输路径。每一个分组在通信子网中可以通过不同传输路径，从源主机到达目的主机。

数据报方式的数据交换过程如图 10.31 所示。

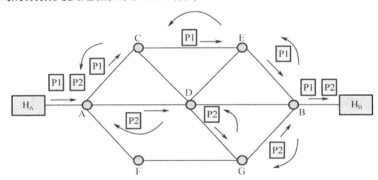

图 10.31　数据报方式的数据交换过程

数据报方式具有以下特点：传输无须连接建立和释放的过程；每个数据报中须带较多的地址信息；用户的连续数据块会无序地到达目的地，接收站点处理复杂；当使用网状拓扑组建网络时，任意中间节点或者线路的故障不会影响数据报的传输，可靠性较高。

数据报较适合站点之间少量数据的传输。

（2）虚电路方式

虚电路（Virtual Circuit，VC）方式试图将数据报方式和线路交换方式结合起来，发挥两种方法的优点，以达到最佳的数据交换效果。

数据报方式在分组发送之前，发送方与接收方之间不需要预先建立连接。而虚电路方式在分组发送前，需要在发送方与接收方之间建立一条逻辑通路，如图 10.32 所示。每个分组除了包含数据之外还包含一个虚电路标识符。在预先建好的路径上的每个节点都知道把这些分组引导到哪里去，不再需要路由选择判定。之所以称为"虚"电路，是因为这条电路不是专用的。

虚电路方式具有以下特点：传输须连接建立和释放的过程；数据块中仅含少量的地址信

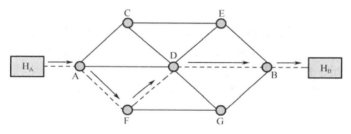

图 10.32　虚电路交换方式

息（LC 号），用户的连续数据块沿着相同的路径，按序到达目的地，接收站点处理方便；如果虚电路中的某个节点或者线路出现故障，将导致虚电路传输失效。

虚电路方式较适合站点之间大批量的数据传输。

分组交换是在存储-转发方式的基础上发展起来的，但它兼有电路交换及报文交换的优点。它适用于对话式的计算机通信，如数据库检索、图文信息存取、电子邮件传递和计算机间通信等，传输质量高、成本较低，并可在不同速率终端间通信。其缺点是不适宜于实时性要求高、信息量很大的业务使用。

3．典型数据通信网

数据通信网是数据通信系统的扩展，或者是若干个数据通信系统的归并和互联。任何一个数据通信系统都是由终端、数据电路和计算机系统三部分构成的，远端的数据终端设备（DTE）通过由数据电路终接设备（DCE）和传输信道组成的数据电路与计算机系统实现连接。数据通信网络在现在可以总结分为中国公用分组交换网、中国公用帧中继网、中国公用数字数据网三种网络。

（1）中国公用分组交换网

分组交换数据网络（PSDN）技术起源于 20 世纪 60 年代末，技术成熟，规程完备，在世界各得到广泛应用。我国公用分组交换数据网骨干网于 1993 年 9 月正式开通业务，它是原邮电部建立的第一个公用数据通信网络。骨干网建网初期端口容量有 5 800 个，网络覆盖所有省会和直辖市。随后，各省相继建立了省内的分组交换数据通信网。中国公用分组交换数据网（ChinaPAC）的网络结构如图 10.33 所示。

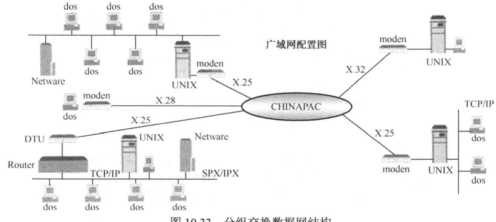

图 10.33　分组交换数据网结构

（2）中国公用帧中继网

帧中继（frame relay）是从分组交换技术发展起来的，它采用虚电路技术，对分组交换技术进行简化，具有吞吐量大、时延小、适合突发性业务等特点，能充分利用网络资源。

帧中继网结构如图 10.34 所示，它是中国电信经营管理的中国公用帧中继网。目前网络已覆盖到全国所有省会城市、绝大部分地市和部分县市，可以提供市内、国内和国际帧中继专线的各种服务。

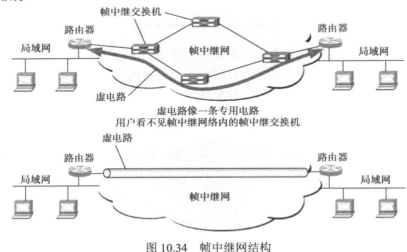

图 10.34　帧中继网结构

（3）中国公用数字数据网

数字数据网（DDN），是利用光纤（数字微波和卫星）数字传输通道和数字交叉复用节点组成的数字数据传输网，可以为用户提供各种速率的高质量数字专用电路和其他新业务，以满足用户多媒体通信和组建中高速计算机通信网的需要。其结构如图 10.35 所示。

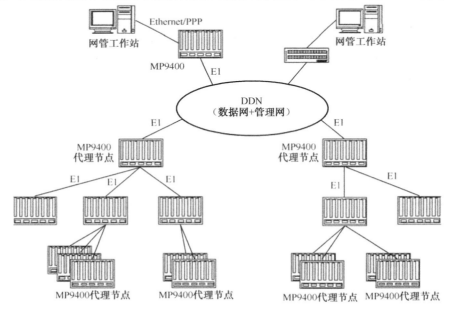

图 10.35　DDN 结构

DDN 业务区别于传统模拟电话专线的显著特点是数字电路，传输质量高，时延小，通信速率可根据需要选择；电路可以自动迂回，可靠性高；一线可以多用，既可以通话、传真、传送数据，还可以组建会议电视系统，开放帧中继业务，做多媒体业务，或组建自己的虚拟专网设立网管中心，自己管理自己的网络。

10.4　卫星通信技术

扫一扫看
卫星通信
教学课件

自 20 世纪 90 年代以来，卫星移动通信的迅猛发展推动了天线技术的进步。卫星通信具有覆盖范围广、通信容量大、传输质量好、组网方便迅速、便于实现全球无缝链接等众多优点，被认为是建立全球个人通信必不可少的一种重要手段。

1. 卫星通信的基本概念

宇宙通信是以宇宙飞行体或通信转发体作为对象的无线电通信。它可分为以下三种形式。

（1）地球站与宇宙站间的通信；

（2）宇宙站之间的通信；

（3）通过宇宙站的转发或反射进行的地球站之间的通信。

人们常把第三种形式称为卫星通信。卫星通信是指利用人造地球卫星作为中继站转发无线电信号，在两个或多个地面站之间进行的通信过程或方式。卫星通信属于宇宙无线电通信的一种形式，工作在微波频段。

卫星通信是在地面微波中继通信和空间技术的基础上发展起来的。微波中继通信是一种"视距"通信，即只有在"看得见"的范围内才能通信。而通信卫星的作用相当于离地面很高的微波中继站。由于作为中继的卫星离地面很高，因此经过一次中继转接之后即可进行长距离的通信。图 10.36是一种简单的卫星通信示意图，它是由一颗通信卫星和多个地面通信站组成的。其中，地球站是指设在地面、海洋或大气层中的通信站，习惯上统称为地面站。宇宙站是指地球大

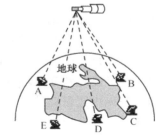

图 10.36　卫星通信示意图

气层以外的宇宙飞行体（如人造卫星和宇宙飞船等）或其他星球上的通信站。

由于卫星处于外层空间，即在电离层之外，地面上发射的电磁波必须能穿透电离层才能到达卫星；同样，从卫星到地面上的电磁波也必须穿透电离层，而在无线电频段中只有微波频段恰好具备这一条件，因此卫星通信使用微波频段。

目前大多数卫星通信系统选择在下列频段工作：

（1）UHF 波段（400/200 MHz）；

（2）L 波段（1.6/1.5 GHz）；

（3）C 波段（6.0/4.0 GHz）；

（4）X 波段（8.0/7.0 GHz）；

（5）K 波段（14.0/12.0；14.0/11.0；30/20 GHz）。

由于 C 波段的频段较宽，又便于利用成熟的微波中继通信技术，且天线尺寸也较小，因

此卫星通信最常用的是 C 波段。

2．卫星通信系统分类

（1）按照工作轨道区分，卫星通信系统一般分为以下三类。

① 低轨道卫星通信系统（LEO）。距地面 500～2 000 km，传输时延和功耗都比较小，但每颗卫星的覆盖范围也比较小，典型系统有 Motorola 的铱星系统。低轨道卫星通信系统由于卫星轨道低，信号传播时延短，所以可支持多跳通信；其链路损耗小，可以降低对卫星和用户终端的要求，可以采用微型/小型卫星和手持用户终端。但是低轨道卫星系统也为这些优势付出了较大的代价：由于轨道低，每颗卫星所能覆盖的范围比较小，要构成全球系统需要数十颗卫星，如铱星系统有 66 颗卫星、Globalstar 有 48 颗卫星、Teledisc 有 288 颗卫星。同时，由于低轨道卫星的运动速度快，对于单一用户来说，卫星从地平线升起到再次落到地平线以下的时间较短，卫星间或载波间切换频繁，因此，低轨系统的系统构成和控制复杂、技术风险大、建设成本也相对较高。

② 中轨道卫星通信系统（MEO）。距地面 2 000～20 000 km，传输时延要大于低轨道卫星，但覆盖范围也更大，典型系统是国际海事卫星系统。中轨道卫星通信系统可以说是同步卫星系统和低轨道卫星系统的折中，中轨道卫星系统兼有这两种方案的优点，同时又在一定程度上克服了这两种方案的不足之处。中轨道卫星的链路损耗和传播时延都比较小，仍然可采用简单的小型卫星。如果中轨道和低轨道卫星系统均采用星际链路，当用户进行远距离通信时，中轨道系统信息通过卫星星际链路子网的时延将比低轨道系统低。而且由于其轨道比低轨道卫星系统高许多，每颗卫星所能覆盖的范围比低轨道系统大得多，当轨道高度为 10 000 km 时，每颗卫星可以覆盖地球表面的 23.5%，因而只要几颗卫星就可以覆盖全球。若有十几颗卫星就可以提供对全球大部分地区的双重覆盖，这样可以利用分集接收来提高系统的可靠性，同时系统投资要低于低轨道系统。因此，从一定意义上说，中轨道系统可能是建立全球或区域性卫星移动通信系统较为优越的方案。当然，如果需要为地面终端提供宽带业务，中轨道系统将存在一定困难，而利用低轨道卫星系统作为高速的多媒体卫星通信系统的性能要优于中轨道卫星系统。

③ 高轨道卫星通信系统（GEO）。距地面 35 800 km，即同步静止轨道。在该轨道上运行的是静止通信卫星，是目前全球卫星通信系统中最常用的星体，是将通信卫星发射到赤道上空 35 860 km 的高度上，使卫星运转方向与地球自转方向一致，并使卫星的运转周期正好等于地球的自转周期（24 小时），从而使卫星始终保持同步运行状态。故静止卫星也称为同步卫星。静止卫星天线波束最大覆盖面可以达到大于地球表面总面积的三分之一。因此，在静止轨道上，只要等间隔地放置三颗通信卫星，其天线波束就能基本上覆盖整个地球（除两极地区外），实现全球范围的通信。目前使用的国际通信卫星系统，就是按照上述原理建立起来的，三颗卫星分别位于大西洋、太平洋和印度洋上空。

传统的同步轨道卫星通信系统的技术最为成熟，自从同步卫星被用于通信业务以来，用同步卫星来建立全球卫星通信系统已经成为了建立卫星通信系统的传统模式。但是，同步卫星有一个不可克服的障碍，就是较长的传播时延和较大的链路损耗，严重影响到它在某些通信领域的应用，特别是在卫星移动通信方面的应用。首先，同步卫星轨道高，链路损耗大，对用户终端接收机性能要求较高。这种系统难于支持手持机直接通过卫星进行通信，或者须要采用 12 m 以上的星载天线（L 波段），这就对卫星星载通信有效载荷提出了较高的要求，不利于小卫星技术在移动通信中的使用。其次，由于链路距离长，传播延时大，单跳的传播时延就会达到数百毫秒，加上语音编码器等的处理时间则单跳时延将进一步增加，当移动用户通过卫星进行双跳通信时，时延甚至将达到秒级，这是用户，特别是话音通信用户所难以忍受的。为了避免这种双跳通信就必须采用星上处理使得卫星具有交换功能，但这必将增加卫星的复杂度，不但增加系统成本，也有一定的技术风险。

目前，同步轨道卫星通信系统主要用于 VSAT 系统、电视信号转发等，较少用于个人通信。

（2）按照通信范围区分，卫星通信系统可以分为国际通信卫星、区域性通信卫星、国内通信卫星。

（3）按照用途区分，卫星通信系统可以分为综合业务通信卫星、军事通信卫星、海事通信卫星、电视直播卫星等。

（4）按照转发能力区分，卫星通信系统可以分为无星上处理能力卫星、有星上处理能力卫星。

3．卫星通信系统组成

根据卫星通信系统的任务，一条卫星通信线路要由发端地面站、上行线路、卫星转发器、下行线路和收端地面站组成，如图 10.37 所示。其中上行线路和下行线路就是无线电波传播的路径。为了进行双向通信，每一地面站均应包括发射系统和接收系统。由于收、发系统一般是公用一副天线，因此须要使用双工器以便将收、发信号分开。地面站收、发系统的终端，通常都是与长途电信局或微波线路连接。地面站的规模大小则由通信系统的用途而定。转发器的作用是接收地面站发来的信号，经变频、放大后，再转发给其他地面站。卫星转发器由天线、接收设备、变频器、发射设备和双工器等部分组成。

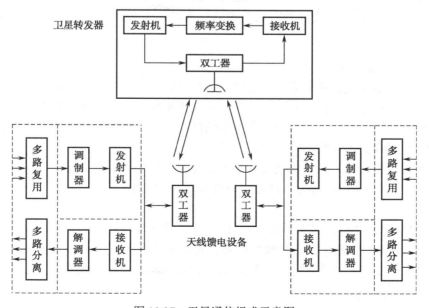

图 10.37　卫星通信组成示意图

在卫星通信系统中，各地面站发射的信号都是经过卫星转发给对方地面站的，因此，除了要保证在卫星上配置转发无线电信号的天线及通信设备外，还要有保证完成通信任务的其他设备。一般来说，一个卫星通信线路主要由天线、通信、遥测指令、控制、电源和卫星通信地面站六大部分组成，如图 10.38 所示。

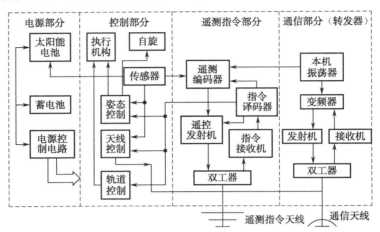

图 10.38　卫星通信线路组成框图

1）天线系统

天线系统包括通信用的微波天线和遥测遥控系统用的高频（或甚高频）天线。

通信微波天线的波束应对准地球上的通信区域。对于采用自旋稳定方式以保持姿态稳定的静止卫星，由于卫星是旋转的，故要采用消旋天线，才能使波束始终对准地球。常用的有机械消旋天线和电子消旋天线。

遥测指令天线用于卫星进入静止轨道之前和之后，能向地面控制中心发射遥测信号和接收地面的指令信号。这种天线为甚高频全方向性天线，通常采用倾斜式绕杆天线和螺旋天线等。

2）通信系统（转发器）

静止卫星的通信系统又称为通信中继机，通常由多个（可达 24 个或更多）信道转发器互相连接而成。其任务是把接收的信号放大，并利用变频器交换成下行频率后再发射出去，能起到卫星通信中继站的作用，其性能直接影响到卫星通信系统的工作质量。卫星转发器通常分为透明转发器和处理转发器两大类。

（1）透明转发器。这类转发器接收到地面站发来的信号后，除进行低噪声放大、变频、功率放大外，不作任何处理，只是单纯地完成转发任务。它对工作频带内的任何信号都是"透明"的通路。

（2）处理转发器。指除了信号转发外，还具有信号处理功能的转发器。与上述双变频透明转发器相比，处理转发器只是在两级变频器之间增加了信号的解调器、处理单元和调制器。先将信号解调，便于信号处理，再经调制、变频、功率放大后发回地面。

3）遥测指令系统

遥测指令系统包括遥测和遥控指令系统两个部分。

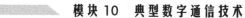

遥测部分的作用是在地球上测试卫星各种设备的工作情况，包括表示有关部分电流、电压、温度等工作状态的信号；来自各传感器的信息；指令证实信号以及作控制用的气体压力等。上述各种数据通过遥测系统送往地面监测中心。

遥控指令系统包括对卫星进行姿态和位置控制的喷射推进装置的点火控制指令；行波管高压电源的开关控制指令；发生故障的部件与备用部件的转换指令以及其他由地面对卫星内部各种设备的控制指令等。指令信号由地面的控制站发出，在卫星转发器内被分离出来。经检波、解码后送至控制设备，以控制各种执行机构实施指令。

4）控制系统

控制系统包括位置控制和姿态控制两部分。

位置控制系统用来消除"摄动"的影响，以便使卫星与地球的相对位置固定。位置控制是利用装在星体上的气体喷射装置由地面控制站发出指令进行工作的。当卫星有"摄动"现象时，卫星上的遥测装置就发给地面控制站遥测信号，地面控制站随即向卫星发出遥控指令，以进行位置控制。

姿态控制是使卫星对地球或其他基准物保持正确的姿态，即卫星在轨道上立着还是躺着。卫星姿态是否正确，不仅影响卫星上的定向通信天线是否指向覆盖区，还会影响太阳能电池帆板是否朝向太阳。

5）电源系统

通信卫星的电源要求体积小、重量轻和寿命长。常用的电源有太阳能电池和化学能电池。平时主要使用太阳能电池，当卫星进入地球的阴影区（即星蚀）时，则使用化学能电池。太阳能电池由光电器件组成。由太阳能电池直接提供的电压是不稳定的，必须经电压调整后才能供给负载。化学能电池可以进行充电和放电，如镍镉蓄电池。平时由太阳能电池给它充电，当卫星发生星蚀时，由太阳能电池转换为化学能电池供电。

6）卫星通信地面站

地面站的基本作用是向卫星发射信号，同时接收由其他地面站经卫星转发来的信号。根据卫星通信系统的性质和用途的不同，可有不同形式的地面站。例如，按站址的固定与否、G/T 值的大小、用途、天线口径以及传输信号的特征等多种方法来分类。

（1）按站址特征分类：可分为固定站、移动站（如舰载站、机载站和车载站等）、可拆卸站（短时间能拆卸转移地点的站）。

（2）按 G/T 值分类：地面站性能指数 G/T 值是反映地面站接收系统的一项重要技术性能指标。其中 G 为接收天线增益，T 为表示接收系统噪声性能的等效噪声温度。G/T 的值越大，说明地面站接收系统的性能越好。目前，国际上把 $G/T \geq 35$ dB/K 的地面站定为 A 型标准站，把 $G/T \geq 31.7$ dB/K 的地面站定为 B 型标准站，而把 $G/T < 31.7$ dB/K 的地面站称为非标准站。

（3）按用途分类：可分为民用、军用、广播、航海及实验等地面站。

（4）按天线口径分类：可分为 1 米站、5 米站、10 米站以及 30 米站等。

（5）按传输信号的特征分类：可分为模拟通信站和数字通信站。

地面站种类繁多，大小不一，所采用的通信体制也不同，因而所需的设备组成也不一样，但基本组成大同小异。典型的地面站由天线馈电分析系统、发射系统、接收系统、终端系统、监控系统、电源系统等组成，如图 10.39 所示。

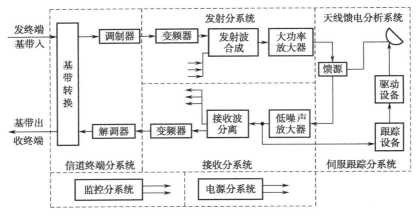

图 10.39 地面站设备组成

4．卫星通信的特点

卫星通信是现代通信技术的重要成果，它是在地面微波通信和空间技术的基础上发展起来的。与电缆通信、微波中继通信、光纤通信、移动通信等通信方式相比，卫星通信具有下列特点。

（1）卫星通信覆盖区域大，通信距离远。因为卫星距离地面很远，一颗地球同步卫星便可覆盖地球表面的 1/3，因此，利用三颗适当分布的地球同步卫星即可实现除两极以外的全球通信。卫星通信是目前远距离越洋电话和电视广播的主要手段。

（2）卫星通信具有多址连接功能。卫星覆盖区域内的所有地球站都能利用同一颗卫星进行相互间的通信，即多址连接。

（3）卫星通信频段宽，容量大。卫星通信采用微波频段，每颗卫星上可设置多个转发器，故通信容量很大。

（4）卫星通信机动灵活。地球站的建立不受地理条件的限制，可建在边远地区、岛屿、汽车、飞机和舰艇上。

（5）卫星通信质量好，可靠性高。卫星通信的电波主要在自由空间传播，噪声小，通信质量好。就可靠性而言，卫星通信的正常运转率达 99.8%以上。

（6）卫星通信的成本与距离无关。地面微波中继系统或电缆载波系统的建设投资和维护费用都随距离的增加而增加，而卫星通信的地球站至卫星转发器之间并不需要线路投资，因此，其成本与距离无关。

但卫星通信也有不足之处，主要表现在以下几方面。

（1）传输时延大。在地球同步卫星通信系统中，通信站到同步卫星的距离最大可达40 000 km，电磁波以光速（3×10^8 m/s）传输，这样，路经地球站→卫星→地球站（称为一个单跳）的传播时间约需 0.27 s。如果利用卫星通信打电话的话，由于两个站的用户都要经过卫星，因此，打电话者要听到对方的回答必须额外等待 0.54 s。

（2）回声效应。在卫星通信中，由于电波来回转播需 0.54 s，因此产生了讲话之后的"回

声效应"。为了消除这一干扰，卫星电话通信系统中增加了一些设备，专门用于消除或抑制回声干扰。

（3）存在通信盲区。把地球同步卫星作为通信卫星时，由于地球两极附近区域"看不见"卫星，因此不能利用地球同步卫星实现对地球两极的通信。

（4）存在日凌中断、星蚀和雨衰现象。

5. 卫星通信系统案例

凡是通过移动的卫星和固定的终端、固定的卫星和移动的终端或两者均移动的通信，均称为卫星移动通信系统。从 20 世纪 80 年代开始，西方很多公司开始意识到未来覆盖全球、面向个人的无缝隙通信，即所谓的个人通信全球化，即 5W（Whoever（任何人）/Wherever（任何地点）/Whenever（任何时间）/Whomever（任何人）/Whatever（采用任何方式））的巨大需求，相继发展以中、低轨道的卫星星座系统为空中转接平台的卫星移动通信系统，开展卫星移动电话、卫星直播/卫星数字音频广播、互联网接入以及高速、宽带多媒体接入等业务，至 90 年代，已建成并投入应用的主要有：铱星（Iridium）系统、Globalstar 系统、ORBCOmm系统、信使系统（俄罗斯）等。以下给出其中几种系统案例。

（1）铱星系统

铱星系统属于低轨道卫星移动通信系统，由 Motorola 提出并主导建设，由 66 颗卫星组成，这些卫星均匀地分布在 6 个轨道面上，轨道高度为 780 km。主要为个人用户提供全球范围内的移动通信，采用地面集中控制方式，具有星际链路、星上处理和星上交换功能。铱星系统除提供电话业务外，还提供传真、全球定位（GPS）、无线电定位以及全球寻呼业务。从技术上来说，这一系统是极为先进的，但从商业上来说，它是极为失败的，存在着目标用户不明确、成本高昂等缺点。目前该系统基本上已复活，由新的铱星公司代替旧铱星公司，重新定位，再次引领卫星通信的新时代。

（2）Globalstar 系统

Globalstar 系统（全球星系统）设计简单，既没有星际电路，也没有星上处理和星上交换功能，仅仅定位为地面蜂窝系统的延伸，从而扩大了地面移动通信系统的覆盖，因此降低了系统投资，也减少了技术风险。GIobalstar 系统由 48 颗卫星组成，均匀分布在 8 个轨道面上，轨道高度为 1 389 km。它有 4 个主要特点：一是系统设计简单，可降低卫星成本和通信费用；二是移动用户可利用多径和多颗卫星的双重分集接收，提高接收质量；三是频谱利用率高；四是地面关口站数量较多。

（3）全球通信系统

全球通信系统采用大卫星，运行于 10 390 km 的中轨道，共有 10 颗卫星和 2 颗备份星，布置于 2 个轨道面，每个轨道面 5 颗工作星，1 颗备份星。提供的数据传输速率为 140 Kb/s，但有上升到 384 Kb/s 的能力。主要针对为非城市地区提供高速数据传输，如互联网接入服务和移动电话服务。

（4）Ellips0 系统

Ellips0 系统是一种混合轨道星座系统。它使用 17 颗卫星便可实现全球覆盖，比铱星系统和 Globalstar 系统的卫星数量要少得多。在该系统中，有 10 颗星部署在两条椭圆轨道上，其轨道近地点为 632 km，远地点为 7 604 km，另有 7 颗星部署在一条 8 050 km 高的

赤道轨道上。该系统初步开始为赤道地区提供移动电话业务，2002 年开始提供全球移动电话业务。

（5）ORBCOMM 系统

轨道通信系统 ORBCOMM 是只能实现数据业务全球通信的小卫星移动通信系统，该系统具有投资小、周期短、兼备通信和定位能力、卫星质量轻、用户终端为手机、系统运行自动化水平高和自主功能强等优点。ORBCOMM 系统由 36 颗小卫星及地面部分（含地面信关站、网络控制中心和地面终端设施）组成，其中 28 颗卫星在补轨道平面上（第 1 轨道平面为 2 颗卫星，轨道高度为 736/749 km；第 2 至第 4 轨道平面的每个轨道平面布置 8 颗卫星，轨道高度为 775 km；第 5 轨道平面有 2 颗卫星，轨道高度为 700 km，主要为增强高纬度地区的通信覆盖），另外 8 颗卫星为备份。

（6）Teledesic 系统

Teledesic 系统是一个着眼于宽带业务发展的低轨道卫星移动通信系统。由 840 颗卫星组成，均匀分布在 21 个轨道平面上。由于每个轨道平面上另有备用卫星，备用卫星总数为 84 颗，所以整个系统的卫星数量达到 924 颗。经优化后，投入实际使用的 Teledesic 系统已将卫星数量降至 288 颗。Teledesic 系统的每颗卫星可提供 10 万个 16 Kb/5 的话音信道，整个系统峰值负荷时，可提供超出 100 万个同步全双工 El 速率的连接。因此，该系统不仅可提供高质量的话音通信，同时还能支持电视会议、交互式多媒体通信以及实时双向高速数据通信等宽带通信业务。

6．卫星通信系统的发展趋势

地球同步轨道通信卫星向多波束、大容量、智能化发展；

低轨卫星群与蜂窝通信技术相结合，实现全球个人通信；

小型卫星通信地面站将得到广泛应用；

通过卫星通信系统承载数字视频直播（DvB）和数字音频广播（DAB）；

卫星通信系统将与 IP 技术结合，用于提供多媒体通信和因特网接入，既包括用于国际、国内的骨干网络，也包括用于提供用户直接接入；

微小卫星和纳卫星将广泛应用于数据存储转发通信以及星间组网通信。

习题 10

扫一扫
看习题 10
及答案

1．简述移动通信的发展和特点。

2．什么是 SDH、PTN、OTN、PON？分别具有什么特点？在有线光通信系统中分别有什么作用？

3．什么是 FSO？

4．简述数据通信的交换方式都有哪些？

5．简述卫星通信系统组成部分。

参考文献

[1] 樊昌信，曹丽娜．通信原理．北京：国防工业出版社，2010.

[2] 周冬梅，等．数字通信原理．北京：电子工业出版社，2016.

[3] 龚佑红，等．数字通信技术及应用．北京：电子工业出版社，2011.

[4] 孙青华，郑艳萍，张星．数字通信原理．北京：人民邮电出版社，2015.

[5] 刘颖，等．数字通信原理与技术．北京：北京邮电大学出版社，1999.

[6] 王新亮．数字通信原理与技术．西安：西安电子科技大学出版社，2000.

[7] 李文海，毛京丽，石方文．数字通信原理．北京：北京邮电大学出版社，2007.

[8] 徐素妍，朱诗兵，李艳霞，等．数字通信原理与实践．北京：科学出版社，2005.

[9] 黎洪松．数字通信原理．西安：西安电子科技大学出版社，2005.

[10] 常君明，颜彬．数字通信原理．北京：清华大学出版社，2010.

[11] 沈其聪．数字通信原理．北京：机械工业出版社，2004.

[12] 强世锦，荣建．数字通信原理．北京：清华大学出版社，2008.

[13] 程京，等．数字通信原理．北京：电子工业出版社，2001.

[14] 李文海，等．数字通信原理．北京：人民邮电出版社，2001.

[15] 南利平．通信原理简明教程．北京：清华大学出版社，2000.

[16] B.P.Lathi. Modern Digital and Analog Communication Systems.CBS College. 1998.

[17] John G.Proakis. Digital Communications. Third Edition. 1995.

[18] Leon W. Couch Ⅱ Digital and Analog Communication Systems. Fifth Edition. Prentice Hall, Inc., a Simon & Schuster Company. 2006.

[21] 张辉，等．现代通信原理技术．西安：西安电子科技大学出版社，2002.

[22] 陈金鹰．通信导论．北京：机械工业出版社，2013.

[23] 李宗豪．基本通信原理．北京：北京邮电大学出版社，2006.

[24] 井庆丰．微波与卫星通信技术．北京：国防工业出版社，2015.

[25] 强世锦，朱里奇，黄艳华．现代通信网概论．西安：西安电子科技大学出版社，2012.

反侵权盗版声明

电子工业出版社依法对本作品享有专有出版权。任何未经权利人书面许可，复制、销售或通过信息网络传播本作品的行为，歪曲、篡改、剽窃本作品的行为，均违反《中华人民共和国著作权法》，其行为人应承担相应的民事责任和行政责任，构成犯罪的，将被依法追究刑事责任。

为了维护市场秩序，保护权利人的合法权益，我社将依法查处和打击侵权盗版的单位和个人。欢迎社会各界人士积极举报侵权盗版行为，本社将奖励举报有功人员，并保证举报人的信息不被泄露。

举报电话：（010）88254396；（010）88258888
传　　真：（010）88254397
E-mail：　dbqq@phei.com.cn
通信地址：北京市海淀区万寿路 173 信箱
　　　　　电子工业出版社总编办公室
邮　　编：100036